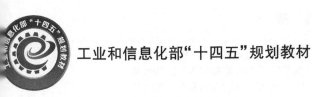

工业和信息化部"十四五"规划教材

科学出版社"十四五"普通高等教育本科规划教材
航空宇航科学与技术教材出版工程

U0170920

航空叶轮机原理及设计基础

Principles and Design Basics of Aeroengine Turbomachines

桂幸民 金东海 编著

科 学 出 版 社
北 京

内 容 简 介

本书以航空发动机应用过程中对叶轮机部件的需求为背景,以工程热力学、流体力学和气动热力学等知识为基础,介绍轴流风扇/压气机、轴流涡轮和离心压气机等叶轮机性能参数的基本概念、特性产生的基本原理,同时面向叶轮机设计,讨论叶轮机的基本工作原理、内部流动的基本物理图画以及限制设计极限的匹配性、特殊性问题。

本书的读者对象主要是航空、机械和动力专业的本科生和大专生,也可作为相关专业研究生的基础知识参考,其原理性、逻辑性和工程性知识对航空发动机、燃气轮机设计研制和应用维修人员具有重要的参考价值。

图书在版编目(CIP)数据

航空叶轮机原理及设计基础／桂幸民,金东海编著.—北京:科学出版社,2022.11

工业和信息化部"十四五"规划教材 科学出版社
"十四五"普通高等教育本科规划教材 航空宇航科学与技术教材出版工程

ISBN 978 - 7 - 03 - 073565 - 2

Ⅰ.①航... Ⅱ.①桂...②金... Ⅲ.①航空发动机—叶轮机械—高等学校—教材 Ⅳ.①TK05

中国版本图书馆 CIP 数据核字(2022)第 197615 号

责任编辑:徐杨峰／责任校对:谭宏宇
责任印制:黄晓鸣／封面设计:殷 靓

科 学 出 版 社 出版
北京东黄城根北街 16 号
邮政编码:100717
http://www.sciencep.com

南京展望文化发展有限公司排版
广东虎彩云印刷有限公司印刷
科学出版社发行 各地新华书店经销

*

2022 年 11 月第 一 版 开本:787×1092 1/16
2024 年 12 月第六次印刷 印张:20
字数:462 000

定价:**90.00 元**
(如有印装质量问题,我社负责调换)

航空宇航科学与技术教材出版工程
专家委员会

航空宇航科学与技术教材出版工程
编写委员会

丛　书　序

　　我在清华园中出生,旧航空馆对面北坡静置的一架旧飞机是我童年时流连忘返之处。1973 年,我作为一名陕北延安老区的北京知青,怀揣着一张印有西北工业大学航空类专业的入学通知书来到古城西安,开始了延绵 46 年矢志航宇的研修生涯。1984 年底,我在美国布朗大学工学部固体与结构力学学门通过 Ph. D 的论文答辩,旋即带着在 24 门力学、材料科学和应用数学方面的修课笔记回到清华大学,开始了一名力学学者的登攀之路。1994 年我担任该校工程力学系的系主任。随之不久,清华大学委托我组织一个航天研究中心,并在 2004 年成为该校航天航空学院的首任执行院长。2006 年,我受命到杭州担任浙江大学校长,第二年便在该校组建了航空航天学院。力学学科与航宇学科就像一个交互传递信息的双螺旋,记录下我的学业成长。

　　以我对这两个学科所用教科书的观察:力学教科书有一个推陈出新的问题,航宇教科书有一个宽窄适度的问题。20 世纪 80~90 年代是我国力学类教科书发展的鼎盛时期,之后便只有局部的推进,未出现整体的推陈出新。力学教科书的现状也确实令人扼腕叹息:近现代的力学新应用还未能有效地融入力学学科的基本教材;在物理、生物、化学中所形成的新认识还没能以学科交叉的形式折射到力学学科;以数据科学、人工智能、深度学习为代表的数据驱动研究方法还没有在力学的知识体系中引起足够的共鸣。

　　如果说力学学科面临着知识固结的危险,航宇学科却孕育着重新洗牌的机遇。在军民融合发展的教育背景下,随着知识体系的涌动向前,航宇学科出现了重塑架构的可能性。一是知识配置方式的融合。在传统的航宇强校(如哈尔滨工业大学、北京航空航天大学、西北工业大学、国防科技大学等),实行的是航宇学科的密集配置。每门课程专业性强,但知识覆盖面窄,于是必然缺少融会贯通的教科书之作。而 2000 年后在综合型大学(如清华大学、浙江大学、同济大学等)新成立的航空航天学院,其课程体系与教科书知识面较宽,但不够健全,即宽失于泛、窄不概全,缺乏军民融合、深入浅出的上乘之作。若能够将这两类大学的教育名家聚集于一堂,互相切磋,是有可能纲举目张,塑造出一套横跨航空和宇航领域,体系完备、粒度适中的经典教科书。于是在郑耀教授的热心倡导和推动下,我们聚得 22 所高校和 5 个工业部门(航天科技、航天科工、中航、商飞、中航发)的数十位航宇专家为一堂,开启"航空宇航科学与技术教材出版工程"。在科学出版社的大力促进下,为航空与宇航一级学科编纂这套教科书。

　　考虑到多所高校的航宇学科,或以力学作为理论基础,或由其原有的工程力学系改造而成,所以有必要在教学体系上实行航宇与力学这两个一级学科的共融。美国航宇学科之父冯·卡门先生曾经有一句名言:"科学家发现现存的世界,工程师创造未来的世界……而力学则处在最激动人心的地位,即我们可以两者并举!"因此,我们既希望能够表达航宇学科的无垠、神奇与壮美,也得以表达力学学科的严谨和博大。感谢包为民先生、杜善义先生两位学贯中西的航宇大家的加盟,我们这个由18位专家(多为两院院士)组成的教材建设专家委员会开始使出十八般武艺,推动这一出版工程。

　　因此,为满足航宇课程建设和不同类型高校之需,在科学出版社盛情邀请下,我们决心编好这套丛书。本套丛书力争实现三个目标:一是全景式地反映航宇学科在当代的知识全貌;二是为不同类型教研机构的航宇学科提供可剪裁组配的教科书体系;三是为若干传统的基础性课程提供其新貌。我们旨在为移动互联网时代,有志于航空和宇航的初学者提供一个全视野和启发性的学科知识平台。

　　这里要感谢科学出版社上海分社的潘志坚编审和徐杨峰编辑,他们的大胆提议、不断鼓励、精心编辑和精品意识使得本套丛书的出版成为可能。

　　是为总序。

2019 年于杭州西湖区求是村、北京海淀区紫竹公寓

前　言

　　航空发动机是一类机械产品,特点是"高速高温高可靠、质轻量少应用窄",体现其设计研制过程中各专业高度耦合和各部件紧凑集成,以及应用过程中产品需求单一、研发费用高昂、样本空间狭窄。为此,相对全新设计和逆向设计,对航空发动机的继承改型、衍生发展显得更为重要,在机械安全的前提下追求性能、功能的进步,是快速适应飞行器指标需求的唯一途径。为适应航空发动机的这一特点,就必须在设计思想上综合传统型号的设计目的和工程折中以保证研制方向的正确性,在设计工具上纳入公式化的经验数据以把握创新发展的有效性,在设计精度上允许研制过程充分试错以提升产品设计的成功率。

　　航空叶轮机是为这类机械产品而个性化研制的部件,目前航空发动机中常用的叶轮机包括轴流风扇/压气机、离心压气机和轴流涡轮,同属叶轮机械。但因航空发动机的上述特征,不可能采用通用的叶轮机械。从性能角度看,风扇接受着飞行器宽广的进气条件,涡轮提供着远高于通用机械的转速、功率和流量通过率,而压气机则以狭窄的稳定工作范围支撑着航空发动机全空域、全转速工作。因此,必须有效控制流动,才能够使其成为航空发动机可用的核心部件。为此,本书尽量以性能特性的最终表现来讨论叶轮机工作原理及其承受的极限条件。

　　显然,空气动力学和热力学问题在大量的流体机械上得到了很好的应用。20 世纪70 年代起,得益于计算机技术的进步,航空叶轮机产生了质的飞越,即叶轮机弯掠空气动力学的应用发展,使叶轮机内部流动控制更加三维化、精细化。本书则以最具现代特征的航空叶轮机讨论基本工作原理的发展与应用过程,以体现这些进步的逻辑演化。

　　目前,三维数值模拟技术更简单直接地将这类气动热力学问题的丰富细节展现在我们面前。但是,在错综复杂的三维流场中哪些可信、哪些值得怀疑,这是一个复杂而难于一言以蔽之的问题,每一个专业人员都会按自己的理解和需要来解读其意义和结果,而解读的准确与否直接影响设计的优良中差。正如 Horlock 和 Denton(2005)所述:"非常明显,具有优秀计算和分析能力的叶轮机专业人员必须非常熟悉试验技术并具备优秀的机理认知能力,以满足未来发展的需要。"因此,本书在利用三维数值技术的同时,更加强调对性能特性的工程理解,强调数学公式降维简化的依据,重视环境条件所引发的变化。

　　航空叶轮机任意一个概念、一个工作原理都有其明确的物理内涵,都与工科基础学科的知识密切相关,例如:总对总效率的定义、系统中的失速与喘振、性能特性和流动匹配、速度三角形全状态变化规律及其对设计的决定性作用等。不然，如同走钢丝，一旦失去了逻辑上的平衡，叶轮机很难真正有效地工作，航空发动机很难成为可用产品。同时，航空叶轮机大量利用了过去的定量化经验数据，对数据的归纳统计进而形成经验公式，又使得叶轮机不可能通过逆向或全新设计来成就航空发动机的产品属性。本书希望厘清这样一种逻辑关系，使学习者体会到基础知识的重要性，使设计者以准确的知识指导有效的实践。当然，逻辑细节的思考会变得十分烧脑，例如多级压气机速度三角形变化规律，需要安静思考并配以定量计算才能符合客观规律，这正是高阶性逻辑思考的训练。希望本书能够启迪我们的逻辑思维能力，将基本原理正确地应用于工程实践，减少盲目实践在费用和周期上的巨大浪费。

本书分为6章和3个附录，由桂幸民、金东海共同完成。第1章为绪论，宏观讨论航空叶轮机的基本属性、发展历史和现代设计特征。第2章为叶轮机基本性能，集中讨论叶轮机的基本性能参数及其物理内涵。第3章为叶轮机性能特性，从系统角度讨论叶轮机特性的产生、变化和关键状态，以及多级匹配和压气机涡轮匹配等基本工作原理。第4、5、6章分别从设计角度讨论轴流风扇/压气机、轴流涡轮和离心压气机的工作原理，侧重于讨论将气动热力学基本知识应用于叶轮机设计的逻辑过程。前三章的知识可以满足航空发动机应用过程中对叶轮机基础知识的需求，但若立志成为叶轮机设计人员，除掌握全部六章的基础知识外，最好能够通读附录，并推导重要公式、熟悉简化过程。附录包括三章：附录A是叶轮机气动热力学基本方程；附录B是气动热力学基础；附录C是相似理论基础。本书将认识叶轮机原理所必需的基础知识比较完整地总结在附录之中，以供主要章节直接引用。同时，也可以避免读者过于陷入数学物理方程的迷雾之中而忽略对工作原理和经验结论的重视和理解。为保证叶轮机基础知识的完整性，本书的一些内容超出了本科生教学大纲的要求。对这些内容，相应章节的标题均以"＊"号进行了标注。另外，索引中列出了专业名词的中英文对照和定义页码，以供快速查阅。

特别感谢彭泽琰教授、周拜豪研究员对作者专业知识的启蒙，也在此感谢冀国锋、金海良、朱芳、唐明智、刘晓恒、梁栋、戴宇辰、王森、周成华、李姝蕾、郭汉文、张健成、王书昊、区隽和岳梓轩等博士和博士、硕士研究生，以及我们教过的全体研究生和本科生。他们或者帮助我们进行了本书原始文稿的录入，或者在科研教学过程中启迪了我们的关键逻辑思考。知行合一、教学相长，没有三十年航空叶轮机的工程实践和教学工作，很难形成本书所体现的独立思考。

由于水平有限，书中难免存在着尚未察觉的错误和不妥之处，恳请读者批评指正，以臻于至善。

桂幸民　金东海
2022 年 2 月 8 日于北航

符 号 表

A	面积(m^2)
a	声速(m/s)
AVDR	轴向密流比
c_d	阻力系数
c_l	升力系数
c_p	比定压热容(简称定压比热)[J/(kg·K)],静压系数(俗称压力系数)
c_v	比定容热容(简称定容比热)[J/(kg·K)]
D	扩压因子或 D 因子
e	内能(J/kg)
G	质量流量(kg/s)
G_g	燃气流量(kg/s)
h	静焓(J/kg)
i	转焓(J/kg),迎角(°)
$\boldsymbol{i}$	单位矢量
k	比热容比(简称比热比,或绝热指数),湍流动能($\mathrm{m}^2/\mathrm{s}^2$)
l	叶片展向高度(m)
M	Mach 数
m	子午流线,多变指数
N	叶片数
n	转速(r/min)
n_s	比转速
$\boldsymbol{n}$	控制体表面外法向矢量
P	功率(W)
p	静压(Pa)
R	气体常数[J/(kg·K)]
Re_c	叶弦 Reynolds 数
r	半径(m),径向坐标

SM	稳定裕度(%)
s	熵[J/(kg·K)],节距或栅距(m)
T	静温(K),扭矩(N·m)
t	叶型厚度(mm),时间(s)
u	线速度(m/s)
V	体积(m^3)
v	绝对速度(m/s)
w	相对速度(m/s)
x	轴向坐标
α	攻角(°),绝对气流角(°)
β	相对气流角(°)
δ	落后角(°)
δ^*	边界层位移厚度(m)
δ^{**}	边界层动量厚度(m)
η	效率
θ	温比,计算站掠角(°)
ξ	安装角(°)
π	压比
ϖ	总压损失系数
ρ	密度(kg/m^3)
τ	稠度
φ	角坐标
ϕ	流量系数
χ	金属角(°)
ψ_p	压升负荷系数
ψ_p^*	压比负荷系数
ψ_T^*	温升负荷系数
Ω	反力度
ω	角速度(rad/s)
∇	Hamilton 算子

上标

*	总参数(滞止参数)
-	相对量或平均量
'	脉动量

下标

0	导叶进口截面

1	动叶进口截面
2	动叶出口、静叶进口截面
3	静叶出口截面
a	大气条件
avg	平均量
c	折合参数,堵点(近堵塞工作状态)
d	设计点
e	出口截面
i	进口截面
m	子午面流向分量
n	法向分量,额定点
o	共同工作点/线
ref	参考量
s	喘点(近失速、近喘振稳定工作状态),等熵过程
T	温度,涡轮
u	切向分量
w	相对参数
x	轴向分量

目　录

第1章
绪　论

本章从叶轮机的定义与分类切入,介绍航空发动机中叶轮机的气动、结构布局特征和起源,讨论叶轮机内部流动的复杂性、处理复杂问题的简化假设和简要设计过程,并从系统角度出发,宏观讨论叶轮机性能特性对航空发动机的影响、叶轮机工程设计的三要素和现代叶轮机的设计特征。

学习要点:

(1) 掌握叶轮机定义与分类;

(2) 初步认识叶轮机内部复杂流动及其简化假设,体会遵循自然规律的认知过程;

(3) 初步了解面向系统应用的现代叶轮机设计特点和方法,体会改造自然的方法论。

1.1　什么是叶轮机械

航空叶轮机是集成在航空发动机内部的特殊的叶轮机械。

叶轮机械是一类用途广泛的通用机械,从计算机散热风扇到家用通风机,从工农业生产中必备的鼓风机、水泵到发电、推进所采用的水轮机、蒸汽轮机和燃气轮机,甚至产生飞机、舰船拉力或推力的螺旋桨等,均统属于叶轮机械的范畴。显然,这些应用都涉及机械与流体之间的能量转换和利用。

实现流体与机械能量转换的方式主要有两类。

一类是通过改变流体容积实现能量转换,如活塞式发动机、齿轮泵和罗茨鼓风机等,不论驱动机械旋转的方式是往复式还是回转式,其特点是不产生工质的连续流动。以航空活塞发动机为例,通常采用一周多缸实现轴功率的连续输出,虽然每个缸体均产生了足够的推进用喷气总压,但不连续流动的流体质量不足以实现高效推进,因此,必须通过轴功率驱动螺旋桨或旋翼,以拉进或推进飞行器。

另一类则是通过连续流动的流体与叶轮机械实现能量转换,直接推进飞行器,也可以通过轴功率输出,驱动螺旋桨或旋翼。那么,什么是叶轮机械呢?

1.1.1　叶轮机械定义

叶轮机械是以连续流动的流体为工质、以叶片为主要工作元件,实现工作元件与工质之间能量转换的一类机械。

这类机械的工作过程具有明确的开口系特征,流体在连续流动的过程中,借助旋转叶片实现能量转换,借助轮盘固定叶片并实现机械能输入或输出。于是,转速、流量、轮缘功(或焓差或压比)、效率(或损失或熵增)等定量表述叶轮机性能的参数便应运而生。以转速和流量为自变量,就可以在特定几何和环境边界条件下,构建功率、效率等函数关系,并与系统共同匹配工作,定量确定能量转换的最终效果。

叶轮机械译自 turbomachinery,是各类叶轮机的总称。其词头 turbo-源自拉丁语 turbinis,本意为旋转(Dixon, 2005),演化为三重含义: ① 涡轮机(turbine),被译为涡轮或透平; ② 涡轮驱动的组合机械,如涡轮风扇(turbofan)、涡轮轴(turboshaft)和涡轮增压器(turbocharger)等; ③ 旋转叶轮,如 turbocompressor 是叶轮式压缩机、turbomachine 是叶轮机而不是涡轮机。

1.1.2　叶轮机分类简介

根据能量转换方式,叶轮机通常可以分为涡轮机和工作机。涡轮机是利用流体动势能迫使叶轮旋转实现机械能输出的机械,因产生机械动力,也称作动力机,主要包括燃气涡轮、蒸汽涡轮、水轮机和风车等;工作机则是通过叶轮旋转将机械能转换为流体动势能的机械,如压缩机、鼓风机、通风机、泵和螺旋桨等。

根据叶轮流道结构形式的不同,叶轮机可以分为轴流式、径流式、斜流式和贯流式。轴流式叶轮的子午流道(子午面上的流道投影)为轴向,于是在子午面内,流入、流出叶轮的气流方向为轴向或接近轴向[图 1.1(a)];径流式叶轮的子午流道则垂直于旋转轴,子午面内流动为径向流入、径向流出叶轮[图 1.1(b)];斜流式叶轮的子午流道和子午流动方向则具有非轴向、非径向特征[图 1.1(c)]。贯流式叶轮比较特殊,如图 1.2 所示,工作机一般是贯流式风机,动力机有水斗式涡轮,其流动在垂直于旋转轴的平面内发生折转并穿越旋转轴,其叶片或水斗通常采用冲动式叶轮设计,仅改变流动方向。因流道对流动的影响很小,故贯流式叶轮没有清晰的流道结构,轴向长度可以按需要设计。

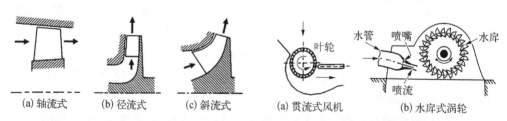

(a) 轴流式	(b) 径流式	(c) 斜流式

图 1.1　叶轮子午流道结构形式

(a) 贯流式风机　　(b) 水斗式涡轮

图 1.2　贯流式叶轮

流经叶轮机的工质可以是液体、气体,也可以是蒸汽、粉尘等。通常以液体为工质的工作机称作泵,如轴流泵、离心泵;以气体(含固体颗粒)为工质的工作机没有统一的名称,有通风机、鼓风机和压缩机等。不论是液体还是气体,产生轴功率输出的叶轮机都称为涡轮(水力涡轮又称为水轮机、风力涡轮又称为风车)。

此外,能量转换效果还可以根据有无机匣来体现。常见的螺旋桨没有机匣,这类机械的特点是叶片数很少,一般认为叶片与叶片之间不存在影响,可以通过翼型理论进行设计而忽略旋转效应;而采用机匣后,为实现增加流体的压强变化,叶片数明显增加,叶片与叶片之间存在相互影响,叶轮理论由此产生了。

能量转换效果的差异会导致叶轮机形式的不同。例如:电风扇、螺旋桨追求排气动能,以至于排气静压低于大气压;通风机、风扇也追求排气动能,也可以通过排气管将排气势能进一步转换为动能;压缩机、压气机则追求排气势能,余速(排气速度)动能被视为损失。再如,单级轴流压气机压比通常为 1.3~2.0,而单级离心压气机最大压比能够超过10.0,这并不代表离心压气机更先进,叶轮机形式的最终选择需综合考虑效率、尺寸、重量和成本等因素。

能量转换效果的差异使叶轮机结构形式具有多样性,但究其根本,叶轮机仍保持着基本原理一致性。叶轮机本没有结构,高品质流动结构需要通过机械结构的支撑和传动,于是产生了丰富而复杂的几何结构形式。如果对基本原理和流动图画没有精细化认知和定量化表述,就很难产生正确的结构应用,原理认知是叶轮机设计应用的第一步。

1.2 航空发动机中的叶轮机

1.2.1 航空叶轮机结构布局特征

以 WP11C 涡喷发动机(陈光,2018;潘宁民等,2009)为例,简要介绍航空发动机中叶轮机的基本结构特征。图 1.3 是该发动机结构的子午面投影图,由单级轴流压气机、单级离心压气机和单级轴流涡轮组成。

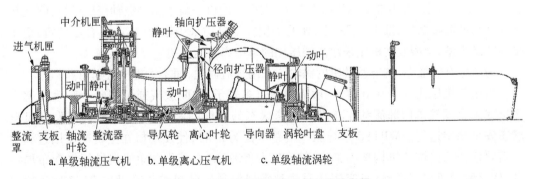

图 1.3 WP11 涡喷发动机子午面投影图

叶轮机的基本结构单元是"级"和"排"。工作机的级由一排转子叶片(简称动叶)及其后面的一排静子叶片(静叶)组成,末级静叶也称出口整流叶片(OGV);涡轮机的级由一排动叶及其前面的一排静叶组成,静叶也称进口导流叶片(IGV)。风扇、压气机的 IGV 和涡轮的 OGV 均为 0.5 级。

航空发动机的离心压气机一般采用轴向流入、轴向流出,于是,动叶的功能被分为两部分,前部为导风轮叶片,后部为离心叶轮叶片;同样地,静叶的功能也被分为径向扩压器叶片和轴向扩压器叶片(图1.3)。传统离心转子由导风轮和离心叶轮两个零件共同旋转,现代制造能够完成导风轮和离心叶轮的一体化制造,动叶的设计不再区分导风轮和离心叶轮,但动叶导流、增压和整流的原理并没有改变。离心压气机静子一般不以整流器命名,而是利用静叶的扩压功能,分别称为径向扩压器和轴向扩压器。

就气动结构而言,若动叶和轮盘为一个零件,一般称为叶轮,如图1.3中轴流和离心叶轮;若通过榫头连接形成组件,则称为叶盘,如图1.3中轴流涡轮叶盘。由静叶和约束流道的轮毂、机匣构成的零组件称整流器;由导叶、轮毂和机匣组成的零组件称导流器。燃烧室后第一级涡轮导流叶片比较特殊,是航空发动机和燃气轮机喉道截面的设计区域,也称喷嘴环。

同类流道结构的级串联组合称为多级叶轮机,如多级轴流压缩机、多级离心压缩机、多级轴流涡轮等;不同类流道结构的级串联组合称为组合叶轮机,WP11C发动机的压缩系统就是采用了轴流-离心组合压气机。图1.3中压缩系统由轴流-离心组合压气机构成;图1.4中的压缩系统包括低压压气机和高压压气机,均采用多级轴流压气机。现代军用发动机为追求推重比,高、低压涡轮趋于采用单级;民用发动机则采用多级涡轮,确保高效和长寿。

1.2.2 航空叶轮机气动布局特征

航空发动机所涉及的叶轮机主要包括轴流式压缩机、离心式压缩机和轴流式涡轮,一些情况下也采用斜流式压缩机。其压缩机均以空气为工质,又称空气压缩机,简称压气机;涡轮均以燃气为工质,又称燃气涡轮。为此,航空发动机又被称为燃气涡轮发动机或航空燃气轮机,以区别航空领域的活塞式发动机。

涡轮喷气发动机可以用一根轴连接压气机和涡轮,形成单转子机械结构。中间状态(不加力最大状态)推力在20 kN以上的中、大型发动机一般采用多级轴流压气机;除巡航导弹气动外形限制外,推力在2~15 kN的小型发动机均采用轴流-离心组合压气机;更小推力的微小型、微型发动机则采用高增压比的单级离心压气机。

为产生有效推力,航空发动机的涡轮均采用轴流涡轮,而不考虑向心涡轮。

当压气机压比高于6.0时,一般需要通过多转子、中间放气或可调叶片等手段解决多级或组合压气机内部流动在非设计转速状态的失配问题,规避喘振以确保发动机全状态安全稳定运行。WP11C组合压气机总压比为5.47,使发动机在全转速使用过程中不需要任何几何调节机构参与工作,结合宽弦叶片、离心雾化和单级涡轮等气动布局特征,使该发动机可靠长寿,且实用升限达到常规涡扇发动机难以企及的21.3 km(胡晓煜,2006)。

关于喘振的基本原理将在第3、4章介绍,但是在诸多防喘措施中,双转子或三转子可以通过功率的自适应匹配实现防喘,不依赖几何可调的外部机械控制,这样就可以降低气动结构复杂性、提高安全性、减少零件数。图1.4所示的WP7双转子涡喷发动机(陈光等,1978),由高压轴连接高压压气机(HPC)和高压涡轮(HPT)形成高压转子;低压轴连接低压压气机(LPC)和低压涡轮(LPT)形成低压转子。

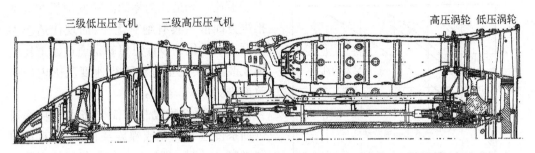

三级低压压气机　三级高压压气机　　　　　　　　　　　　高压涡轮 低压涡轮

图 1.4　WP7 双转子涡喷发动机子午面投影图

WP7 双转子涡喷发动机是根据 Tumansky 设计局 R11F 发动机引进得到,3 级低压压气机和 3 级高压压气机串联形成压缩系统,其总压比 8.85,平均级压比高达 1.44。该平均压比仍是现代军用发动机所追求的参数。虽然采用了双转子和中间放气等设计思想以规避中低转速喘振,但由于完全超出了当时对复杂流动的认知和控制能力,高转速喘振的稳定裕度过低(低压压气机为 9.0%,高压压气机为 11.2%),致使飞机泼辣性不佳(侯志兴等,1987),即不适合于强机动飞行。这一缺陷使该发动机没有成为主流机型。然而,Wennerstrom(1989)却从中发现了高负荷设计的优点,小展弦比设计思想的实践因此展开,并引导了现代叶轮机弯掠和三维设计的技术进步。

质量流量、排气速度、静压是影响航空发动机推力大小的主要因素(朱行健等,1992)。如果能够通过涡轮将排气余热进一步转换为轴功,以驱动质量流量更大的风扇,这样,在燃油流量不变的情况下显然可以使推力增加、耗油率降低,这就形成了涡轮风扇发动机。这是余热利用的典型手段,与涡轮螺桨发动机、涡轮轴发动机和地面燃气轮机的余热利用方式一致,差异仅在于余热功率、动能、势能和热能的分配与匹配。

对于涡扇发动机,高压压气机、燃烧室和高压涡轮构成了核心机。核心机在气动结构布局上与涡喷发动机一致,在功能上则起着燃气发生器的作用。因此,涡扇发动机核心机可以看作涡喷发动机的升级版,即低压压气机不再将全部质量流量提供给高压压气机,而是将一部分空气送入内涵的核心机,利用排气剩余能量驱动低压涡轮;另一部分空气则送入外涵,直接产生推力或在低压涡轮后混合产生推力。外涵与核心机质量流量的比值称为涵道比,而低压压气机则称作风扇,如图 1.5 所示。

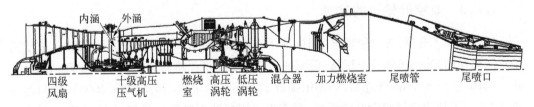

内涵　外涵

四级　　　　　十级高压　燃烧　高压　低压　混合器　加力燃烧室　　尾喷管　　　　尾喷口
风扇　　　　　压气机　　室　　涡轮　涡轮

图 1.5　AL－31F 小涵道比涡扇发动机子午面投影图

涡扇发动机设计思想成功实践后,飞行器的需求再次直接影响到发动机的发展。图 1.6 是不同喷气式发动机的适用范围(Rolls－Royce,1996),推进效率与巡航速度相关。这一范围基本决定了为什么作战类涡扇发动机采用小涵道比,而运输类发动机倾向选择

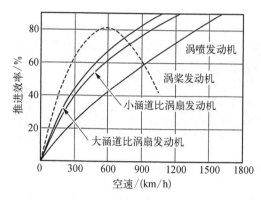

图 1.6 燃气涡轮发动机适应范围

大涵道比。涵道比为零的涡喷发动机在高速推进方面依然具有绝对优势,而现代适应性变循环发动机的设计思想就是通过涵道比的模式改变,实现全包线飞行速度范围内的高效推进。

涡轴、涡桨发动机均需要将涡轮功率通过轴系传递给旋翼或螺旋桨,而不是直接驱动风扇。早期一般通过增加燃气涡轮级数将余热转化为轴功,现代则采用独立的轴系。用于轴功率输出的涡轮一般称为动力涡轮,而产生动力涡轮进气条件的压气机-燃烧室-

燃气涡轮系统则称为燃气发生器,如图 1.7 所示(胡晓煜,2006)。因此,燃气发生器也是涡喷发动机的升级版,前者将余热转换为轴功而更重视热效率,后者产生推进而重视比推力。

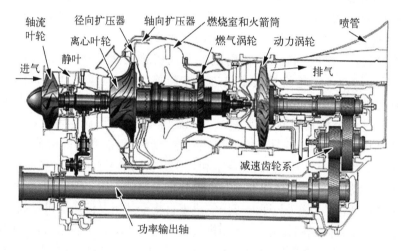

图 1.7 WZ8 涡轴发动机

1.2.3 航空叶轮机的起源

约公元前 120 年,古希腊数学家 Heron of Alexandria 发明的汽旋球(Aeolipile)被认为是蒸汽涡轮的雏形,虽然只是玩具,但验证了蒸汽膨胀产生旋转运动的基本原理(Dixon et al., 2010)。公元 1000 年左右,中国宋朝有了走马灯的记载(彭泽琰等,2008),也只是玩具,但实现了利用燃气驱动叶轮旋转,具有燃气涡轮雏形特征。虽然风车、水车也具有十分久远的历史,但现代意义的蒸汽涡轮则是由瑞典工程师 Carl de Laval 于 1883 年发明的单级轴流冲动式蒸汽涡轮(翁史烈,1996)。为实现 3.7 kW 功率输出,涡轮转速达到了 26 000 r/min,转子叶尖线速度超过 400 m/s,当时的材料制造水平还难以接受这一线速度所具有的离心力。为避免这一超越实现能力的错误设计,英国工程师 Parsons 采用多级轴流反动式设计思想,通过15级涡轮串联降低线速度,并于1891年以4 800 r/min的转速实现了100 kW功率输出,成为现代蒸汽涡轮工程应用的设计雏形。现代意义的燃气涡轮就是蒸汽涡轮的应用基础结合航空和工业燃气轮机的工质等特征而产生。

如果说蒸汽涡轮的出现即意味着蒸汽轮机系统的实现,那么,燃气轮机的产生更大程度上取决于压缩系统的有效实现。早在1872年,德国Stolze就提出了利用压气机增压、燃烧室加热、燃气涡轮膨胀做功的燃气轮机系统方案,显然,这时已经产生了现代燃气轮机热力循环的设计思想,但到1904年,却因无法实现系统的独立运转而宣告失败。1905年,法国Lemale和Armengard研制了压气机压比4.0、涡轮前温度833 K的燃气轮机,这被公认为第一台能够独立运行的燃气轮机。但其热效率仅为3%,压气机效率不足导致燃气轮机机组效率过低,甚至无法独立运行。1920年,德国Holzwarth研制了第一台工程实用的燃气轮机,热效率达到13%。1939年,瑞士BBC公司研制的4 MW燃气轮机进行了首次发电。1939年8月27日,德国von Ohain研制的第一台涡喷发动机在Heinkel He 178飞机上实现了首飞。

虽然现在将喷气时代的来临归功于von Ohain的发明,然而,不同国家多个团队所开展的独立研究才是形成现代航空发动机的真正源泉。没有低水平的重复,就没有高水平的突破,这一点在航空发动机领域体现得非常突出。20世纪30年代,von Ohain在德国哥廷根大学研制涡喷发动机的同时,英国Whittle和德国Franz等技术人员也在开展相关研制工作。1930年,Whittle获得了燃气涡轮发动机专利,是第一个具有实用意义的喷气发动机设计(St. Peter, 2016),采用的是离心压气机,据此研制的Whittle W.1X发动机装在British Gloster E.28/39飞机上,于1941年5月15日实现首飞。Franz则利用其轴流压气机的研制优势,于1939年研制了迎风面积更小的Jumo 004轴流式涡喷发动机。该系列发动机是现代大推力喷气发动机的先驱,至二战结束,德国Junkers公司生产了近6 000台Jumo 004发动机。

可见,从1872年燃气轮机概念的产生,到1939年在能源和航空领域初步应用,接近七十年的技术进步是第二次工业革命技术积累的必然结果,是蒸汽涡轮、离心压气机、轴流压气机和高效燃烧等部件技术进步、成熟后的有效集成。并且,系统的继承性、部件的创新性和匹配的有效性一直决定着航空发动机迄今八十余年的进步。

第一个具有现代叶轮机特征的离心泵是1818年出现在美国的Massachusetts泵,由径向直叶片、半开式双吸叶轮和蜗壳组成;而离心风机一般认为是由英国Guibel发明于1862年,效率虽然只有40%左右,却远高于效率15%~25%的轴流风机,得到了矿井通风应用。可见,这个时期增压与流动之间尚没有明确的定量化关联,对流动认知的匮乏,使原理一致的离心压气机和轴流压气机产生于完全不同的年代和地域。

多级轴流压气机的基本设计思想可以追溯到1853年,由Tournaire向法国科学研究院提出(Johnsen et al., 1965),但其有效实践却是在1884年由英国工程师Parsons通过多级轴流涡轮反向旋转得到,效率不足40%。可见,Parsons在得到涡轮膨胀的实践结果(1883年)后就希望实现叶轮增压,这一设计思想完全符合逻辑思维的必然趋势。1900年左右,Parsons制造了一系列轴流压气机,虽然根据螺旋桨理论设计了叶片,但是,该压气机压比较低时效率不足55%,且根本无法实现高转速高压比工作。以两级压气机串联试验,结果证实流动进入了不稳定状态,多次尝试未果而被迫放弃。从目前的认知看,失速、喘振是导致效率低和无法进入高速运转的根本原因。由于缺乏气体动力学基本原理的支持,轴流压气机研制的进展十分缓慢,几乎被放弃,而这一时期,多级离心压气机的效率已经达到了可用的 70%~80%(Dixon et al., 2010)。

在压气机领域,实践总是源于某一概念(即所谓发明),先于理论而发展;但理论一旦发展起来,实践的盲目性就得到了有效抑制。第一次世界大战期间,随着航空技术的发展,气体动力学的进步促进了轴流压气机的研究。1926 年,英国 Griffith 在压气机和涡轮设计中描述了其叶型理论的基本原理,Farnborough 的工作表明低压比压气机在级数较少的情况下其效率可达到 90%,并在后期台架试验中得到了证实(Dixon et al., 2010)。这一时期,单级轴流压气机的效率已经能够满足通风机、空调系统的应用需求(Marks et al., 1934)。

20 世纪 30 年代中期,活塞式发动机的输出功率和高度特性已不能满足飞机快速制空权的要求,而轴流压气机、轴流涡轮所具有的效率特征初步达到了第一代喷气发动机的研制需求。1936 年,英国皇家航空科学研究院开始发展喷气推进用的轴流压气机,研制了一系列高性能压气机,最终于 1941 年集成在 F2 发动机上,并于 1943 年进行了首飞(Rolls - Royce, 1996)。但是,第一台轴流式涡喷发动机则是德国 Franz 于 1939 年研制的 Jumo 004 发动机。

同期,压气机叶片基元叶型的弯角得到提高、叶片间轴向间隙得到降低,级负荷能力增加,同时设计制造的精度也在逐步提升。叶型弯度增加使得孤立叶型方法难以适应设计,基于叶栅的空气动力学理论和实践得到发展。到 1945 年,通过正确的原理应用得到了高效率压气机设计,具有现代结构特征的多级轴流压气机形成了。1951 年,吴仲华先生通过严谨的数学推导,形成两族流面的基本概念,使叶轮机理论在无黏假设下走向三维化(Wu, 1951; Wu, 1952)。

20 世纪 60 年代之后的发展包括超声基元、极限负荷、小展弦比、弯掠以及三维流动控制等问题,这些问题将在相关章节中进行介绍。

1.3 叶轮机内部流动的复杂性

从几何特征看,叶轮机叶型与飞机翼型存在共性。早期的叶型基本上源于翼型设计,并经过大量叶栅吹风试验形成独特的几何结构,如 NACA65 系列原始叶型。但叶片绕流还是比翼型绕流更复杂,主要体现在:① 叶轮机的目的是有效实现能量转换,这导致叶型的设计思想与翼型不同,如翼型表面激波产生的是波阻的负面效应,但转子超声基元则需要通过激波实现能量转换;② 叶片不同于孤立存在的机翼,相邻叶片的影响既产生了极限负荷问题,也是周向二次流的根本诱因;③ 叶轮机转子旋转使叶片从根到尖具有不同的线速度和来流特征,径向二次流因此而不可避免;④ 叶轮机存在由轮毂和机匣构成的端壁边界,产生非对称的进、出口边界条件,增压或膨胀流动更趋三维特征;⑤ 动静叶交替排列引发叶轮机特有的非定常问题;⑥ 多级串联产生的匹配问题使发动机的安全工作范围狭窄等。

下面从压缩性、非定常性、黏性、三维性和匹配性角度宏观介绍叶轮机复杂流动过程的定性现象,并在相应的章节细化其流动图画,讨论简化假设下有关定量化方法。

1.3.1　叶轮机内部流动的复杂性

流体机械的进步很大程度上取决于通过几何结构控制流动状态的能力。在宏观层面上,很难定量评价这种能力的大小,但至少有一点是明确的,Mach 数越高的流动越难控制,这不但源自高速流动所产生的黏性效应大幅度增强,同时源自压缩性的影响。

由于风扇压气机叶片线速度随半径而变化,因此,动叶从根(轮毂)到尖(机匣)的来流相对 Mach 数会产生较大的变化,一般分为亚声区、超临界区(参见附录 B. 1. 4)和超声区。不同来流相对 Mach 数需要有不同的叶型设计,形成跨声速压气机。为减小损失并实现航空发动机整机匹配,风扇压气机静叶一般不允许出现强激波。高压压气机各级的来流 Mach 数随密度增加而降低,从进口跨声级增压到出口亚声级,进而产生燃烧室所期望的不可压进气条件。

部分展向区域存在超声速相对来流的级称为跨声级,而全展向出现激波的级则称为超声级。为实现压气机和涡轮质量流量的自适应匹配,航空发动机仅允许存在一级超声级。现代设计一般将高压涡轮进口级设计为超声级,并将限制流量的喉道截面设计在高压涡轮导向器中,以便于制造控制和整机匹配调试。虽然美国在 20 世纪 60 年代试图开展超声通流压气机的研究(Wennerstrom, 1989),但迄今没有看到成功应用的案例。

航空燃气轮机叶轮机内部流动的非定常性主要体现在四个方面。首先,即便是均匀来流,在一定转速的工作状态下,叶片的尾迹也存在着非定常流动,即流动存在着与时间相关的脉动。所谓定常流,只是在一定时间周期内的一种平均,将附录 A 非定常方程中的 $\partial/\partial t$ 项忽略,以便于方程组求解的一种假设。当流动产生大尺度分离,这种假设难以符合真实流动时,必须考虑流动的非定常性。其次,风扇压气机叶片通道内部流动会发生失稳现象。这种失稳现象与飞机机翼的流动失稳有一定的共性,称为失速。由于压气机产生的是增压过程,除失速外,喘振是风扇压气机特有的失稳现象。失稳的过程一定是非定常的。第三,叶轮机械因其动静叶交错排列的特殊结构,即便前面转子出口的流动状态是定常的,其尾迹交替扫过后排静子时也使得后排叶片的内部流动是非定常的。第四,燃气轮机是压气机和涡轮功率平衡的匹配工作,而加减速则是由一个功率平衡状态变为另一个平衡状态的过渡态过程。这个过程中角加速度改变了机械的惯性特征,对功率而言需要新的平衡,对气动而言需要重新匹配。平衡与匹配的过渡态过程均具有非定常特征。

流体中最棘手的问题始终是黏性。虽然三维数值仿真技术借助湍流模型实现了对叶轮机内部流场的模拟,但是,边界层概念依然是通过有势流控制有黏流、产生有效设计的重要思想。就基元叶型而言,摩擦损失、分离损失直接源自边界层流动状态;激波损失除部分源于其无黏熵增特征外,主要还是激波-边界层干涉所诱发的边界层分离。黏性作用较强的另一个区域尾迹,为满足 Kutta 条件而形成的可逆涡以及耗散。

　　叶轮机内部流动的三维特性主要归结于三方面的影响。首先是机械旋转,叶片在不同的半径具有不同的线速度,即使假设为无黏流动且来流均匀,通过叶轮的流动也存在着展向的不均匀速度分布;其次是二次流动,即有势的主流流动与有黏的边界层流动产生耦合作用,如角涡、周向二次流和径向二次流等;第三类是压强势作用下产生的各类间隙泄漏流动。通常将与主流流动方向不一致的流动均称为二次流。传统大展弦比设计思想本质上就是希望通过减小流动的三维效应,使叶栅实验所获得的基元流动能够受控于三维叶轮的几何约束内,但这一减小流动三维性的设计思想被 Wennerstrom 首先否定,随着展弦比的适度降低,现代设计中二次流已成为叶轮机损失上升的主要因素,可占到一级叶轮机总损失的40%以上(Oates,1985),因此,二次流控制已成为现代流动控制的主要方向。图1.8示意了叶轮机叶片通道内部复杂流动,是伴随有能量转换的可压缩黏性非定常三维流动过程。

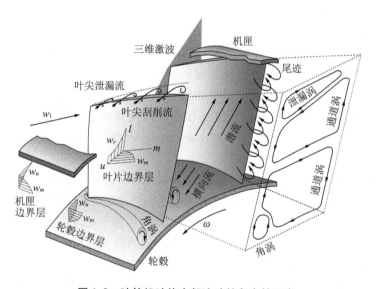

图1.8　叶轮机叶片内部流动的复杂性示意

　　1872 年至今,在相当长的过程中,试错设计引导着叶轮机的发展。20 世纪 20~30 年代,二维平面叶栅试验结果的大数据建模产生了 20 世纪 40 年代初期以压气机平面叶栅极限负荷和偏角特性为特征的设计方法,逐步形成了亚声速轴流压气机气动设计的理论,其中一些结果至今仍十分有效。对叶轮机三维流动的研究始于 20 世纪 30 年代,其中,吴仲华先生在美国提出的两族流面第一次从理论上建立了对叶轮机三维流动的定量表述(Wu,1951;Wu,1952),概念清晰、推导严谨、逻辑缜密。

　　图1.9 示意了两族流面的概念(李根深等,1980)。第一族 S1 流面,由叶片前一系列圆弧上产生流线,顺流而下形成叶片到叶片流面;第二族 S2 流面,由叶片前一系列径向线上产生流线,顺流而下形成轮毂到叶尖流面。通过由两族流面所建立的二维气动热力学方程组迭代求解,完成以流面表达的三维流场定解问题。虽然这种求解方法被现代三维数值仿真技术所取代,但其清晰的概念仍作为叶轮机的理论基础,得到广泛应用。这部分内容超出了原理范畴,只能在叶轮机气动热力学中介绍。

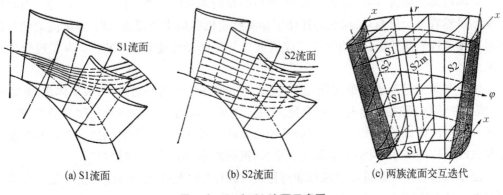

(a) S1流面   (b) S2流面   (c) 两族流面交互迭代

图 1.9　S1 和 S2 流面示意图

叶轮机内部流动的匹配性将影响燃气轮机全状态安全工作的能力，是压缩性、黏性、非定常性和三维流动特性在全转速工作区域的综合适应能力。例如，与环境的匹配性体现在飞行包线极端边界所具有的稳定工作能力；与飞行器的匹配性体现进气畸变条件下发动机的稳定工作能力。对于燃气轮机内部，压气机和涡轮的特性匹配通常在发动机总体性能中予以计算解决。但是，压气机、涡轮每一级状态的变化均产生其他级的进出口边界条件变化，这一气动匹配的基本特征将影响燃气轮机的整机特性。这一点并不能通过特性匹配得到有效评估，属于叶轮机内部流动匹配问题。例如在后面章节中讨论的"前喘后堵""逐级放大"等问题就属于多级压气机变工况情况下的流动匹配问题。又如，当燃气轮机偏离设计状态，高压压气机会因为中间机匣流动变化而改变其进气条件，改变严重的情况下，流动分离会影响到高压压气机进气状态，进而影响发动机整机特性。再如，当燃气轮机性能衰退的过程中，流动结构变化引发压气机、涡轮内部流动的重新匹配，这种匹配往往造成的是性能衰退，而这种衰退在喷口面积不变的情况下一般体现为涡轮前总温上升。对于这些问题，需要面向特定的发动机设计，以正确的原理洞察失配的原因，并在实践过程中予以有效解决。

1.3.2　复杂问题的典型简化假设

从结构角度，"级"是叶轮机功能实现的基本实体单元。但是，从叶轮机设计角度，这种基本特征依然过于粗犷。若进一步细化，就形成基元级的概念，将在后面的章节进一步讨论。

基元级流动是定量认识叶轮机 S1 流面内部流动的基础。但本质上，叶轮机内部气流具有很强的三维特性，严格地说，S1 流面不是简单的回转面。它是一个有翘曲的曲面（图1.9），并且级负荷越大、压缩性越显著，偏离无涡扭向规律设计越严重，翘曲程度就越大。为认识流动的基本特性，需要对 S1 流面进行简化，忽略 S1 流面的这种翘曲，假设 S1 流面可以简化为以子午面流线为母线，绕叶轮机械轴旋成的回转面。在叶轮机械的早期发展阶段，这个任意回转面被简化为圆柱面。随着级负荷的加大以及子午面流道斜率的影响，圆柱面的假设被改进为圆锥面或任意回转面。作为回转面的假设，实质上就是把 S1 流面上的流动简化为任意回转面上叶型间的流动，即基元级流动。

对圆柱流面来说，如果把流面展开，就成为众所周知的二维平面叶栅。这种平面叶栅的模型虽然看来十分简化，但它却抓住了轴流叶轮机的最本质要点，即：连续流动的气体通过叶栅实现周向转折，在动叶内完成机械功与气体动势能转换，在静叶内实现导流或整流。

由于基元流进行了二维简化，展向流动的三维变化则需要通过 S2 流面体现，并以轴向（或子午流线）和径向坐标为自变量，于是，这部分流动变化的特征又称为子午流。基元流和子午流构成了现代叶轮机空间流动描述的基础，以基元流简化表示 S1 流面叶型几何与气动结构的关系，以子午流简化表示 S2 流面的基本流动与三维效应。

复杂的边界条件和进出口流场非对称条件同样使叶轮机的内部流动充分复杂。不太可能对叶轮机内部流动的细节做清晰地描述，迄今没有人看到过航空发动机内部流动的细节。因此，宏观性能和微观流动之间的关联必须通过具有数学表达的定量化认知加以弥补。从现有的数学工具和试验手段出发，简化方程、利用统计模型仍然是叶轮机设计计算唯一有效的途径。叶轮机气动设计通常建立在一定的简化假设基础上，并以先验性经验公式弥补设计精度的不足。基本的简化假设如下。

第一，假定非定常流动中的气流参数的周向平均值与定常流动时的数值非常接近，因此，就可以把静叶通道中的绝对运动和动叶通道中的相对运动都看成是定常流动，这就是定常假设。

第二，忽略当地黏性，引入迁移黏性。假定黏性作用集中表现在边界层中，即在主流区引入无黏假设，因此，可以在运动方程中略去黏性力项，而只考虑由于黏性引起的熵的变化。至于黏性及由此产生的二次流等复杂因素对叶轮机的加功能力、通道面积、气流参数、级效率以及级间匹配的影响，则采用减功系数、流量系数、叶片速度系数、通道阻塞系数、级的多变效率等经验数据进行综合修正。换句话说，我们只是部分地考虑了黏性的影响，即黏性在流动过程中的积累影响。如此对黏性的处理导致的最大问题是，与熵增相关的损失模型和与表面分离相关的落后角的计算具有相当强的经验性，并且这一经验必须具有定量化表达。

另外，根据叶轮机械不同工质的热力性质，在是否计入流体重力、是否采用理想或半理想气体的状态方程及是否假设叶轮机械内部流动是绝热的等方面有着不同程度的简化假设。

S2 流面的子午流可以通过三种不同的形式表现出来。一种是"中心流面法"，即假定存在着一个中心流面 S2m（图 1.9）；第二种形式则"周向平均法"，即对气动热力方程进行周向平均而得到降维方程；第三种是"轴对称方法"，其根本上就忽略了流动的周向流动的影响，并在径向运动方程中人为地近似引入一项"叶片作用力"，否则就与叶轮机基本原理相矛盾。当计入叶片作用力后，S2 流面的上述三种假设本质上一致。

随着三维数值技术的发展与成熟，三维黏性流场的数值计算在叶轮机气动计算中占有越来越重要的作用。但是，计算网格、湍流模型和转静界面的模型简化依然使 CFD 技术不能精确表达叶轮机的真实流动，计算与试验结果的差异依然需要通过原理和机理认识的深度加以弥补。

1.3.3　叶轮机设计过程简介

叶轮机气动设计过程,主要有以下几个阶段。

(1) 子午流道的确定。利用一维流动关系式或零维热力学关系式,在平均半径上进行流道设计,称为中线法。中线法强烈依赖于先验性数据所归纳总结的经验模型或公式,相似理论的设计应用也十分有效。通过这阶段的计算,诸如转速、流道几何、级数、级负荷分配、各排叶片的高度和平均弦长、叶排间的轴向间隙以及内外壳壁面型线等参数就确定了下来。尽管计算简单,但很有作用,可以说是气动设计中最基本的部分。在子午流道合理确定之后,气动设计的很多要素就被固化了,其后的设计计算只能在其规定的框架中进行。

(2) 子午面气动参数的确定。通过求解二维或准三维气动热力方程,确定一系列流线上的基元级速度三角形和性能特性,称为流线法。这是基于叶轮机 Euler 方程组的简化计算。简化方法主要包括轴对称法、周向平均法和平均 S2 流面法,而所采用的数值计算方法包括流线曲率法、通流矩阵法和有限面积法。不论是哪一种方法,均依赖于先验性模化公式如损失模型或效率模型计入迁移黏性所具有的熵增。后面将介绍的简单径向平衡计算是该方法的最简化形式。

(3) 叶片造型。根据流线法得到的速度三角形,引入迎角、落后角计算模型,可以以解析函数的关系生成叶片的叶型中弧线,并根据厚度分布的函数关系得到叶型表面几何坐标。叶片造型的最终结果在很大程度上也取决于结构、强度和工艺的考虑。

(4) 数值仿真分析。利用三维数值模拟软件开展流场分析,包括不同转速和流量的变工况计算分析。

(5) 应力分析与结构设计。利用应力分析软件开展静应力、振动及叶片结构变形分析。

(6) 实验调试。重复第(2)~(5)步的设计计算,筛选出一两个最佳方案进行制造装配试验,并在试验调试的基础上进一步修型形成产品。

实际上,上述设计计算程序并非一成不变,在各个阶段中往往需要试验数据、经验公式的介入,经过反复修改、逐步调试、相互协调才能得到相对理性的产品方案。

1.4　航空叶轮机设计特点与技术发展

航空发动机对叶轮机的要求本质上是要满足飞机对发动机的要求。一台发动机是否适合飞机,通常需要权衡一系列因素。如发动机的结构尺寸,一般最大直径不应增加飞行器的迎风阻力,长度不能过度增加飞行器加固重量和配重重量。再如发动机的耐久性,一次性使用的发动机通常不预留材料的温度裕度,而长寿命发动机就必须为性能衰退预留安全的温度裕度。为寻求稳定性、工艺性优秀的高温轻质材料并不是一蹴而就的事,需要结合工业基础水平的提升,但这并不是解决发动机高温旋转件的唯一出路。压气机效率和流量系数的提高可以有效降低排气温度,并提供足够的引气流量进行涡轮冷却,这不但直接贡献于发动机耗油率,同时可使涡轮前温度降低,使同等材料工艺的热端部件温度裕度得到保证,进而提升发动机耐久性。因此,很难用单一的指标参数评价航空发动机的优劣。

评定航空发动机设计的主要性能指标包括:推力/功率、单位流量推力/功率(简称比推力/功率)、迎面推力、耗油率、推重比等基本性能,以及加速性、可靠性、维护性等使用性能(张逸民,1985)。

涡喷涡扇发动机采用推力、涡轴涡桨发动机则采用功率衡量能量转换的最终结果。推力的单位比较多样,尽管要求使用国际标准单位 N,但仍然经常看到 kgf、daN(大牛)等非标单位和 lbf 等英制单位(1 kgf = 9.807 N,1 daN = 10 N,1 lbf = 4.448 N)。工程中粗略地采用 1 daN ≈ 1 kgf,建议尽可能避免。推力/功率是飞行器重要的需求参数,但不能代表航空发动机的研制水平,因为不同推力/功率的发动机可用通过改变迎风流量来实现,而不同推力级/功率级的发动机均存在其独特的使用优势和需要克服的矛盾。

迎面推力,全称是单位迎风面积推力,定义为发动机在海平面标准大气条件下工作时所产生的推力与发动机最大迎风面积之比,单位 N/m^2。对轴流式航空发动机而言,其最大直径取决于风扇或加力燃烧室的直径;对采用离心压气机的航空发动机而言,最大直径取决于压气机的径向扩压器直径。迎面推力也是飞行器重要的需求参数,依赖于飞行器的尺寸限制。这一点非常容易理解,当飞行器迎风面积由发动机尺寸决定时,迎面推力变得十分重要,如战斗机、歼击机和巡航弹等。当发动机尺寸对飞行器迎风面积不起决定作用时,单位环面迎风流量就不是发动机的重要设计参数,如直升机、螺旋桨飞机以及小型喷气式飞行器。

比推力定义为发动机单位流量所产生的推力,单位 $N/(kg \cdot s)$,对涡轴涡桨发动机采用比功率[$W/(kg \cdot s)$]。推力或功率一定的情况下,通过流量越少,能量转换能力越强,这时比推力或比功率越高。对于燃气在尾喷管内完全膨胀的航空发动机,比推力就是进出口速度差(朱行健,1986)。这种速度差的最大化,本质上反映了发动机能量转换能力,同时由于发动机通过流量越少,发动机的尺寸就越小、重量就越轻。有了这个参数,就可用有效认识航空发动机与地面燃气轮机的区别:航空发动机一切复杂化、精细化的追求多源自以最小、最轻的机械结构来实现最大能量转换能力,产生高的推力或功率输出。这从一个侧面体现出了高推重比或者高功重比的概念。

同等推力下,涵道比越小,比推力越高,但余热越浪费,即耗油率越高。耗油率是单位燃油消耗率的简称,定义为产生每 N 推力每小时所消耗的燃油量,单位 $kg/(N \cdot h)$,是发动机经济性指标。耗油率与推力相关,不同于油耗。地面起飞状态,涡喷发动机的耗油率一定会高于同等推力的涡扇发动机,但由于常规设计的涡扇发动机受 Reynolds 数影响严重,难以实现高于 15 km 的巡航高度,而单转子涡喷发动机则具有 20 km 以上的理论升限,于是,20 km 巡航的涡喷发动机将比 15 km 巡航的涡扇发动机更加省油。这一点,直接影响发动机的有效选择,而不能以落后与先进简单评价涡喷和涡扇发动机。

推重比定义为海平面标准大气条件下工作发动机最大推力和重量的比值,更直接地反映推力和发动机结构重量之间的关系,但缺乏对能量转换能力的评价。因此,可以这样理解,具有相同热力循环的发动机,推重比越高越好,特别是军用航空发动机。民用航空发动机则必须为安全性和经济性牺牲推重比。涡轴涡桨发动机较少采用功重比作为评价指标,因为机械传动系统的重量占有相当高的比例,相较而言,发动机本体功重比并不显得至关重要。

关于这些参数的定量关系可以参考航空发动机总体性能结构方面的文献,这里仅以典型发动机相关结果讨论压气机性能特性对发动机的影响,以此表明航空叶轮机设计对航空发动机性能匹配影响重大。

1.4.1　叶轮机性能对航空发动机的影响

在发动机部件效率和损失不变的前提下,发动机比推力、耗油率与压气机压比及涡轮前温度之间存在十分密切的关系(Bullock et al., 1965),图 1.10、图 1.11 分别反映了两种环境条件下压缩系统总压比对发动机比推力和耗油率的影响。图中看出,压比并非越高越好。对于没有大量冷却的小型航空发动机,涡轮前温度较低,在 1 200～1 450 K,这时 8 左右的压气机压比对提高比推力最有利;对于可以大量引气进行涡轮冷却的大型航空发动机,涡轮前温度可以提高到 1 700 K 以上,压比 20 已经产生了足够高的比推力,进一步提高压比对比推力的贡献较小。当压缩系统压比小于 8 时,压比对耗油率的降低起到了主导作用;而当压比高于 20 后,这种影响的趋势变缓。因此,对小涵道比涡扇发动机而言,通常不会追求过高的总压比,一般设计为 20～30,因为过度追求的比推力、耗油率收益

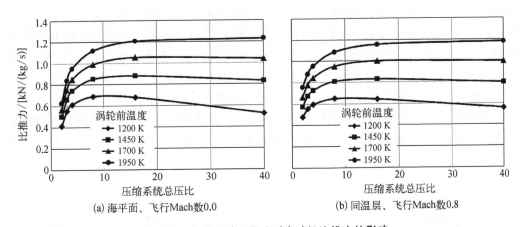

图 1.10　压缩系统总压比对发动机比推力的影响

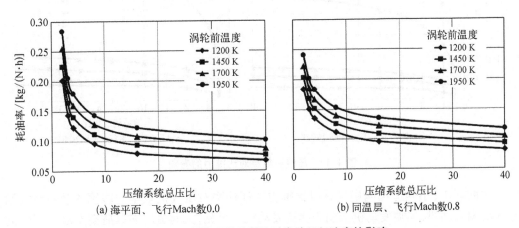

图 1.11　压缩系统总压比对发动机耗油率的影响

较小,而推重比、涡轮前温度的代价剧增。但对于民用的大涵道比涡扇发动机而言,在安全可靠的前提下,耗油率是压倒一切的重要指标,通过增加涵道比、降低耗油率的同时,也必须通过提高压缩系统总压比来保证涡轮的轴功率输出。为此,现代民用大涵道比发动机的总压比要到达 40 以上。

当发动机进气总温一定时,压气机功耗决定燃烧室进口温度。假设燃烧室进口温度不变,则压气机效率直接影响压气机总压比。当燃烧室进出口温比、总压恢复系数和涡轮效率一定的情况下,涡轮出功约等于压气机耗功,即涡轮后总温一定。这时,压气机效率通过改变压气机总压比使发动机尾喷管总压发生变化,进而影响排气速度和推力。图 1.12 是上述假设条件下海平面静止状态压气机效率对比推力的影响。当比推力变化率与压气机效率变化率的比值为 0 时,说明压气机效率不影响发动机比推力;该比值越大,发动机比推力受压气机效率影响越大。图中明确表明,当压气机总压比越高而发动机压比越小时,这一影响的敏感性越高。发动机压比定义为尾喷管进口总压与大气压的比值,直接反映影响推力的排气速度,也反映发动机总能量在压气机上的功耗比例。当发动机总能量一定,发动机压比越高,意味着用于压气机功耗的比例越小,压气机效率的影响就越小。涡喷发动机具有最高的发动机压比,因此,压气机效率的影响最小。因此,由于发动机压比高,小涵道比涡扇发动机的压气机效率影响较弱,即 1% 的压气机效率变化会导致 0.5%~1% 的比推力变化;而大涵道比涡扇发动机,由于发动机压比低,则 1% 的压气机效率变化将导致 2%~5% 的比推力变化。飞行条件下,这种趋势会进一步加强,例如,在同温层 Mach 数 0.8 飞行时,设计比推力为 6 00N/(kg/s)时,图 1.14 所具有的影响会放大约 1.4 倍,而设计比推力为 1 000 N/(kg/s)时,这种影响的放大倍数约 1.2。因此,增加设计比推力有助于减小对压气机效率影响的敏感性。超声速飞行时,发动机压比强烈地依赖于进气道的冲压,而压气机的增压作用被弱化,压气机效率的影响较弱,这时,压气机效率下降 1%,比推力下降约 0.5% 左右。

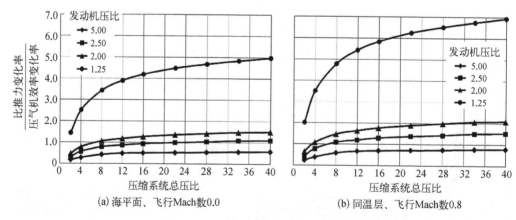

(a) 海平面、飞行Mach数0.0　　　　(b) 同温层、飞行Mach数0.8

图 1.12　压气机效率对比推力的影响

由此看出,小涵道比涡扇发动机比推力和耗油率对压气机效率的敏感性会弱于大涵道比涡扇发动机,涡喷发动机会弱于涡扇发动机。可见,大涵道比涡扇航空发动机不但需要通过增加涵道比来降低耗油率,而且也需要提高各部件效率来增加比推力。

如图 1.13 所示,通过叶轮机的发动机流量通常存在这样的细化:① 进气质量流量,既是发动机进气流量,也是风扇/压气机的进气流量;② 放气流量,直接由压缩系统放出,进入飞行器起到增温、增压的作用,或在过渡状态直接排入大气以确保压气机稳定工作;③ 引气流量,由压气机不同部位引出,用于密封、涡轮冷却等,最终混入主流,由尾喷口排出;④ 燃气流量,涡轮进气的燃气总流量,包括参与燃烧的空气和燃油流量,也包括燃烧室二次冷却气流量。可见,一个简单的流量在航空发动机(包括燃气轮机)中被肢解得功能各异,结果是导致发动机总体性能并不能按照理想的 Brayton 循环评估,复杂的优化过程变得十分专业,即依赖于先验性经验模型。

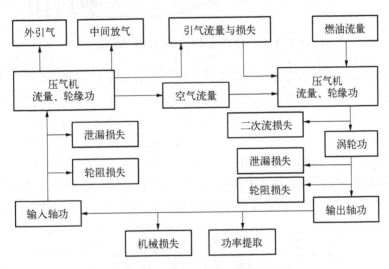

图 1. 13　航空发动机能量传递示意图

压气机进气流量的绝对值直接影响发动机推力或功率。但这不足以表达发动机性能,因为,可以通过相似理论模化设计不同流量的相似压气机,而同一发动机的实际流量又随飞行高度和飞行 Mach 数变化而变化。因此,一般用"流通能力"来表达发动机各部件的相对流量。环面迎风折合流量是反映流通能力的一种定量表达,即各部件折合流量与环面面积的比值,对发动机就是迎风面积折合流量。折合流量的定义将在下一章给出,姑且认为是海平面标准大气下的质量流量。当折合流量一定时,迎风面积意味着迎风阻力和尺寸重量,因此,环面迎风折合流量直接影响发动机的迎面推力和推重比,而流量的大小又直接影响着比推力。

既然与发动机重量密切相关,环面迎风折合流量必然成为航空发动机及各部件十分重要的参数,其有利之处在于直接关联了工程设计中的流量和几何的关系。从流动角度看,该参数体现了各部件进口截面的来流平均 Mach 数。当来流 Mach 数为 1.0 时,环面迎风折合流量达到极限值,海平面标准大气条件下为 $241.2\ \mathrm{kg/(s \cdot m^2)}$,即以空气为工质的最大流通能力。显然,航空发动机首先进入临界的是涡轮,因为涡轮具有急剧加速膨胀的流动过程,限制其加速就等于限制其膨胀。现代设计中刻意将临界截面设计在高压涡轮导向器中。为此,就必须规避超声速压气机级的产生。目前所有风扇压气机只能达到跨声速级的水平,如图 1.14 所示,动叶来流的相对 Mach 数必须存在亚声速区(其原理将在第 3 章介绍)。

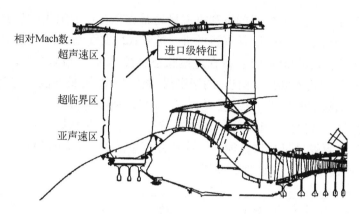

相对Mach数:

超声速区

超临界区

亚声速区

进口级特征

图1.14 进口级进气相对 Mach 数特征

一定转速下,流通能力过度提高的代价是压气机增压能力、效率和稳定工作裕度均存在恶化的趋势。因此,在没有重量约束的情况下,所有流体机械流通能力均保持在相对较低的适当水平,只有航空压气机在这方面始终进行着突破过去的尝试,即高通流设计。

不论涡喷、涡扇、涡轴还是涡桨发动机,核心机或燃气发生器均由压气机、燃烧室和涡轮部件串联而成。这三大部件均存在最佳工作区域和不可工作的边界,如燃烧室贫、富油熄火边界、涡轮喉道面积对流量的限制等。压气机则存在着失速、喘振和颤振等不稳定工作边界。这是发动机最不安全的边界,超越边界可能破坏机械运转,导致发动机失效。

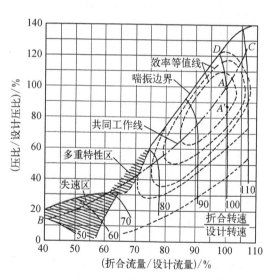

图1.15 高压压气机性能特性示意图

性能特性图可以将压气机的转速、流量、压比、效率和裕度均表现在一个图中。图1.15是典型的单转子多级压气机性能特性示意图,图中将压比、流量、转速均用设计值的百分比值表示。通过设计点 A 存在一条发动机共同工作线 BC,体现了压气机与涡轮共同工作所具有的特性。当几何不变时,折合条件下的等转速线和特性线固定不变,发动机只能在共同工作线 BC 上工作。在 BC 的左上方存在一条边界线,边界线的右下方为稳定工作区,左上方为不稳定工作区,进入该区域发动机将丧失工作能力。单转子多级压气机的不稳定工作区由失速区、多重特性区和喘振边界组成,单级压气机不存在多重特性区,但存在低转速失速。

任何压气机从零转速、零流量起动都要穿越失速区。级数越多、压比越高,所需要的起动功率就越大,完成起动的转速就越高。这时,多级压气机设计得好,转速较低时就能够脱开起动机,反之需要提高起动功率。过早脱开起动机会发生燃烧室持续供油而转速无法上升的热悬挂现象,严重时引发喘振。解决中低转速喘振的手段包括可调叶片、中间放气和多转子。

起动完成后,原则上进入稳定工作状态,但图 1.15 显示,中间转速存在着多重特性区,即压气机第一级或前几级会出现局部失速,但不喘振。这意味着可短时停留但不可长时间使用。这个区的存在与设计点流量系数关系密切,体现了高通流与稳定工作的矛盾,通常解决的手段是采用可调的导流叶片和静叶,压比越高环面迎风流量越大所需的可调角度就越大。转速进一步上升至没有多重特性的区域,压气机进入高效率稳定工作区域,发动机可以安全可靠地长时间稳定工作。但是,性能的衰退将使得稳定裕度减小,设计不佳的话,高转速、近喘振边界区域依然存在多重特性,发动机失稳的概率增加。关于多重特性的原理将在后面章节介绍。

现代高压压气机的稳定裕度通常需要达到20%~25%,甚至更高。稳定裕度预留受多种因素影响,主要包括发动机自身的制造误差、可调静叶调节误差、热瞬变、功率瞬变和全寿命周期内所具有的性能衰变(陈懋章,2002),以及环境引发的进气畸变,除此之外在设计中还需要兼顾 Reynolds 数的影响和进气匹配的影响。从图1.16 可以看出,除进气畸变具备一定的定量化能力外,其他的因素均需要通过应用实践获得定量化关系,好在公开文献中可以获得西方长期实践所积累的基本特征。

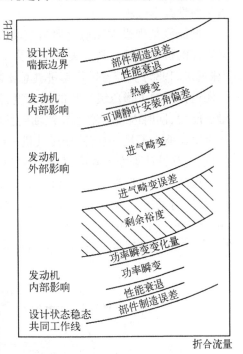

图 1.16 稳定裕度包含的主要因素

1.4.2 缺一不可的工程设计三要素

任何一项工程设计都离不开设计思想、设计工具和设计精度这三要素的综合,只不过航空发动机将这三要素更加精深地融入其产品之中。试错试验和数值模拟同属于设计工具的范畴,但是,如果不能将所试验和所计算的结果概念化、公式化,那么就很难形成具有足够设计精度的设计工具,所产生的结果也难以继承,成功的个案难以得到推广,发动机研制变得更加艰辛。

虽然工具和精度在设计过程中不可或缺,但设计思想则决定了航空发动机的研制路线。设计思想是基于逻辑而不是经验揭示事物本质的过程。由于没有人看到过航空发动机内部的真实流动,基本原理、流动机理及其逻辑推理则显得非常重要,同时,既有的产品能力和应用平台也是规避错误的重要的先验性依据。因此,有机地融合创新与继承的关系,是航空发动机进步的唯一途径。这里以民用大涵道比涡扇发动机的发展为例,讨论这种设计思想的重要性。

如前所述,在核心机流量一定的情况下,涵道比越大,外涵流量越大,推力就越大,耗油率就越低,同时低压涡轮后总压越低。随涵道比增加,风扇压比进一步降低,故大涵道比涡扇发动机只需要单级风扇就能够满足压比需求。这却导致了气动与结构的矛盾:以低压涡轮驱动的单级高通流风扇,其内涵增压能力比外涵低,与高压压气机共同产生的静压升不足以达到高效燃烧和能量转换的要求。为解决这一矛盾,产生了基于工业技术能力而结构迥异的设计思想:第一,增压级和高负荷高压压气机;第二,双转子核心机;第三,齿轮驱动风扇。看似互不相关的设计思想,却在大涵道比涡扇发动机发展过程中引领着革命性技术进步。

增压级是现役大涵道比涡扇发动机的典型叶轮机结构,却代表着为产品可用而牺牲紧凑性的折中思想。其初衷只是作为1/4级,以弥补单级风扇内涵增压能力不足的缺陷(张逸民,1985)。随着燃烧室进气总压需求的提高,逐渐增加级数以提高增压级压比,但是涵道比限制了增压级叶片的线速度,使其平均级压比不足1.15,远低于低压压气机的增压能力,同时因级数增加导致轴向长度迅速增加,重量代价巨大。代价不仅于此,因增压级增压能力不足,迫使高压压气机一根轴上的压比不断提高,形成了现代高负荷高压压气机,气动设计难度大幅度提高,可调叶片级数大幅度增加,气动结构复杂导致制造、装配要求提高,在工业素质不佳和产品积累不足的情况下成品率大幅度下降。GEnx(图1.17)同时采用了多级增压级和多级高压压气机来实现所需要的增压能力,HPC通过10级实现23以上的压比,其气动控制与匹配设计难度达到前所未有的水平(Rolls-Royce,2005)。目前,只有GE公司掌握压比23以上的高压压气机设计与应用技术。

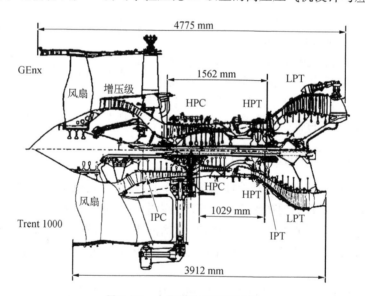

图 1.17 大涵道比涡扇发动机

显然,采用三转子机械结构可以规避上述困难。图1.17显示,双转子大涵道比涡扇发动机的叶轮机包括风扇、增压级、高压压气机和高压涡轮、低压涡轮;而三转子则包括风扇、中压压气机(IPC)、高压压气机和高压涡轮、中压涡轮(IPT)、低压涡轮。三转子涡扇发动机采用的是双转子核心机,将所需的静压升合理地分配在两根轴上,有效利用其自适应的防喘能力,这样,就可以取消放气机构、减少可调叶片排数。Trent1000发动机被称为无放气发动机,且仅在中压压气机上利用了可调进口导流叶片(VIGV)和两排可调静叶

（VSV），而与其推进能力一致的 GEnx 发动机则采用了增压级后的中间放气、VIGV 和 5~6 排 VSV 等多重机械控制手段。可调机构是导致零件数大幅度上升的重要因素，也是发动机性能衰退的关键因素，对制造和装配一致性的严苛程度远高于叶片本身；而三转子设计却使轴系机械结构变得更加复杂，更适合超大推力的涡扇发动机。目前，仅 RR 公司掌握三转子机械设计和应用技术，近年也有一些公司尝试在大推力涡扇发动机中采用三转子设计，如 D-18T 和 NK321 等。

可见，航空发动机的气动结构与机械结构之间存在着密切的关联与矛盾，导致设计思想必然建立在既有基础和能力的平台之上。GEnx 多级增压级和高负荷 HPC 的过度使用是源自三转子机械设计和制造能力的不足，但却将高压压气机气动设计能力和可调几何控制水平推向巅峰。而 Trent 系列发动机则利用机械结构缓解了气动结构的复杂性。图 1.17 表明，采用三转子机械结构使发动机轴向长度缩短约 20%，显然可以大幅度减轻发动机重量，并用这些重量去弥补其他零部件的设计冗余。而涵道比较低的三转子设计则足显其核心机的紧凑性严重不足，最终会使耗油率和推重比均无法达到顶尖的水平。

齿轮传动风扇是另一条取消增压级、恢复低压压气机级压升优势的设计思想。PW 公司在其高载荷高传动比高可靠性齿轮接近实用时，率先采用了齿轮驱动风扇的设计思想，有效提升了低压轴转速而不受风扇叶尖线速度的限制，进而有效减少了低压压气机和低压涡轮的级数和重量。但由此产生的机械传动方面的困难同样需要长期实践和能力提升来加以克服。

1.4.3　叶轮机现代设计特点

简而言之，现代叶轮机的设计特点就是气动结构的三维化和精细化，而不仅仅是设计工具的全三维化。

现代航空叶轮机的设计进步，与其说是计算技术带来的设计工具方面的进步，不如说是与设计工具相适应的设计思想的进步。这一点，从 RR 公司风扇效率的进步可以明确。图 1.18 显示，20 世纪 70 年代 CFD 技术逐步成熟，然而，风扇效率的显著提升则源自两类设计思想。第一是小展弦比设计，取消部分展高的阻尼凸台；第二是通过弯掠叶片设计，降低叶尖线速度，增加流量系数或负荷系数。

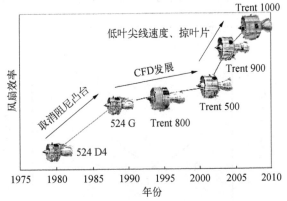

图 1.18　RR 公司风扇效率的发展趋势

GE 公司的风扇叶片同样经历了两次重要的设计思想变化（图 1.19），并且从第一代弯掠叶片（GE90-115B）到第二代弯掠叶片（三维流动控制叶片，Leap-X）的设计进步仅用了不到十年的实践。表明正确的设计思想可以在更短的实践周期内实现正确的设计结果，而正确的设计思想又是怎么产生的呢？这或许能给予我们更深入的思想启迪。

早在 20 世纪 50、60 年代，苏联的涡喷发动机、法国的小型涡喷/涡轴发动机，均采用

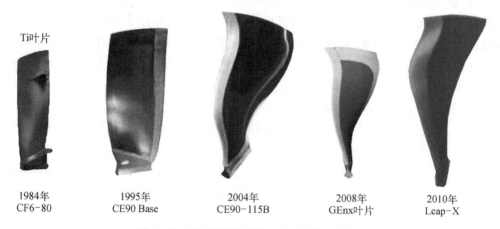

Ti叶片

| 1984年 | 1995年 | 2004年 | 2008年 | 2010年 |
| CF6-80 | CE90 Base | CE90-115B | GEnx叶片 | Leap-X |

图 1.19 GE 公司风扇叶片气动结构的变化

了小展弦比轴流压气机设计,具有代表性的如 WP7、WP11、WZ6 和 WZ8 等发动机的轴流压气机。这些设计的级压比均大于 1.4。其设计思想与其说是对气动的有效控制,不如说是为了结构上更安全可靠。

20 世纪 60、70 年代,以美国为代表的风扇/压气机设计思想是采用大展弦比叶片,目的是能够将基元叶型叶栅吹风实验所得到的大量结果安全有效地应用于多级压气机设计之中,认为每一级叶片具有足够的展向长度,那么,边界层对级性能的影响就能降至最低,离开边界层约 80% 的展向高度范围内则可以按照叶轮理论的无黏设计结果配以大量实验验证的原始叶型。其结果十分有效地被应用在 20 世纪 70 年代之前的压气机设计中,如图 1.20 所示,20 世纪 60、70 年代的平均级压比较低。

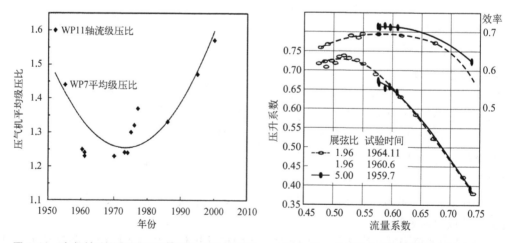

图 1.20 多级轴流压气机平均级压比的发展趋势   图 1.21 多级压气机叶片展弦比的影响

GE 公司在研制 J85、X211 和 J93 发动机的高压压气机时,发现了展弦比对压气机存在明确的影响(Smith, 1969)。图 1.21 中给出了在相同的稠度和叶尖间隙时,不同展弦比对压气机试验性能的影响。结果表明,展弦比从 5 减小到 1.96,效率略有下降,而稳定裕度显著提高。非常可惜的是,这一结果因效率偏低而没有引发关注,大展弦比设计因其高效率而成为设计主流。本质上,大展弦比的致命问题并不来自气动,而是叶片结构稳定性不足,需要增加部分展高的阻尼凸台。这一特点在第三代航空发动机上处处可见,但却是一个错误思想指导下的设计实践,当这一思想被引向极端时,大量阻尼凸台引发的气动损失变得不可接受。值得反思的是,苏联的三代机同样放弃了 WP7 的小展弦比设计,转而模仿美国采用大展弦比设计。显然,如果没有基于认知深度和能力的独立思想,起源于先驱者的认知不足和工具限制,将会传播于追随者的跟风抄袭和趋同避险。

公认的现代小展弦比概念是源于 Wennerstrom 博士的贡献(Wennerstrom,1989)。这是在 WP7 原型发动机 R11F 压气机的启迪下,开展了更高级压比的单级设计,并成功验证了小展弦比的单级压气机不但在压比上具有明确优势,在流动控制前提下,同样可以规避 WP7 压气机稳定裕度不足的问题(Wennerstrom et al.,1976;Wennerstrom et al.,1976)。可见,在某些方面,WP7 迄今仍是一个非常值得继承的技术平台,但需要有能力保留其优点、克服其缺点。先进航空发动机都是在部件的进步中所获得的产品。

小展弦比设计概念一方面使阻尼凸台变得毫无意义,一方面引发了美国 IHPTET 国家计划(Viars,1989)的"掠空气动力学"研究,进而形成以控制二次流为主要目的的现代三维弯掠叶片。

由于二次流累积作用对多级压气机的级间匹配产生更加重要的影响,因此,动叶的掠和静叶弯掠的综合设计将有助于抑制流动分离、改善流动匹配,从而提升高压压气机的效率。

关于二次流动产生的基本原理和物理图画将在相关的章节进一步讨论。

思考和练习题

1. 什么是叶轮机械?
2. 以能量转换形式区分,叶轮机械有哪两类?并各举 2~3 个例子。
3. 指出下列机械中哪些属于叶轮机?哪些属于工作机?哪些属于涡轮机?为什么?
   ① 齿轮油泵;② 风车;③ 贯流式风机;④ 打气筒;⑤ 水力发电站的水轮机;⑥ 理发用的吹风机;⑦ 农业灌溉用的水泵。
4. 叶轮机械存在几种典型的流动形式?分别是什么?
5. 构成航空发动机的叶轮机主要有哪几种结构形式?
6. 涡喷发动机可以采用双转子吗?什么情况下采用双转子?
7. 为什么说涡扇发动机、涡轴发动机和涡桨发动机都是涡喷发动机的升级版?
8. 喷气式航空发动机的发展历史能够给予哪些思想启迪?
9. 叶轮机内部流动的复杂性主要体现在哪些方面?
10. 什么是 S1 流面?什么是 S2 流面?
11. 最简化的 S1、S2 流面分别是什么?
12. 什么是叶轮机的"级"和"排"?分别以压气机和涡轮说明其构成。
13. 什么是跨声速压气机?

14. 从现象上,多级高压压气机特性具有什么样的特征?

15. 叶轮机现代设计特点是什么?

16. 简单叙述压气机的产生、发展、取得重大进展的过程。

17. 简单叙述涡轮的产生、发展、取得重大进展的过程。

18. 利用常识分析最接近真实的 S1、S2 流面会具有哪些物理现象? 尝试画出这些现象的物理图画。

第 2 章
叶轮机基本性能

表征叶轮机基本性能的主要参数包括转速、流量、压比和效率等，应用不同、表达方式不同。本章首先在流体力学、气体动力学和工程热力学的基础上，讨论叶轮机基本性能参数及其概念产生的逻辑过程。进而基于相似理论的基本原理，讨论相应的无量纲性能参数。在获得叶轮机基本性能知识的同时，从原理层面初步讨论这些参数的应用范围。

学习要点：

(1) 掌握叶轮机基本性能参数和无量纲特性参数的定义及其物理内涵；

(2) 掌握叶轮机气动热力参数的变化规律，初步认识焓熵图中的参数关系；

(3) 进一步了解性能参数极限，体会合理选择参数在工程设计应用中的重要性；

(4) 体会表象丰富的各性能参数产生的逻辑过程及物理内涵。

2.1 转 速

压气机在一定转速下吸入一定流量，以一定效率、消耗一定功率，实现一定压比的空气压缩；涡轮则通过一定流量，以一定压比的膨胀驱动叶轮产生一定转速，以一定效率实现一定功率的输出。于是，转速、流量、压比（能头）、效率和功率就构成了叶轮机械的基本性能参数，而转速则是以机械方式构建性能参数的最基本要素。

当几何和环境边界条件一定时，转速决定了其他性能参数。当几何和环境边界条件发生变化时，性能参数随之发生变化。虽然这些参数的绝对值发生变化，但仍可以通过相似变换得到无量纲性能参数（参见附录 C）。通过无量纲性能参数相等，确定流动相似所依赖的几何边界条件，这就是相似设计；确定流动相似所依赖的环境边界条件，这就是相似应用。不论相似设计，还是相似应用，转速都是沟通机械与流动的桥梁。

2.1.1 转速与线速度

叶轮以某转速 n 绕旋转轴 x 旋转，所产生的旋转角速度 ω 为

$$\omega = \frac{\pi}{30}n \tag{2.1}$$

式中,角速度 ω 的单位是 $1/\text{s}$;转速 n 的单位是 r/min。转速直接决定了旋转机械的轴通过频率和叶片通过频率,分别为 $\frac{n}{60}$ 和 $\frac{nN}{60}$,单位为 Hz。这两个频率与机械振动、气动噪声密切相关,这里不进一步讨论。

工程应用中,转速 n 是发动机工作状态的控制参数,但并不能直接代表叶轮机能量转换和应力储备的能力。用于表征这两种能力的更有效参数是动叶的切线速度 u,简称线速度。根据附录式(A.9):

$$u = \omega r = \frac{\pi}{30}nr \tag{2.2}$$

由于叶轮机叶片的半径存在变化,通常选择平均半径线速度表示叶轮机机械旋转特征,并以最大半径线速度衡量其极限特征。根据应力储备和寿命的不同,叶片最大线速度通常具有取值极限。例如,航空轴流压气机最大线速度通常在 450 m/s 左右甚至更高,意味着叶片尖部区域的金属 1 秒钟绕标准体育场跑一圈多,标准大气温下处于超声速运动;同时,所产生的离心加速度约为 $10^5 g$(g 为重力加速度),而飞机的最大离心过载通常不大于 $9g$。这样一种线速度并不是所有的工程应用场景都需要,民用大涵道比涡扇发动机的风扇则因为噪声控制的需要低至 410 m/s 以下。地面用轴流压缩机的最大线速度通常在 350 m/s 以下、螺旋桨不足 200 m/s、通风机则低于 100 m/s,可使材料和制造成本大幅度下降。航空发动机高压涡轮的最大线速度可以达到 500 m/s 左右,使得气动、传热、应力、材料和制造等多个学科在一个部件上交互作用,但由于轮毂比较高,使这样的交互作用在合理自洽的设计下变得工程可用。

在叶轮机气动领域,习惯采用线速度的概念;在旋转机械强度领域,更多地采用 dn 值(d 为直径)。两者物理内涵一致,是旋转机械流体和固体两方面能力的直接度量。流固的高度耦合使航空叶轮机始终是叶轮机械的领跑者。

2.1.2 相似转速与折合转速

飞行器的飞行空速与来流速度总是一致的,但叶轮机的机械运转速度与进气速度却需要通过叶轮机特性进行关联,并具有独立变化的特征。于是,利用叶片线速度所对应的 Mach 数 M_u 来表示机械运转的无量纲特征参数,通常称为机械 Mach 数,存在 $M_u = \dfrac{u}{\sqrt{kRT}}$,其中,温度 T 是动叶运转环境所具有的当地静温。

流动中的静温无法直接测定,于是,根据气动函数 $\dfrac{T^*}{T} = 1 + \dfrac{k-1}{2}M_v^2$,将 M_u 与当地总温 T^* 和进气绝对速度 Mach 数 M_v 进行关联,得到:

$$M_u = \frac{\pi n r}{30} \frac{1}{\sqrt{kRT^*}} \sqrt{1 + \frac{k-1}{2}M_v^2} \tag{2.3}$$

可见,机械 Mach 数不但与线速度有关,还与机械运转所处的进气环境相关。

对叶轮机叶片和轮盘之类的旋转机械而言,除进气绝对速度 Mach 数 M_v 外,就需要增加第二个相似准数 M_u,以确保几何相似的旋转机械可以产生相似的内部流动。几何相似的两台叶轮机,若 M_v 相等,其流动相似的充要条件是相似转速不变(参见附录 C),即根据式(2.3)得到相似不变量:

$$\frac{nr}{\sqrt{T^*}} = \text{const.} \tag{2.4}$$

式(2.4)中的不变量就是叶轮机流动相似的一个相似准数,通常称作相似转速。

对于几何相等(即同一型号)的叶轮机或发动机,在不同环境下运行,产生流动相似的转速并不相同,但相似转速却是不变量,即

$$\frac{n}{\sqrt{T^*}} = \text{const.} \tag{2.5}$$

显然,相似转速 $\dfrac{nr}{\sqrt{T^*}}$ 不具有转速的量纲,为此,人为地给定标准环境,以保证叶轮机性能特性能够直观地一致评价。航空领域,标准环境条件约定为海平面标准大气,即大气温 288.15 K、大气压 101 325 Pa。标准大气条件下的转速称为折合转速(或换算转速)n_c:

$$n_c = n \sqrt{\frac{288.15}{T^*}} \tag{2.6}$$

式中,T^* 是进气所具有的实际平均总温。对于地面运行状态即为大气温;对于飞行状态则为与飞行速度和高度相关的进气总温。为区别折合转速,叶轮机实际转速 n 通常称作物理转速。

例如,海平面标准大气状态下,某发动机设计转速为 22 000 r/min。当大气温为凌晨 3℃、中午 23℃时,分别需要按物理转速 21 537.0 r/min、22 303.3r/min 运转发动机,才能正确获得压气机设计转速。而相似转速不变,均为 1 296.0 r/(min · K^{0.5}),表明物理转速不同,但内部流动却具有相似性。可见,为获得设计点气动性能,可以选择低温大气条件进行试验,较低的物理转速可以降低叶轮机离心力的作用,有利于安全试验。但低温常常伴随着大气压升高,从后面的知识可以看出,进气总压提高会导致叶轮机轴向力增加,又不利于安全试验。

2.2 流　量

2.2.1 质量流量与环面迎风流量

根据附录 A2.2 流量方程,特征截面 A 通过的质量流量 G 为

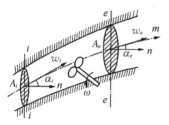

图 2.1　一维平均流质量守恒

$$G = \int_A \rho(\boldsymbol{w} \cdot \boldsymbol{n}) \mathrm{d}A = \int_A \rho w \cos\alpha \mathrm{d}A \qquad (2.7)$$

式中,$\boldsymbol{w}$ 为流动相对速度,在图 2.1 示意的控制体内则为绝对速度 $\boldsymbol{v}$;$\boldsymbol{n}$ 为特征截面 A 的法向单位矢量;α 为流动方向与 $\boldsymbol{n}$ 之间的夹角。作为零维热力或一维平均参数计算,通常取流动的法向截面,即 $A_m = A\cos\alpha$,而截面 A 上存在且唯一存在密流 ρw 的平均值(即积分中值),于是:

$$G = \rho w A\cos\alpha = (\rho w) A_m \qquad (2.8)$$

此式虽然简单,但需要理解其产生的逻辑过程和简化假设,避免工程误用:① 流量方程形成的条件是不可压或定常;对于非定常一维可压流动,控制体的质量净通量不为零,随密度的时间变化率而改变(参见附录 A.2);由于航空发动机主流道流动主体为可压缩流动,因此,上式仅适用于定常流动;② 没有流动是一维均匀的,数值模拟或试验测试结果得到密度、速度均为空间坐标的分布函数,计算流量时不应随意改变式(2.7)所具有的积分关系,即密流 ρw 必须作为一个函数进行面积平均,否则与高等数学中多变量函数的积分中值定理不符,例如将密度、速度分别平均后再相乘得到密流平均值,看似满足式(2.8),但不满足式(2.7);③ 速度与面积计算截面的正交性要求不可忽略。

对于图 2.1,以下标 i、e 分别表示进、出口特征截面,当进出口截面之间没有旁通管路时,进出口质量流量保持不变,即 $G_e = G_i$。

早期文献中习惯采用工程单位制(重力制),以重量流量表示,单位为 kgf/s。随着工程单位制的废止,国际单位制(SI)不存在重量流量的概念,以质量流量取而代之。延续传统,这里仍以符号"G"表示质量流量,单位为 kg/s,而工程应用中更多地采用符号"W"(易与相对速度 w 混淆,本书不采用),更贴近气动基础教材的表示符号应该是"$\dot{m}$"。

从式(2.8)看,流量大小取决于当地密度、速度和流通面积,但当地密度和速度都是不易直接测得的量,因此根据附录 B 式(B.39),一维等熵流动的质量流量可以表达为

$$G = K \frac{p^*}{\sqrt{T^*}} q(M_v) A_m \qquad (2.9)$$

式中,$K = \dfrac{k}{R}\left(\dfrac{2}{k+1}\right)^{\frac{k+1}{2(k-1)}}$,是由气体物性决定的常数;$T^*$ 和 p^* 分别为特征截面 A 的平均

总温和总压；M_v 是特征截面 A 上与总温 T^*、总压 p^* 相对应的 Mach 数。显然,不能以截面 A 的法向分速计算该 Mach 数,只能用 A_m 替代截面积 A,这是应用中容易产生的公式误用。

由于航空发动机受到迎风阻力和重量的严格限制,对迎风面积的苛求远远超过地面燃气轮机等。对特定的进气总温 T^* 和总压 p^*,流量只能通过提高气流速度来实现,使气体压缩性增强,低损失流动控制的难度大幅度增加。发动机内部存在着一些高 Mach 数的特征截面,如风扇进口、HPC 进口、HPT 出口、LPT 出口等,都是航空发动机设计的关键截面。

以风扇为例,设 A_m 为风扇进口环面迎风面积,M_v 为进气平均 Mach 数。显然,当 $M_v = 1.0$ 时,流量函数 $q(M_v) = 1.0$,风扇进气达到临界状态,壅塞流量为 $G_{ch} = K \dfrac{p^*}{\sqrt{T^*}} A_m$。于是,无黏条件下,风扇进气的最大环面迎风流量为

$$\frac{G_{ch}}{A_m} = K \frac{p^*}{\sqrt{T^*}} \tag{2.10}$$

即海平面标准大气、无进气损失的情况下,风扇环面迎风流量的最大值为 241.2 kg/$(s \cdot m^2)$。这就是单位面积能够通过空气的最大质量流量,亚声速和超声速进气均使流量降低(参见附录 B 图 B.4)。实际上,由于风扇/压气机内部动静叶的存在,相对运动和局部加速使叶片内部流动更易进入临界。因此,环面迎风流量是关联发动机总体性能与叶轮机气动性能的重要参数,存在极限值。这一点将在第 4 章基元流动中进一步讨论,这里仅引用 E3 发动机风扇和 HPC 的设计评估值:起飞、最大巡航和最大爬升状态风扇的环面迎风流量分别为 187、206 和 209 kg/$(s \cdot m^2)$ (Sullivan et al.,1983);HPC 保守负荷、额定负荷和最大负荷状态下分别为 171、186 和 200 kg/$(s \cdot m^2)$ (Wisler,et al.,1977)。可见,风扇对飞行器迎风阻力影响大,该参数的选择相对较高,并以现代弯掠叶片设计,确保风扇在没有 VIGV 的情况下全状态工程可用;而 HPC 内部流动的匹配控制更加困难,于是,这一参数的选择相对较低,其目的同样是为了工程最优目标的有效实现。

从附录 B 图 B.4 看出,当风扇/压气机进气 $M_v = 0.65$ 时,流量函数 $q(M_v) = 0.8806$。进一步提高 Mach 数对风扇/压气机通流能力的贡献趋缓,而流动控制难度却大幅度提高。为避免进入壅塞,除了控制进气 Mach 数外,还必须通过减小轮毂比、弯掠叶片等现代设计,保证叶轮机的高通流能力。由此也表明了基本概念的重要性:无黏定常平均流动的最基本原理决定着工程应用的极限,忽视这类极限就可能违背客观规律,工程应用往往失败。

顺便提一下,如果将燃气轮机用于航空推进,那么,超声速进气至少因质量流量下降而不利于推力提高。这也是超声速飞行时,必须采用复杂进气道将超声速进气降为风扇前亚声速绝对速度的基本原理。如果燃气轮机用于产生轴功率输出而不是推力,那么,减小迎风面积而过度提升进气 Mach 数的追求则显得毫无工程价值。

2.2.2 相似流量与折合流量

上一节明确了机械 Mach 数 M_u 相等的一个条件是当地绝对速度 Mach 数 M_v 相等。根据相似理论,几何相似的情况下,当地绝对 Mach 数相等的条件是进气绝对 Mach 数相等,即式(2.9)中通过特征截面 A_m 的流量函数 $q(M_v)$ 相等,于是,得到叶轮机流动相似的另一个相似准数,即相似流量:

$$\frac{G\sqrt{T^*}}{A_m p^*} = \text{const.} \qquad (2.11)$$

对于同一型号(即几何相等)的叶轮机或发动机,在不同环境下,产生流动相似的流量并不相等,但存在质量流量的相似不变量,即

$$\frac{G\sqrt{T^*}}{p^*} = \text{const.} \qquad (2.12)$$

同样,相似流量不具有流量的量纲,但却在叶轮机相似变换中十分有用。

至此可见,决定旋转机械内部流动相似的充要条件是两个 Mach 数同时相等。鉴于 Mach 数并不是叶轮机的性能参数,可以通过单调函数关系对 Mach 数进行变换,转化为任意两个独立而工程可用的相似准数,如相似转速和相似流量。叶轮机几何缩放就是相似准数分别相等所约束的几何改变。这种改变的继承性具有缜密的定量化逻辑关系,因此工程研制的成功率高、周期短、费用低,完全不需要通过所谓逆向设计抄袭他人的几何坐标。

现代航空发动机内部通常具有临界截面,一般设计在高压涡轮导向器中,为此,涡轮部件的性能参数(如膨胀比)与流量函数之间不存在单调的函数关系,相似流量或折合流量不能作为相似准数。这将在第 5 章进一步讨论。

即使几何相等的叶轮机或发动机,环境也会改变实际通过的质量流量。于是,利用海平面标准大气条件的约定,产生某特征截面的折合流量(或称换算流量) G_c:

$$G_c = G\sqrt{\frac{T^*}{288.15}}\frac{101\,325}{p^*} \qquad (2.13)$$

式中,T^*、p^* 是叶轮机特征截面的平均总温、总压;G 为通过该截面的实际流量,一般称作物理流量。

例如,某发动机的设计状态折合转速 22 000 r/min、折合流量 13.52 kg/s。利用该发动机推进某无人机在 18 km 高度以飞行 Mach 数 0.8 巡航。标准大气条件下,忽略进气道总压恢复系数、假设比热比和 Reynolds 数不变。那么,达到设计状态的物理转速和物理流量分别为 20 262.8 r/min 和 1.657 5 kg/s,轴流压气机的相似转速和相似流量分别为 1 296.0 r/(min·K$^{0.5}$)和 0.002 265 m·s·K$^{0.5}$,折合转速和折合流量分别为 22 000 r/min 和 13.52 kg/s。如果不计引气量和燃油流量,涡轮的物理流量与压气机一致,当涡轮进气总温 $T_4^* = 1\,017.8$ K、总压 $p_4^* = 57\,059.0$ Pa,则涡轮的相似转速、相似流量、折合转速和折合流量分别是 635.1 r/(min·K$^{0.5}$)、0.000 927 m·s·K$^{0.5}$、10 781.5 r/min 和 5.531 8 kg/s。

这是流动相似条件下所产生的发动机高空性能,虽然没有计入 Reynolds 数降低和定压比热变化所具有的实际影响,但总体上体现了发动机状态性能随环境的变化规律,即高空条件下发动机达到设计状态的物理转速、物理流量会降低。特别是物理流量降低十分明显,这与飞行器阻力降低所致的推力需求降低是一致的。如果假设耗油率不变,那么高空飞行的油耗将大幅度降低。

需要强调的是,几何缩尺、大气密度降低均使 Reynolds 数降低。当叶轮机部件 Reynolds 数低于临界 Reynolds 数后,各性能参数均明显恶化。这与单双转子布局形式、叶轮机、燃烧室设计密切相关,这里不作深入讨论。但定性结论是,单转子发动机的巡航高度高于双转子、大尺寸发动机高于小尺寸、小展弦比叶轮机优于大展弦比、离心甩油折流式燃烧室优于其他类型。作为小型航空发动机,WP11C 实用升限因此而达到该推力级涡扇发动机难以企及的 21.3 km 的飞行高度,油耗大幅度降低、航时航程大幅度增加。

2.2.3 体积流量

以不可压流动为工质的叶轮机械,如风机、压缩机和泵等,通常可以假设流经叶轮机的过程中密度不发生变化,因此更多地采用体积流量 Q,定义为

$$Q = \frac{G}{\rho} = \int_A (\boldsymbol{w} \cdot \boldsymbol{n}) \mathrm{d}A = wA\cos\alpha = wA_m \tag{2.14}$$

单位是 m^3/s。航空发动机领域同样需要用到体积流量,例如,以地面设备模拟高空环境时,产生高空模拟环境的压缩机、真空泵等设备均以不可压特征的体积流量来表征其状态性能,这时,需要以体积流量的相似准数评估发动机质量流量的适应能力。

将完全气体状态方程代入上式,经变换得到 $\dfrac{Q}{\sqrt{T}} = \dfrac{G}{\rho\sqrt{T}} = R\dfrac{G\sqrt{T^*}}{p^*}\left(1 + \dfrac{k-1}{2}M_{v^2}\right)^{\frac{k+1}{2(k-1)}}$,于是,相似体积流量不变量为

$$\frac{Q}{\sqrt{T}} = \mathrm{const.} \tag{2.15}$$

式中,T 为通过体积流量 Q 所在截面的平均静温。不可压流动中不引入总温、总压的概念,因此,转速也可以通过式(2.5)的进一步推导,与静温 T 共同构成相似转速:

$$\frac{n}{\sqrt{T}} = \mathrm{const.} \tag{2.16}$$

利用上面的案例比较该发动机设计状态和 18 km 飞行高度、飞行 Mach 数 0.8 高空模拟状态所具有的体积流量和相似体积流量,计算结果分别为:设计状态体积流量为 12.808 m^3/s、相似体积流量为 0.777 3 $\mathrm{m}^3/(\mathrm{s}\cdot\mathrm{K}^{0.5})$;高空模拟状态体积流量为 11.767 m^3/s、相似体积流量为 0.777 3 $\mathrm{m}^3/(\mathrm{s}\cdot\mathrm{K}^{0.5})$。结果表明,在发动机流动相似的情况下,相似体积流量保持不变。这样,就可以根据发动机进口环境温度,简单而明确地确

定出高空模拟试验器在不同高度所需要提供的流量,进而评估高空环境模拟系统的功率需求等。

2.2.4 流量系数

如上所述,几何相似的叶轮机,其流动相似的附加约束条件是进气 Mach 数 M_v 和机械 Mach 数 M_u 分别相等。显然,叶轮机转速的改变必然导致机械 Mach 数的变化,那么,不同转速状态的叶轮机内部是否存在相似流动呢?

根据叶轮机相似理论,Reynolds 数大于临界 Reynolds 数后,只要相似准数 M_v、M_u 分别相等,则叶轮机流动相似。由于 M_u 与转速和 M_v 密切相关,M_v 又是流量和转速决定的,当转速变化时不可能维持两个 Mach 数分别相等,但两者的比值 $\dfrac{M_v}{M_u}$ 可以不变。于是,只要证明 $\dfrac{M_v}{M_u}$ 是相似不变量,就可以在不同转速下寻求流动相似的状态。

根据式(2.11)和式(2.4),相似流量和相似转速的比值也是不变量,即 $\dfrac{\rho}{\rho^*} \cdot \dfrac{G}{\rho u A_m} =$ const. 。当流动不可压时,近似存在 $\dfrac{\rho}{\rho^*} = 1.0$,于是 $\dfrac{G}{\rho u A_m} =$ const. 。该不变量关联了流量与转速的变化,称为流量系数。

对于轴流式叶轮机械,质量流量 $G = \rho w_m A_m$,于是,其流量系数 ϕ 为

$$\phi = \frac{w_m}{u} \tag{2.17}$$

式中,w_m 通常取为级进气截面子午分速平均值;u 为平均半径的线速度。两者也可以分别取为某半径的进气子午分速和线速度,表示基元级的流量系数。

对于离心式叶轮机械,一般选择进气密度 ρ_1、叶轮出口线速度 u_2 和直径 d_2 作为参考量,流量系数为

$$\phi = \frac{G}{\rho_1 u_2 d_2^2} \tag{2.18}$$

流量系数和后面介绍的负荷系数一起构成了替代两个 Mach 数所表达的相似准数,适用于不同转速之间叶轮机流动的相似性分析,是叶轮机最为重要的性能设计参数,也是多级轴流压气机/涡轮级匹配特性不可或缺的分析参数。不可压情况下,流量系数和负荷系数分别相等的状态,即为内部流场相似的流动状态;可压流情况下,总静密度比的差异破坏了其相似规律的严谨性,但仍是判断内部流动变化特征的重要依据。

例如,某发动机的设计状态折合转速 22 000 r/min、折合流量 13.52 kg/s,轴流压气机动叶进口内、外径分别为 195.9 mm、357.1 mm。当百分比折合转速为 80% 时,试验测得的折合流量为 9.088 kg/s。于是,两个状态的压气机流量系数分别 0.574 3 和 0.439 2。结果表明,发动机不同折合转速下存在不同的折合流量。如果流量系数不相等,说明两个状

态的流动特征不相似。发动机中压气机与涡轮共同工作过程中,随着转速的变化,流量系数存在变化,压气机或涡轮内部的流场分别处于不相似的工作状态。

注意,叶轮机流量系数与飞行器进气道流量系数是完全不同的概念。后者定义为进气道捕获面积与进气道进口面积的比值,可参见朱行健等(1992)。

2.3　功　与　功　率

2.3.1　轴功与功率

压气机叶轮是由机械轴输入功率而产生旋转,而涡轮则是通过驱动叶轮旋转而向机械轴输出功率。当以涡轮驱动压气机,则存在压气机与涡轮的轴功率匹配,配合转速一致、流量匹配就形成了压气机与涡轮的共同工作。

对旋转机械而言,轴功率 P_s 与扭矩 T 成正比,即 $P_s = \omega T$;而根据附录 A.3.6 中式 (A.49),轮缘功率则为 $P_u = \omega M_x$。可见,转轴扭矩 T 与气体动量矩 M_x 具有相同的力学本质,单位均为 N·m。所具有的差异体现在轴功率 P_s 与轮缘功率 P_u 之间的关系:

$$P_s = \omega T = P_u + P_l + P_d = \omega M_x + P_l + P_d \tag{2.19}$$

轮缘功率只是叶轮与流体产生的能量转换,而叶轮传递能量到轴的过程中还会消耗一部分功率,主要包括轮阻损失和泄漏损失,如图 2.2 所示。

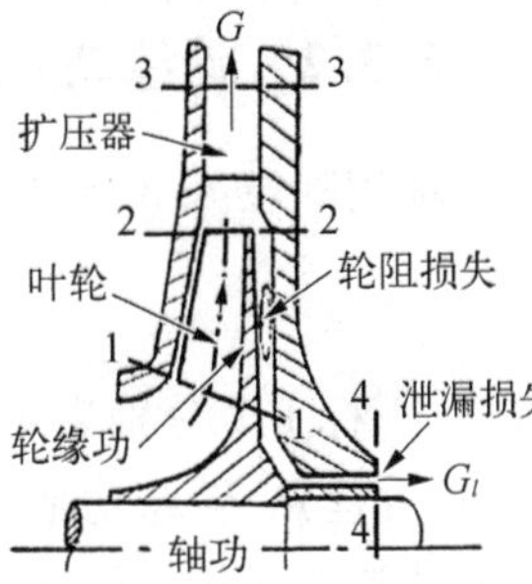

若将机械对流体加功视为正值,那么式(2.19)对涡轮依然有效,只是 P_s 和 P_u 均为负值,以表达功率输出。

P_u 是通过叶轮轮缘输入/输出的功率,是流体与机械产生能量转换的定量表达。根据式(A.51):

$$P_u = Gl_u \tag{2.20}$$

图 2.2　轴功与轮缘功

式中, l_u 称作轮缘功,也称为比接管功(Bohl,1984),是叶轮对单位质量流体所做的功,即比功,单位为 J/kg。此式以负值适用于涡轮,表示单位质量流体对叶轮所做的功。

如图 2.2,由于泄漏的存在,流出、流入叶轮的流量通常并不一致。上式中的流量 G 是参与加功的流量。动叶完成增压后,一部分流量因机械设计的密封性问题而泄漏。显然,泄漏流量虽然参与了加功,但没有随排气有效输出。这部分流量为泄漏流量 G_l,决定了因泄漏而产生的功率损失,即 $P_l = G_l l_u$。定义泄漏损失系数 $\varpi_l = \dfrac{G_l}{G}$,则泄漏损失功率为

$P_l = \dfrac{\varpi_l}{P_u}$。

轮阻损失同样因机械旋转的存在而不可避免,于是,与轮缘功率进行关联,轮阻损失功率为 $P_d = \varpi_d P_u$,式中, ϖ_d 是轮阻损失系数。

于是,叶轮机轴功可以表达为

$$l_s = (1 + \varpi_l + \varpi_d) l_u \tag{2.21}$$

例如,某离心压缩机质量流量为 6.95 kg/s,泄漏损失系数和轮阻损失系数分别为 0.012 和 0.03,叶轮轮缘功为 45.9 kJ/kg(徐忠,1990),计算得到其轮缘功率、泄漏损失功率、轮阻损失功率和轴功率分别为 319.0 kW、3.828 kW、9.570 kW 和 332.4 kW。可见,轴功驱动压缩机产生轮缘功的过程中,泄漏损失占总功率的 1.15%、轮阻损失占总功率的 2.88%。这表明,不论是压气机还是涡轮,都不可避免地存在泄漏和轮阻损失,并且与叶轮机气动性能相关。气动效率非常艰难地提高一个百分点,却会因泄漏和轮阻轻易地丢失掉。

以工程设计角度,减小轮盘表面积和转速均有利于轮阻损失的降低,而提高压气机通流能力和级负荷能力会明显减小盘的表面积。

对压气机而言,泄漏损失即为有效流量的亏损。那么,泄漏流量能否再利用就变得十分重要。如图 1.16 所示,发动机从压气机引出的流量将在涡轮内部得到再利用,最后与主流汇合共同产生推力,因此,即使是内部泄漏,流量本身并不构成发动机推力损失,但总压损失程度是决定能否再利用的关键。因此,合理的密封设计不单单是气动结构设计问题,涉及系统的能量转换。另外,密封在发动机性能衰退中起着十分重要的作用,也是气动结构设计必须考虑的问题。

2.3.2 轮缘功:叶轮机 Euler 方程

根据附录 A.3.6 动量矩方程的推导,在定常无黏假设条件下,轮缘功 l_u 为

$$l_u = \omega(v_{u2} r_2 - v_{u1} r_1) \tag{2.22}$$

式中,下标 1、2 分别表示动叶进出口截面。这就是叶轮机 Euler 方程(也称叶轮机第一 Euler 方程)。轮缘功是通过轮缘传递给动叶并施加于流体工质上的比功,或是流体通过动叶传递给涡轮轮缘的比功,单位为 J/kg。式中,$v_u r$ 是叶轮进出口特征截面对应于半径 r 的速度矩,也称环量。附录 B.4 根据潘锦珊(1989)给出了环量的产生和定义,以方便参考。

可以看出,式(2.22)与半径密切相关,因此,该式更适合描述基元级(第 4 章)加功。叶轮机级轮缘功是各基元级轮缘功的总和,可以按照流量平均环量进行计算,即 $(v_u r)_a = \frac{1}{G}\left[\int_A (v_u r) \rho (v \cdot n) dA\right]$,也可以用平均半径的环量表示级轮缘功。压气机初步设计的中线法就是采用了平均半径上的参数来代表级性能。

根据叶轮机 Euler 方程式(2.22),由速度三角形关系式(A.8)的数学推导,可以得到:

$$l_u = \frac{1}{2}(v_2^2 - v_1^2) + \frac{1}{2}(w_1^2 - w_2^2) + \frac{1}{2}(u_2^2 - u_1^2) \tag{2.23}$$

即叶轮机第二 Euler 方程,反映出轮缘功与叶轮进出口动能之间的关系。可见,进出口线速度 u 的差异对叶轮机轮缘功影响巨大。这也是为什么高压比离心压气机的进出口半径总是存在着较大差异。

　　轮缘功也可以由能量方程推导得到。根据附录 A.4.4，在定常绝热定比热条件下，存在：

$$l_u = h_2^* - h_1^* = c_p(T_2^* - T_1^*) \tag{2.24}$$

而从动叶出口截面 2 到静叶排或扩压器出口截面 3，存在：

$$h_3^* = h_2^* \tag{2.25}$$

　　需要注意的是：① 式(2.22)和式(2.24)的假设条件是不同的，前者强调无黏条件，后者仅强调绝热，包括壁面绝热和流体内部绝热；② 式(2.22)也可以应用于非旋转件内部的流动关系，即没有轮缘功输入或输出的情况下，叶片排进出口环量保持不变，即 $v_{u3} r_3 = v_{u2} r_2$，但假设条件依然是定常无黏，这一点很重要。

2.3.3　涡轮功

　　对于压气机而言，轮缘所具有的功会通过动叶全部输入给流体，因此，2.3.2 节所表述的轮缘功就是压气机主流道流体所接受的全部能量。涡轮则存在一定的差异，流体的全部能量通过轮缘功输出至动叶，但并不是全部能量都能够通过轮缘输出给涡轮盘轴机械。能够实际输出给涡轮机械的那一部分比功称为涡轮功。涡轮功与轮缘功的差异可以表示为

$$l_T = \delta_{sc} l_u \tag{2.26}$$

式中，δ_{sc} 为涡轮功损失系数。一般认为是因为涡轮主流道二次流动所产生的二次损失所致(彭泽琰等，2008)。后面章节会进一步讨论叶轮机主流道二次流动产生的基本流动图画。这里需要强调的是，并不是所有的二次流动均以损失的方式影响涡轮功。一般而言，周向二次流会改变轮缘功，而不是简单地以损失计入这类二次流的作用。另外，对于气冷涡轮动叶，气膜以何种方式进入涡轮主流道，这是一个与涡轮功能否有效实现相关的问题，不仅仅是涡轮叶片的冷却问题。

2.3.4　温升负荷系数与功率系数

　　流量系数反映的是流量与线速度的比例关系，与此相同，轮缘功与线速度所反映的比例关系则为负荷系数，分为温升负荷系数和压比负荷系数。温升负荷系数定义为

$$\psi_T^* = \frac{l_u}{u^2} \tag{2.27}$$

式中，由于线速度 u 与叶片半径直接相关，因此，参考截面的半径选择会直接影响负荷系数的结果。通常，轴流压气机、轴流涡轮选择动叶进气平均半径所具有的线速度，特殊说明的情况下也可以选择动叶进气叶尖线速度，而离心压气机则选择叶轮出口半径的线速度。

　　将式(2.24)代入式(2.27)，可以得 $\psi_T^* = c_p(\theta^* - 1) \Big/ \left(\dfrac{u}{\sqrt{T_1^*}} \right)^2$。由于相似线速度

$\dfrac{u}{\sqrt{T_1^*}}$ 和总温比 θ^* 都是相似不变量,因此,与流量系数一样,负荷系数也是不同转速下成立的相似准数。

负荷系数从名称到定义上都不统一,如温升负荷系数,又称负荷系数、能头系数、温升系数。定义上分母除了采用 u^2 外,也有文献采用机械动能 $\dfrac{u^2}{2}$。这样,负荷系数的具体数值将翻倍(李根深等,1980)。分子除采用总温升以代表轮缘功外,也有文献采用压缩功,这里称之为压比负荷系数,第 2.5.3 节将进一步讨论。

与流量系数一样,负荷系数在形式上十分简单。由于叶轮的应力与线速度的平方成正比,因此,不论以哪种形式表达,负荷系数均代表一定应力水平下的气动负荷能力。线速度一定则离心力负荷一定,负荷系数越大就意味着气动负荷能力越高,气动设计难度增加。现代高负荷设计,就是将叶轮机的级负荷系数提升至足够高的水平,在确保叶片应力水平不增加的情况下,实现级增压/膨胀能力的提升。

由于与叶片应力相关,而应力水平又与叶片轮毂比、展弦比等决定气动性能的参数存在着非常密切的关系,因此,高负荷设计已不再是单一的气动性能设计问题,而是气动与应力的综合。例如,大轮毂比叶片的动、静应力水平通常可以设计得比小轮毂比叶片高,于是,其负荷系数的选取通常会高于小轮毂比叶片,即高压压气机负荷系数通常会高于风扇。简单举例仅反映了原理上的趋势,而定量确定则需要在长期实践中形成公式化模型。

由于叶轮机气体的能量转换功率 P_u 是质量流量与轮缘功的乘积,因此,功率系数 λ 是流量系数和负荷系数的乘积:

$$\lambda = \phi \cdot \psi_T^* \tag{2.28}$$

由流量系数、负荷系数和功率系数可以看出,相似几何的叶轮机如果流动相似,则流量与线速度成正比,轮缘功与线速度平方成正比,而功率则与线速度的三次方成正比。正因为此,上一章才强调了叶轮机跟转速之间的关系并不直接,但与线速度却存在着非常非常密切的关系。这一相似应用,对认知叶轮机能量转换规律十分有用。

2.4　压缩/膨胀过程

2.4.1　过程的产生: 广义 Bernoulli 方程

根据附录 A.5.2 热力学第一定律式(A.91),存在:

$$q_e + l_f = (h_2 - h_1) - \int_1^2 \frac{1}{\rho} \mathrm{d}p \tag{2.29}$$

将附录 A.4.4 相对坐标系一维流动能量方程式(A.75)代入上式,得到:

$$l_u = \frac{1}{2}(v_2^2 - v_1^2) + \int_1^2 \frac{1}{\rho} \mathrm{d}p + l_f \tag{2.30}$$

这就是一维流动机械能形式的能量方程,或称广义 Bernoulli 方程。对于叶轮机一维平均流动,该式清晰地表达了轮缘功输入后,流体关键性能参数所产生的变化:除流阻损失所消耗的功 l_f 外,轮缘功提供了流体绝对动能和压强势能的变化,其中,动能与压强势能的变化总和就是工程热力学中的技术功(沈维道等,2007),是叶轮机追求的终极目标。但是,追求动能变化还是势能变化,则是叶轮机气动热力学在工程热力学基础上对问题的进一步细化。没有这样的精细化深入,就难以形成高水平的产品设计。

在叶轮机械领域,一般将流体经过动叶所产生的静压势能变化,即 $\int_1^2 \frac{1}{\rho} \mathrm{d}p$,称为压缩功或膨胀功,是工作机产生压缩或涡轮机产生膨胀的具体表达。

从式(2.30)的推导过程可以看出,广义 Bernoulli 方程在定常、无彻体力的假设下成立。虽然方程没有显式地表达与外界的热量交换,但是,外界热量将通过影响气动的热力变化过程来影响方程中各气动热力参数的具体数值。壁面绝热条件下,摩擦热体现为 l_f。

通过广义 Bernoulli 方程,可以清晰地诠释叶轮机的能量转换特征。通过轮缘功输入或输出,叶轮所获得的是流体动能和压强势能的同时变化。当以流体动能变化为主要特征时,就形成了通风机、低压泵之类的叶轮机械;当以流体压强势能变化为主要特征时,就形成了压缩机(压气机)、高压泵和涡轮之类的叶轮机械;当两者均衡存在时,就形成了风扇、鼓风机、中压泵之类的叶轮机械。流阻损失功 l_f 则体现了能量转换过程中必须承受的消耗,通常以损失或效率来定量表达。

另外,式(2.23)最后一项 $\frac{1}{2}(u_2^2 - u_1^2)$ 代表着叶轮离心力加功。可以看出,当相对动能和绝对动能变化量不变时,式(2.30)中流阻损失功 l_f 不变,而离心力加功增加,轮缘功就增加,于是压缩功就增加。这就是离心压气机的级增压能力会高于轴流压气机的根本原因,即保证进出口相对、绝对速度一致的情况下,离心压气机可以通过半径差来实现压缩功,这时,与速度大小和变化密切相关的流阻损失功变化不大。

对静叶而言,轮缘功 $l_u = 0$,经过静叶的压强变化仍然遵循广义 Bernoulli 方程:

$$\int_2^3 \frac{1}{\rho} \mathrm{d}p = \frac{1}{2}(v_2^2 - v_3^2) - l_f \tag{2.31}$$

式中,$\int_2^3 \frac{1}{\rho} \mathrm{d}p$ 不具有功的物理属性,因此称为静压升或静压降。

将叶轮机第二 Euler 方程式(2.23)代入广义 Bernoulli 方程式(2.30),若进出口线速度不变,$u_2 = u_1$,则

$$\int_1^2 \frac{1}{\rho} \mathrm{d}p = \frac{1}{2}(w_1^2 - w_2^2) - l_f \tag{2.32}$$

说明动叶的压缩功直接源自相对动能的变化。当然,如果 $u_2 \neq u_1$,离心力做功同样直接

贡献于压缩功,这就是离心压气机单级增压能力强的基本原理。

2.4.2　等温、等熵、多变过程

式(2.30)中难以定量表达的有两项:一项是流阻损失功 l_f;一项是压缩功 $\int_1^2 \frac{1}{\rho} \mathrm{d}p$。流阻损失功与流动损失直接相关,最终以效率进行定量化表达,其内容将贯穿本书各章节,从不同侧面讨论其定量化表达和设计保证。本节先讨论压缩功。

对叶轮动叶,从进气截面 1 到排气截面 2,压缩功 $\int_1^2 \frac{1}{\rho} \mathrm{d}p$ 显然与工质密度相关。当工质处于不可压流动时,密度不随压强的变化而变化,于是压缩功 l_p 为

$$l_p = \int_1^2 \frac{1}{\rho} \mathrm{d}p = \frac{p_2 - p_1}{\rho} \tag{2.33}$$

表明压缩功与 1-2 的过程无关。因此,不可压流动的压缩功非常容易处理。

但是,当流动为可压时,密度随压强的变化而变化,过程直接影响压缩功的定量化计算。于是,必须引入过程假设,确定密度与压强的函数关系 $\rho = f(p)$。

一般假设的过程有三类,即等温过程、等熵过程和多变过程。

1) 等温过程

等温过程假设从截面 1 至 2 的温度不变,即 $T_2 = T_1 = \mathrm{const.}$,根据完全气体状态方程 $p = \rho R T$ 易知密度与压强的函数关系,于是,等温过程的压缩功或膨胀功 l_{isoth} 为

$$l_{\mathrm{isoth}} = \int_1^2 \frac{1}{\rho} \mathrm{d}p = RT \int_1^2 \frac{1}{p} \mathrm{d}p = RT \ln\left(\frac{p_2}{p_1}\right)$$

2) 等熵过程

等熵过程则假设从截面 1 至 2 的过程中不存在与外界的热交换,并且假设是无黏绝热流动。根据热力学关系式(A.90),定比热的等熵过程存在 $\frac{p}{\rho^k} = C$,其中 C 为过程常数,一般取初始平衡态特征截面参数,如 $C = \frac{p_1}{\rho_1^k}$。于是通过积分变换:

$$\int_1^2 \mathrm{d}\left(\frac{p}{\rho}\right) = \frac{p_2}{\rho_2} - \frac{p_1}{\rho_1} = RT_1 \left[(p_2/p_1)^{\frac{k-1}{k}} - 1 \right]$$

$$\int_1^2 p \mathrm{d}\left(\frac{1}{\rho}\right) = \int_1^2 \frac{p_1}{\rho_1^k} \rho^k \mathrm{d}\left(\frac{1}{\rho}\right) = -\frac{RT_1}{\rho_1^{k-1}} \int_1^2 \rho^{k-2} \mathrm{d}\rho = -\frac{RT_1}{k-1} \left[(p_2/p_1)^{\frac{k-1}{k}} - 1 \right]$$

得到等熵压缩功或等熵膨胀功 l_{is}:

$$l_{is} = \int_1^2 \frac{1}{\rho} \mathrm{d}p = \frac{k}{k-1} RT_1 \left[\left(\frac{p_2}{p_1}\right)^{\frac{k-1}{k}} - 1 \right] \tag{2.34}$$

没有流动的过程或低速流动过程,从一个平衡态达到另一个平衡态的过程趋于静止,流体黏性作用很弱,这时,绝热过程即为等熵过程,因此,多数只涉及低速流动过程的文献均称之为绝热过程。当流动黏性作用不可忽略时,称为"等熵过程"更加准确。

3) 多变过程

多变过程是以多变指数 m 替代绝热指数 k,构建密度与压强的函数关系,更真实地表达实际过程因黏性和固壁热交换而产生的熵增,即假设 $\dfrac{p}{\rho^m} = C$,过程常数 C 同样取决于特征截面的已知参数,如 $C = \dfrac{p_1}{\rho_1^m}$。可见,当 $m = 1$ 时为等温过程;当 $m = k$ 时为等熵过程;而多变过程是否可以真实地代表实际过程,则取决于 m 的具体值,并且 m 随过程的变化而改变,是一个并不容易确定的量。类似等熵过程的推导,多变压缩功或多变膨胀功 l_{pol} 为

$$l_{\text{pol}} = \int_1^2 \frac{1}{\rho} \mathrm{d}p = \frac{m}{m - 1} R T_1 \left[\left(\frac{p_2}{p_1} \right)^{\frac{m-1}{m}} - 1 \right]$$

由此可知,虽然压缩功或膨胀功是轮缘功实现能量转换的目标,但其定量表达取决于压升或压比。对于不可压流动能量转换而言,压缩功由压升(进出口静压差值)表示,与过程无关;对于可压流动而言,压缩功或膨胀功由压比(进出口静压比值)表示,并与过程假设密切相关。

2.4.3 焓熵图

焓熵图可以直观地反映叶轮机工作过程中工质状态的变化和能量转换的程度。图 2.3 是压气机级和涡轮级的焓熵图。图中,下标 0、1、2 和 3 分别代表导叶进口、动叶进口、动叶出口和静叶出口等截面的气动热力状态参数。纵坐标是焓,定量表达各截面总、静焓,以及轮缘功、压缩功和动能差等能量转换能力,横坐标体现了各截面间的熵增量。

焓熵图主要由热力学关系式绘制得到。附录 A.5 讨论了 Clausius 不等式(热力学第二定律)并导出热力学关系式。如果难以理解,不妨放弃推导,姑且认为热力学关系式成立,因为这是叶轮机设计分析中最重要的关系式之一。这里将热力学关系式(A.90)重写一下:

$$T\mathrm{d}s = \mathrm{d}h - \frac{1}{\rho}\mathrm{d}p \tag{2.35}$$

以讨论焓熵图的定量关系及产生过程。根据附录 B 完全气体定压比热的定义是 $c_p = \dfrac{\mathrm{d}h}{\mathrm{d}T}$,得到 $\mathrm{d}s = \dfrac{c_p}{T}\mathrm{d}T - \dfrac{R}{p}\mathrm{d}p$。假设由进口截面状态 i 至出口截面状态 e 的过程定压比热不随温度变化,则积分得到过程的熵增 $\Delta s = s_e - s_i$ 为

$$\Delta s = c_p \ln \frac{T_e}{T_i} - R\ln \frac{p_e}{p_i} \qquad (2.36)$$

即进出口状态确定后,过程熵增随之确定。将等熵滞止关系 $\frac{T^*}{T} = \left(\frac{p^*}{p}\right)^{\frac{k-1}{k}}$ 代入式 (2.36),得

$$\Delta s = c_p \ln \frac{T_e^*}{T_i^*} - R\ln \frac{p_e^*}{p_i^*} \qquad (2.37)$$

$$\Delta s = c_p \ln \frac{T_{ew}^*}{T_{iw}^*} - R\ln \frac{p_{ew}^*}{p_{iw}^*} \qquad (2.38)$$

$$\Delta s = c_p \ln \frac{T_{ew}^*}{T_{ews}^*} - R\ln \frac{p_{ew}^*}{p_{ews}^*} \qquad (2.39)$$

式中,下标 w 表示相对参数、下标 s 表示等熵参数(图 2.3)。需要注意: ① 以焓替代温度,上面各式依然成立;理由是,定比热假设下积分 $\mathrm{d}h = c_p \mathrm{d}T$,得 $h_e - h_i = c_p(T_e - T_i)$,令 $h_i = c_p T_i$,则 $h_e = c_p T_e$;这才是任意截面状态 $h = c_p T$ 成立的存在逻辑依据,变比热则不成立;② 变比热情况下,任意状态截面定压比热并不改变,但经历过程后,不同截面的比热不再相同,这将在后面讨论,但不要求掌握。

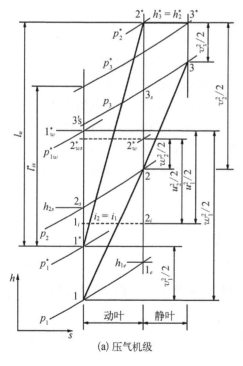

(a) 压气机级

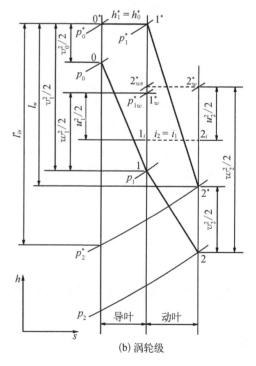

(b) 涡轮级

图 2.3 叶轮机级焓熵图

根据式(2.36),容易得到等压线的焓熵函数关系。焓熵图上的等压线反映了压强不随过程变化,即 $\mathrm{d}p = 0$, 或 $\dfrac{p_e}{p_i} = 1$。于是完全气体定比热过程,等压线上的焓-熵关系为

$$h_e = h_i \cdot \mathrm{e}^{\Delta s/c_p} \tag{2.40}$$

此式同样适用于总焓和相对总焓。

显然,焓熵图上的等压线为指数曲线,过程的静焓比是熵增的指数函数。如焓熵图 2.3 中,压气机动叶熵增 $\Delta s = s_2 - s_1$,对应进气状态 p_1,等压熵增过程达到出口截面 2 时所具有的静焓为 $h_{1e} = h_1 \cdot \mathrm{e}^{(s_2-s_1)/c_p}$。这说明在压缩功 $\int_1^2 \dfrac{1}{\rho}\mathrm{d}p = 0$ 的情况下,静焓(静温)的上升完全转化为熵增,而熵增又源于流阻损失功 l_f(后面的章节将讨论熵增与损失的关系)。又如,压气机级熵增为 $\Delta s = s_3 - s_1$,达到级排气总压 p_3^*,等熵与不等熵所具有的排气总焓分别为 h_{3s}^* 和 h_3^*,两者存在 $h_3^* = h_{3s}^* \cdot \mathrm{e}^{(s_3-s_1)/c_p}$,表明实现同样的总压 p_3^*,等熵总焓增 $(h_{3s}^* - h_1^*)$ 明显小于实际总焓增 $(h_3^* - h_1^*)$,这就是后面要讨论的效率。

除熵增过程中焓、势变化关系外,焓熵图也直观地表达了总、静参数之间的关系,所涉及的关系式包括总焓 h^*、相对总焓 h_w^* 和转焓 i 等,即

$$h^* = h + \frac{v^2}{2} \tag{2.41}$$

$$h_w^* = h + \frac{w^2}{2} \tag{2.42}$$

$$i = h + \frac{w^2}{2} - \frac{u^2}{2} = h_w^* - \frac{u^2}{2} = h^* - \omega(v_u r) \tag{2.43}$$

并根据式(2.24)、式(2.33),就可以在焓熵图上直接确定轮缘功、压缩功等能量转换量。

上一节所讨论的等温、等熵和多变过程,同样可以在焓熵图中得到直观反映。如图 2.4,从进气状态 p_1 压缩到排气状态 p_2, $p_2 > p_1$, p_2 等压线位于 p_1 等压线的上方。等温过程就是保持温度不变,从状态 1 至 2_{isoth} 的过程,显然是一个熵减过程,违背热力学第二定律。随叶轮机压强变化,温度必然产生变化,等温压缩不存在。对于通风机之类的低能头叶轮机,进出口温差非常小以至于无法准确测量,可以假设为等温过程。

等熵过程是系统绝热且无损失的过程,熵增 $\Delta s = 0$,如图 2.4 从状态 $1 - 2_{is}$ 的过程。过程的静温比 $\theta = \dfrac{T_{2s}}{T_1}$ 和静压比 $\pi = \dfrac{p_{2s}}{p_1}$ 之间存在定比热等熵关系 $\theta = \pi^{(k-1)/k}$。

多变过程 $1 - 2_{\mathrm{pol}}$ 则取决于多变指数 m 的大小。只有当 $m > k$ 时,多变过程才接近于实际过程。从中也可以领

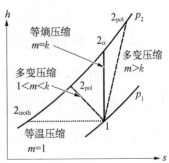

图 2.4　等温、等熵和多变过程

悟到一点,实际过程的多变指数必然大于绝热指数,否则均为熵减过程。

2.4.4 气动热力参数的变化趋势

综合叶轮机 Euler 方程、广义 Bernoulli 方程、能量方程及焓熵图,不难分析工质流经叶轮机动叶、静叶(含导叶)所产生的参数变化趋势。

图 2.5 以关键截面平均参数体现了工质流经不同叶轮机所产生的变化。其规律特征十分明确,如平均总温仅在动叶/叶轮后得到增加或降低,体现了能量的输入或输出;静温随静压一致增加或降低,体现了压缩或膨胀过程压强势能的变化而随之具有的内能变化;相对速度在压气机动叶/叶轮前后总是降低,而在涡轮动叶前后总是增加,体现了相对坐标系下相对动能与势能的转换;而绝对速度的变化则满足 Bernoulli 方程,在静子部件中静压下降则动能增加,反之亦然;而在动叶前后则体现了能量的输入在压强势能提升的过程中,绝对动能也在增加。

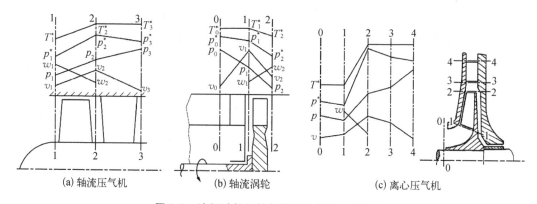

(a) 轴流压气机　　　　(b) 轴流涡轮　　　　(c) 离心压气机

图 2.5　流经叶轮机的气动热力参数变化趋势

参数变化的趋势是叶轮机工作原理的重要体现,应避免在应用过程中误判而导致设计在趋势上产生原理性偏差。同时,需要注意,这一变化趋势是以平均量体现的总体特征,叶轮机的局部区域可能与之不同。这需要在进一步认知机理的前提下,形成符合客观规律的理解和设计思想。

2.5　增压比/落压比

2.5.1　静对静压比与总对总压比

对于可压流,不论假设哪一种过程,都将压缩功表达为动叶进出口静对静压比 $\pi = \dfrac{p_2}{p_1}$ 的函数。但是,广义 Bernoulli 方程式(2.30)中却还有一项比动能差 $\dfrac{v_2^2 - v_1^2}{2}$。这部分能量不能轻易忽略,但如何计入呢?

对于不可压流动,根据附录 B.2.1 总静压关系, $p^* = p + \dfrac{1}{2}\rho v^2$,于是,式(2.30)可以

改写为

$$l_u = \frac{1}{2}(v_2^2 - v_1^2) + \frac{1}{\rho}(p_2 - p_1) + l_f = \frac{1}{\rho}(p_2^* - p_1^*) + l_f = \frac{1}{\rho}\Delta p^* + l_f$$

风机/压缩机领域将 Δp^* 称作全压,其物理内涵为输入叶轮的轮缘功扣除流阻损失功后,以总压差形式表达的动、势能总和。若以功的形式表达,则为总压缩功:

$$l_p^* = l_u - l_f = \frac{1}{\rho}\Delta p^* \tag{2.44}$$

可压流动并没有改变上述能量转换的物理本质,只是在表达形式上因过程的引入而产生了不同,特别是等熵过程。等熵压缩功关系式(2.34)为 $c_p T_1\left[\left(\dfrac{p_2}{p_1}\right)^{\frac{k-1}{k}} - 1\right]$,而某截面状态 p 等熵滞止为 p^* 所具有的比动能为 $\dfrac{v^2}{2} = c_p T\left[\left(\dfrac{p^*}{p}\right)^{\frac{k-1}{k}} - 1\right]$,代入式(2.30):

$$l_u - l_f = c_p T_2\left[\left(\frac{p_2^*}{p_2}\right)^{\frac{k-1}{k}} - 1\right] - c_p T_1\left[\left(\frac{p_1^*}{p_1}\right)^{\frac{k-1}{k}} - 1\right] + c_p T_1\left[\left(\frac{p_2}{p_1}\right)^{\frac{k-1}{k}} - 1\right]$$

经等熵滞止变换后,得到总(滞止)等熵压缩功:

$$l_{is}^* = l_u - l_f = c_p T_1^*\left[\left(\frac{p_2^*}{p_1^*}\right)^{\frac{k-1}{k}} - 1\right] \tag{2.45}$$

总等熵压缩功的物理内涵是输入动叶的轮缘功扣除叶轮机流阻损失功后的动、势能总和,与等熵压缩功 l_{is} 存在物理内涵上的根本差异,并非"引入滞止参数等熵压缩功仅为了工程计算方便"(彭泽琰等,2008)。显然,总等熵压缩功与不可压流的总压缩功 l_p^* 具有相同的物理内涵。虽然在表达形式上完全不同,前者与总对总压比 $\dfrac{p_2^*}{p_1^*}$ 相关,而后者与总压升 Δp^* 相关。

这就是航空叶轮机为什么必须使用压比,而且习惯采用总对总压比 $\pi^* = \dfrac{p_3^*}{p_1^*}$。这不是一个为了方便而人为给定的量,而是对自然规律客观认知、以数学公式定量体现的逻辑表达。这一点对工程设计十分重要,只有定量化地认识自然,才能有效地顺应自然,进而正确地改造自然。成本高、样本少、周期长的实践活动仅凭实践去检验对错是远远不够的,必须以定量化逻辑认知去确定实践的正确方向。

对静叶而言,轮缘功 $l_u = 0$,但动叶出口动能 $\dfrac{v_2^2}{2}$ 则在静叶中进一步转换为势能。于是上式变为

$$l_f = -c_p T_2^* \left[\left(\frac{p_3^*}{p_2^*} \right)^{\frac{k-1}{k}} - 1 \right] \tag{2.46}$$

流阻损失 l_f 与静叶总压恢复系数 $\sigma_S^* = \dfrac{p_3^*}{p_2^*}$ 直接相关。

理解了等熵压缩功和总等熵压缩功的差异,就可以认识叶轮机静对静压比 $\pi = \dfrac{p_3}{p_1}$ 和总对总压比 $\pi^* = \dfrac{p_3^*}{p_1^*}$ 所存在的区别。在压缩机和地面燃气轮机设计中,不论是单级还是多级,通常会维持叶轮机进出口绝对速度相等,即出口余速 $v_e = v_i$,这时 $\pi = \pi^*$,称之为"同型级"。同型级是传统设计所遵循的准则,现代压缩机和燃气轮机依然遵循着这一准则,以保证管路输运过程中低速低损失特征的保持或不产生过高的进气流量系数。航空发动机早期也是如此,但是随着风扇/压气机进气流量系数的提高和余速的限制,以及涡轮余速的提高,使得出口余速不等于进气速度,即 $v_e \neq v_i$。

保持叶轮机进出口速度相等,在这样的设计准则约束下,总对总、静对静在物理内涵上并无差异。因此可以将静对静压比视为总对总压比的一个特例,以"压比"表示总对总压比,对于工作机,则代表总对总增压比;对于涡轮机,则代表总对总落压比。

有了动叶压比 $\pi_R^* = \dfrac{p_2^*}{p_1^*}$ 和静叶总压恢复系数 $\sigma_S^* = \dfrac{p_3^*}{p_2^*}$,级压比 $\pi_{ST}^* = \pi_R^* \cdot \sigma_S^*$,而多级压气机的总压比则为各级压比的乘积。涡轮也是如此。

涡轮之所以采用落压比,是保持进出口总压比值为大于 1.0 的量,即落压比 $\pi_T^* = \dfrac{p_1^*}{p_2^*}$。根据式(2.45),涡轮动叶的总等熵膨胀功为

$$l_{Tis}^* = l_u - l_f = c_p T_1^* \left[\left(\frac{1}{\pi_T^*} \right)^{\frac{k-1}{k}} - 1 \right] \tag{2.47}$$

式(2.30)以统一的形式表达了轮缘功能量转换方向,正值为输入功、负值为输出功。因此,式(2.47)计算得到的涡轮总等熵膨胀功为负值,代表膨胀功是能量输出。

2.5.2 总对静压比与余速动能

静对静压比是总对总压比在进出口速度相等时的一个特例。这反映了机械能转换的有效性与进出口动能的可利用程度直接相关。

一般而言,叶轮机进气动能总是有用能。这部分动能能否有效转换,则取决于流量系数的大小。对于没有严格的尺寸、重量限制的压缩机和地面燃气轮机,保持叶轮机进出口速度不变(同型级)有利于工程设计的成功率,因此流量系数通常选择在较为适当的范围内。现代航空发动机的风扇则将流量系数设计到足够高的水平,以保证足够小的环面迎风面积和重量,这意味着设计者必须有能力解决进气高速动能,低损失地实现能量转换,

这就是现代高通流设计。但是,并不是任何情况下都必须提高进气动能,在后面的章节中可以看出过高的流量系数使设计趋于复杂,综合应用能力降低。

余速动能则显得更为复杂。由式(2.30)易知,当轮缘功 l_u 一定时,获得最大压缩功 $\int_1^2 \frac{1}{\rho} dp$ 的手段是减小余速 v_2、降低流阻损失功 l_f;动叶的余速动能又在静叶中转换为压强势能 $\int_2^3 \frac{1}{\rho} dp$,并伴随流阻损失 l_f。损失总是越低越好,但余速动能的降低不但有利于压缩功的获得,同时,有利于叶轮机排气损失的降低。于是,余速动能更多地依赖于工程设计对象的系统约束条件。例如,对于压缩机管网,为保持工质长距离低损失输运,要求压缩机进排气速度相等,即 $v_e = v_i$,余速动能没有选择的余地。对燃气轮机而言,同样要求足够低的 HPC 余速以保证燃烧室内部具有低速而稳定的涡结构,通常设计为余速小于进气速度,这就要求 HPC 具有更综合、更匹配的性能设计能力。对 LPC,则需要满足 HPC 进气流量系数,相对较低的流量系数有利于提高 HPC 负荷系数,并减少可调叶片调节排数、减小调节角度。而对于风扇,鉴于其排气能够直接产生推力,对余速动能的追求会高于压缩功,高通流设计因此而成为现代风扇设计的追求目标。可见,压缩功和余速动能同为机械能转换的目标,两者权重的大小取决于叶轮机系统的流动控制匹配和最优工程效果。

进气动能 $\frac{v_1^2}{2}$ 是总有用能,为使物理内涵得到更准确地反映,总对静压比 $\pi = \frac{p_2}{p_1^*}$ 也是十分重要的性能特性参数。当叶轮机余速动能有效时,则采用总对总压比,如多级压气机级压比、风扇压比和涡轮压比等;当余速动能无效时,通常采用总对静压比,如 HPC 总压比、稳定裕度评估等。

总对静压比 π 与总对总压比 π^* 的差异十分明确,$\pi^* = \pi \left(1 + \frac{k-1}{2} Ma_2^2\right)^{k/(k-1)}$,即余速 Mach 数 Ma_2 的大小决定了总对静压比和总对总压比的不同。对于航空发动机,高通流设计的风扇进气 Mach 数通常高于 0.65 以上,而余速 Mach 数则不大于 0.5,以保证产生推力的排气管路损失可控,于是,π^* 比 π 高 18% 左右。HPC 进气 Ma_1 通常不小于 0.5,而余速 Ma_2 则必须小于 0.28,π^* 比 π 高 6% 左右。如果提高 HPC 的 Ma_2,则总对总压比所含余速动能的比例上升,压比参数值显得高了,但余速动能不能被燃烧室有效利用,则与发动机系统增压的真正目的相违背,系统设计的成功率降低。

2.5.3 压比负荷系数

温升负荷系式(2.27)给出了轮缘功与线速度的关系,反映了不同转速下机械能输入或输出的相似性。作为衡量气动设计负荷的有用准则,则可以采用压缩/膨胀功与线速度的比值,反映工质实际能量转换在不同转速下的相似性,称之为压比系数 ψ_p:

$$\psi_p = \frac{1}{u^2} \int_1^2 \frac{1}{\rho} dp \qquad (2.48)$$

对于不可压流动,压缩功体现为压升,故称压升负荷系数。对于轴流叶轮机,$\psi_p = \dfrac{\Delta p}{\rho u_1^2}$;对于离心叶轮机,$\psi_p = \dfrac{\Delta p}{\rho n^2 d_2^2}$。以总压表示,则 $\psi_p^* = \dfrac{l_p^*}{u^2}$。

对于可压流动,压缩/膨胀功与过程假设相关,可以采用总等熵压缩/膨胀功定义该系数(Benser,1953),则为压比负荷系数:

$$\psi_p^* = \frac{l_{is}^*}{u^2} = c_p T_1^* \frac{\pi^{*\,(k-1)/k} - 1}{u_1^2} \tag{2.49}$$

显然,压比系数 ψ_p^* 与温升系数 ψ_T^* 之间存在等熵效率的差异,即 $\psi_p^* = \eta_{is}^* \psi_T^*$。下一节将讨论等熵效率。显然,就等熵过程,式(2.48)是式(2.49)的一个特例,但是当 $v_3 \neq v_1$,能量转换有各自的物理内涵。

温升负荷系数采用的是轮缘功所具有的总温升特征,可以不区分是级性能还是动叶性能。当以压缩功表示时,动叶和级的性能特性存在明显的差异。压比负荷系数既可以表示级性能特性,也可以表示动叶性能特性,且两者不同。

负荷系数是和流量系数同等重要的设计参数,但综上看出,负荷系数的定义存在不统一的多样化特征,这与不同设计部门数据积累的公式化建模相关,也与知识积累的习惯相关。但无论在名词和定义上存在多大的差异,该参数是关联叶轮机基本原理和工程应用的有效桥梁,反映了基于逻辑与统计的知识在工程设计中的作用。

2.6　效　　率

2.6.1　等熵效率与轮周效率

由广义 Bernoulli 方程式(2.30)看出,输入叶轮机的轮缘功产生了三方面的能量转换,即比动能差、压缩/膨胀功和流阻损失功。在基元流和子午流中将以损失系数的角度讨论流阻损失功的问题,但其所反映的能量损失则可由 $l_{is}^* = l_u - l_f$ 定量体现,即轮缘功扣除流阻损失功后即为有用的总等熵压缩/膨胀功 l_{is}^*,于是,有用功与输入功之间的比值即定义为效率:$\eta_{is}^* = \dfrac{l_u - l_f}{l_u} = \dfrac{l_{is}^*}{l_u}$。

焓熵图可以更直观地反映效率所具有的物理内涵,即工质达到叶轮机出口总压时,等熵与实际过程所需能量输入或输出的差异。这一差异,在物理现象上表现为流阻损失,在物理表达上表现为熵增。以压气机级效率为例(图2.3的截面1至3),若压缩过程等熵,即流动损失为零,则气流总压由进口 p_1^* 达到出口 p_3^* 所需的能量输入为总等熵压缩功 $l_{is}^* = h_{3s}^* - h_1^*$,而实际过程实现总压 p_3^* 所需的能量输入为轮缘功 $l_u = h_3^* - h_1^*$,两者的比值即为效率:

$$\eta_{is}^* = \frac{h_{3s}^* - h_1^*}{h_3^* - h_1^*} = c_p T_1^* \frac{\pi^{*\,(k-1)/k} - 1}{l_u} = \frac{\pi^{*\,(k-1)/k} - 1}{\theta^* - 1} \tag{2.50}$$

式中，θ^* 为总对总温比，简称温比。式中将级出口截面 3 改为动叶出口截面 2，则代表动叶效率。由于分母采用的是总焓差，此定义式不能单独用于描述静叶效率，因此，静叶的流动损失是以静叶总压恢复系数定量表达，$\sigma_S^* = \dfrac{p_3^*}{p_2^*}$。

　　式（2.50）中分母、分子均为总参数，对应着总对总压比，称该效率为总对总效率；由于有用功是总等熵压缩，于是也称为总等熵效率。根据上一节的讨论，当 $v_e = v_i$ 时，分母和分子均为静焓差，就形成了静对静效率，也称等熵效率。在低速能量转换领域，黏性的作用非常小，只要绝热即为等熵，因此，等熵效率也称为绝热效率。由于等熵效率是总等熵效率的一个特例，习惯上又将总对总效率称为等熵效率。于是，绝热效率、等熵效率、总等熵效率、总对总效率并没有任何区别。用于应用频繁，非特别说明直接采用 η^* 表示。

　　此处仍需注意的是：式（2.50）定义的总对总效率仅适合于定比热假设。

　　另外，如果两级压气机，每级压比均为 1.3、效率均为 0.8，那么，压气机总压比为 1.69，而总效率则为 0.792 6。这说明等熵效率的定义存在着应用问题，即当轮缘功和压比一定时，等熵效率与进气总温有关。假设多级压气机进口级和出口级设计为具有同样的轮缘功输入，产生同样的压比，那么，出口级会因为进气温度高到使效率大于 1，这显然不可能。更合理的结果是，在相同轮缘功输入的情况下，维持进口级、出口级效率一致的前提下，出口级因为进口总温过高而使得压比降低，增压能力下降。这也是多级压气机后面级增压能力变差的根本原因。若要改善，必须使后面级进气温度降低，这就是间冷技术的本质。

　　由于进气动能总是有用能，但余速动能不一定是有用能。如果余速动能为无用能，则余速动能 $\dfrac{v_2^2}{2}$ 就应该归于流阻损失功 l_f，于是，对应着总对静压比，就存在总对静效率，亦称轮周效率 η_u：

$$\eta_u = \frac{h'_{3s} - h_1^*}{h_3^* - h_1^*} \tag{2.51}$$

式中，h'_{3s} 如焓熵图 2.3 所示，是等熵条件下达到出口截面静压 p_3 所具有的静焓。

　　轮周效率在航空领域很少使用，但有助于理解航空叶轮机的追求目标和总对总效率所反映的物理内涵。根据式（2.50）和式（2.51），结合焓熵图 2.3，总对总效率可以写为

$$\eta_{is}^* = \frac{(h'_{3s} - h_1) + (v_3^2 - v_1^2)/2}{(h_3 - h_1) + (v_3^2 - v_1^2)/2}$$

总对静效率则可以写为

$$\eta_u = \frac{(h'_{3s} - h_1) + (0 - v_1^2)/2}{(h_3 - h_1) + (v_3^2 - v_1^2)/2}$$

可以看出，η_{is}^* 和 η_u 的区别在于余速动能 $\dfrac{v_3^2}{2}$，$\eta_u < \eta_{is}^*$。

多级风扇和涡轮每一级的余速动能都能在下一级中得到利用,因此余速动能不能作为损失计入,这时总对总效率能够准确反映流动损失的效果。对于多级压气机出口级,具有可压缩特征的余速动能无法被燃烧室有效利用,于是,利用总对总效率描述现代 HPC 效率是存在缺陷的。

近年,航空发动机对推重比的追求迫使压气机级数不断减少、级负荷不断提高、级总对总效率不断提高。从总对总效率上看不出这一追求所存在的问题,但是,这一过程迫使多级压气机出口余速不断上升,这样可以直接提高压气机的总对总效率。这使得高效率设计在数值表面上更易于接受,但实际结果却难以实现与燃烧室的高效率匹配。为低损失地组织燃烧室主流与二次流掺混,燃烧室希望具有足够低的进口速度,HPC 余速过大则产生燃烧室总压恢复系数过低,最终发动机热效率得不到优化,并影响航空发动机的全状态匹配。如果以发动机热效率最优为准则的话,或者需要限制 HPC 的余速 Mach 数,或者需要利用更反映客观规律的效率定义。更合理的效率定义并不是总对静效率,因为该效率将余速动能全部作为损失,走入了另一个极端。

目前,对 HPC 的效率评估通常是同时采用等熵效率(总对总效率)和多变效率。

2.6.2 多变效率

从广义 Bernoulli 方程式(2.30)看,在流阻损失功 l_f 不增加的情况下,余速动能降低有利于压缩功提高,但从式(2.50)看,余速动能降低又使总对总效率降低。可见,总对总效率并不能准确地反映流阻损失功 l_f 在轮缘功中的比例。为此,在航空压气机中,多变效率逐渐成为评估压气机效率的重要手段,以弥补等熵效率的不足。

多变效率 η_{pol} 定义为等熵和不等熵情况下的静焓变化量(图 2.3)的比值,$\eta_{pol} = \dfrac{dh_s}{dh}$。

根据热力学关系式(2.35),在等熵情况下,存在 $dh_s = \dfrac{1}{\rho}dp$,于是 $dh = \dfrac{1}{\eta_{pol}} \cdot \dfrac{1}{\rho}dp$,积分得到定比热条件下从截面 i 至 e 的多变效率为

$$\eta_{pol} = \frac{k-1}{k}\frac{\ln(p_e/p_i)}{\ln(T_e/T_i)} \tag{2.52}$$

根据多变过程 $p/\rho^m = C$ 和完全气体状态方程式 $p = \rho RT$,则

$$\eta_{pol} = \frac{(k-1)/k}{(m-1)/m} \tag{2.53}$$

存在静对静效率与多变效率之间的关系为

$$\eta_{is} = \frac{(p_e/p_i)^{(k-1)/k} - 1}{(p_e/p_i)^{(k-1)/(k\eta_{pol})} - 1}$$

对于完全气体,$k = 1.4$ 时,静对静效率与多变效率之间的关系如图 2.6 所示。如果考虑总对总效率与静对静效率基本相等,那么,总对总效率与多变效率之间的关系亦如图

2.6 所示。多变效率总是高于等熵效率,压比越大,高出的量越多。例如,当多变效率为 90%、静对静压比为 20 时,等熵效率仅 85.22%,相差约 5 个百分点。随压比提高,两者的差异进一步放大。

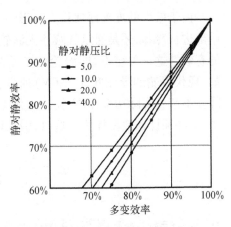

需要注意的是,直接采用总温、总压参数计算多变效率(Dixon et al.,2010),这仅在进出口 Mach 数相等的前提下成立,不适合现代航空发动机叶轮机特征,不建议使用。

图 2.6　静对静效率与多变效率

2.6.3　涡轮的等熵效率

由于涡轮总是以低速流动流入、以高速流流出,进出口动能均为有用能,因此,通常以总对总效率(等熵效率,或绝热效率)来评价涡轮的有效加功能力。根据广义 Bernoulli 方程式(2.30),轮缘功产生于比动能差、膨胀功,并伴随流阻损失功,同样存在 $l_{is}^* = l_u - l_f$,这里,l_{is}^* 为等熵膨胀功。若定义系统输入能量为正,那么,l_{is}^* 和 l_u 均为负值,且 $|l_{is}^*| > |l_u|$。于是,流体实际加功与等熵加功之间的比值即定义为涡轮等熵效率 $\eta_{is}^* = \dfrac{l_u}{l_{is}^*}$。类似式(2.50),参考焓熵图 2.3,定比热假设下的涡轮等熵效率为

$$\eta_{is}^* = \frac{h_0^* - h_2^*}{h_0^* - h_{2s}^*} = \frac{1 - \dfrac{1}{\theta_T^*}}{1 - \dfrac{1}{\pi_T^{*\,(k-1)/k}}} \tag{2.54}$$

式中,温比 $\theta_T^* = \dfrac{T_0^*}{T_2^*}$;压比(落压比) $\pi_T^* = \dfrac{p_0^*}{p_2^*}$。由于涡轮功并不等于轮缘功,于是涡轮效率 $\eta_T = \delta_{sc}\eta_{is}^*$。

现代涡轮进气总温均高于 1 250 K 时,常规叶片材料难以直接承受高温侵蚀,冷却变得不可或缺。对于具有多股冷却气膜注入的气冷涡轮,则需要计入各股流量所承载的能量在有黏和无黏条件下的不同,涡轮效率为

$$\eta_{is}^* = \frac{\sum_j (h_{0j}^* - h_{2j}^*) G_j}{\sum_j (h_{0j}^* - h_{2sj}^*) G_j} = \frac{\sum_j T_{0j}^* \left(1 - \dfrac{1}{\theta_T^*}\right) G_j}{\sum_j T_{0j}^* \left(1 - \dfrac{1}{\pi_T^{*\,(k-1)/k}}\right) G_j} \tag{2.55}$$

式中,j 是涡轮运行所具有独立流动的最小数目,表明热力学效率完全取决于流过涡轮的各股气流的熵增总和。

由于效率的准确评估将直接影响总体性能匹配和热效率计算,因此,不论是采用叶片内部进行冷却,还是通过气膜注入涡轮主流道进行冷却,效率的评估均需要抓住能量转换的有效性这一关键点,即涡轮效率始终定义为实际功率与理想(无黏)功率的比值。例如,现代涡轮的导流叶片(NGV)通常会利用冷却使涡轮动叶进口总温降低,这部分总温降并不产生实际功率,故不能计入效率计算公式,但是 NGV 所具有的总压损失又导致熵增,又必须计入效率计算。这时,引入熵增定义效率(Oates,1985)就显得更加合理:

$$\eta_{is}^* = \frac{1 - (p_2^*/p_0^*)^{(k-1)/k}\exp(\Delta s/c_p)}{1 - (p_2^*/p_0^*)^{(k-1)/k}} \tag{2.56}$$

式中,$\Delta s = s_2 - s_0$。显然,当 NGV 进出口总温不变时,存在 $\frac{\Delta s}{c_p} = -\frac{k-1}{k}\ln\left(\frac{p_1^*}{p_0^*}\right)$。这样,即使因冷却而产生了总温降低,也可以通过 NGV 总压恢复系数计算熵增,进而得到更为准确的涡轮级效率评价。

2.7　比转速与比直径 *

作为能量转换或工质输运系统中的关键部件,系统工程师往往需要最优选择叶轮机的能耗与结构形式。燃气轮机可选择的范围虽然很窄,但依然存在选择轴流还是径流、单级还是多级的问题。比转速和比直径提供了最优选择依据,特别是对于不可压缩叶轮机械,可以直接确定叶轮机的总体结构形式。

对于不可压流动,流量系数 $\phi \propto \dfrac{Q}{nd^3}$、负荷系数 $\psi_p^* \propto \dfrac{l_{is}^*}{n^2 d^2}$,于是,通过 $\dfrac{\phi^{1/2}}{\psi_p^{*3/4}}$ 消除参考直径 d,定义比转速 n_s:

$$n_s = \frac{nQ^{1/2}}{l_p^{*3/4}} \tag{2.57}$$

式中,n_s 的单位为"转",不具有转速的量纲,因此也称为比转数。也有文献用扬程 H(单位为 m)替代总压缩功 l_p^*(Bohl,1984),存在 $l_p^* = gH$,其中重力加速度 $g = 9.807\ \text{m/s}^2$。这时,$\dfrac{nQ^{1/2}}{H^{3/4}}$ 计算得到的比转速是式(2.57)的 5.54 倍,且单位也不同,不建议采用。

从式(2.57)看出,比转速的内涵是单位体积流量实现单位总压缩功所需要的叶轮机转速,这将机械转速、通过流量和有效能量转换的实现完全关联在一起,大幅度减少自变量,使工程设计易于遵循既有的最优结果。

值得注意,由于流量系数和负荷系数均为无量纲量,因此 $\dfrac{\phi^{1/2}}{\psi_p^{*3/4}}$ 也是无量纲量,称为速度系数。显然,速度系数与比转速具有一致的物理内涵,但具体数值及单位均不相同。

对于可压流动,Baskharone(2006)建议采用:

$$n_s = n \left(\frac{G}{\rho_2} \right)^{1/2} l_{is}^{*\,-3/4}$$

式中,ρ_2 选择了叶轮机出口截面的平均密度。这一选择影响较小,不影响由此产生的叶轮机最佳结构形式的选择。

对于离心压气机,选择流量系数 $\phi = \dfrac{G}{\rho n d_2^3}$、压升负荷系数 $\psi_p = \dfrac{\Delta p}{\rho n^2 d_2^2}$,Cumpsty (1989)将速度系数称为比转速,定义为

$$n_s = \frac{\phi^{1/2}}{\psi_p^{3/4}} = \frac{G^{1/2} \rho^{1/4}}{\Delta p^{3/4}} n \tag{2.58}$$

可见,和流量系数、负荷系数一样,比转速的定义差异极大,应用时应给出其定义式。

当一个叶轮机几何一旦确定,必然存在最佳效率所对应的流量系数和负荷系数。由于两个系数均为相似不变量,在 Reynolds 数自模的前提下,只要流量系数和负荷系数不变,几何相似的叶轮机一定处于最佳效率状态,由此就可以得到最佳效率所对应的比转速,且逆命题成立。因此,根据比转速正确选择叶轮机结构形式是非常重要的方案设计内容(Dixon et al., 2010)。对于不可压流动,图 2.7 给出了不同类型叶轮机最佳效率设计点的比转速选择范围(Csanady,1964;Bohl,1984)。

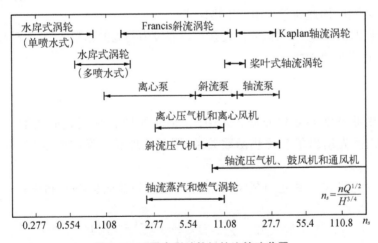

图 2.7　不同类型叶轮机的比转速范围

类似比转速,通过直径系数 $\dfrac{\psi_p^{*\,1/4}}{\phi^{1/2}}$ 消除转速 n,定义比直径 d_s:

$$d_s = \frac{d l_p^{*\,1/4}}{Q^{1/2}} \tag{2.59}$$

由此可以初步确定叶轮机的结构形式和大致尺寸,避免详细设计过程中的颠覆性变化。

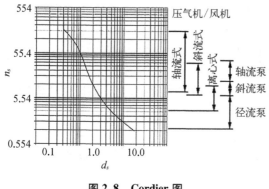

图 2.8 Cordier 图

图 2.8 给出的 Cordier 图是根据大量叶轮机最佳效率确定形成的平均值曲线。可以通过图中曲线的比直径和比转速确定叶轮机形式和结构尺寸,由此确定高性能叶轮机设计(Dixon et al.,2010)。显然,基于统计可以产生最优设计方案,但是,如果工程系统需求偏离了统计结果,那么,如何以流动控制消除偏离所产生的不确定性,这就是基于继承平台的创新发展。当然,过大的偏离则说明需求存在问题,这表明关键部件否定系统需求的合理与否是可以定量化的。

2.8 变比热问题[*]

能量的载体是工质,当工质的比热发生变化时,显然能量转换的程度将因此而发生变化。对于压比为 1.5 左右的压气机,温比约为 1.15,根据图 B.1 定压比热随过程的变化不大于 1%,完全可以采用定比热假设。然而,当多级压气机实现 15 左右的压比时,温比达到约 2.45,这种变化达到 6% 以上,显然以定比热评估的能量转换程度与实际情况差异较大,不能满足工程设计的要求。航空发动机总体性能及其所涉及的压气机和涡轮,均具有较高的温度变化,因此通常采用变比热计算。

根据附录 B,对于完全气体,定压比热可以假设为静温的函数 $c_p(T)=f(T)$,与压强无关。于是,利用多项式函数:

$$c_p(T) = \sum_{j=0}^{n} a_j T^j \qquad (2.60)$$

拟合定压比热随温度的变化曲线。式中,n 是曲线拟合多项式的次数。吴仲华先生(1959)在国内率先给出了变比热函数关系,用于处理航空发动机空气、燃气的变比热问题。

根据 $dh = c_p(T)dT$,由进口截面状态 i 积分至出口截面状态 e,得到:

$$h_e - h_i = \sum_{j=0}^{n} \frac{1}{j+1} a_j (T_e^{j+1} - T_i^{j+1})$$

令 $h_i = \sum_{j=0}^{n} \frac{1}{j+1} a_j T_i^{j+1}$,则存在 $h_e = \sum_{j=0}^{n} \frac{1}{j+1} a_j T_e^{j+1}$,于是各截面状态均存在:

$$h = \sum_{j=0}^{n} \frac{1}{j+1} a_j T^{j+1} \qquad (2.61)$$

将上式与定比热关系 $h=c_pT$ 比较,后者并非变比热问题的一个特例,上式中即使令 $n=0$,存在与定比热类似的关系 $h=\alpha_0 T$,但是 $\alpha_0 \neq c_p$。因此,变比热问题通常自成系统,不能与定比热计算共同使用。

变比热问题中总焓和总温的计算一直比较混乱,由于总温通常是最易测得的温度量,因此,很多文献利用式(2.60)根据总温 T^* 直接计算 $c_p(T^*)$,显然得不到正确的定压比热。如果说过去是采用图表插值而不得已为之(吴仲华,1959),那么计算机迭代计算的利用完全可以规避一些原理不正确的近似手段。

对于任意截面状态,总参数的产生并不是实际滞止过程,而是将动能折算到温度内能或压强势能的一种等熵滞止。在折算过程中实际温度并不变化,维持当地静温 T,定压比热 $c_p(T)$ 也确定不变,因此,任意状态的总参数计算是定比热计算。根据式(2.61),令

$$c_p' = \sum_{j=0}^{n} \frac{1}{j+1} a_j T^j \tag{2.62}$$

则 $h = c_p' T$,得到与定比热一致的总静焓、总静温关系:

$$h^* = c_p' T^* = c_p' T + \frac{1}{2} v^2 = h + \frac{1}{2} v^2 \tag{2.63}$$

可见,c_p' 既不等于 $c_p(T)$,更不等于 $c_p(T^*)$。当某截面状态的总温 T^* 和速度 v 确定后,需要通过 c_p' 计算截面静温 T 和总焓 h^*,进而根据截面状态的定比热参数关系计算其他参数,如等熵滞止关系 $\dfrac{T^*}{T} = 1 + \dfrac{k-1}{2} Ma^2$、$\dfrac{T^*}{T} = \left(\dfrac{p^*}{p}\right)^{\frac{k-1}{k}}$。其中,比热比根据 $k = \dfrac{c_p' - R}{c_p'}$ 计算得到。显然,这一计算过程变得复杂,必须利用计算机进行迭代计算。

根据热力学关系式 $T\mathrm{d}s = c_p(T)\mathrm{d}T - \dfrac{1}{\rho}\mathrm{d}p$,可以变换为 $\mathrm{d}s = \dfrac{c_p(T)}{T}\mathrm{d}T - \dfrac{R}{p}\mathrm{d}p$,于是,进口截面状态 i 积分至出口截面状态 e 的熵增 $\Delta s = s_e - s_i$ 为

$$\Delta s = \alpha_0 \ln \frac{T_e}{T_i} - R \ln \frac{p_e}{p_i} + \sum_{j=1}^{n} \frac{1}{j} a_j (T_e^j - T_i^j) \tag{2.64}$$

显然,变比热条件下,焓熵图中的等压线不再是简单的指数曲线,并且因为定压比热随温度变化,使得进出口静焓比与静温比并不相等,即 $\dfrac{h_e}{h_i} \neq \dfrac{T_e}{T_i}$。

鉴于变比热计算的复杂性,应用领域又比较狭窄,本节仅作为参考,后面的章节仅涉及定比热问题。

思考与练习题

1. 讨论提高发动机单位迎风面积流量的途径,计算在海平面标准大气条件下可达到的单位迎风面流量极限值。
2. 写出适用于压气机的热力学第一定律。
3. 写出适用于涡轮的热力学第二定律。

4. 写出适用于叶轮机的 Bernoulli 方程,举例说明应用中各项的物理意义。

5. 一台多级压气机设计中,第一级和第十级对气流的加功量都是 29 400 J/kg,级效率都是 0.86,问第一级压气机和第十级压气机的级压比是否相同? 为什么?

6. 标准大气条件环境下,设进气总压恢复系数为 1.0,在压气机实验台上测得某压气机的平均出口温度 $T_2^* = 550\,\mathrm{K}$,平均出口总压是 $p_2^* = 738\,940\,\mathrm{Pa}$,求该压气机的效率为多少?

7. 某发动机压缩系统总压比为 $\pi^* = 8.9$、效率 $\eta^* = 0.845$。设空气绝热指数 $k = 1.4$,气体常数 $R = 287.06\,\mathrm{J/(kg \cdot K)}$。计算:

   (1) 当进气总温 $T_1^* = 288\,\mathrm{K}$ 时,高压压气机出口总温 T_2^*;

   (2) 压气机对每千克气体的加功量 l_u;

   (3) 测得压气机质量流量 $G = 64\,\mathrm{kg/s}$,压缩系统所需的轮缘功率 P_u。

8. 用大于、等于、小于符号表示气体流经压气机动叶进口 1－1 截面、动叶出口和静叶进口 2－2 截面、静叶出口 3－3 截面上的气流参数的相对大小关系:

   (1) T_1^*、T_2^* 和 T_3^*;

   (2) p_1^*、p_2^* 和 p_3^*;

   (3) p_1、p_2 和 p_3;

   (4) v_1、v_2 和 v_3;

   (5) w_1 和 w_2。

9. 叶轮机 Euler 方程有哪些简化条件?

10. 叶轮机应用的广义 Bernoulli 方程有哪些简化条件?

11. 什么是热力学关系式? 代表的物理含义是什么?

12. 什么是焓? 什么是总焓? 什么是相对总焓? 什么是转焓?

13. 海平面标准大气状态下,某发动机设计转速为 22 000 r/min。当大气温度为凌晨 3℃、中午 23℃时,分别按什么物理转速运转发动机,才能正确获得进口级压气机设计转速? 相似转速分别为多少?

14. 某发动机设计流量 13.52 kg/s,第一级轴流压气机内、外直径分别为 195.9 mm、357.1 mm。海平面标准大气条件(忽略进气道总压损失)下的环面迎风流量和进气 Mach 数分别是多少? 如果环面迎风流量增加至 207.2 kg/(s·m²),则进气 Mach 数是多少? 增量如何?

15. 海平面标准大气条件下,某发动机的设计转速 22 000 r/min、流量 13.52 kg/s,产生的推力是 8.34 kN。总体性能表明,尾喷管完全膨胀的情况下,推力与进气质量流量成正比。如果希望通过几何缩放实现 4.17 kN 的推力,发动机缩放比例是多少? 转速和流量分别是多少?

16. 某发动机的设计状态折合转速 22 000 r/min、折合流量 13.52 kg/s。利用该发动机推进某无人机在 18 km 高度以 Mach 数 0.8 巡航。标准大气条件下,忽略进气道总压恢复系数,问,达到设计状态的物理转速和物理流量是多少? 轴流压气机的相似转速、相似流量、折合转速和折合流量分别是多少? 若此时涡轮进气总温 $T_4^* = 1\,017.8\,\mathrm{K}$、总压 $p_4^* = 57\,059.0\,\mathrm{Pa}$,则涡轮的相似转速、相似流量、折合转速和折合流量分别是多

少?（不计引气量、燃油流量，并假设比热比、Reynolds 数不变）

17. 根据上一题条件，计算比较某发动机设计状态和 18 km、$Ma0.8$ 高空模拟状态所具有的体积流量和相似体积流量。

18. 某发动机的设计状态折合转速 22 000 r/min、折合流量 13.52 kg/s，轴流压气机动叶进口内、外径分别为 195.9 mm、357.1 mm。当百分比折合转速为 80% 时，测得的折合流量为 9.088 kg/s。请求出两个状态的压气机流量系数分别是多少。

19. 某单级离心压缩机有效流量为 6.95 kg/s，泄漏损失系数和轮阻损失系数分别为 0.012 和 0.03，叶轮轮缘功为 45.9 kJ/kg，计算轮缘功率、泄漏损失功率、轮阻损失功率和轴功率。

20. 离心压气机转速为 22 000 r/min，轴向进气流量为 13.52 kg/s，叶轮出口半径为 $r_2 = 0.2$ m，假设出口绝对周向分速等于出口线速度，试问该离心压气机叶轮的轮缘功是多少? 轮缘功率是多少? 若进气总温为 333.4 K，那么排气总温是多少?

21. 设进气密度为 1.52 kg/m^3，试计算上一题中离心压气机的流量系数、温升负荷系数和功率系数。

22. 如果两级压气机，每级压比均为 1.3、效率均为 0.8，那么压气机总压比和总效率分别是多少?

23. 以叶轮机能量方程和 Bernoulli 方程解释涡轮中的能量转换。

24. 试证明进气条件不变的情况下，压气机中体积流量 Q 与转速 n 的成正比，等熵压缩功 l_{is} 与转速平方 n^2 成正比，轮缘功率 P_u 同转速三次方 n^3 成正比。

25. 维持叶轮机进出口绝对速度相等，即出口余速，这样的叶轮机设计称为"同型级"设计。同型级设计的叶轮机总对总压比与静对静压比相等，为什么?

第3章
叶轮机性能特性

以性能参数构建的全工作状态的叶轮机性能特性,简称叶轮机特性。本章从零维、系统的角度讨论叶轮机特性的产生、特性线基本特征及关键工作状态、压气机和涡轮的通用特性等,并在此基础上进一步讨论多级性能匹配、多重特性、多转子自适应防喘等概念,以及压气机与涡轮的共同工作问题。

学习要点:
(1) 掌握叶轮机性能特性的产生及特性线上的关键工作状态;
(2) 了解压气机特性试验,掌握叶轮机通用特性和无量纲特性;
(3) 若不理解性能匹配的逻辑关系,请记住"前端后堵""逐级放大"等概念;
(4) 体会系统调节、环境适应、共同工作对航空发动机设计、应用的作用。

3.1 特性的产生

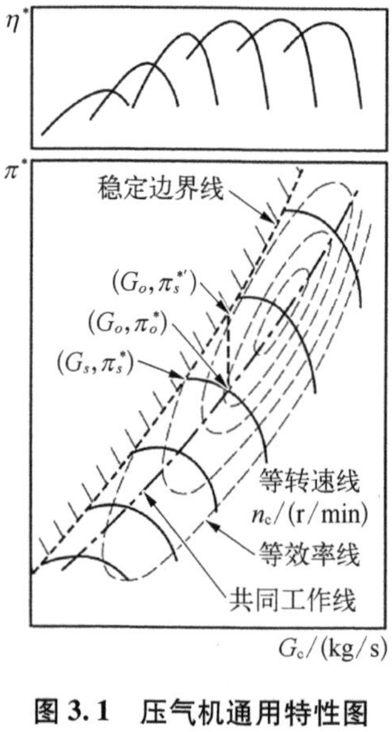

图3.1 压气机通用特性图

第2章讨论了转速、流量、压比、效率等叶轮机性能参数、相似参数和无量纲参数。本章讨论这些参数之间的变化关系,即叶轮机性能特性。

叶轮机通常以折合流量、折合转速为自变量、以其他性能参数为因变量,构成性能特性,如:

$$\pi^* = f_\pi(n_c, G_c) \tag{3.1}$$

$$\eta^* = f_\eta(n_c, G_c) \tag{3.2}$$

图3.1是压气机通用特性的典型表示方式,横坐标为折合流量 G_c、纵坐标为压比 π^* 和等熵效率 η^*。不同折合转速 n_c 构成一系列等转速线。等熵效率也可以用等值线方式表示在 $\pi^* - G_c$ 特性图中。温比 θ^*、轮缘功 l_u、轴功率 P_s 也可以作为因变量。由于无法采用统一的函数关系式表示不同 n_c 的特性曲线,一般采用离散数据进行拟合得到特性图。

拟合过程中自然得到各参数的标准差以体现精度。

特性图 3.1 中,剖面线为稳定边界线,其左上方可能出现失速、喘振或颤振,不存在工作状态,即风扇/压气机不可能在稳定边界的左上方工作。贯穿各等转速线的点划线为共同工作线或节流线,对于燃气轮机是压气机与燃烧室、涡轮、尾喷口气动性能匹配产生的共同工作线;对于压缩机是与出口节流阀气动性能匹配产生的节流线。共同工作线和稳定边界线之间的等转速性能变化范围被记为稳定裕度(包括失速、喘振或颤振的裕度)。

燃气轮机和压缩机管网系统的总体性能评估就是利用叶轮机通用特性,获得各部件性能匹配的共同工作线和节流线。不同叶轮机具有不同的特性图,因此,首先需要看懂一张特性图,从中看出叶轮机工作的物理内涵和气动原理。

图 3.2 所示的压缩系统由进气管、单级压气机、出气管和出口节流阀等部件组成,构成最简单的压缩系统。出口节流阀喉道面积 A_e 与压气机共同工作,决定系统流量:

$$G = \mu K \frac{p_e^*}{\sqrt{T_e^*}} q(M_e) A_e \tag{3.3}$$

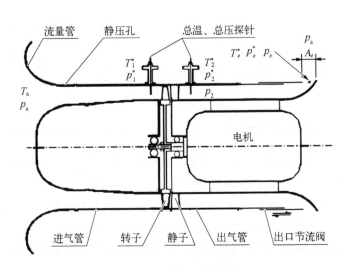

图 3.2　最简单的压缩系统

式中, μ 也称为流量系数,但定义为实际与无黏流动通过出口截面的流量比; T_e^* 、 p_e^* 分别为节流阀出口截面的平均总温、总压。从压气机出口 p_2^* 经出气管至出口截面 p_e^* ,再排气达到大气压 p_a 。这一过程的总压损失与动能成正比,喉道截面速度达到最大且随面积变化,具有决定性作用。当喉道截面流速为亚临界状态时, $p_e = p_a$ 。根据 Bernoulli 关系 $\int_e^{e^*} \frac{1}{\rho} \mathrm{d}p = \frac{1}{2} v_e^2$,存在 $p_e^* - p_a = \frac{G^2}{2\rho_{\mathrm{avg}} A_e^2}$,其中 ρ_{avg} 为喷口截面平均密度。忽略进气管、出气管、节流阀损失, $p_1^* = p_a$ 、 $p_e^* = p_2^*$,于是, $\pi^* - 1 = \frac{p_e^* - p_a}{p_a} = \frac{1}{2p_a\rho_{\mathrm{avg}}} \frac{G^2}{A_e^2}$ 。可见,流量 G 、压比 π^* 和喉道面积 A_e 之间关系密切,总压升与 G^2 成正比、与 A_e^2 成反比,压比不变时流量 G 正比于排气面积 A_e (一定假设下)。

A_e 不变、n 改变，π^* 随 G 的变化曲线为节流线（图 3.3）或共同工作线。对于燃气轮机，因涡轮特性的作用，共同工作线与节流线存在差异。

n 不变、A_e 改变，π^* 通过 G 随 A_e 改变，形成图 3.3 所示的等转速特性线。该曲线由叶轮机基本工作原理所确定。根据式（2.19）~式（2.21），轴功率 P_s 随 G、l_u 和各类损失变化，而 l_u 和各类损失又是 G 的单值函数。等转速特性线就是该单值函数的定量结果。如图 3.4，设 A_e 变化过程中轴功 l_s 不变。式（2.21）表明，扣除机械损失、轮阻损失和泄漏损失后就是轮缘功 l_u。机械损失和轮阻损失随转速变化，泄漏损失与流量成正比，因此，轮缘功体现为随流量增加而线性减小的趋势。根据式（2.44）、式（2.45），不论是总压缩功 l_p^*，还是总等熵压缩功 l_{is}^*，均等于 $l_u - l_f$，因此流阻损失功耗 l_f 最终决定了压比随流量的变化趋势，也决定了效率的变化趋势。

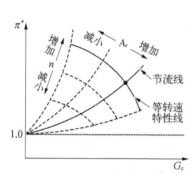

图 3.3　叶轮机特性的基本特征

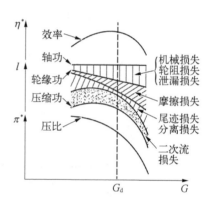

图 3.4　等转速特性线的产生

l_f 总体上由两大类损失产生，一类为基元流损失，另一类是二次流损失。后面章节将进一步讨论，这里简述如下：① 叶片摩擦损失属于基元流损失，具有典型的边界层剪切功损耗特征，宏观经验公式显示摩擦损失功耗 $l_{fric} \propto G^2$；② 叶片的尾迹、分离损失是基元流的重要损失源，与迎角相关；若设计点流量 G_d 时存在最佳迎角，则非设计流量存在迎角特性，损失随迎角变化；损失的宏观功耗与进气速度的某高阶次方成正比，即 $l_{inc} \propto (G - G_d)^m$，其中 m 为迎角特性曲线的拟合系数；③ 二次流损失与流动控制是现代叶轮机设计的关键，有势作用使二次流损失宏观上体现为随流量减小而加强，近似存在 $l_{sec} \propto G^{-n}$，其中 n 为拟合系数。由此，流阻损失功耗 $l_f = l_{fric} + l_{inc} + l_{sec}$，从轮缘功中扣除这些损失（图 3.4）后，得到叶轮机压比和效率曲线。

为说明各类功之间的关系，图 3.4 假设了轴功 l_s 不随流量变化，这一假设违背了客观规律。几何结构一旦确定，流量变化将通过迎角特性改变叶轮机压比和效率，而轴功取决于压比、效率的改变。于是，叶轮机存在设计的优劣，并体现在特性图中。

图 3.5 绘制了亚声速单级离心压缩机、亚声速单级轴流压气机、跨声速单级轴流风扇的性能特性，可以看出不同压气机特性的差异。比较图 3.5(a) 和 (b)，单级离心压缩机能够实现较高的压比，但轴流压气机具有更高的流量通过能力（标准大气，$1\ \mathrm{kg/s}$ 质量流量 G_c 约为 $3 \times 10^3\ \mathrm{m^3/h}$ 体积流量 Q_c）。随转速增加，离心的特性线主要体现为压比增加，而轴流的特性线体现为流量增加。等转速特性线的压比变化平缓时，轮缘功率 P_u 随流量减

小而减小,而压比变化剧烈时,功率随流量减小而增加。比较图 3.5(b)和(c),高转速时,跨声速风扇/压气机的压比和效率特性都更加陡峭,即流量变化范围非常窄,甚至出现压比变化而流量不变的壅塞特性;同时,高效率的流量变化范围也很窄,一旦偏离该峰值效率所对应的流量,叶轮机效率迅速下降,高效工作难以大范围保持,于是,要求更高的设计精度以保持高效匹配工作。

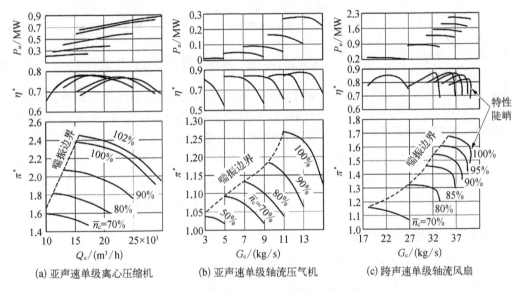

(a) 亚声速单级离心压缩机   (b) 亚声速单级轴流压气机   (c) 跨声速单级轴流风扇

图 3.5　不同压气机级特性的宏观差异

这些宏观特性均与流阻损失功耗 l_f 密切相关,同时决定压气机稳定工作范围。亚声速叶轮机特性缓和,几何结构偏差的影响较小;跨声速情况下特性陡峭,关键几何的微小偏差将引发叶轮机特性的严重恶化,进而使航空发动机难以匹配在最优的特性点工作。这使得跨声速叶轮机从设计到制造都更具有挑战性。

3.2　特性线上的关键工作状态

等转速特性线上,有三个关键的工作状态:堵塞状态、峰值效率状态和近失速或近喘振状态。设计转速需要增加一个更为重要的设计状态。这些工作状态在特性图中体现为各自相应的状态点,如图 3.6 所示,每个等转速线上都存在堵点、峰值效率点和喘点,设计转速线上多一个设计点。峰值效率 η_{pk}^* 是各转速具有的最佳效率,不同转速最佳效率连线为峰值效率包线,存在最高效率 η_{max}^*。

涡轮等膨胀系统不存在近失速或近喘振状态。

3.2.1　设计状态

为保证起飞(标准、最大、高原、高温)、爬升、巡航、单发最大连续等复杂环境需求,航空发动机设计过程中需要兼顾各个工作状态。通常,设计点会选择在峰值效率点右侧,以

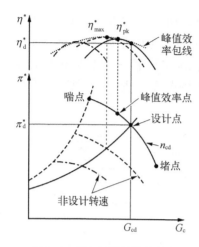

图 3.6 压气机特性线关键点

保证 90% ~ 95% 转速的巡航状态具有全转速范围内共同工作的最高效率值 $\eta_{\max}^*$（图 3.6），并在超过设计转速时仍具有足够的稳定裕度。压缩机和地面燃气轮机通常将设计转速的峰值效率点作为设计点，以保证机械工作于 $\eta_{\max}^*$ 状态。设计点是依据需求而确定的工作状态，其原则是保证叶轮机全转速工作范围内安全稳定高效。

设计过程中，一般将设计点折合转速 n_{cd} 定义为 100% 折合转速，其他转速以百分比折合转速 $\bar{n}_c = \dfrac{n_c}{n_{cd}}$ 确定（图 3.5）。而对于改型，通常不改变原设计所确定的设计转速，如航空发动机改燃气轮机，一般选择 90% ~ 95% 设计转速工作，这样可以继承原型机通用特性。

由于设计状态是气动结构的产生依据，也涉及系统全状态性能匹配，因此在设计过程中尤为重要。上一章讨论的比转速、比直径就是形成设计状态的依据，而流量系数、负荷系数则是最重要的设计参数（下一章讨论），也提供了试验验证和调试的依据。

3.2.2 峰值效率状态

确保在峰值效率点附近长期工作，对叶轮机十分重要。这不但最大程度地利用了叶轮机能量转换能力，同时也因为流阻损失功 l_f 最小而保证了叶轮机使用寿命。由于不同转速下的峰值效率不等，因此，最高效率 $\eta_{\max}^*$ 是叶轮机内部流动结构状态最佳的工作状态，通常应作为运行时间最长的工作状态。合理的设计与匹配使航空发动机长时间工作于 $\eta_{\max}^*$，也可以得到最经济巡航。

如果无法匹配在 $\eta_{\max}^*$ 状态，那么即使设计点达标也不能很好地满足工程应用。这时通常需要采用调试技术或局部改进，使发动机既满足设计点要求，又具有巡航状态的 $\eta_{\max}^*$ 匹配。这显然降低了发动机设计的一次成功率。

3.2.3 堵塞状态

堵塞和壅塞是内流气体动力学中频繁出现的名词，式（2.10）体现了其宏观内涵。壅塞是喉道截面平均 Mach 数为 1.0 时的最大流量。堵塞则因为分离，低能流团中流体动能锐减而使总压降低，限制了流量的通过能力。堵塞发生的同时，流体加速作用会使非堵塞区趋于壅塞。

对于叶轮机管网系统，当 $p_e^* - p_a$ 小到一定值时，叶轮机流量达到最大值。系统的这种状态也为堵塞状态，而接近堵塞的状态点则称为堵点。可见，堵塞可以发生于叶轮机内部，也可以发生于系统喉道截面。同样，壅塞可以发生于叶轮机内部，也可以发生于系统喉道截面。堵塞状态可以因流动堵塞产生，也可因壅塞而产生。

若壅塞发生在出口节流截面，则式（3.3）表示为 $G = \mu K (p_e^* / \sqrt{T_e^*}) A_e$。系统最大流量不但与叶轮机相关，也与节流面积有关。亚声速叶轮机等转速特性比较平缓，A_e 增加

量大于 p_2^* 减小量,只要 p_2^* 减小有限,总可以将叶轮机通过的流量排入大气。因此,亚声速的系统堵塞一般产生于叶轮机内部,即叶轮机出气总压难以克服出气损失而限制了系统流量。跨声速压气机容易进入壅塞状态,这是动叶相对 Mach 数大于 1.0 所致。如图 3.5(c),跨声速压气机高转速特性存在流量不变的直线段,这就是壅塞状态。当壅塞状态覆盖压比变化的全范围时,则压气机与超声速涡轮无法匹配工作(将在本章最后一节讨论)。图 3.5(c) 中 100% n_c 特性线的壅塞区存在一个特殊的现象:随压比加,流量由小变大再变小。这说明试验器出口节流阀存在壅塞,即 A_e 最大时,由于 p_2^* 过低而产生壅塞流量;随 A_e 减小,p_2^* 快速增加,节流阀壅塞特征解除,流量放大;再进一步减小 A_e,p_2^* 进一步快速增加,壅塞彻底解除,压气机特性不受阀门干扰。可见,跨声速压缩系统的匹配关系存在着低速不可压系统永不发生的现象。

堵点的产生取决于系统中某些区域的流动壅塞或大尺度分离,或发生在叶轮机内部,或产生于出气管节流阀。不论发生在哪,都限制了一定转速下流量的进一步增加,但不会产生系统失稳。但是,系统稳定不代表系统安全,压气机的近堵点通常伴随着大范围流动分离,长期工作时极易产生流固耦合问题,致使叶片疲劳损伤或断裂丢失。

壅塞是涡轮流量的极限状态,也是限制燃气轮机流量的临界截面。早期涡轮设计难以有效控制临界截面的位置,如 WZ6 发动机的临界截面处于涡轮动叶内部。现代涡轮设计,一般将率先产生壅塞的临界截面设计在高压涡轮导向器内部,因为,临界截面将决定航空发动机的流通能力,而 NGV 是进气总温总压最确定、叶型最易于调试改进的静子件。临界截面产生区域的有效控制体现了设计精度的提高,第 5 章将讨论涡轮壅塞流量产生的气动原理。

3.2.4 失速状态

叶轮机失速和喘振是压缩系统特有的现象,是各转速下稳定工作的最小流量状态(图 3.5),进一步减小流量,压气机失去稳定工作能力。第 4 章将讨论失速和喘振的气动原理和物理图画,这里从特性角度讨论压缩系统失速和喘振的发生。

图 3.2 的简单压缩系统可以由图 3.7(a) 示意,系统仅由压气机和出口节流阀组成,出气管非常短。一定转速下,随出口节流阀喉道面积 A_e 减小,压气机出气静压 p_2 上升,并在达到最大静压后开始减小,如图 3.7(b) 所示。对于工作状态 m 点,系统流量 G_m,压气机出口静压 p_2 和出口节流阀阀前静压 p_b 相等。当压气机以给定转速运转时,节流阀震

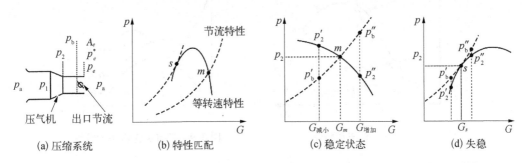

图 3.7 压气机-出口节流阀系统的稳定性

荡、叶片和机械振动以及进气压强脉动等诸多因素均导致瞬时工作状态偏离 m 点。如图 3.7(c)所示，G_m 瞬时减小，p_2 沿等转速特性上升至 p_2'，而 p_b 沿节流特性下降至 p_b'，$p_2' > p_e'$，顺压梯度迫使流体加速、流量增加，于是，瞬时的流量减小被系统自适应调节，流量回升至 G_m；反之，当流量瞬时增加时，$p_2'' < p_b''$，逆压梯度使流体减速、流量下降至 G_m。实际上，只要机械运转、流体运动，扰动始终存在，但总是在平衡状态 m 点附近脉动，不产生系统失稳。

当等转速静压特性如图 3.7(d)所示，节流特性线整体位于等转速特性左侧，并存在切点 s。这时，等转速特性线和节流特性线的斜率相等，系统稳定性将不复存在。瞬时扰动使 G_s 增加，$p_2'' < p_b''$，逆压梯度使流体减速，流量下降至 G_s；但扰动使 G_s 瞬时减小时，$p_2' < p_b'$，逆压梯度依然存在，G_s 进一步下降，无法回到工作点 s，产生不稳定现象。由于出气管很短，没有压缩空气存储，这时的不稳定现象体现为失速。

系统失速后，压气机的非失速等转速特性就结束了，图 3.7(d)工作点 s 以下的特性线并不存在，而是沿节流特性跳入另一条稳定的特性线，称为过失速特性。过失速特性上，虽然压气机内部存在大尺度分离、效率极低，但系统依然稳定。如图 3.8 所示，压气机在工作点 s 进入失速，沿节流特性跳入过失速特性，工作于特性匹配点 s'。节流特性随 A_e 连续变化，失速点 s 完全取决于压气机等转速特性。设计不当，如失速点由 s 变为 s_1（图 3.8），失速则发生于 A_e 更大的节流特性线上，说明稳定裕度更低。迎角特性最终决定失速点是 s 还是 s_1，这将在下一章讨论。

过失速特性是稳定的工作状态，随 A_e 进一步减小、G 减小，压气机出气静压将有所提高，直至流量为零。显然，过低的流量通过能力使压气机变成了搅拌机，这时，叶片无法承受气流强烈分离所具有的非定常气动力，损伤或丢失是必然的。随 A_e 增加、G 增加，压气机并不能从 s' 直接跳回 s。由于气体惯性的作用，必须进一步增加流量，减小分离、增加流体动能，才能由过失速特性最大流量点 m' 跳入点 m（图 3.8）。由状态点 $ss'm'm$ 所构成的闭环过程被称为失速迟滞。

可见，一定转速下，压气机存在两条稳定的工作特性：一条是非失速的等转速特性；一条是过失速特性。非失速特性就是通常所说的压气机特性，高效率区具有稳定而持久的工作能力。过失速特性则存在强烈分离，效率低，系统虽然稳定但不能长时间工作。

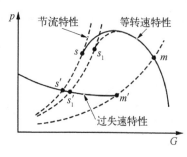

图 3.8　过失速特性

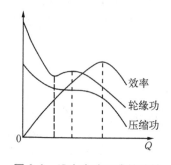

图 3.9　没有失速迟滞的特性

如图 3.9 所示，流量系数较低的压气机没有失速迟滞，上述两条特性线可以归并为一条连续曲线,全流量范围内不存在因失速而产生的不稳定现象。随着流量降低,压升增加、效率降低,失速依然存在但不失稳。不失稳现象看似很好,却极端危险,大尺度分离不能被宏观的失稳现象体现出来,长期运行可使叶片产生疲劳断裂。低转速情况下,压气机也存在失速但不失稳的现象,因此慢车以下转速不宜长时间使用。

3.2.5　喘振状态

压缩系统喘振的基本原理与失速完全不同,即使不涉及气动原理,也可以从特性角度讨论两者的差异。

图 3.10 是一个理想的压缩系统,由压气机-储气罐-排空节流阀组成。假设压气机进、出气管很短,流速足够低,可忽略流体非定常惯性作用,同时忽略储气罐突扩损失。于是,压气机出气静压 p_2 和节流阀前静压 p_b 保持平衡, $p_b = p_2 \approx p_2^*$。系统稳定后,随着节流阀缓慢关闭, p_2、p_b 同步达到最大静压 p_s。进一步节流,按节流特性需要更高的 p_b 以维持流量的排出,按等转速特性则 p_2 开始降低,于是,储气罐因排空能力不足而维持静压 p_s,瞬时产生 $p_2 < p_s$ 的逆压梯度,压气机增压能力无法平衡储气罐压强势能,致使

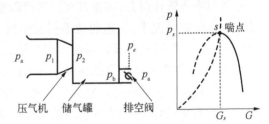

图 3.10　储气罐压缩系统的喘点

压气机产生整体性逆向流动,即喘振。用压气机特性线描述,存在:

$$\frac{\mathrm{d}(p_2/p_1^*)}{\mathrm{d}G} = 0 \tag{3.4}$$

即总对静压比随流量变化率为 0 的工作状态即为喘振状态,或称喘点。值得注意的是,失速、喘振的状态分析均采用出气静压 p_2 或总对静压比 p_2/p_1^*。

实际压缩系统一般由进气管、压气机、出气管、储气罐、排空节流阀等组成(图 3.11)。这时,流体惯性作用不能忽略,压缩系统可以类比为典型的惯性(出气管)-质量(储气罐)振动系统。可以利用稳定性理论对压气机稳定边界进行建模,参见孙晓峰等(2018),本书不讨论。从原理上分析,进、出气管流体惯性或压缩性使静压和流量产生非定常脉动,即某一瞬时 p_2 和 p_e、G_2 和 G_e 均不平衡,而储气罐又是典型的不可压特征。这时,特性线上的最大静压点并不喘振,喘振失稳点处于特性线的左半支上(图 3.11)。因此,式

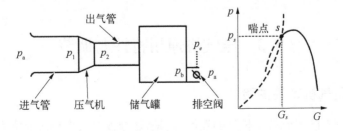

图 3.11　实际压缩系统的喘点

(3.4)是喘点预估的最保守值,在压缩机和燃气轮机工程领域可以应用,而航空发动机将叶轮机能力提升到了极限,需要更精确的失稳判断,才能在满足稳定裕度的约束下,设计出高通流、高负荷、高效率的风扇/压气机。

喘振一旦发生,流量迅速从 G_s 减小为管道平均意义上的零流量,即压气机失去稳定工作能力。流量减小的方式会遵循压气机内部整体逆向流动的瞬态阻力特性,但这并不重要。重要的是流量减小为零或接近零后,储气罐释压,在输入功率保持的情况下压气机流量、压比迅速增加。如果不改变出口节流面积,压气机将再次发生喘振。压气机设计点流量和压比一定时,喘振的强度和频率主要决定于储气罐容积。

有了喘振的概念,就可以厘清喘振和失速的差异。喘振一定与系统相关,失速不一定与系统相关。存在失速迟滞时,失速点左侧没有连续特性,因此,失速点必然是喘点。航空压气机中等转速以上,喘振常常因失速而发作。因此,传统上不区分失速、喘振,均称为喘点。低转速情况下,失速通常不引发喘振,特别是随流量减小,出气静压连续增加的情况(图3.9)。在风机领域就存在无喘振风机的宣传,就是指失速但不喘振。无喘振并不代表安全,长期失速同样会破坏叶片,而且在叶片断裂之前不易被察觉。

如果将航空发动机的涡轮类比于排空阀、燃烧室类比于储气罐,就构建了能够发生喘振的压缩系统;如果将航空发动机的尾喷口类比于排空阀,那么,燃烧室、涡轮和加力燃烧室可类比于储气罐。显然,后者的储气容积和能量大于前者,若发生喘振则危害更大。由于涡轮特性比阀门节流特性更复杂,压气机-涡轮的匹配结果通常称为共同工作特性。另外,多级压气机自身就能够构建出压气机-储气罐-节流阀的类比系统,形成前喘后堵和前堵后喘等现象,其气动原理将在第4章讨论。

叶轮机将转速和流量作为自变量,确定各转速的喘点,并由不同转速的近失速或近喘振状态连接形成稳定边界(图3.1),包括失速边界和/或喘振边界。通常以共同工作线为基准,定量评价风扇/压气机的稳定裕度,包括失速裕度和喘振裕度。最常用的稳定裕度定义为

$$\mathrm{SM} = \left(\frac{\pi_s^*}{\pi_o^*} \cdot \frac{G_o}{G_s} - 1 \right) \times 100\% \tag{3.5}$$

式中,下标 o 表示某转速下共同工作点,包含设计点;下标 s 表示该等转速线稳定边界工作点。如果在特性图稳定边界(图3.1)上插值得到 G_o 所对应的喘点压比 $\pi_s^{*'}$,上式中以 G_o 替代 G_s、以 $\pi_s^{*'}$ 替代 π_s^*,得到等折合流量的稳定裕度,称为压比裕度,而称式(3.5)为综合裕度。

3.3 压气机通用特性与调节

3.3.1 压气机特性试验*

虽然测试技术已经取得了长足的发展,但是,迄今没有人看到过航空发动机内部的实际流动,特别是转子内部流场。目前,大量文献给出的叶轮机内部流场主要源自理论分

析、数值模拟和叶栅试验。也有文献对转子内部流动进行粒子影像速度(PIV)等测试,但只能获得叶片通道内的局部流动。三维数值模拟迄今仍受限于网格设计、湍流模型和转静界面熵增等因素,所获得的流场细节可能与真实的物理流动相去甚远。为此,特性试验仍然是判断叶轮机设计效果的最重要手段,并结合精深的机理分析、精确的经验公式和保真的数值模拟,才能帮助设计者快速发现设计缺陷,有的放矢地保留优势、规避缺陷,获得满足需求的合理设计。

航空发动机研制过程中,风扇/压气机设计成功与否至关重要,通常必须首先获得其部件试验特性,才能开展整机研制。这倒不是风扇/压气机最难,航空发动机各个部件都在追求其专业领域内的工程极限,都依赖于深厚的工程积累和精确的认知能力,才能正确有效地产生技术创新发展。但是,风扇/压气机有效工作范围最窄,存在着破坏发动机的恶性边界。为保证压缩部件有效工作,首先需要了解其真实特性,这就是部件特性试验的宏观任务。若能够通过试验发现局部缺陷并加以改进,以最优状态与涡轮共同工作,这就是特性试验的微观任务。

图 3.12 是具有现代特征的压气机试验器,包括流量管、进口节流阀、扩压段、稳压箱、进气模拟器、风扇/压气机试验件、出气模拟器、集气管、出口节流阀、快卸阀、排气引射器、测扭器、轴向推力盘、增速齿轮箱、联轴器和电机。现代试验器均以电机作为动力,通过齿轮箱增速驱动风扇/压气机试验件。进气段通过流量管进行流量测试、通过进口节流阀调节流量,扩压段、稳压箱的目的是确保试验件进气品质。现代试验器需要设计进气模拟器,以保证试验件进气参数的不均匀分布,如总温、总压、旋流的展向分布。非均匀分布的进气条件对试验特性影响较大,且无法通过相似变换进行修正。出气段包括出气模拟器、集气管、出口节流阀、快卸阀、引射器等。由于系统差异,试验件喘点与发动机中的压气机喘点并不一致,现代试验器通常需要燃烧室模拟装置和容积较小的集气管来保证两者趋于一致。

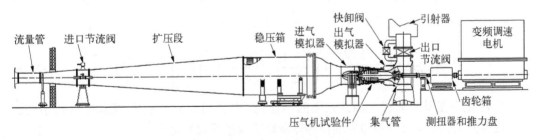

图 3.12 风扇/压气机试验器

转速、流量、压比、效率和稳定裕度是必须获得的性能特性参数。转速由测扭器(或电机)直接测得。流量一般通过测试总静压后计算得到,图 3.13(a)是 Venturi 流量管的测点布置。试验件上测点的总体布置如图 3.13(b)所示,主要包括机匣/轮毂壁面静压、进出气总温总压、静子叶片前缘总温总压、静子叶片壁面静压、转子叶尖动态静压、叶尖间隙和测振。为确保试验件安全,转子上游的探针和动叶表面通常需要进行应力测量和监控。

长达数月甚至经年的测试调试过程中,大气温、大气压等环境条件变化巨大。因此,完成原始数据采集后,首先将全部总静温、总静压折合到标准大气状态:

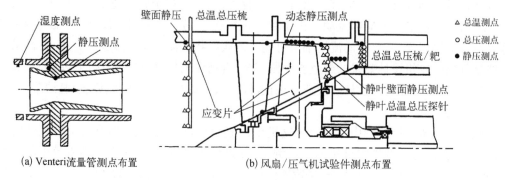

(a) Venteri流量管测点布置　　　　　(b) 风扇/压气机试验件测点布置

图 3.13　试验件测点布置图

$$T_{cj} = T_j \cdot \frac{288.15}{T_a} \tag{3.6}$$

$$p_{cj} = p_j \cdot \frac{101\,325}{p_a} \tag{3.7}$$

其中,下标 j 为第 j 个测点测试的物理参数;下标 cj 是第 j 个测点换算得到的折合参数;T_a、p_a 分别为试验过程的大气温、大气压。

物理转速 n 是直接测量参数,由转速传感器测得。折合转速是间接测量参数,根据测得的物理转速 n、大气温度 T_a 计算折合转速 n_c:

$$n_c = n\sqrt{\frac{288.15}{T_a}} \tag{3.8}$$

折合流量需要通过流量管壁面静压 p_0、大气压 p_a 等参数间接测量。根据 $\pi(M_v) = p_0/p_a$ 和 $G = \mu_0 \pi K(p_a/\sqrt{T_a}) r_0^2 q(M_v)$,得到折合流量 G_c:

$$G_c = \mu_0 \pi K r_0^2 \left(\frac{101\,325}{\sqrt{288.15}}\right)\left(\frac{k+1}{2}\right)^{\frac{1}{k-1}}\left(\frac{k+1}{k-1}\right)^{\frac{1}{2}}\left[\left(\frac{p_0}{p_a}\right)^{\frac{2}{k}} - \left(\frac{p_0}{p_a}\right)^{\frac{k+1}{k}}\right]^{\frac{1}{2}} \tag{3.9}$$

式中,r_0 是流量管壁面静压测点截面的半径;μ_0 是流量管流量系数,根据压气机不同转速,通过壁面总压探针测得边界层位移厚度修正流量管面积得到。

通过总温总压测量,可以获得压气机温比和压比,同时,总温总压数据也是分析压气机内部流动与匹配特征的唯一手段。如图 3.13 所示,根据压气机结构形式,一般在周向布置 2~4 根探针,每根探针设有 5~10 个总温总压测点,多级压气机则利用静子叶片安装总温总压探针进行级间测量。可见,多级压气机通常需要数百个总温总压测点,测试系统构建和标定具有专业化特点。

由于压气机内部流场既不均匀也不对称,根据附录 A.3.4,理论上需要进行密流平均以获得代表截面特征的平均量 $\bar{x} = \dfrac{\iint \rho v x r \mathrm{d}r \mathrm{d}\varphi}{\iint \rho v r \mathrm{d}r \mathrm{d}\varphi}$,但是由于测点位置有限,通常需要通过周向布置 3~4 个探针进行试运转,以获得能够代表平均量的周向位置,并以该周向位置布置探针进行实际测量,并以有限的径向测点进行密流平均:

$$\bar{x}_i = \frac{\sum_{j=1}^{n} (\rho v)_{ij} x_{ij} (r_{ij+1/2} + r_{ij-1/2})(r_{ij+1/2} - r_{ij-1/2})}{\sum_{j=1}^{n} (\rho v)_{ij} (r_{ij+1/2} + r_{ij-1/2})(r_{ij+1/2} - r_{ij-1/2})} \tag{3.10}$$

式中,下标 i 为第 i 个周向平均截面;下标 j 为 i 截面上第 j 个测点数据;$\bar{x}_i$ 代表 i 截面总温、总压、Mach 数、速度、比热比和多变指数等周向质量平均参数(Connell, 1975)。显然,由于密度、速度都不是直接测得的参数,截面平均总温、总压需要通过测试流场迭代计算获得。Connell(1975)采用假设展向静压线性分布的方法进行处理,更精确的方法是采用径向平衡(Zhou et al., 2018)。可见,温比、压比是间接测量参数。当计算得到进口截面 1 和出口截面 2 的平均折合总温 $\overline{T_c^*}$、折合总压 $\overline{p_c^*}$ 后,容易得到压气机的温比和压比:

$$\theta^* = \overline{T_{c2}^*} / \overline{T_{c1}^*} \tag{3.11}$$

$$\pi^* = \overline{p_{c2}^*} / \overline{p_{c1}^*} \tag{3.12}$$

根据等熵效率效率公式(2.48),已知温比和压比,就可以得到压气机效率。但是这样得到的效率并不准确。对温升不高的风机和单级压气机,效率可能超过 100%。究其原因,就是总温探针中的热电偶在气流中被冷却。虽然测试技术对热电偶复温系数进行了标定修正,但就低温高速流动而言仍存在问题。按航空发动机通用标准,涡轮后总温测试给出了 8 K 的绝对偏差量,不确定度接近出气温度的 1%,但是,如果这一偏差量发生在低温环境的压气机试验测试中,所产生的效率偏差高达 5%~10%。为此,压气机效率确定通常需要通过功率或扭矩测量,即利用轴功率 $P_s = \omega T$ 和轮缘功率 $P_u = Gl_u$ 之间的关系 $P_s = (1 + \bar{\omega}_l + \bar{\omega}_d) P_u$ 计算等熵效率:

$$\eta_{is}^* = \frac{30}{\pi} \left(\frac{\sqrt{288.15}}{101\,325} \right)^2 c_p (1 + \bar{\omega}_l + \bar{\omega}_d) p_a \overline{p_{c1}^*} G_c \frac{\pi^{*(k-1)/k} - 1}{n_c T} \tag{3.13}$$

其中,T 为测扭器实测的扭矩,单位为 N·m。由此得到的等熵效率称为扭矩效率,而以温比测量获得的等熵效率则称为温升效率,以示区别。严格地说,扭矩效率和温升效率的内涵存在着差异,前者包含了泄漏、轮阻和机械损失,是叶轮机轴功率对应的效率,需要通过不安装动叶的试运转试验,确定叶轮机轮缘功对应的等熵效率,这显然进一步提高了压气机试验的成本和周期。虽然扭矩效率规避了总温测试的偏差问题,但是,对于整机中压气机测量,以及多级压气机中的某一级测量,还是需要进行总温测量、计算温升效率。因此,低温高 Mach 数环境的总温标定问题迄今仍需要提高精确度。

稳定裕度是在给定转速下,通过关闭试验器出口节流阀获得。为将压气机安全地运转至更为精确的稳定边界,通常将出口节流阀分为主节流阀、旁通节流阀和旁通快卸阀。主节流阀用于稳态数据采集,旁通节流阀用于逼近喘振时获得稳定边界点压比和流量,而喘振一旦发生则需要旁通快卸阀打开以避免重复喘振。获得喘点压比和流量后,可通过式(3.5)计算稳定裕度。

完成性能特性参数计算后,需要进行 Re 数检查:

$$Re = \frac{\rho w l}{\mu} \qquad (3.14)$$

式中,轴流压气机采用叶弦 Re 数,即选择平均半径弦长 c 作为特征长度 l,特征密度 ρ 和特征速度 w 分别为叶片进口平均密度 ρ_1 和相对速度 w_1;离心压气机采用机械 Re 数,特征长度 l 和特征速度 w 分别为叶轮外径 d_2 和叶轮出口线速度 u_2,而特征密度 ρ 依然采用叶轮进气密度 ρ_1。由于定义差异,轴流与离心压气机的 Re 数没有可比性。如果试验的 Re 数较低,则需要按照一定的标准进行修正,如 Wassell(1968),这里不讨论。

3.3.2 通用特性与无量纲特性

压气机试验所获得的每一个参数首先需要折合到海平面标准大气状态,产生通用特性。图 3.14(a) 为某单级风扇性能特性(单鹏等,2000),其中横坐标为折合流量 G_c、纵坐标为压比 π^* 和等熵效率 η^*,不同的折合转速 n_c 构成了一系列等转速线。另外,温比 θ^*、轮缘功 l_u、轴功率 P_s 也可以作为因变量构成特性图。这是国内第一个单级压比 2.2 的轴流风扇,虽然设计点性能基本达到了设计需求,但是,全转速特性并不理想。主要体现在:① 100% 设计转速进入壅塞,不利于与涡轮产生有效的适应性匹配;② 稳定裕度低,仅为 7.63%,是后掠叶片的典型特征;③ 工作流量偏离设计需求,设计精度低,难以与涡轮正确匹配;④ 全转速效率分布不合理,不同转速下的流动缺乏相似性,说明内部分离严重。这一点从图 3.14(b) 负荷系数-流量系数特性上更为明显。

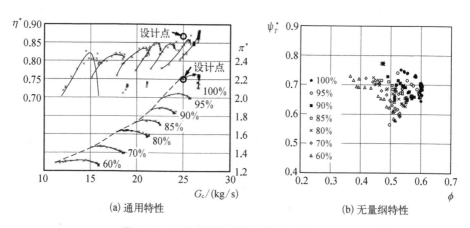

(a) 通用特性 (b) 无量纲特性

图 3.14 某单级风扇通用特性和无量纲特性

那么,合理的无量纲特性应该是什么样子? 图 3.15 为涡轮增压器离心压气机特性(Fink,1988),左图为压比-百分比折合流量特性,右图为负荷系数-流量系数特性,其中,负荷系数采用式(2.48)定义的压升系数 $\psi_p = \dfrac{\Delta p}{\rho u^2}$,流量系数采用式(2.17)定义 $\phi = \dfrac{w_m}{u_1}$。可见,叶轮机无量纲特性几乎不受转速变化的影响,表明转速和进气 Mach 数虽然都存在变化,叶轮机内部依然存在着流动的相似性。流量系数、负荷系数相等的点即为流动相似状态。

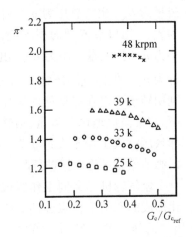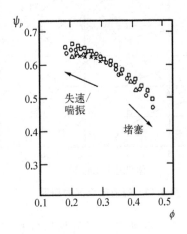

图 3.15　某离心压气机无量纲特性

3.3.3　压缩系统调节

试验过程中,通过改变出口节流阀得到特性曲线。这一过程也是压缩系统应用的调节过程。叶轮机的调节手段一般包括:转速、进口节流、出口节流和可调叶片等调节方法。可调叶片调节涉及基元流速度三角形的气动知识,将在下一章讨论。

1) 出口节流调节

图 3.16(a)是压缩气体储运系统,储气罐压强 p_V。当出口节流阀全开时,扩压管内的总压损失最小,节流线如图 3.16(b)虚线所示,实现 p_V 的压缩机出气总压为 $p_2^{*\prime}$,流量匹配在 $G_m^\prime$。逐步关闭出口节流阀,将匹配点 $m^\prime$ 调至 m,这时,p_V 不变,压缩机出气总压上升至 p_2^*、流量下降至 G_m。可见,在不改变储气压强的情况下,出口节流可以调节压气机流量和压比。虽然 $m^\prime$ 点压比低、流量大,但却处于压缩机的堵塞边界区(图 3.17),因效率过低需要更高的轴功率输入,同时,因叶轮机内部流动分离严重而无法长期运行。出口调节的重要目的就是将叶轮机特性调至峰值效率区(图 3.17)工作。

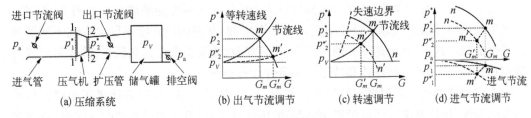

图 3.16　压缩系统调节

燃气轮机不存在如图 3.16(a)所示的出口节流阀,但同样需要通过压气机、涡轮的调试设计,使共同工作线贯穿峰值效率区,特别使长时间工作状态点具有最高效率。这不但使热效率最佳,也可以从气动角度避免叶轮机过早产生疲劳损伤。

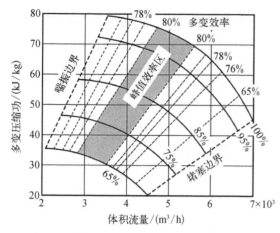

图 3.17 峰值效率区的利用

2) 转速调节

如图 3.16(c),压缩机转速为 n 时,流量为 G_m、出气总压为 p_2^*、储气罐压强为 p_V。出口节流阀面积不变,当转速减小为 n' 时,流量减小为 G_m',出气总压降低为 $p_2^{*'}$,但储气罐压强 p_V 不变。可见,利用转速可以在保证储气罐压强的情况下,非常简单地调节流量,但转速过低将导致压缩机工作于失速状态。同样需要以峰值效率区为依据进行调节。

燃气轮机的共同工作线就是转速变化形成的匹配工作点连线。因为没有出口节流阀,燃烧室进气总压就是压气机扩压器出气总压。航空发动机喷口可类比于图 3.16 所示的排空阀,对于固定面积喷口,转速变化的共同工作线固定;对于可调面积喷口,共同工作线随喷口面积变化而变化。

3) 进口节流调节

如图 3.12 所示,压气机试验器通常设有进口节流阀,目的是减小试验件功率需求。如图 3.16(a),进口节流总压损失使压气机进气总压由 p_1^* 降低为 $p_1^{*'}$,根据 $G = K \dfrac{p_1^*}{\sqrt{T_1^*}} q(M_{v1}) A_1$,若进气流动相似 $M_{v1}' = M_{v1}$,则 $\dfrac{G'}{G} = \dfrac{p_1^{*'}}{p_1^*}$,$G$ 随 p_1^* 线性降低、功率随 G 线性降低。因此,将 $\dfrac{p_1^{*'}}{p_1^*}$ 定义为节流比。如图 3.16(d)所示,在进气节流特性线上,总存在两点 m 和 m',其流动相似,折合流量和压比不变,即以进气节流得到的压气机通用特性不变。这一点与出气节流完全不同,进气节流不改变压气机通用特性,仅通过进气条件改变压气机的物理特性。需要注意的是:① 进气 Reynolds 数随节流比降低,过低的节流比将破坏上述的相似性;② 节流比过低导致压气机出气总压低于大气压,系统无法工作。

由于物理特性的改变,进气节流同样可用于压气机实际性能的调节。如图 3.16(d),进气节流阀将导致进气总压损失随流量增加而增加,并随阀门开度不同而存在不同的阀门特性曲线。这样,在转速不变的情况下就可以根据需要改变流量和压比,具体可以通过通用特性线、进气节流特性线和特定环境条件计算得到。

上述调节方式需要根据压气机特性综合、灵活应用,例如,气体输运属于串联式压缩机管网系统,增压站必须通过旁路辅助起动,因此进、出口节流阀是系统的一部分,存在利用节流阀使压缩机处于峰值效率区的条件。又如,工业风机通常采用固定转速以降低成本,而一些应用甚至没有进、出口调节阀,因此,峰值效率区完全需要通过设计达到,以保证长期使用过程中高效节能。

3.3.4　航空叶轮机环境适应性

迄今为止,航空发动机的调节规律均为转速的连续单值函数,与主燃烧室燃油流量形成闭环控制。当航空发动机采用物理转速控制时,折合转速就是被动适应的参数;采用折合转速控制时,物理转速随进气总温而变化。不论采用哪一种方式,都不能根据进气条件进行调节,而随飞行速度与高度的变化,进气总温、总压均在变化。因此,实现全空域全状态高效稳定工作就需要叶轮机自身具有更好的特性匹配。

发动机和飞行器都存在高空小表速和低空大表速的边界(图 3.18),只有当发动机的边界范围大于飞行器时,才能够保证飞行器全包线安全稳定工作。其中,小表速边界是发动机贫油和压缩系统的稳定边界,而后者更具破坏性。由于不采用进出气调节机构,这一边界要求压缩系统在进气畸变条件下具有足够的稳定裕度。压气机设计过程中一般需要全转速的稳定裕度范围,也可以更直观地根据最小流量系数随转速变化来初步确定设计预留。图 3.19 是某发动机轴流压气机最小流量系数随折合转速的变化,如果高度-速度全飞行包线范围内,根据进气总温、总压所得到的进气流量系数不低于最小流量系数,则说明发动机稳定边界不影响飞行器的最小表速。否则,需要进行叶轮机部件重新匹配、重新设计或采用处理机匣等手段进行扩稳设计。注意,叶轮机流量系数与进气道流量系数的概念存在着差异,本书仅涉及前者。

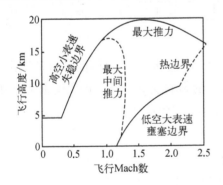

图 3.18　航空发动机工作边界

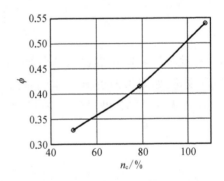

图 3.19　最小流量系数随转速变化

3.4　多级压气机性能匹配

多级压气机均作为一个部件设计完成,很少关心多级压气机各级之间的性能和气动匹配问题。本质上,不论是轴流还是离心,抑或是轴流-离心组合压气机,多级压气机都是由多个压气机级同轴串联而成,级特性直接影响和约束多级压气机的最终匹配特性。

图 3.20 为某航空发动机多级高压压气机,由 M 级压气机级同轴串联而成,分别记为第 Ⅰ、Ⅱ、…、M 级。几何一旦设计确定且不调节,每一级特性就固化确定。然而,每一级特性上性能的变化则使下一级进气条件发生变化,产生多级压气机的气动与性能匹配,最终确定多级压气机特性。本节讨论性能匹配原理,气动匹配将在第 4 章讨论。

如图 3.20,设为标准大气环境,进气总压 $p_a = 101\,325\,\mathrm{Pa}$、进气总温 $T_a = 288.15\,\mathrm{K}$;各

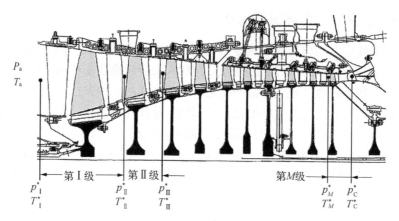

$$P_a \quad T_a$$

图 3.20 多级压气机中的各压气机级

级进气总压、总温分别以下标 Ⅰ、Ⅱ、…、M 标识;出气总压、总温分别为 p_C^*、T_C^*。 由于多级压气机每一级特性都会影响到下一级进气条件,因此在讨论匹配之前,有必要先了解一下压气机级压比与级温比的关系。根据等熵效率公式(2.50),定义前 m 级温压比参数 α_m:

$$\alpha_m = \frac{\sqrt{\theta_m^*}}{\pi_m^*} = \sqrt{\frac{1}{\pi_m^{*2}}\left(1 - \frac{1}{\eta_m^*}\right) + \frac{1}{\pi_m^{*(k+1)/k}}\frac{1}{\eta_m^*}} \tag{3.15}$$

前 m 级压比 $\pi_m^* > 1.0$,温比总是小于压比,于是参数 $\alpha_m < 1.0$,且随前 m 级的压比 π_m^*、效率 η_m^* 变化,如图 3.21 所示。很明显,η_m^* 对 α_m 的影响较小,而 π_m^* 的影响则十分显著。一些文献以无黏绝热条件讨论级特性匹配(Cumpsty, 1989)。假设无黏绝热,前 m 级等熵效率 $\eta_m^* = 1.0$,于是:

$$\alpha_m = \frac{1}{\pi_m^{*(k+1)/(2k)}} \tag{3.16}$$

前 m 级温压比参数 α_m 既适用于单级,也适用于决定第 m 级进气条件的前 $m-1$ 级压比、温比关系。有了这个参数,可以对多级压气机的级匹配问题进行定量分析。

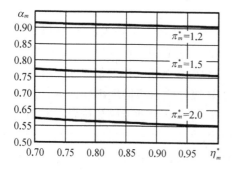
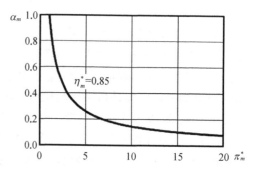

图 3.21 参数 α 随级压比、效率的变化

3.4.1　设计状态性能匹配

首先讨论设计状态的匹配问题。设 M 级压气机是由 M 个特性完全相同的压气机级同轴串联而成。所谓特性相同,是指各级通用特性线完全重合。为使通用特性重合,各级必须具有完全相同的几何,包括流道几何和叶片几何。显然,图 3.20 所示的实际压气机不可能由几何相同的压气机级同轴串联而成,"不可能"的原理就是这里讨论的内容。

如图 3.22,Ⅰ、Ⅱ、…、M 分别表示串联前各级压气机的通用特性,如第 Ⅱ 级表示串联之前的第二级,第 M 级表示串联之前的最后一级。下标 C 表示串联后多级压气机通用特性,下标 d 表示多级压气机设计状态。

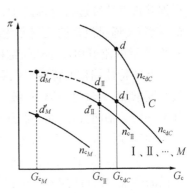

图 3.22　多级压气机与各级通用特性

多级压气机物理转速和物理流量分别为 n_{dC} 和 G_{dC}。于是,多级压气机的折合转速为 $n_{c_{dC}} = n_{dC}\sqrt{\dfrac{T_a}{T_I^*}}$,折合流量为 $G_{c_{dC}} = G_{dC}\dfrac{p_a}{p_I^*}\sqrt{\dfrac{T_I^*}{T_a}}$,压比和温比分别为 $\pi_{dC}^* = \dfrac{p_{dC}^*}{p_{dI}^*}$、$\theta_{dC}^* = \dfrac{T_{dC}^*}{T_{dI}^*}$。

由于多级压气机的进气条件不变,串联前、后第 Ⅰ 级特性完全相同,折合流量 $G_{c_{dI}} = G_{c_{dC}}$,$n_{c_{dI}} = n_{c_{dC}}$,压比、温比维持串联前的状态 $\pi_I^* = \pi_{dI}^*$、$\theta_I^* = \theta_{dI}^*$。串联后,第 m 级的进气条件 p_m^*、T_m^* 发生了变化,$p_m^* = \pi_{m-1}^* p_I^*$、$T_m^* = \theta_{m-1}^* T_I^*$。其中,下标 m 代表第 Ⅱ 至 M 级中的任意一级,$m-1$ 代表第 m 级之前所有级产生的压比和温比。于是,第 m 级的折合流量和折合转速分别为

$$G_{c_m} = G_{dC}\frac{p_a}{p_m^*}\sqrt{\frac{T_m^*}{T_a}} = \frac{\sqrt{\theta_{m-1}^*}}{\pi_{m-1}^*}\cdot G_{dC}\frac{p_a}{p_I^*}\sqrt{\frac{T_I^*}{T_a}} = \alpha_{m-1}\cdot G_{c_{dC}} = \alpha_{m-1}\cdot G_{c_{dI}} \quad (3.17)$$

$$n_{c_m} = n_{dC}\sqrt{\frac{T_a}{T_m^*}} = \frac{1}{\sqrt{\theta_{m-1}^*}}\cdot n_{dC}\sqrt{\frac{T_a}{T_I^*}} = \frac{1}{\sqrt{\theta_{m-1}^*}}\cdot n_{c_{dC}} = \frac{1}{\sqrt{\theta_{m-1}^*}}\cdot n_{c_{dI}} \quad (3.18)$$

由于 $\alpha_{m-1} < 1$,存在 $G_{c_m} < G_{c_{dI}}$,即串联后第 m 级将工作在折合流量更小的状态点上。如通用特性图 3.22 中 $d_{\mathrm{Ⅱ}}$、…、d_M 各点折合流量所示,第 m 级进气压比 π_{m-1}^* 越高,参数 α_{m-1} 越小,折合流量 G_{c_m} 偏离串联前设计折合流量 $G_{c_{dI}}$ 越远,呈现逐级降低的趋势,进而使第 m 级压比沿其通用特性逐级增加,最终串联压气机设计折合流量点的压比大于所期望的值,即 $\pi_d^* = \pi_{dI}^* \cdot \pi_{dⅡ}^* \cdots \pi_{dM}^* > {\pi_{dI}^*}^M$。当第 m 级折合流量低于该级稳定工作的特性范围时,就直接导致压气机进入喘振,使压气机设计状态无法稳定工作。

同时,$\theta_{m-1}^* > 1$,存在 $n_{c_m} < n_{c_{dI}}$,说明串联后第 m 级将工作在更低的等折合转速特

性线上,并且也是呈现逐级降低的趋势,如图 3.22 中 d'_{II}、$\cdots$、d'_M 所示意。在折合转速减小的过程中,各级压比的变化与串联前单级压气机特性有关,需要具体计算,但趋势一定是低折合转速的低折合流量状态。这一状态的变化趋势同样在严重的情况下直接导致多级压气机喘振。

最早的多级轴流压气机就是因为不能认识这一匹配原理而无法达到预想的设计转速 (Dixon et al., 2010)。即使在级数较少、压比较低时不发生喘振,若第 I 级工作在峰值效率的话,那么后面级均不可能在峰值效率区域工作。因此,多级压气机的每一级都需要根据其进气特征进行合理匹配,级折合流量会随进口总压的上升而减小,为适应这一特征,就需要通过流道的几何变化使级折合流量满足高效率区的要求,其结果自然产生了图 3.20 所示的流道和叶片几何结构的变化。

上述特性偏移的特性可以更通俗地定性表述为:由于前面级的增压作用,使该级进气密度增加,为流过与第 I 级相同的物理流量,必须通过减小进气面积来保证与前面级基本一致的轴向分速,使各级压气机均具有最佳或匹配的设计状态。当进气 Mach 数逐级减小到流动接近不可压时,流道的变化程度也减小到接近等流通面积。

当设计状态匹配之后,就确定了流道的几何结构特征,但这并不意味着完成了多级压气机的匹配,特性匹配还应该包括喘点、堵点的匹配问题。

3.4.2 等转速非设计状态性能匹配

如图 3.23 所示,因某些原因使多级压气机工作状态在等转速特性线上偏离设计点 d。当流量增加、压比降低,极端情况工作于压气机堵点 c;当流量减小、压比提高,极端情况下接近压气机喘点 s。由于进气条件没有变化,状态改变后,第 I 级的折合流量、折合转速分别等于多级压气机的对应值,$G_{c_I} = G_c = G\dfrac{p_a}{p_I^*}\sqrt{\dfrac{T_I^*}{T_a}}$、$n_{c_I} = n_c = n\sqrt{\dfrac{T_a}{T_I^*}}$。

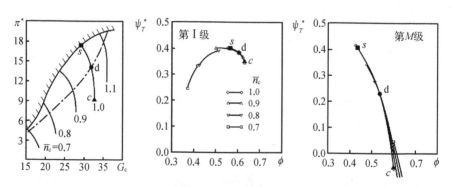

图 3.23　多级压气机等转速特性匹配

对于压气机,工作状态是在等转速线上变化,但是,第 II ～ M 级的折合转速 n_c 仍然随 θ_{m-1}^* 的变化而变化。第 m 级折合流量 G_{c_m}、折合转速 n_{c_m} 与第 I 级的关系同样可以由式(3.17)和式(3.18)计算得到。当折合流量和折合转速同时变化时,流量系数能够更简洁有效地反映特性的定量变化。根据前一章定义,流量系数是相似流量不变量[式

(2.11)]和相似转速[式(2.5)]的比值，即 $\phi = \dfrac{G\sqrt{T^*}/(A_m p^*)}{nr/\sqrt{T^*}}$，得到流量系数与折合流

量、折合转速的关系为

$$\phi = \frac{1}{rA_m} \cdot \frac{T_a}{p_a} \cdot \frac{G_c}{n_c} \tag{3.19}$$

于是，第 m 级的流量系数与第 I 级的关系为

$$\phi_m = \frac{1}{rA_m} \cdot \frac{T_a}{p_a} \cdot \frac{G_{c_m}}{n_{c_m}} = \frac{1}{rA_m} \cdot \frac{T_a}{p_a} \cdot \frac{\theta^*_{m-1}}{\pi^*_{m-1}} \cdot \frac{G_{c\,I}}{n_{c\,I}} = \frac{\theta^*_{m-1}}{\pi^*_{m-1}} \cdot \phi_I \tag{3.20}$$

以堵点 c 为例，与设计点 d 比较：

$$\frac{\phi_{cm}}{\phi_{dm}} = \frac{\theta^*_{cm-1}}{\theta^*_{dm-1}} \cdot \frac{\pi^*_{dm-1}}{\pi^*_{cm-1}} \cdot \frac{\phi_{c\,I}}{\phi_{d\,I}} \tag{3.21}$$

对第 I 级而言，工作状态从 d 点到 c 点，折合转速不变，而折合流量增加，于是 $\phi_{c\,I} > \phi_{d\,I}$，如图 3.23 第 I 级无量纲特性所示。同时，各级的压比和温比均有所降低，并且温比的变化总是低于压比的变化（当等熵效率为 1.0 时，$\theta^* = \pi^{*\,(k-1)/k}$）。因此，对于第 M 级，$\phi_{cM} \gg \phi_{dM}$，如图 3.23 第 M 级无量纲特性所示。同理，状态从 d 点到 s 点，$\phi_{s\,I} < \phi_{d\,I}$，而 $\phi_{sM} \ll \phi_{dM}$。

这说明多级压气机在等转速特性线上偏离设计点时，各级均发生特性的变化，这种变化的相对值会逐级放大，即出口级偏离其设计点的程度最大。如果将各级的稳定裕度设计为相等，那么，首先发生喘振的一定是出口级。同样，等转速特性的堵塞也会发生在出口级。这就是多级压气机等转速特性变化的"逐级放大"。由于每一级堵点至喘点的特性范围有限，因此，在多级压气机中存在着如何匹配各级特性的问题。

综上可见，多级同轴串联后，后面级进口条件由所有前面级实现的压比、温比决定，导致压气机流量范围变窄，随流量减小，压气机总压比增加得更快，在特性图上呈现为更加陡峭的压比-流量特性(图 3.23)。无黏绝热假设下，级折合流量变化与前面级压比成近似的反比例关系。实际情况中，因黏性的作用，相同压比时温比更高，据式(3.17)可知，这种陡峭的趋势将有所缓解。换言之，效率越高，压比-流量特性就越陡峭（注意无黏条件）。这就导致在高效率设计中会出现流量变化小而压比变化大的多级压气机特性。

当然，上述压比-流量的陡峭特性是基于每一级均处在最佳的设计点，由此产生等转速流量偏离所具有的压气机匹配结果。如果设计状态的匹配本身就不理想，例如，如果渐进型失速和近堵塞状态同时存在于压气机设计状态的某些级中，那么，设计得到的压气机将具有更加陡峭的压比-流量特性。即使这种特性下系统发生喘振，具有失速分离或堵塞分离的压气机叶片也难以承受长期工作的高周疲劳。因此，多级压气机即使作为一个部件设计，也需要协调各级通用特性，以保证多级压气机通用特性合理可行，这就是特性匹配。特性匹配是多级压气机设计的基础，只有合理的特性匹配，才能在发动机中充分发挥

潜力,而设计状态仅仅是一个重要却不唯一的因素。

3.4.3 共同工作非设计状态性能匹配

压气机从设计点沿共同工作线偏离至低转速运行时,按相似规律,流量与转速应成正比。但是发动机实际运行从设计转速向低转速变化过程中,流量比转速减少得更快。如

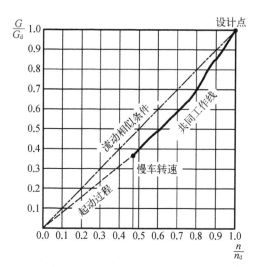

图 3.24 某发动机流量随转速变化

图 3.24 是某发动机慢车以上的共同工作线,100%设计转速 n_d 时为设计流量 G_d,当转速降低为 n_d 的 50%时,流量仅为 G_d 的 40%。即在中低转速流量系数小于设计值,使得压气机在该转速下更趋于稳定边界,不满足相似规律所需要的条件:流量随转速线性变化。

压气机转速和出口节流阀喉道面积为独立调节的控制参数,因此,在试验过程中可以通过出口节流阀(图 3.12)调节、数值模拟过程中可以通过背压的改变得到压气机等转速特性。当压气机装入发动机后,多数航空发动机尾喷口不可调节,这时,折合参数的共同工作线唯一,压气机工作在共同工作特性线上,每个折合转速只有一个工作状态,如图 3.25 的点划线所示。最理想的情况是共同工作状态点与各转速压气机峰值效率状态点重合,如图 3.25 虚线所示,当共同工作线通过设计转速峰值效率点时,其相似点 p 亦为其他转速的峰值效率点。但是,没有几何调节的情况下,这一点不可能保证,而几何调节又改变了压气机的相似性。

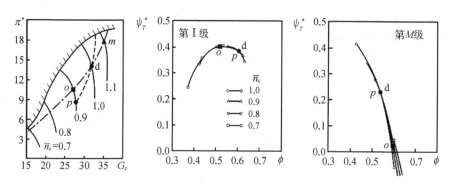

图 3.25 多级压气机共同工作特性匹配

当转速变化时,多级压气机状态点在共同工作线上偏离设计状态 d。转速降低,流量、压比均降低,如图 3.25 达到 90%折合转速状态点 o;转速增加,流量、压比均提高,如图 3.25 达到 110%超转点 m。设多级压气机物理流量和物理转速分别由设计状态的 n_d、G_d 变化为 n_o、G_o 或 n_m、G_m。对于具有涡轮的燃气轮机,共同工作线可以近似为节流线,

遵循的规律为 $\dfrac{G\sqrt{(T_C^* - T_1^*)}}{KA_C p_C^*} = \text{const.}$，其中，下标 C 表示压气机出气截面。该截面的流

量函数 $q_C(M_a)$ 可近似地不随转速改变（Cumpsty，1989），即

$$q_C(M_a) = \frac{G\sqrt{T_C^*}}{KA_C p_C^*} = \frac{\sqrt{T_a}}{KA_C p_a} \cdot \frac{\sqrt{\theta_C^*}}{\pi_C^*} G_c = \text{const.} \tag{3.22}$$

将物理流量与折合流量的关系代入上式，则状态点 o 和设计点 d 之间存在：

$$\frac{\sqrt{\theta_{oC}^*}}{\pi_{oC}^*} G_o = \frac{\sqrt{\theta_{dC}^*}}{\pi_{dC}^*} G_d \tag{3.23}$$

由于转速改变，上式尚不足以评估非设计转速状态偏离的趋势。为此，图 3.25 中引入状态点 p。 设非设计转速状态 p 与状态 o 转速一致，与设计点 d 流动相似，即流量系数 $\phi_p = \phi_d$。 于是，等转速状态点 o 与 p 之间存在：

$$\frac{G_{c_o I}}{G_{c_p I}} = \frac{G_{c_o}}{G_{c_p}} = \frac{G_{c_o}}{G_{c_d}} \frac{G_{c_d}}{G_{c_p}} = \frac{\pi_{oC}^*}{\pi_{dC}^*} \sqrt{\frac{\theta_{dC}^*}{\theta_{oC}^*}} \sqrt{\frac{\pi_{dC}^*}{\pi_{pC}^*}} = \sqrt{\frac{\pi_{oC}^*}{\pi_{dC}^*}} \sqrt{\frac{\pi_{oC}^*}{\pi_{pC}^*}} \sqrt{\frac{\theta_{dC}^*}{\theta_{oC}^*}} \tag{3.24}$$

可见，非设计转速下，第 I 级共同工作点 o 随多级压气机设计点 d 压比 π_{dC}^*、非设计转速压比 π_{pC}^* 的变化而变化。温比 θ_{oC}^* 的影响相对较小，等熵过程中 $\theta^* = \pi^{*(k-1)/k} < \pi^{*0.5}$，实际过程中状态点 o 的效率多数情况下小于设计点 d 的效率，导致两者的温比值较等熵过程更小。

当转速低于设计转速时，压气机等转速特性线的压比变化趋缓，这时，上式中 $\dfrac{\pi_{oC}^*}{\pi_{dC}^*}$ 起到主导作用，存在 $G_{c_o I} < G_{c_p I} < G_{c_{dC}}$，即流量系数存在 $\phi_{o I} < \phi_{p I} = \phi_{d I}$，从状态点 d 至 o，第 I 级流量系数趋于减小，即接近于稳定边界的状态。在叶片几何不可调节的情况下，设计点压比越高、转速降幅越大，这种趋势就越加明显。当转速降至一定程度时，第 I 级状态点 o 就接近稳定边界，甚至进入压气机失速或喘振。

类似 (3.21)，第 m 级的流量系数与第 I 级的关系为

$$\frac{\phi_{om}}{\phi_{dm}} = \frac{\theta_{om-1}^*}{\theta_{dm-1}^*} \cdot \frac{\pi_{dm-1}^*}{\pi_{om-1}^*} \cdot \frac{\phi_{o I}}{\phi_{d I}} \tag{3.25}$$

显然，从状态 d 至 o，第 m 级之前压比比值 $\dfrac{\pi_{dm-1}^*}{\pi_{om-1}^*}$ 将起到主导作用，随着该比值的减小，第 m 级的流量系数逐级增加，从第 I 级的 $\phi_{o I} < \phi_{d I}$ 逐步过渡到第 M 级的 $\phi_{oM} > \phi_{dM}$。 这表明，沿共同工作线或节流线降低转速，进口级通用特性趋近于稳定边界，而出口级通用特性则趋近于堵塞边界（图 3.25）。这就是多级压气机中低转速的"前喘后堵"。

类似分析状态点 m，可以得到与之相反的趋势，即沿共同工作线或节流线增加转速，进口级通用特性趋近于堵塞边界，而出口级通用特性则趋近于稳定边界（图 3.25）。这就

是多级压气机超出设计转速的"前堵后喘"。

实际上,若设计点 d 压比不高,那么,不论转速如何变化,状态点 o 和 p 的压比变化就会减小,其压比的比值变化也会减小,前喘后堵和前堵后喘的趋势都会减缓。因此,多级压气机设计点压比的大小起到了非常关键的作用。当必须进行单转子高压比压气机设计时,就必须考虑共同工作特性中级特性的变化趋势。

另外,航空发动机巡航状态压气机通常处于最佳效率状态,这使得100%转速的设计点一定处于峰值效率的右侧,以保证降低转速过程中首先在峰值效率区存在共同工作点,但这也导致多级轴流压气机超转能力不强,容易发生超转出口级喘振。

上述讨论均可以用于定量化的设计计算,逻辑性较强。如果看不明白,那就记住:① 以设计状态为参考,多级压气机等转速特性匹配遵循"逐级放大"的特征;② 共同工作线降低转速匹配遵循"前喘后堵"、增加转速匹配遵循"前堵后喘"的特征。只有遵循这些特征,才能设计多级压气机。

不论等转速匹配还是共同工作线匹配,都是因为一个转子上多级压气机的几何不变,而各级的进气条件却存在变化所致,且设计压比越高,其变化趋势就越强。下一章将讨论中间级放气、可调导流叶片、可调静子叶片以及多转子设计等,都是为解决这些不匹配特征而实施的主动控制或自适应控制手段。但是,这并不意味着在设计过程中可以只考虑设计状态的性能问题,压气机性能的好坏包括共同工作线与压气机峰值效率包线的重合程度、全寿命性能衰退和稳定裕度的保证、超转性能的实现能力,以及中等转速的多重特性问题。

3.4.4 多级压气机的多重特性

20世纪50年代一系列跨声速多级压气机试验表明,在中等转速范围内,存在性能参数的不确定性。如图3.26的试验显示在70%~80%折合转速范围内,稳定边界曲线的斜率突然变得异常大(图中点划线所示意),并产生严重的振动以至于无法进行参数测量,认为压气机的前面级已经进入失速(Standahar et al.,1955)。而有些试验则表明在这个区域会产生不确定的性能,测试结果分散、误差大。另一些研究则显示采用不同的试验程序,在同一转速上会得到两条完全不同的特性曲线(李根深等,1980)。实践中习惯将这一现象称为多级压气机的多重特性现象,本质上是某些前面级产生了失速,但压气机或发动机系统不发生喘振的结果。

如前所述,对单级压气机,突变型失速具有两条稳定的特性线,并存在失速迟滞现象。如果这一现象在多级压气机的进口级发生,那么,失速迟滞效应就会影响多级压气机的性能特性。如图3.27(a)所示,设多级压气机百分比折合转速为85%,其流量范围处于 s' ~ m 时,进口级可以工作在非失速特性线上,也可以工作在过失速特性线上。若工作在非失速特性线上,进口级出气总温、总压具有正常的

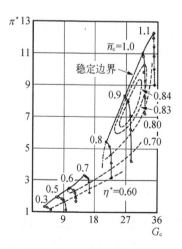

图3.26 多级压气机特性

增量,后面所有的级均具有设计预期的温比和压比,压气机能够实现高压比值的特性,如图 3.27(a)实线所示。当进口级工作在过失速特性线上时,出气总温、总压低于设计值,后面所有的级均以较低的进气条件实现匹配,最终,压气机只能实现较低压比值的特性,如图 3.27(a)虚线所示。由于进口级设计的失速迟滞,使得压气机存在两条完全不同的特性线,这一现象称为多重特性。

增加转速,如图 3.27(b)折合转速 90%,压气机流量范围覆盖进口级失速迟滞的恢复流量 m。当流量大于 G_{c_m} 时,进口级具有单值特性,于是压气机也具有单值特性;当流量小于 G_{c_m} 时,进口级同样存在两条稳定的特性线,压气机随着具有两条特性。于是,压气机的等转速特性线在一定流量点产生了分叉,一般称之为分叉特性。只要存在多重特性,转速提高的过程中一定存在分叉特性。随着转速进一步提高,能够覆盖失速迟滞区的流量范围减小,压气机特性分叉区逐步减小,直至更高转速的单值特性,图 3.27(d)所示意。

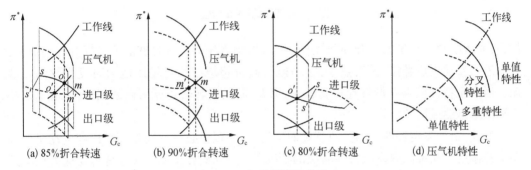

图 3.27 多重特性形成原理

降低转速,如图 3.27(c)折合转速 80%,压气机流量范围仅覆盖进口级过失速特性线,后面级和压气机呈现单值特征。

综合这些转速,最终在压气机压比-流量特性上出现多重特性。图 3.27(d)实线代表了某转速的高值特性,而虚线代表了该转速的低值特性。当进口级工作在非失速特性段时,压气机获得高值特性;当进口级工作在过失速特性线上时,压气机就工作为低值特性。按逻辑推理,对于固定尾喷口面积的发动机,沿共同工作线提高转速时,压气机应该呈现为低值特性,而在减速过程中,则易于呈现高值特性。

图 3.27 仅对进口级进行了分析,根据中低转速前喘后堵的特点,如果前面级有多级特性存在失速迟滞的话,那么,当进口级深度失速后,第二三级也可能进入稳定的过失速特性区,使压气机产生第三特性,甚至更复杂的现象。

试验表明,有些设计的多级压气机多重特性现象十分明显。图 3.28(a)为某十二级压气机 85%转速时的双重特性线,高、低值特性的效率分别为 0.82 和 0.55,两者共同工作线上的流量比为 1.17∶1。而第三特性流量、压比和效率降低则更加明显,如图 3.28(b)所示。

由于压气机在起动过程中必须经过失速区,而压气机低值特性能否随驱动转速提高而有效解除则变得十分重要。当低值特性不能有效解除,那么,前面级处于失速特性工

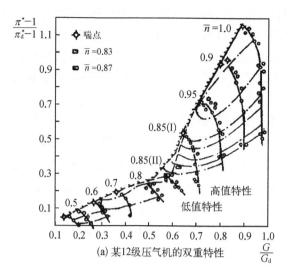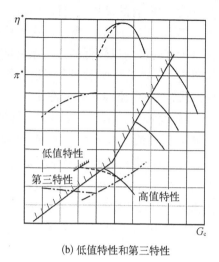

(a) 某12级压气机的双重特性   (b) 低值特性和第三特性

图 3.28　压气机多重特性

作,后面级限制着流量的上升,而燃油供油增加,但涡轮却没有足够的流量提升加功能力,进而进入发动机热悬挂,排气热节流,当能量储备超越压气机增压能力时发生发动机喘振。当多重特性能够在低转速得到解除,那么,起动带转转速就可以适当降低,起动机功率和重量自然可以减小。

　　另外,由于多重特性是因失速特性而产生,这一现象必然伴随着压气机和发动机较高振幅的振动。在难以观察级特性品质的情况下,这一现象容易被认为是与动应力相关的问题而加以处理。例如,从单级压气机来看,这一区域是亚声速失速颤振的易发区,因此面对多级压气机的这类现象,也习惯地向颤振的思路上引导,并期望通过抑制颤振的手段来解决。当然,如果多级压气机的某些前面级设计得过于弱不禁风,那么发生失速颤振的可能性也是存在的。

　　当压气机转速超过多重特性转速区后,压气机特性基本上呈单值特性。压气机试验中,按等转速线降低流量至接近稳定边界时,试验所获得连续采集的结果仍然比较分散。这说明图 3.27(b)所示意的分叉特性并非突然消失,"前喘后堵"趋势会在多级压气机中维持很大的转速范围,失速存在但不喘振。为此,多级压气机通常不追求高通流设计,目的就是让进口级流量系数相对较低,以缩小失速迟滞的流量范围,进而减小多重特性发生的流量和转速范围。对于业已设计完成的多级压气机,则需要通过 VIGV 调节中等转速的流量,避免长期工作在多级压气机低值特性上。

3.5　涡 轮 特 性

　　与压气机特性一致,涡轮特性的产生也是基元流迎角特性和二次流损失变化(第 5 章讨论)的综合结果,是不同转速、不同流量所对应的气动性能连线。这里,首先将上一章的相似不变量应用于涡轮所习惯采用的相似性能参数。

3.5.1　涡轮相似参数

除几何边界外,决定流体机械内部流场的进出口边界条件一般都是进气总温 T_1^*、总压 p_1^* 和出气静压 p_2,旋转机械则需要已知转速 n。压气机、涡轮也不例外,都是在几何、环境边界条件下唯一确定的内部流动。当内部流动的任意点均存在相似流动,则叶轮机具有相似的工作状态,而决定内部流场相似的条件就是在几何相似的约束下,进气相似准数相等,即进气 Mach 数和叶弦 Reynolds 数相等。叶轮机则需要增加一个机械 Mach 数相等的约束。

压气机习惯采用折合转速、折合流量作为自变量定量描述其性能变化的特性。航空发动机燃气涡轮处于高温高压环境,折合为标准大气进气条件远远偏离其物理环境特征,一般习惯采用第 2 章讨论的相似不变量。

根据式(2.4)和式(2.12),涡轮中以相似转速 $\dfrac{n}{\sqrt{T_4^*}}$ 替代机械 Mach 数 M_u、以相似流量 $\dfrac{G\sqrt{T_4^*}}{p_4^*}$ 替代进气 Mach 数 M_v。其中,下标 4 代表涡轮进气截面,与涡扇发动机高压涡轮进气截面标识符号一致。对于几何相等的涡轮,当其 Reynolds 数自模($Re > 3.5 \times 10^4$)时,只要相似转速和相似流量分别相等,其内部流动就相似。于是,类似式(3.1)、式(3.2),涡轮通用特性表示为

$$\pi_{\mathrm{T}}^* = f_\pi\left(\frac{n}{\sqrt{T_4^*}},\ \frac{G\sqrt{T_4^*}}{p_4^*}\right) \tag{3.26}$$

$$\eta_{\mathrm{T}}^* = f_\eta\left(\frac{n}{\sqrt{T_4^*}},\ \frac{G\sqrt{T_4^*}}{p_4^*}\right) \tag{3.27}$$

式中,涡轮落压比 $\pi_{\mathrm{T}}^* = \dfrac{p_4^*}{p_5^*}$。考虑到总温比 $\theta_T^* = \dfrac{T_4^*}{T_5^*}$,涡轮效率 $\eta_{\mathrm{T}}^* = \delta_{sc}\eta_{is}^*$,即

$$\eta_{\mathrm{T}}^* = \delta_{sc}\frac{1 - \dfrac{1}{\theta_T^*}}{1 - \dfrac{1}{\pi_{\mathrm{T}}^{*\,(k-1)/k}}} \tag{3.28}$$

同样,根据式(2.26),涡轮功:

$$l_{\mathrm{T}} = \delta_{sc}l_u = c_p T_4^*\left(1 - \frac{1}{\pi_{\mathrm{T}}^{*\,(k-1)/k}}\right)\eta_{\mathrm{T}}^* \tag{3.29}$$

式中,c_p 和 k 分别为燃气的比定压热容和比热比(参见附录 B.1.3)。由于 π_{T}^* 和 η_{T}^* 都是

自变量 $\left(\dfrac{n}{\sqrt{T_4^*}}, \dfrac{G\sqrt{T_4^*}}{p_4^*} \right)$ 的函数,相似涡轮功 $\dfrac{l_{\mathrm{T}}}{T_4^*}$ 也是相似转速和相似流量的函数,即

$$\frac{l_{\mathrm{T}}}{T_4^*} = f_l \left(\frac{n}{\sqrt{T_4^*}}, \frac{G\sqrt{T_4^*}}{p_4^*} \right) \tag{3.30}$$

与压气机不同的是,涡轮叶片具有很强的加速能力,在很短的弦长范围内就可以将不可压流动加速为超声速流动。一旦叶片内部整体出现(相对)Mach 数等于 1.0 的截面,整个叶片通道的流动就进入壅塞状态,该截面被称为发动机临界截面(详见第 5 章)。当叶片内部某一截面的流动达到临界或超临界时,该截面流量函数 $q(M_w) = 1.0$(其中,M_w 表示动叶中的相对 Mach 数或静叶中的绝对 Mach 数),涡轮出气静压 p_5 等信息无法前传而改变物理流量 G,于是相似流量 $\dfrac{G\sqrt{T_4^*}}{p_4^*}$ 不随出气条件而变化,以相似流量作为自变量无法构成单值函数。

根据涡轮出气静压 p_5 对流场的影响,可以将式(3.26)中的因变量落压比 $\pi_{\mathrm{T}}^* = \dfrac{p_4^*}{p_5} \left(\text{或} \dfrac{p_4^*}{p_5} \right)$ 作为自变量,维持涡轮特性关于自变量的单值函数,即

$$\frac{G\sqrt{T_4^*}}{p_4^*} = f_G \left(\frac{n}{\sqrt{T_4^*}}, \pi_{\mathrm{T}}^* \right) \tag{3.31}$$

$$\eta_{\mathrm{T}}^* = f_\eta \left(\frac{n}{\sqrt{T_4^*}}, \pi_{\mathrm{T}}^* \right) \tag{3.32}$$

$$\frac{l_{\mathrm{T}}}{T_4^*} = f_l \left(\frac{n}{\sqrt{T_4^*}}, \pi_{\mathrm{T}}^* \right) \tag{3.33}$$

式(3.31)~式(3.33)同样可以表示不存在临界截面的涡轮特性,因此,涡轮的通用特性均采用相似转速和落压比作为自变量。

早期航空发动机设计中,很难设计确定临界截面处于哪一排叶片中,是处于静叶还是动叶之中,通常需要整机试验获得发动机流量,并通过涡轮叶片调试确定各转速流量通过能力。现代数值模拟技术能够相对比较准确地确定临界截面的位置,一般将其设计在高压涡轮导向器之中。并根据相似理论,通过冷态流函数试验确定 NGV 的流量通过能力,有效地减少整机调试的发动机数量和周期。该试验技术同样用于发动机产品阶段,在关键环节上使发动机制造符合性得到控制。

3.5.2 涡轮通用特性

典型的单级涡轮特性如图 3.29 所示,横坐标为落压比 π_{T}^*,不同的百分比相似转速

$\bar{n}_s = \left(\dfrac{n}{\sqrt{T_4^*}} \right) \Big/ \left(\dfrac{n}{\sqrt{T_4^*}} \right)_d$ 标识于特性图中,

随 $\bar{n}_s$ 和 π_T^* 变化存在效率 η_T^*、百分比相似

流量 $\bar{G}_s = \left(\dfrac{G\sqrt{T_4^*}}{p_4^*} \right) \Big/ \left(\dfrac{G\sqrt{T_4^*}}{p_4^*} \right)_d$ 等性能特

性的单值函数曲线。特性线上的关键工作
状态包括:设计状态、峰值效率状态、临界
状态和最大膨胀状态。

以设计转速 $\bar{n}_s = 1.0$ 为例,随着级落
压比增加,静叶中的压降也相应增加。
$\dfrac{p_4^*}{p_5}$ 增加引起静叶、动叶出气速度增大,$\bar{G}_s$
增大。不论是静叶、还是动叶,只要压降在
叶片排内喉道截面达到临界,整个涡轮级
就处于临界状态。进一步增加 π_T^* 对 $\bar{G}_s$ 不

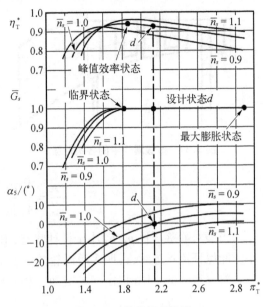

图 3.29 单级涡轮特性

产生影响。换言之,进入临界后,某 $\bar{G}_s$ 将对应不同 π_T^*。这就是不能选择 $\bar{G}_s$ 作为自变量
的原因。为使涡轮产生足够的落压比,通常设计状态 d 选择在落压比大于临界状态,这
时,$\bar{G}_s$ 不随 π_T^* 变化。

与压气机一样,各转速均存在峰值效率,而峰值效率包线的最大值为最高效率 η_{max}^*。
按照图 3.29 所示的特性,η_{max}^* 处于 $\bar{n}_s = 1.1$ 的等转速线上,而压气机通常将最高效率设
计在百分比折合转速为 $\bar{n}_s = 0.95$ 等转速线上。显然,同轴的压气机和涡轮,两者无法在
同一转速下达到最高效率点的匹配,那么,这样的涡轮就不是最优设计。不但最高效率存
在特性匹配,各转速下也存在着峰值效率的匹配问题。只有航空发动机才需要如此关注
复杂系统特性的最优匹配工作问题。

对比压气机,涡轮在低流量区域不存在失速和喘振,但效率下降严重。通常,这一段
特性因为效率过低而不适合长期使用。

随着落压比增加,涡轮级存在最大膨胀状态。这是涡轮级所能够达到的最大落压比,
对应涡轮出气轴向分速达到声速,具体的基元流动特征将在第 5 章讨论。

在图 3.29 中画出了涡轮出口绝对气流角 α_5 的变化。可以看出,设计状态 d 涡轮动叶
为轴向出气,这与该涡轮是否为末级有关。传统设计中一般不采用 OGV,由涡轮动叶直
接排气进入尾喷管,这时,只有轴向出气能够产生最小的尾喷管旋流及其损失,使发动机
推力最大。当涡轮落压比和转速状态改变时,α_5 的变化较大,图中显示为 $\pm 10°$ 左右。这
意味着大幅度提高尾喷管损失,发动机推力降低。

3.5.3 多级涡轮的性能匹配

多级涡轮的特性和单级涡轮的相似,但如同多级压气机,也存在着各级共同工作的匹
配问题。如图 3.30 所示,以三级亚临界涡轮为例,讨论总落压比 π_T^*(或 p_4/p_5)减小时,各

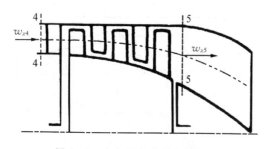

图 3.30 多级涡轮中的各涡轮级

级落压比的变化趋势。图 3.30 以截面 4-4、5-5 分别为涡轮进口、出口截面,没有冷却空气进入的情况下,燃气流量为 $w_{x5}A_5\rho_5 = w_{x4}A_4\rho_4$,而密度与静压的多变关系为 $\dfrac{\rho_4}{\rho_5} = \left(\dfrac{p_4}{p_5}\right)^{(1/m)}$,其中,$m$ 为多变指数。于是:

$$\frac{w_{x5}}{w_{x4}} = \frac{A_4}{A_5}\frac{\rho_4}{\rho_5} = \frac{A_4}{A_5}\left(\frac{p_4}{p_5}\right)^{\frac{1}{m}} \tag{3.34}$$

当静对静落压比 p_4/p_5 小于设计状态,由于面积比 A_4/A_5 不变,轴向分速比 w_{x5}/w_{x4} 减小才能保证流量连续,说明多级涡轮的后面级轴向分速逐级降低,转速不变的情况下,流量系数逐级降低。同时,由于各级动叶相对出气角 β_2 基本不变,使得动叶出气切向分速 v_{u2} 减小,轮缘功 l_u 减小,即多级涡轮的后面级轮缘功和落压比逐级降低。同理,当落压比 p_4/p_5 大于设计状态,多级涡轮的轮缘功和落压比逐级增加。

可见,当总落压比 p_4/p_5 偏离设计状态时,不论增加还是减小,对涡轮进口级的影响最小。同理,对单级涡轮而言,偏离设计状态时,导叶落压比所受影响小于其后的动叶。正因为此,无论多级还是单级涡轮,都可以近似假设第一级导叶的落压比不变。这一假设的推论是,虽然涡轮状态范围宽广,进气相似流量 $G\sqrt{T_4^*}/p_4^*$ 保持不变或变化不大。这一结论已被实践证实,并被应用于绘制发动机特性线,也可应用于 NGV 的设计。

虽然设计状态会控制一个临界截面,通常设计在 NGV 喉道截面。但是,随着涡轮总落压比 p_4/p_5 进一步增加,多级涡轮各排叶片流道均可能达到临界,同时,尾喷口也存在达到临界的条件。都达到临界意味着这些截面流量函数 $q(M_w) = 1.0$,而燃气物理流量 G 保持守恒,于是各截面温压比 $\sqrt{T^*}/p^*$ 产生自适应匹配,违背这种匹配规律进行设计就会影响最终的匹配效率。因此,通常在设计状态时必须控制唯一可控喉道截面达到临界或超临界,其他截面保持与之匹配。落压比高于设计状态时,不应作为发动机正常运行的工作状态。因此,过高地利用落压比,甚至期望各级均达到最大膨胀状态,都不符合自然规律。基本原理上与单级一致,多级涡轮总落压比 π_T^* 也存在一个极限值,其对应于末级出气轴向分速达到声速。

由于涡轮不存在失速、喘振问题,共同工作线上的逐级放大特征与上述一致。另外,式(3.34)只能作为定性分析,因为多变指数需要通过效率计算获得。定量方法依然可以采用上一节讨论的流量系数,这里不作深入。

3.5.4 多转子发动机自适应防喘原理

现代涡扇发动机均采用双转子或三转子连接风扇/压气机和涡轮,产生了增加转轴数量是因为风扇需求的假象。实质上,转轴数量的增加完全是因为风扇/压气机扩稳的需要。下一章将讨论压气机各类防喘措施,这里仅从特性角度简单分析双转子发动机自适应防止喘振的基本原理。

标准大气环境下，单转子发动机百分比折合转速 $\bar{n}_\text{c}$ 降低时，多级压气机趋于"前喘后堵"的共同工作状态。若改进为双转子，多级压气机的前面级（低压压气机或风扇）由多级涡轮的后面级（低压涡轮）驱动，压气机后面级（高压压气机）由涡轮前面级（高压涡轮）驱动，自适应防喘的匹配特征就出现了。随 $\bar{n}_\text{c}$ 降低，压气机出气总压 p_3^* 下降，涡轮总的落压比 p_4^*/p_5 小于设计值。这时，多级涡轮的高压涡轮轮缘功降低较少，而低压涡轮轮缘功急剧下降。由于低压涡轮的出功能力难以提高低压压气机趋于喘振所需的高功率，低压轴转速自动降低，低压压气机共同工作状态远离稳定边界。

而当发动机百分比折合转速 $\bar{n}_\text{c}$ 增加时，压气机出气总压 p_3^* 增加，涡轮总的落压比 p_4^*/p_5 大于设计值，并呈现逐级增加的趋势。而单转子压气机则趋于"前堵后喘"的共同工作状态。改为双转子后，高压涡轮轮缘功增加量最低且逐级增加，于是，高压轴转速增加有限，而低压轴转速迅速增加。转速迅速提升的低压压气机或风扇使高压压气机进气流量迅速提升，帮助高压压气机远离稳定边界，达到自适应防喘的目的。

3.6　压气机与涡轮共同工作

根据式（3.31）～式（3.33），相似流量 $G\sqrt{T_4^*}/p_4^*$、相似涡轮功 l_T/T_4^* 和涡轮效率 η_T^* 表示为相似转速 $n/\sqrt{T_4^*}$ 和落压比 π_T^* 的函数，形成了涡轮特性。可以看出，自变量分别是相似准数机械 Mach 数 M_u 和出气绝对 Mach 数 M_{v5} 的单值函数，同时又直接反映了涡轮特征截面的关键已知参数。因此，只要不违背这一原则，根据相似理论，变量的选取还可以进一步推导。例如，相似准数 M_{v5} 相等，则静对总落压比 p_4^*/p_5 是总对总落压比 $\pi_\text{T}^* = p_4^*/p_5^*$ 的单值函数，于是 p_4^*/p_5 可以作为替代 π_T^* 的自变量。又如，π_T^* 一定，$G\sqrt{T_4^*}/p_4^*$ 是 $n/\sqrt{T_4^*}$ 的单值函数，于是两者的乘积 nG/p_4^* 就可以替代 $n/\sqrt{T_4^*}$，作为表达 M_u 的相似参数。再如，相似涡轮功 l_T/T_4^* 与相似转速 $n/\sqrt{T_4^*}$ 结合，产生相似参数 l_T/n^2。这样，涡轮特性可以采用更加综合的参数表达为

$$\frac{l_\text{T}}{n^2} = f_l\left(\frac{nG}{p_4^*}, \frac{p_4^*}{p_5}\right) \qquad (3.35)$$

$$\eta_\text{T}^* = f_\eta\left(\frac{nG}{p_4^*}, \frac{p_4^*}{p_5}\right) \qquad (3.36)$$

得到的涡轮特性如图 3.31 所示意。这些综合参数与发动机总体性能参数更为一致，如 p_5 是涡轮后静压，很容易和尾喷口静压 p_8 进行关联，而尾喷口亚临界情况下即为大气压。又如，发动机总体性能描述时均包括压

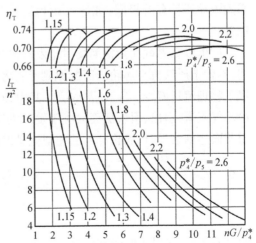

图 3.31　综合相似参数表示的涡轮特性

气机增压比 π^*，直接计算得到的是燃烧室进气总压 p_3^*，忽略燃烧室总压恢复系数就是涡轮进气总压 p_4^*。转速 n 和流量 G 就更加具有发动机整机特征了，于是，该特性可以和压气机特性联合确定发动机共同工作状态。

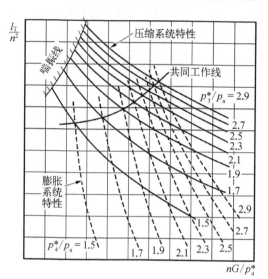

图 3.32 发动机共同工作特性产生原理

对于平衡状态，一根轴上的压气机和涡轮存在着转速相等、物理流量一致（忽略引气、燃气等因素后为相等）和轮缘功一致（忽略功率提取、机械损失、轮阻损失和泄漏损失后为相等，图 1.15），如果再忽略燃烧室总压损失，则存在 $nG/p_4^* = nG/p_3^*$、$l_C/n^2 = l_T/n^2$。另外，将涡轮和尾喷管联合在一起、进气道和压气机联合在一起，那么压缩系统的增压比与膨胀系统落压比应该相同。以发动机的总增压比和总落压比为中间变量的压缩系统特性和膨胀系统特性绘制于同一特性图中，如图 3.32 所示，就可以得到发动机共同工作特性。

涡轮特性还有其他形式的画法，也可以采用无量纲特性表示多级涡轮的各个级特性，这里不一一列举了。需要强调的是，为阐明压气机和涡轮的匹配原理，上述过程中忽略了在叶轮机共同工作中不可忽略的因素，如发动机功率提取、引气等。更为复杂、真实的特性匹配将由航空发动机总体性能的工作完成，如多转子发动机特性匹配。上述忽略的诸多影响因素需要通过定量模型表示，并利用进气道、风扇/压气机、燃烧室、高低压涡轮和尾喷管等部件特性进行总体性能匹配。这时，部件特性及其影响因素的建模准确性就决定了发动机总体性能的匹配精度，也会影响部件设计参数的约束精度。更为关键的一点是，总体性能匹配是零维热力计算过程，无法看到产生平均热力参数的流动，更无法看到流动所具有的极限，如压气机稳定边界、涡轮最大膨胀边界、临界截面对流量的限制等。

这里以临界截面为例简要讨论发动机整机对部件临界截面设计的约束问题。如前所述，单转子压气机与涡轮的匹配原则是：物理转速相等、物理功率一致和物理流量一致。燃气物理流量 $G_g = G + G_{fuel} - G_{cool}$，其中，$G_{fuel}$ 燃油流量，与空气流量相比是小量；G_{cool} 为冷却气流量，引出、引入截面取决于发动机设计，暂且忽略。当高压涡轮导向器（NGV）喉道截面达到临界时，涡轮部件的相似流量保持不变，即

$$\frac{G_g \sqrt{T_4^*}}{p_4^*} = 常数 \qquad (3.37)$$

假设 $G_g = G$，并引入燃烧室热效率 $\eta_b = \dfrac{T_4^* - T_3^*}{T_{4s}^* - T_3^*}$（朱行健等，1992）和燃烧室总压恢复系数

$\sigma_{\rm b}$，于是上式可以改写为

$$\frac{G}{p_3^*\sigma_{\rm b}}\sqrt{\frac{\eta_{\rm bt}(T_{4th}^*-T_3^*)}{T_3^*}}=\frac{G\sqrt{T_1^*}}{p_1^*}\frac{\sqrt{\theta_{\rm c}^*}}{\pi_{\rm c}^*}\frac{\sqrt{\eta_{\rm b}(T_{4s}^*-T_4^*)}}{\sigma_{\rm b}T_4^*}={\rm const.}\qquad(3.38)$$

其中，$\sqrt{\theta_{\rm c}^*}/\pi_{\rm c}^*$ 就是 3.4 节讨论的温压比 $\alpha_{\rm c}$。在压气机-燃烧室-涡轮系统中，不可能保

持 $\dfrac{\sqrt{\theta_{\rm c}^*}}{\pi_{\rm c}^*}\dfrac{\sqrt{\eta_{\rm b}(T_{4s}^*-T_4^*)}}{\sigma_{\rm b}T_4^*}={\rm const.}$，于是，必须通过 $\dfrac{G\sqrt{T_1^*}}{p_1^*}$ 的变化适应式(3.38)成立。从

原理上看，为适应涡轮达到临界状态，压气机必须通过相似流量的变化适应发动机整机共同工作匹配。而保持相似流量 $G\sqrt{T_1^*}/p_1^*$ 变化的方式只有两种：① 维持压缩系统亚临界；② 压缩系统达到临界，但通过 IGV 调节改变超临界状态下的物理流量以适应式(3.37)成立。前者就是现代航空发动机不采用超声速压气机的基本原理，虽然超声速压气机设计并不存在不可逾越的困难。然而，后者从原理上可行，但应用上极端困难。下一章将讨论变转速情况下，通过 IGV 角度的适当调节保持多级压气机匹配工作，而超声速压气机除此需求外，同时需要在等转速下通过 IGV 调节适应进气条件的变化。飞行过程中，T_1^*、p_1^* 随大气环境和飞行速度变化具有随机性，只能根据大气环境进行自适应调节 IGV 角度，才能通过改变物理流量 G 以适应式(3.38)成立，这还仅仅是均匀进气条件成立下才具有的自适应条件规律。那么，式(3.37)不能成立的后果是什么呢？通常是涡轮接近临界时，压气机在系统流量的约束下被迫接近或超过稳定边界，发动机无法达到预定的转速。

另外，现代涡轮的冷气流量 $G_{\rm cool}$ 已经不是小量，可占到高压压气机进气物理流量的 15% 以上，能否产生多级涡轮临界截面变化也是现代设计需要重视的问题。

思考与练习题

1. 评述多级压气机特性特点并解释。
2. 压气机进气参数中，哪些对特性线有影响？哪些没有影响？试述其原因。
3. 与单级轴流压气机特性相比，多级轴流压气机特性的特点是什么？简述理由。
4. 九级轴流压气机装在歼击机上作低空高速飞行时，第九级压气机静叶中出现堵塞状态，问这时第一级压气机的进口相似参数 (M_{v1},M_u) 可否作为该压气机的相似准则？为什么？
5. 怎样表示涡轮的特性？
6. 试分析说明单级涡轮特性的变化。
7. 多级涡轮特性的特点是什么？
8. 利用相似理论，试证压气机中流量 G 同转速的一次方成正比，单位质量等熵压缩功 l_s^* 同转速的二次方成正比，功率 P 同转速的三次方成正比。
9. 有一水泵，转速 $n=2\,900$ r/min 时，体积流量 $Q=9.5$ m³/min、扬程 $H=120$ m。相似设计另一型水泵(比转速相等)，体积流量 $Q=38$ m³/min、扬程 $H=80$ m，问叶轮转速应为多少？

第4章
轴流风扇/压气机气动设计基础

本章从设计角度出发,讨论轴流风扇/压气机的基本工作原理。在叶型、基元、叶片结构参数定义的基础上,通过基元级速度三角形关联气动性能与能量转换,通过反力度、迎角特性、"两角一系数"及 Smith 图等概念讨论基元级气动设计的基本概念,通过简单径向平衡和扭向规律讨论风扇/压气机叶片设计和匹配设计,并从气动设计角度讨论气动匹配、失速喘振、进气畸变和扩稳等现象和技术,最后从零维角度定量讨论了叶轮机相似设计和相似试验的依据。

学习要点:

(1)掌握基元级速度三角形和反力度等概念,初步具备速度三角形简化分析能力;

(2)认识基元流动的基本物理图画,掌握基元级损失特征和迎角特性基本规律,通过"两角一系数"体会经验数据与公式的关键作用;

(3)了解径向平衡方程及扭向规律的设计应用,初步认识二次流基本特征;

(4)从气动角度初步认识失速喘振、进气畸变,熟悉压气机扩稳技术;

(5)掌握相似设计和相似试验的基本方法。

4.1 轴流风扇/压气机叶片结构参数

前面以"级"为最小单元讨论了叶轮机性能和特性,体现了叶轮机内部平均流动的宏观现象。为深入流动细节,需要将"级"分解为"排",讨论动叶(转子叶片排)和静叶(静子叶片排)的内部流动。进一步细化,还需要将每一排内部流动分解为基元流和子午流,即吴仲华先生 S1 和 S2 两族流面的简化形式。

将 S2 流面投影在柱坐标子午面内[图 4.1(a)],以一系列子午流线 m 表示叶片展向高度的流动分布,即为子午流场;以某子午流线的回转面切割叶轮机级,得到该子午流线所对应的基元级,如图 4.1(b)所示。基元级体现了忽略展向参数变化的基元流场,包括动叶基元和静叶基元的内部流场。

图 4.1(a)子午流线半径 r_m 不变时,其回转面是一个圆柱面[图 4.1(b)],将圆柱面上

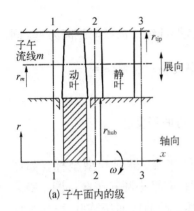
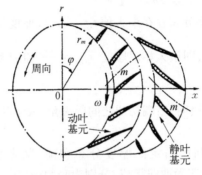
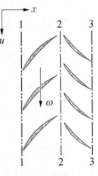

(a) 子午面内的级　　　　(b) 子午流线m回转面的基元级　　　(c) 平面内的基元级

图 4.1　压气机级与基元级

的基元级展成平面图[4.1(c)]，得到能够在平面内分析讨论的叶轮机最基本要素。从设计角度看，叶片由多个基元叶型按一定的规律积叠而成。

叶轮机设计一般采用柱坐标系(r, φ, x)旋转方向为正的右手系法则，于是有了径向、周向（或切向）和轴向的概念。现代设计一般不是径向叶片，更习惯称为展向，表示叶片不同展向高度所具有的参数分布。

4.1.1　叶型结构参数

基元叶型设计的关键结构参数包括中弧线和厚度分布、弦长、最大挠度及其相对位置、最大厚度及其相对位置、叶型弯角等，如图 4.2 所示。具体定义如下。

1）中弧线和弦长 c

中弧线是由气动设计计算产生的重要曲线，结合厚度分布生成叶型坐标，并分别以中弧线前、后端为圆心，形成前缘小圆和尾缘小圆，使叶型曲线闭合。中弧线前、后端的切线分别与前、尾缘小圆存在交点 A 和 B（图 4.2），分别称为叶型前缘和尾缘。前、尾缘连线即为弦，其长度为弦长 c。

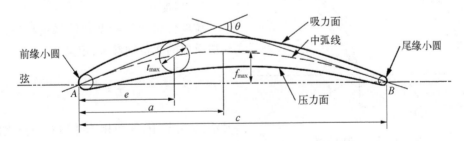

图 4.2　叶型结构参数

2）最大挠度 $\bar{f}_{max}$ 及其相对位置 $\bar{a}$

最大挠度为中弧线至弦的最大垂直距离 f_{max}。最大挠度位置距前缘 A 的弦向距离为 a。一般采用无量纲参数，最大相对挠度 $\bar{f}_{max} = \dfrac{f_{max}}{c}$ 和最大挠度相对位置 $\bar{a} = \dfrac{a}{c}$。

3）最大厚度 $\bar{t}_{\max}$ 及其相对位置 $\bar{e}$

叶型设计中,厚度分布存在最大值 $t_{\max}$。 最大厚度位置距前缘 A 的弦向距离为 e。 同样以无量纲形式表示,即最大相对厚度 $\bar{t}_{\max} = \dfrac{t_{\max}}{c}$ 和最大厚度相对位置 $\bar{e} = \dfrac{e}{c}$。

4）叶型弯角 θ

叶型弯角是中弧线前、后端切线之间的夹角,表示叶型弯曲程度。

5）叶型坐标

中弧线确定后,利用给定的厚度分布和前、尾缘小圆半径,得到叶型坐标。如图 4.2 所示,一般叶型由四段曲线组成,分别为吸力面、压力面、前缘小圆和尾缘小圆。吸力面是静压较低的表面,也称非工作面,轴流压气机叶型因其呈凸曲线而俗称叶背;压力面是静压较高的表面,也称工作面,因其呈凹曲线而俗称叶盆。

厚度分布通常由原始叶型厚度分布规律确定,现代设计更多地采用多段多项式函数定义厚度分布。数值优化技术可以对叶型进行参数化定义,结合数值模拟和优化方法获得气动效率最优的叶型。对于叶栅之类的简单结构,数值优化能够产生实用的叶型(金东海,2007),但对于复杂系统,如多级压缩机、航空叶轮机,尚无法依赖数值优化完成设计,因为最优基元不一定产生最优的叶片设计和系统匹配结果。因此,基于基本原理和经验公式改变叶片叶型结构参数的优化设计仍然是现代叶轮机设计的关键手段。

4.1.2 基元结构参数

确定了叶型,还需要安装角、稠度、金属角等结构参数才能确定基元的工作位置。如图 4.3 所示,这些参数定义如下。

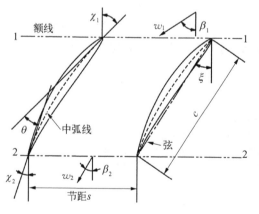

图 4.3 基元结构参数

1）安装角 ξ

安装角定义为基元叶型弦线与子午面之间的夹角,用于确定叶片在叶轮机中的安装角度。

2）稠度 τ

稠度代表相邻叶型间的稠密程度,是叶轮机重要的无量纲参数,定义为

$$\tau = \frac{c}{s} \qquad (4.1)$$

其中,s 为节距,即两相邻叶型对应点之间的周向距离。平面叶栅各叶型前缘连线称作额线,所以周向也被称为额线方向。

3）金属角 χ

金属角是中弧线各点的切线与子午面之间的夹角,也称构造角。其中,最为重要的是进、出口金属角。进口金属角 χ_1 和出口金属角 χ_2 分别是中弧线前、后端切线与子午面的夹角。如图 4.3 所示,叶型弯角 θ 与进、出口金属角的关系为

$$\theta = \chi_1 - \chi_2 \qquad (4.2)$$

叶轮机领域,关于角度的参考平面,一直存在着两种方式:西欧和美国 GE 公司习惯定义为与子午面之间的夹角,东欧和美国 PW 公司习惯定义为与额线之间的夹角,两者互余。无特殊说明,本书采用与子午面的夹角。

4.1.3　典型的原始叶型

早期的压气机叶片设计均源自翼型升力理论,但由于增压和升力的目的性差异,升力系数并不能很好地代表叶型设计的关键参数,而是在大量试验基础上逐步形成叶型特有的结构设计。英国 Howell 等自 1942 年、美国 Herrig 等自 1957 年就开始了系列叶型研究,形成具有标准特征的 C 系列和 NACA65 系列等原始叶型。如 10C4/30C50,表示该 C4 叶型的结构参数依次为 $\bar{t}_{max} = 10\%$、$\theta = 30°$、中弧线为圆弧 C(或抛物线 P)、$\bar{a} = 50\%$。又如 NACA65(14A10)10 叶型,6 为系列号、5 表示层流区占 50% 弦长、中弧线修正系数为单位升力系数的 1.4 倍、负荷分配系数为 $A = 1.0$、$\bar{t}_{max} = 10\%$。显然具有明显的翼型升力特征,但随着中弧线以二次曲线替代,(14A10) 的标识失去价值,逐步简化为 NACA65(010)。常见原始叶型的厚度分布如表 4.1 所示,$\bar{t}_{max}$ 相同的 NACA65、C4 和 DCA 叶型厚度分布如图 4.4 左图所示。其中,DCA 为双圆弧叶型,其吸、压力面叶型几何分别为相同圆心坐标、不同半径的两个圆弧,如图 4.4 右图是相同中弧线、$\bar{t}_{max} = 10\%$ 的叶型比较。

表 4.1　原始叶型厚度分布 $\bar{t}$(%)

(x/c)/%	C4(英)	C7(英)	NACA65(美)	BC-6(苏)
0.00	0.00	0.00	0.000	0.00
0.50			0.772	0.80
0.75			0.932	
1.25	1.65	1.51	1.169	
2.50	2.27	2.04	1.574	1.86
5.00	3.08	2.72	2.177	2.59
7.50	3.62	3.18	2.647	3.10
10.00	4.02	3.54	3.040	3.54
15.00	4.55	4.05	3.666	
20.00	4.83	4.43	4.143	4.56
30.00	5.00	4.86	4.760	4.92
40.00	4.89	5.00	4.996	5.00
50.00	4.57	4.86	4.812	4.86
60.00	4.05	4.42	4.146	4.45
70.00	3.37	3.73	3.156	3.78
80.00	2.54	2.78	1.987	2.86
85.00			1.385	
90.00	1.60	1.65	0.810	1.74
95.00	1.06	1.09	0.306	1.15

续　表

$(x/c)/\%$	C4(英)	C7(英)	NACA65(美)	BC-6(苏)
100.00	0.00	0.00	0.000	0.00
前缘半径 r_1/c	1.20	1.20	0.687	1.04
尾缘半径 r_2/c	0.60	0.60		0.63

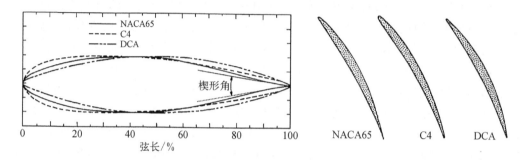

图 4.4　典型原始叶型厚度分布

　　从图 4.4 看出,C4 叶型 $\bar{e}=30\%$, NACA65 叶型 $\bar{e}=40\%$, DCA 叶型 $\bar{e}=50\%$。 DCA 叶型是以同心圆生成中弧线和吸、压力面,$\bar{a}$ 和 $\bar{e}$ 均为 50%,能适应较高的进气 Mach 数,一般在超临界进气条件下选用。与 DCA 叶型比较,NACA65、C4 叶型前缘更钝,进气 Mach 数的适用范围较。当进气 Mach 数超声速时,一般选用多圆弧(MCA)叶型,分别用两个圆弧(包括直线)生成中弧线,于是吸力面和压力面各由两个圆弧构成,调整前后段圆弧的圆心和半径就可用生成抑制激波强度的预压缩叶型。

　　原始叶型的前、尾缘小圆半径如表 4.1 给出。低速叶型具有前缘小圆半径大、尾缘小圆半径小的特点,而超声速叶型则相反。现代设计倾向于将前缘小圆改为椭圆,以保证与吸、压力面前端曲率连续。因为压气机的高速区在叶片前缘,所以不论采用圆还是椭圆,除低速叶型外,前缘制造精度应高于尾缘,而涡轮恰好相反。

　　叶片各基元的 $\bar{t}_{\max}$ 沿展向变化较大,以适应进气相对 Mach 数、气动性能和应力储备之间的矛盾,同时与异物吸入的承受能力关系密切。该参数的选择具有很强的先验性。

　　传统叶型设计仅通过管流计算,仅确定中弧线进出口参数,并通过二次曲线(如圆弧、抛物线等)确定中弧线。现代设计一般采用计入叶片内部气动参数的通流气动计算,采用多段多次多项式曲线确定中弧线。

4.1.4　叶片结构参数

　　任何复杂的叶片都是由一系列基元叶型按积叠线积叠而成。对于动叶,积叠线是各叶型重心的连线;对于静叶,可采用重心积叠,也可以前缘或尾缘积叠。积叠线可以是直线,也可以是曲线。直线积叠线生成的是直叶片(图 4.5),曲线积叠线生成的是弯掠叶片或称三维叶片。

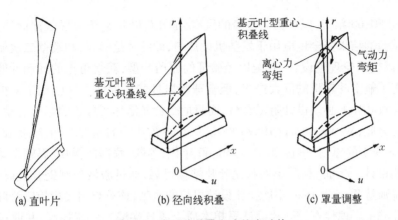

图 4.5 直叶片积叠和冷热态叶片

在离心力和气动力的共同作用下,动叶几何随转速改变。一般将设计转速的几何结构称为热态叶片,将用于制造的零转速几何结构称为冷态叶片。两者存在差异,但其差异能否被接受则取决于罩量和弹性恢复角。罩量是通过积叠线的周向偏移,通过离心力弯矩补偿气动力弯矩,使热态叶片应力最优。弹性恢复角是冷、热态叶尖叶型安装角的差值,旨在保证按冷态几何制造后,使热态几何安装角恢复到设计期望值。

线速度低、轮毂比大的直叶片,如风机、HPC 后面级,一般利用热态叶片直接制造,达到设计转速时,其几何结构虽有变化但仍可接受,对性能影响不大。对于线速度高、轮毂比小的直叶片,如风扇、HPC 前面级,必须进行罩量调整 [图 4.5(c)],通过直线积叠线的周向平移或偏移使热态叶片应力最优、几何满足设计,并进一步补偿弹性恢复角的影响,生成冷态叶片几何以供制造。对于弯掠叶片,则需要进行罩量优化,调整曲线积叠线的周向分布。现代风扇叶片选择空心结构或复合材料进行弯掠设计,叶尖弹性恢复角可达到 7°以上,说明冷、热态叶片具有完全不同的几何结构,需要精度更高的设计工具以使叶轮机全状态、全寿命适应发动机性能要求。

与气动设计相关的叶片无量纲结构参数主要有轮毂比和展弦比。

轮毂比是叶片轮毂和叶尖半径的比值,即

$$\bar{d} = \frac{r_{hub}}{r_{tip}} \tag{4.3}$$

轮毂比的选取需要考虑气动性能和结构强度等方面的因素。对于风扇,较小的进口轮毂比对气动性能有利,可以降低流量系数、提高风扇效率,但不利于动叶罩量优化和制造。对于跨声速风扇,轮毂比一般在 0.3~0.4;对于 HPC,进口级轮毂比为 0.5~0.65。现代风扇和 HPC 进口级的轮毂比仍在降低,以降低流量系数和根部相对 Mach 数,有利于规避多重特性的产生和减小 IGV 调节角度。HPC 出口级轮毂比一般选在 0.92~0.94,与出口 Mach 数和叶片高度相关,轮毂比过低则根部加工能力不足,过高则轮毂线速度过大、热应力储备不足。

展弦比是叶片展向平均高度与平均弦长的比值,即

$$\bar{h} = \frac{r_{tip} - r_{hub}}{c_{avg}} \tag{4.4}$$

20世纪50、60年代，以美国为代表的风扇/压气机叶片趋于大展弦比设计，目的是能够将叶栅试验的结果安全地应用于发动机设计中，即叶片足够长，则端壁二次流影响区域小，完全可以按叶轮理论设计，并配以经验证的原始叶型，获得可控的气动性能。这一设计思想产生了航空叶轮机的巨大进步，但全球跟风抄袭更促使大展弦比走向极端。过大的展弦比导致叶片上必须设计阻尼凸台，而阻尼凸台又破坏了理想的基元流动，特别是超声速基元。为此，Wennerstrom（1989）提出了小展弦比设计思想。小展弦比设计并非Wennerstrom博士的原创，早在20世纪50、60年代，苏联、法国的涡喷、涡轴发动机均采用了小展弦比设计。然而，利用小展弦比叶片结构可靠，通过激波控制提升负荷能力、降低端壁二次流则是Wennerstrom小展弦比设计思想的贡献，该思想引发弯掠三维叶片的现代叶轮机设计进步。现代弯掠叶片设计思想本质上源自端壁二次流控制，并通过积叠线的曲线化形成现代三维叶片设计思想，使流量系数、负荷系数与效率、稳定裕度之间的矛盾得到了空前改善，风扇/压气机性能明显提升。

4.2 基元级气动设计基础

4.2.1 基元气动性能参数

附录A.3.4推导了Joukowski定理在二维基元流动中的应用。图4.6叶型的受力 $\boldsymbol{F}$ 可以分解为升力 F_l 和阻力 F_d，进而产生升力系数、阻力系数和升阻比等翼型所关注的无量纲特征参数；也可以分解为轴向力 F_x 和周向力 F_u 等基元叶型所关心的参数。根据式（A.40），基元叶型所受的力 $\boldsymbol{F}$ 为

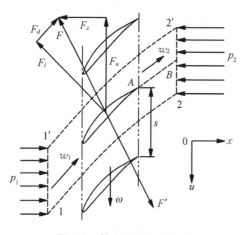

图4.6 基元流动受力分析

$$F_x = G(w_{x1} - w_{x2}) + s(p_1 - p_2) \quad (4.5)$$

$$F_u = G(w_{u1} - w_{u2}) \quad (4.6)$$

其中，周向力 F_u 本身意义不大，但由此产生的力矩就是叶轮机轮缘功；而轴向力 F_x 是发动机、叶轮机轴向力产生的根源。

由于叶轮机叶型的目的不是产生升力而是实现能量转换，翼型升阻比的概念不能直观反映压缩功，甚至连周向力 F_u 也不能直接用于叶轮机。因此，摆脱对升阻比概念的依赖，以气动弯角和损失的迎角特性替代升阻比迎角特性，逐步形成了面向工程设计分析的叶轮理论。

叶轮理论的最初实践离不开叶栅试验。以动叶或静叶的某一基元叶型形成具有一定展向长度的叶片实物，并按一定间距布置多个叶片实物，就得到了叶栅。图4.7示意了典型的低速叶栅试验风洞。

根据能量转换式（2.31）和式（2.32），动叶基元的相对运动和增压特性与静叶基元的绝对运动和增压特性完全一致。因此，叶栅试验所得到的基元流动和性能特性，既可以应

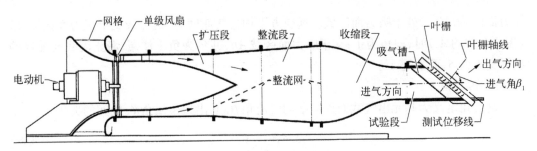

图 4.7　亚声速叶栅风洞

用于静叶,也可以应用于动叶(忽略离心力、科氏力影响)。这就是以叶栅试验获得动、静叶基元叶型设计的理论依据。早期通过大量叶栅试验,将气动性能与基元叶型的关键结构进行关联,建立了基于试验统计的经验关系式,为叶轮机气动设计奠定了基础。

通过平面叶栅试验可以反映基元流动的气动性能参数,主要包括:

1) 气流角

气流角是基元远前方气流方向与子午面之间的夹角,特别是进气角 β_1 和出气角 β_2(图 4.8)。一般,相对气流角以 β 表示、绝对气流角以 α 表示。非特别说明,以 β 表示气流角,对动叶为相对气流角,对静叶则为绝对气流角。

2) 迎角 i

迎角定义为基元进气角 β_1 与进口金属角 χ_1 之间的差值:

$$i = \beta_1 - \chi_1 \tag{4.7}$$

国内过去习惯称迎角为"攻角"。不论迎角还是攻角,其概念均源自飞机和翼型,一般将进气方向与弦线(或中心线)之间的夹角称为攻角,而与中弧线前缘切线方向的夹角则为迎角。式(4.7)中 χ_1 定义为中弧线前缘切线方向,显然是迎角而不是攻角。叶轮机叶型弯角远大于翼型弯角,因此,攻角对基元流没有物理意义。建议不要积非成是,避免名不副实。

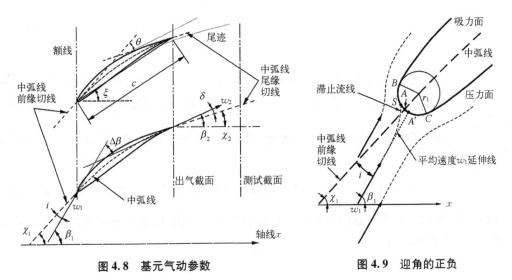

图 4.8　基元气动参数　　　　　　图 4.9　迎角的正负

迎角存在正负,如图 4.9 中弧线前缘切线与前缘小圆交于 A 点,前缘小圆 AC 段处于压力面区域,AB 段处于吸力面区域。远前方平均进气速度 w_1 延伸线交于压力面区域 AC(图 4.9 中的 A')时,迎角为正;交于吸力面区域 AB,迎角为负。注意,滞止流线与前缘的实际交点为 S,而不是 A'。

3)落后角 δ

落后角定义为基元出气截面周向平均气流角 β_2 与出口金属角 χ_2 之间的夹角:

$$\delta = \beta_2 - \chi_2 \qquad (4.8)$$

表示流动方向偏离中弧线切向方向的程度。

以叶型中弧线为基准,基元内部平均流动方向也会偏离中弧线,偏离的角度称为内部脱轨角。脱轨角越大则偏离中弧线越远,流线曲率半径越大于中弧线曲率半径。脱轨角在基元前缘截面即为迎角,在尾缘截面即为落后角。

4)气动弯角 $\Delta\beta$

气动弯角也称作折转角,是气流在基元前、后周向平均速度方向的折转角度:

$$\Delta\beta = \beta_1 - \beta_2 = \theta + i - \delta \qquad (4.9)$$

说明叶型弯角 θ 确定的情况下,气动弯角 $\Delta\beta$ 的变化取决于迎角 i 和落后角 δ。δ 不变,$\Delta\beta$ 随 i 线性变化;若 i 增加导致 δ 大幅度增加时,$\Delta\beta$ 反而减小。

5)总压损失系数 ϖ

以进出口总压差表示的无量纲损失特性,定义为

$$\varpi = \frac{p_1^* - p_2^*}{p_1^* - p_1} \qquad (4.10)$$

式中,p_2^* 一般在叶栅下游 $0.5\sim1.0$ 子午弦长测试截面(图 4.8)测得,并按质量平均得到:

$$\overline{p_1^*} - \overline{p_2^*} = \frac{\int_0^s \rho w_m (p_1^* - p_2^*)\,\mathrm{d}y}{\int_0^s \rho w_m \mathrm{d}y} \qquad (4.11)$$

焓熵图 2.3 关联了熵增、焓和总、静压之间的关系。图中看出,ϖ 是总焓不变的情况下,评估因熵增产生的总压差异。具体而言,基元 $h_3^* = h_2^*$,熵增导致 $p_3^* < p_2^*$,于是,$\varpi = \frac{p_2^* - p_3^*}{p_2^* - p_2}$。但对于动叶基元存在转焓不变,即 $i_2 = i_1$,于是根据式(2.43),$h_{w1}^* - h_{w2}^* = \frac{u_1^2 - u_2^2}{2}$。当 $u_2 \neq u_1$ 时,$h_{w2}^* \neq h_{w1}^*$,即离心力加功产生了相对总压差 $p_{w1}^* - p_{w2}^*$,显然不能将相对总焓差引发的相对总压变化归于相对总压损失。因此,将叶栅结果应用于动叶基元时,总压损失系数为

$$\varpi = \frac{p_{w2s}^* - p_{w2}^*}{p_{w1}^* - p_1} \qquad (4.12)$$

其中，p_{w2s}^* 参见图 2.3。图中看出，上式为相对总焓不变时，等熵与不等熵所产生的相对总压损失 $p_{w2s}^* - p_{w2}^*$。

总压损失系数 ϖ 是航空叶轮机动叶中使用频率最高的损失定义，与熵增 Δs 的关系可以通过热力学关系式推导得到，即

$$\Delta s = - R\ln\left\{ 1 - \frac{\varpi\left[1 - \left(1 + \dfrac{k-1}{2}M_{w1}^2 \right)^{\frac{-k}{k-1}} \right]}{\left(\dfrac{T_{w2}^*}{T_{w1}^*} \right)^{\frac{k}{k-1}}} \right\} \tag{4.13}$$

$$\Delta s = - R\ln \sigma^* \tag{4.14}$$

式中，$\sigma^* = \dfrac{p_3^*}{p_2^*}$ 是第 2 章介绍的静子总压恢复系数，也可用于静叶基元的损失评估。总压损失系数 ϖ 与总压恢复系数 σ^* 存在如下关系：

$$\varpi = \frac{1 - \sigma^*}{1 - \left(1 + \dfrac{k-1}{2}M_{w1}^2 \right)^{\frac{-k}{k-1}}} \tag{4.15}$$

设 $k = 1.4$，将其绘制在图 4.10 中。易知，当 M_{w1} 足够低时，ϖ 变化明显而 σ^* 基本不变。这是叶栅试验选择 ϖ 的主要原因。随 M_{w1} 提高，航空叶轮机静叶基元更倾向于使用 σ^*，因为这与动叶基元的总对总压比定义一致，但后者不代表损失。

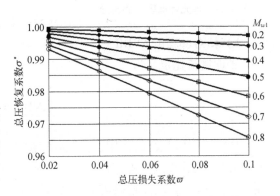

图 4.10　总压恢复系数与总压损失系数

6）基元级效率 η^*

基元级效率与级效率的定义式（2.50）一致。熵增与效率的关系为

$$\Delta s = - c_p\ln\left[\eta^* + (1 - \eta^*)\frac{T_1^*}{T_2^*} \right] \tag{4.16}$$

综上可知，熵增 Δs 将效率 η^*、总压损失系数 ϖ 和总压恢复系数 σ^* 都进行了定量关联，是更加普适的热力学参数。另外，需要注意，η^* 只能用于基元级和动叶基元；ϖ 和 σ^* 是叶栅试验最易获得的量，低速基元以 ϖ 为宜、高速基元均可使用；Δs 均有效但却不直观。

7）静压系数 c_p

叶栅试验中，将被测叶片表面布置一系列静压孔，可以得到叶型表面静压。测试结果一般处理为静压系数 c_p（国内传统上俗称为压力系数）：

$$c_p = \frac{p - p_1}{p_1^* - p_1} \qquad (4.17)$$

这是非接触测量应用之前,获得基元流场定量信息的唯一方法,也可以通过数值模拟获得,因此可作为计算、试验比较的有效工具。图 4.11 是 NACA65、C4 和 DCA 叶型的表面静压分布(Cumpsty,1989),均采用圆弧中弧线,结构参数和进气条件一致。纵坐标为 c_p,横坐标为轴向位置 x 与子午弦长 c_x 的比值。表面静压分布可以直观地反映流场特性,如 C4 叶型在前缘区域存在强烈的加速,这与叶型最大厚度相对位置 $\bar{e}$ 较小有关,易使单位弦长扩压程度增加而引发分离,特别是对于高速进气条件。因此,C4 是更适合低速进气的叶型。三类叶型中,NACA65 具有最高的静压升,说明其 $\Delta\beta$ 最大,则根据式(4.9),δ 最小,这与尾缘区域的叶型楔形角(图 4.4)有关。

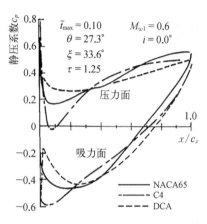

图 4.11 基元叶型表面静压分布

除进气 Mach 数外,能够反映叶栅或基元性能特性的气动参数还包括出气 Mach 数、静对静压比等。

8)轴向密流比 AVDR

轴向密流比定义为

$$\mathrm{AVDR} = \frac{\rho_2 w_{x2}}{\rho_1 w_{x1}} \qquad (4.18)$$

图 4.7 中吸气槽的作用是控制叶栅试验被测基元的 AVDR。当叶栅进出口面积不变 $A_2 = A_1$ 时,根据连续方程存在 $\rho_2 w_{x2} = \rho_1 w_{x1}$。但是,叶栅风洞存在端壁边界层,在 50% 展高测得的 $\rho_2 w_{x2} \neq \rho_1 w_{x1}$,这就需要通过风洞端壁吸气,保证 AVDR = 1.0,使上述测试结果更为真实。这看似是一个试验技术问题,但却在叶轮机设计中十分重要。现代航空叶轮机均为可压缩流动,流道的变化需要根据轴向分速 w_x 的分布规律确定。若设计中希望各级进出口 w_x 不变,则 AVDR > 1.0。因此需要根据 AVDR 的设计结果开展基元的叶栅试验,通过吸气槽调整风洞的 AVDR,以满足设计要求。即使相同的叶栅结构和环境条件,AVDR 不同,落后角和静压系数均有变化。

4.2.2 基元级速度三角形与能量转换

叶栅试验获得的气动性能参数中并不包括基元流道内部的流场,更没有人看到过航空发动机中的真实流动,因此,可测参数的间接评估显得更为重要,对流动机理的认知深度则决定了间接评估的精度。要做到这一点,首先需要将能量转换的基本原理提升到流体运动的基元级速度三角形。根据理论力学,物质绝对运动速度 v 等于相对运动速度 w 和牵连运动速度 $u = \omega \times r$ 的矢量和,即附录式(A.8)$v = w + u$,柱坐标系的分量形式为

$$v_x = w_x \qquad (4.19)$$

$$v_r = w_r \qquad\qquad (4.20)$$

$$v_u = w_u + u \qquad\qquad (4.21)$$

将轴向和径向分速合成为子午面内的速度分量,称为子午分速 $w_m = \sqrt{w_x^2 + w_r^2}$,即

$$v_m = w_m \qquad\qquad (4.22)$$

以相对柱坐标系作为参考系的流场中,任何一点都存在上述速度关系。如图 4.12,动叶以角速度 ω 旋转,气体以相对速度 w_1 流入、w_2 流动动叶基元,以绝对速度 v_2 流入、v_3 流出静叶基元。动叶基元进、出口各有一个三角形满足上述速度关系,这就是基元级速度三角形,或称速度图。动叶叶型设计分析取决于相对速度 w、静叶取决于绝对速度 v,相对和绝对坐标系之间总是进行着变换。速度三角形将这种关系直观地描述出来,成为叶轮机流场设计分析的最重要工具。

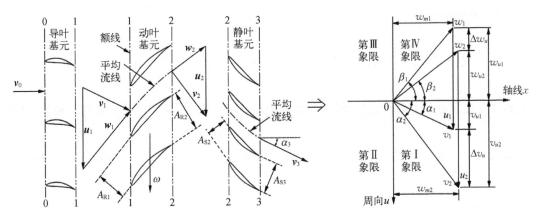

图 4.12 亚声速基元级速度三角形

按照"旋转方向为正的右手系法则",基元级速度三角形所在的坐标系如图 4.12 右图所示。表面上与过去看到的坐标系不太一样,但本质没有区别,只是顺应叶轮机旋转方向的表象差异。根据该坐标系和速度矢量分解式(4.21),β_1 和 w_{u1} 均处于第 IV 象限,其值一定为负;而 β_2 和 w_{u2} 的值可以为正,也可以为负。图 4.12 中,β_2 和 w_{u2} 的值为负,当叶型过弯时,β_2 和 w_{u2} 落在第 I 象限,其值为正。编制软件进行设计计算时,动静叶处于统一的坐标系下,需要严格遵循该坐标系定义。但是,无计算机时代大量平面叶栅的试验结果却以 $\beta_1 > 0$ 构建了经验数据和公式,工程应用中习惯将动叶基元的 β_1、w_{u1} 取为正值,与静叶基元一致。于是,与 β_1 方向一致的 β_2 和 w_{u2} 亦为正值,而转过子午平面的过弯叶型则为负值。

关于参数的正负,本书只能选择适应工程应用习惯,否则大量参数变化的描述会造成严重的混淆。图 4.3、图 4.8 中,已经强制了 χ_1、β_1 为正值,才存在式(4.2)、式(4.7)~式(4.9)的定义关系。而强制 w_{u1} 为正值的重大改变是需要将(4.21)改写为

$$u = v_u + w_u \qquad\qquad (4.23)$$

对叶轮机设计的初学者,建议不用关心 β_1 和 w_{u1} 的正负值问题,将基元级叶型和速度

三角形一起画出来,就能够直观地得到各角度和周向分速的关系。传统教材中就是这么做的。

速度三角形更重要的作用是诠释了能量转换过程中流动结构的变化,建立了叶轮机性能特性与流场之间的定量关系。体现这种关系的重要参数包括:

1) 线速度 u

根据式(2.2),线速度与转速相关,直接决定动叶对气流的加功能力和应力储备。低速轴流叶轮机,动叶基元通常设计为 $r_2 = r_1$,于是 $u_2 = u_1 = u$。

2) 进气子午分速 w_{m1}

根据流量方程式(2.7),子午分速 w_{m1} 直接决定流量、流量系数、进气 Mach 数和发动机的迎风面积等关键参数,影响叶轮机效率和裕度。忽略径向分速,则采用动叶进气轴向分速 w_{x1}。

3) 子午分速比 $\dfrac{w_{m2}}{w_{m1}}$

根据式(4.18),子午分速比 $\dfrac{w_{m2}}{w_{m1}}$ 或轴向分速比 $\dfrac{w_{x2}}{w_{x1}}$ 与轴向密流比 AVDR 相关,决定叶轮机子午流道面积变化和余速动能,并影响由 de Haller 数 $\dfrac{w_2}{w_1}$ 决定的极限负荷。轴流叶轮机设计中,一般 $\dfrac{w_{m2}}{w_{m1}}$ 略大于 1.0、$\dfrac{v_{m3}}{v_{m2}}$ 略小于 1.0。低速情况下,可假设 $w_{m2} = w_{m1}$、$v_{m3} = v_{m2}$。

4) 预旋角 α_1

图 4.12 中 $v_{u1} \neq 0$,说明动叶基元存在预旋。α_1 为进气预旋角,v_{u1} 是预旋值。α_1 与旋转方向相同为正预旋、相反则为负预旋。图 4.12 显示 $v_{u1} > 0$、$\alpha_1 > 0$,说明动叶基元具有正预旋进气。静叶基元出气角 $\alpha_3 > 0$,说明下一级动叶基元也具有正预旋进气。

对于轴流风扇/压气机,第一级预旋通过 VIGV 确定。通过 VIGV 和 VSV 的机械转动,随转速改变预旋角,这是发动机控制规律的一部分,决定不同转速下的最优速度三角形。

5) 扭速 Δw_u

叶轮机 Euler 方程式(2.22)明确了轮缘功 l_u 和基元级速度三角形的关系。假设 $u_2 = u_1$,式(2.22)简化为

$$l_u = u(v_{u2} - v_{u1}) = u\Delta v_u = u\Delta w_u \tag{4.24}$$

式中,$\Delta w_u = w_{u1} - w_{u2}$,是相对周向分速的进出口变化量,称为"扭速"。注意,强制 w_{u1} 的值为正后,$\Delta w_u > 0$。对压气机,不论 w_{u2} 的值为正还是为负,均存在 $\Delta w_u > 0$,表明动叶加功为正,机械向流体产生功输入。式(4.24)体现了速度三角形与能量转换的对应关系。

当 $u_2 > u_1$ 时,扭速 $\Delta w_u < \Delta v_u$,动叶余速动能 $v_2^2/2$ 中包含了一部分离心力加功 $(u_2^2 - u_1^2)/2$,即以较小的扭速实现较大的余速动能,并在静叶中进一步转换为势能。这是典型的离心增压原理。

图 4.12 为亚声速基元级,动叶基元进气相对速度 w_1 小于当地声速, $M_{w1} < 1.0$。动叶作用下,平均流线由斜变正, $\beta_1 > \beta_2$,产生扭速、实现加功。而静叶基元则需要将动叶的绝对出气角 α_2 整流至下一级进气的预旋角 α_3,平均流线依然由斜变正, $\alpha_2 > \alpha_3$。不论动叶基元还是静叶基元,流道面积均呈现扩张的趋势, $A_{R2} > A_{R1}$、$A_{S3} > A_{S2}$。

6) 超声速动叶基元流动

20 世纪 60 年代,飞机实现超声速飞行后,航空叶轮机亦步亦趋,试图实现超声速或跨声速风扇/压气机。超声速风扇/压气机的一切努力因匹配问题迄今没有在燃气轮机中工程化,但跨声速风扇/压气机却得到了广泛而有效应用。跨声速风扇/压气机中存在超声速基元级,其速度三角形与亚声速基元级在原理上有着本质的差异。

图 4.13 为超声速基元级,动叶基元进口相对速度 w_1 大于当地声速, $M_{w1} > 1.0$。超声速基元叶型更加平直,所构成的基元接近于直通道, $A_{R2} \approx A_{R1}$,进出口相对气流角也基本不变, $\beta_2 \approx \beta_1$,但相对速度明显减小, $w_2 \ll w_1$。原因是超声速相对气流在前缘扰动下产生接近于正激波的槽道激波。根据气动知识,气流通过正激波流速降低、静压升高、方向不变。于是如图 4.13 右图所示,超声速基元级速度三角形明显不同于亚声速情况。前者 w_2 明显降低而 β_2 几乎不变,后者 w_2 略有降低而 β_2 明显改变。虽然速度三角形差异明显,但两者能量转换原理却充分一致,都实现了 Δw_u 增加,前者通过相对速度降低产生扭速,而后者则通过相对气流角改变产生扭速。

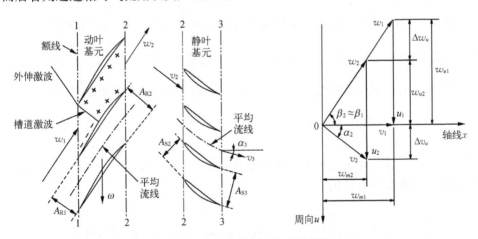

图 4.13　超声速基元级速度三角形

超声速基元级是利用激波改变动叶扭速而实现能量转换,这并不适用于静叶基元。静叶基元没有轮缘功输入,进气超声速 $M_{v2} > 1.0$ 不具有上述功能,切忌采用超声速设计。

7) 动、静叶基元的作用

根据广义 Bernoulli 方程式(2.30)和叶轮机第二 Euler 方程式(2.23),得到相对坐标系下动叶基元机械能形式的能量方程:

$$\frac{1}{2}(u_2^2 - u_1^2) = \frac{1}{2}(w_2^2 - w_1^2) + \int_1^2 \frac{1}{\rho}\mathrm{d}p + l_{fR} \qquad (4.25)$$

假设子午流线 $r_3 = r_2 = r_1$,相对坐标系下动叶基元和绝对坐标系下静叶基元的能量守

恒分别为

$$\frac{1}{2}(w_1^2 - w_2^2) = \int_1^2 \frac{1}{\rho} dp + l_{fR} \tag{4.26}$$

$$\frac{1}{2}(v_2^2 - v_3^2) = \int_2^3 \frac{1}{\rho} dp + l_{fS} \tag{4.27}$$

式中,下标 R、S 分别表示动叶、静叶基元。可见,相对动能降低 $w_2 < w_1$,实现了动叶基元的压缩功 $\int_1^2 \frac{1}{\rho} dp$,使静压上升 $p_2 > p_1$;绝对动能降低 $v_3 < v_2$,实现了静叶基元静压升 $p_3 > p_2$。因此,动、静叶基元都需要通过叶型设计,合理组织速度三角形,以轮缘功压缩流体。所谓速度三角形的合理性,更大程度地取决于损失功耗 l_{fR} 和 l_{fS},这将决定叶轮机效率。

综上表明,动叶基元的作用是加功、增压;静叶基元的作用是整流、增压。动叶基元将轮缘功转换为扭速,实现机械功向流体能量的转换,这就是加功;同时,相对动能降低又转换为流体势能,这就是增压。静叶基元则将动叶出口的绝对动能进一步转换为势能,这就是增压;同时,为后面级或出口管路提供合理的余速动能和气流方向,这就是整流。

8) 基元进出口参数变化

设子午分速 $w_{m2} \approx w_{m1}$,Δv_u 的存在必然导致 $v_2 > v_1$(图4.12),因此,亚声速动叶基元出口绝对速度上升,即 l_u 有部分能量转换为绝对动能 $\frac{1}{2}(v_2^2 - v_1^2) > 0$,并在静叶基元中进一步转换为静压升。超声速动叶基元与此不同,过强的激波导致 $w_{m2} \ll w_{m1}$,实现扭速 Δw_u 的同时,绝对动能可能降低,$\frac{1}{2}(v_2^2 - v_1^2) < 0$(图4.13)。根据能量守恒式(2.24),动叶基元进出口总焓或总温增加、静焓或静温增加;静叶基元进出口总焓或总温不变、静焓或静温增加。根据式(2.43) $i = h^* - \omega(v_u r)$,动叶基元进出口转焓不变。

综上分析,气体流经压气机基元级的各参数变化趋势如图4.14所示,也可以通过焓熵图4.15分析各参数的变化。

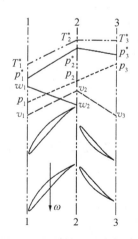

图 4.14 基元级气动参数变化

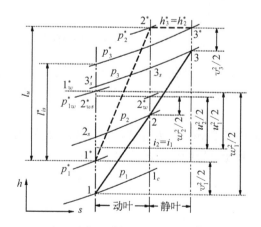

图 4.15 压气机基元级焓熵图

基元级速度三角形将气动与叶轮机性能关联在一起,线速度 u 体现了某半径上的转速、进气子午分速 v_{m1} 体现了一定面积下的流量、进气周向分速 v_{u1} 产生了预旋,而扭速 Δw_u 则体现了加功。因此,速度三角形是设计者与叶轮机交流的语言,有了速度三角形,才能进一步讨论叶轮机复杂系统中流动的变化及其能量转换。

4.2.3　速度三角形简化分析

为阐明原理,本节对基元级速度三角形进行如下简化:① 假设 $u_2 = u_1$。这是低速轴流叶轮机基元级经典假设,表明子午流线回转面是圆柱面,$r_2 = r_1$。这一假设下,径向分速 $w_r = 0$,$w_m = w_x$;② 对于低速轴流叶轮机,气流经过基元级动、静叶的子午分速 w_m 变化不大,即假设 $w_{m3} = w_{m2} = w_{m1}$。注意,超声速基元 $w_{m2} \neq w_{m1}$。经简化后的速度三角形如图 4.16 所示,由四个气动设计参数确定,一般选为 u、w_{m1}、v_{u1} 和 Δw_u。下面分别讨论这四个参数的设计规律,及其对基元级性能的影响。

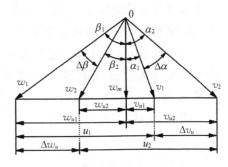

图 4.16　基元级简化速度三角形分析

1) 线速度设计

式(4.24)表明提高线速度 u,可以增大动叶对气体的加功量,增加级压比、减少级数。但是进气条件 v_1 一定,u 增加将使 w_1 增大,即 M_{w1} 增大。早期压气机设计,为使 $M_{w1} < 1.0$ 而严格限制了线速度增加。随着超、跨声速叶型的研究应用,现代风扇/压气机 M_{w1} 可以达到 1.5 左右。动叶最大线速度 u_{max} 也从早期 300 m/s 提升到不大于 500 m/s。

叶片强度和材料水平对 u_{max} 的限制是显而易见的,但根本限制因素还是气动性能,包括超声速流动控制、压气机壅塞,以及发动机整机性能匹配等问题。

2) 进气速度设计

轴流风扇/压气机的进气速度可以用子午分速 w_{m1} 及其 Mach 数 M_1 表示。当发动机进气面积一定时,增加 w_{m1} 可使发动机流量增加,从而增加推力;当进气流量一定时,增加 w_{m1} 则可以减小迎风面积。航空发动机总希望以最小的迎风面积得到最大的质量流量,但 2.2 节已经讨论了 M_1 对发动机流量的限制。从速度三角形更容易看出,w_m 和 u 增加,均导致 M_{w1} 的增加。

流量系数体现了 w_m 和 u 的综合影响。线速度一定,增加 w_m 即意味着流量系数增加,即高通流设计。根据速度三角形,流量系数式(2.17)可以改写为

$$\phi = \frac{1}{\tan \alpha_1 + \tan \beta_1} \tag{4.28}$$

注意,β_1 的值强制为正。当预旋角 α_1 不变时,ϕ 增加,则 β_1 减小,意味着叶型安装角减小,显然限制了扭速 Δw_u 的增加。可见,进气速度的设计不但要考虑流量的限制,还需要考虑对加功增压能力的限制。

3）扭速设计

为减少航空叶轮机级数，就必须增加级压比。落实到基元级设计上，要求动叶基元轮缘功 l_u 尽可能大，即增加扭速 Δw_u，但扭速过大会使得流动难以控制。

亚声速基元（图4.12），转速与进气条件不变，必须通过增加 $\Delta \beta$ 提高 Δw_u，意味着基元扩张度 $\dfrac{A_{R2}}{A_{R1}}$ 增加。扩张通道中，逆压梯度使边界层发展迅速，当叶型弯角 θ 过大时，流动在吸力面上难以附体而发生分离。一旦分离，$\Delta \beta$ 和 Δw_u 迅速下降，损失上升、效率下降，严重时丧失加功增压能力，基元进入失速状态；同时，分离导致基元实际流通面积减小，产生气动堵塞。这将在迎角特性中进一步讨论。

超声速基元（图4.13）通过激波产生的 Δw_u 远大于亚声速基元，但却伴随着激波损失和壅塞现象。过强的激波则因激波-边界层干涉导致更为严重的分离，效率急剧下降。

图4.16显示，$v_2^2 = w_m^2 + (v_{u1} + \Delta w_u)^2$，表明 u 和 w_m 不变时，Δw_u 增加，使静叶进气速度 v_2 和绝对进气角 α_2 增加。v_2 所对应的 M_{v2} 是静叶设计的关键参数，过高的 M_{v2} 使静叶产生激波，损失大幅度增加。

另外，静叶基元具有整流作用，α_3 维持设计值不变时，α_2 增加将使其静叶气动弯角 $\Delta \alpha$ 增加，基元流动趋于分离。

将式（4.24）代入温升负荷系数式（2.27），得到：

$$\psi_T^* = \frac{\Delta w_u}{u} \tag{4.29}$$

可见，线速度一定时，扭速增加就意味着负荷系数 ψ_T^* 增加，即所谓高负荷设计。综上可知，无论亚声速基元级还是超、跨声速基元级，都不能随意增加 Δw_u，负荷系数存在着设计极限，即极限负荷，后面将进一步讨论。

4）预旋设计

多级风扇/压气机设计中，为控制动叶进气方向，通常在第一级前加装导叶。当动叶后绝对速度较高时，静叶叶型弯角通常设计得较小，于是以静叶实现了下一级动叶的进气预旋。不论是导叶还是静叶基元，预旋特征会逐级传递，使出口级静叶气动弯角达到最高。这时，只能采用串列叶片才能以较低的损失将流动整流至轴向。现代高负荷设计中，静叶对预旋角的设计、调节作用越来越重要，成为设计、安装和调试过程中的主要手段。

预旋的设计目的是通过预旋角 α_1 改变基元级速度三角形，进而改变叶型设计，使其不超出性能特性的合理范围。图4.16看出，$w_1^2 = w_m^2 + (u - v_{u1})^2$，设 u 和 w_m 不变，正预旋（$v_{u1} > 0$）可以减小 w_1 和 β_1。这时，如果 Δw_u 不变，则 v_2 和 α_2 增加。说明转速、流量和轮缘功不变的情况下，正预旋可以降低动叶基元的 M_{w1}，但却提高了静叶基元的 M_{v2}。负预旋（$v_{u1} < 0$）则提高 M_{w1} 而降低 M_{v2}。

早期设计就是利用预旋规避了超声速基元的困难；现代设计依然在利用预旋控制各基元流动在发动机全状态范围内合理可用。

4.2.4　基元级反力度与轴向力

依然从广义 Bernoulli 方程式(2.30)出发,讨论一下什么是反力度。依据控制体的不同选择,式(2.30)适用于动叶基元、静叶基元和基元级,分别写为

$$l_u = \frac{1}{2}(v_2^2 - v_1^2) + \int_1^2 \frac{1}{\rho}\mathrm{d}p + l_{fR} \quad (\text{动叶基元})$$

$$0 = \frac{1}{2}(v_3^2 - v_2^2) + \int_2^3 \frac{1}{\rho}\mathrm{d}p + l_{fS} \quad (\text{静叶基元})$$

$$l_u = \frac{1}{2}(v_3^2 - v_1^2) + \int_1^3 \frac{1}{\rho}\mathrm{d}p + l_f \quad (\text{基元级})$$

其中,基元级损失功耗 $l_f = l_{fR} + l_{fS}$。若基元级按照重复级设计,即进出口绝对速度不变,$\boldsymbol{v}_3 = \boldsymbol{v}_1$,则

$$l_u = \int_1^2 \frac{1}{\rho}\mathrm{d}p + l_{fR} + \int_2^3 \frac{1}{\rho}\mathrm{d}p + l_{fS} \tag{4.30}$$

说明除损失功耗 l_{fR}、l_{fS} 外,l_u 输入完全用于动、静叶基元的增压。为反映动、静叶增压比例,将动叶静压缩功和损失功耗占基元级轮缘功的比例称为反力度 Ω,即

$$\Omega = \frac{\displaystyle\int_1^2 \frac{1}{\rho}\mathrm{d}p + l_{fR}}{\displaystyle\int_1^2 \frac{1}{\rho}\mathrm{d}p + l_{fR} + \int_2^3 \frac{1}{\rho}\mathrm{d}p + l_{fS}} \tag{4.31}$$

将式(4.25)和叶轮机第二 Euler 方程式(2.23)代入式(4.31),得到:

$$\Omega = \frac{(w_1^2 - w_2^2) + (u_2^2 - u_1^2)}{(v_2^2 - v_1^2) + (w_1^2 - w_2^2) + (u_2^2 - u_1^2)} = 1 - \frac{(v_2^2 - v_1^2)}{2(u_2 v_{u2} - u_1 v_{u1})} \tag{4.32}$$

由于式(2.23)是无黏假设下成立的关系式,上式本质上已经忽略了基元损失功耗。进一步假设 $u_2 = u_1$、$w_{m2} = w_{m1}$,式(4.32)简化为

$$\Omega = 1 - \frac{v_{u2} + v_{u1}}{2u} = 1 - \frac{v_{u1}}{u} - \frac{\Delta v_u}{2u} = 1 - \frac{v_{u1}}{u} - \frac{\Delta w_u}{2u} \tag{4.33}$$

可见,反力度 Ω 取决于预旋 v_{u1} 和扭速 Δw_u 设计。u 和 Δv_u 不变,可通过 v_{u1} 改变基元级反力度,正预旋(v_{u1} 增大)使反力度减小、负预旋使反力度增大。通过预旋设计,控制反力度,并通过速度三角形改变导叶、动叶和静叶的基元结构。也可以通过导叶、静叶安装角改变预旋角,在动叶结构不变的情况下调节基元级速度三角形。

由于引入了基元级 $\boldsymbol{v}_3 = \boldsymbol{v}_1$ 的假设,基元级余速动能等于进气动能 $v_3^2 = v_1^2$,于是 $h_3^* - h_1^* = h_3 - h_1$。能量方程式(2.24)在等熵条件下变为等熵总压缩功,即 $l_u = h_{3s}^* - h_1^* = $

$(h_{3s} - h_1) + \dfrac{1}{2}(v_3^2 - v_1^2)$，代入式(4.32)，得到：

$$\Omega = \frac{h_{2s} - h_1}{h_{3s}^* - h_1^*} = \frac{h_{2s} - h_1}{h_{3s} - h_1} \tag{4.34}$$

式中下标 s 表示等熵过程，说明反力度在物理上代表动叶基元等熵焓升与基元级等熵焓升的比值。一些文献称之为热力反力度，而称式(4.32)为运动反力度。显然，热力反力度只是等熵假设下成立的反力度，而不是定义式。反力度的定义只有一个，即式(4.31)，是源自工程的物理现象描述，将动静叶压升、焓升比例和速度三角形关联在一起。这里列举典型反力度进行分析说明。

1）反力度为 0.0

反力度为零，$\Omega = 0.0$，等熵条件下由式(4.31)得 $p_2 = p_1$、由式(4.34)得 $h_{2s} = h_1$、而由式(4.33)得 $w_{u2} = -w_{u1}$，于是，基元级速度三角形和焓熵图如图 4.17 所示。动叶基元具有很强的正预旋进气，并呈现对称结构，进出口静压不变，仅产生相对气流角的改变，叶型过弯达到 $\beta_2 = -\beta_1$。这使出口绝对速度 v_2 及其周向分速 v_{u2} 大幅度增加，产生高速冲击流动。因此，通常将这类反力度等于或接近零的叶轮机或基元级称为冲力式（或冲动式、冲击式）叶轮机或基元级，$\Omega > 0$ 则称为反力式（或反动式、反击式）叶轮机或基元级。

冲力式基元级的静压升仅在静叶基元中实现，$p_3 > p_2 = p_1$。图 4.17 焓熵图的热力工作过程显示，等熵假设下，式(4.31)中损失功耗 $l_{fR} = 0$、$l_{fS} = 0$，于是 $h_{3s} > h_{2s} = h_1$。显然，轮缘功输入的总焓升 Δh_{21}^* 并没有在动叶中转换为压缩功 $\displaystyle\int_1^2 \frac{1}{\rho}\mathrm{d}p$，而是通过绝对动能的增加，在静叶中实现了静压升 $\displaystyle\int_2^3 \frac{1}{\rho}\mathrm{d}p$，即等熵焓升 $(h_{3s} - h_1)$ 全部在静叶中转换为静压升。

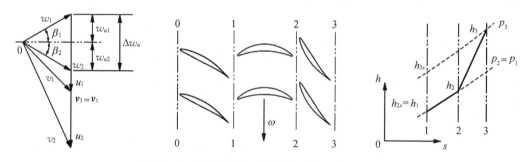

图 4.17　反力度为 0.0 的基元级气动热力特征

焓熵图是通过等熵计算认识熵增过程的最直观工具。等熵简化计算在图 4.17 中可用清晰地看出实际熵增过程的变化趋势。实际过程中，冲力式基元级依然存在 $p_2 = p_1$，但熵增导致了静焓升 $h_2 > h_{2s}$，说明熵增过程的实际焓升 $(h_2 - h_1)$ 完全由动叶损失功耗 l_{fR} 产生。

2）反力度为 1.0

反力度 $\Omega = 1.0$，等熵条件下得到 $p_3 = p_2 > p_1$、$h_{3s} = h_2$、$v_{u2} = -v_{u1}$，速度三角形、基元级特征和焓熵关系如图 4.18 所示。

反力度为 1.0 时,动叶进气具有强烈的负预旋,$v_{u1} < 0$、$\alpha_1 < 0$,使进气相对速度 w_1 及其周向分速 w_{u1} 大幅度增加。由此产生的 v_2 不论大小还是方向都较小,绝对气流角 $\alpha_2 = -\alpha_1$。为满足 $v_3 = v_1$,静叶基元呈现对称结构,进出口静压不变,仅提供流动方向改变。从焓熵图的热力过程看,静叶只转弯不增压,基元级全部压升由动叶实现。等熵假设下,$h_{3s} = h_{2s} > h_1$,基元级全部焓升发生在动叶中,即实现等熵压缩功所具有的静焓升 $(h_{2s} - h_1)$。

同样,熵增过程的实际焓升 $(h_3 - h_2)$ 全部产生于静叶损失功耗 l_{fS}。

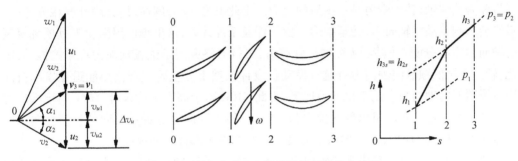

图 4.18　反力度为 1.0 的基元级气动热力特征

3) 反力度为 0.5

反力度 $\Omega = 0.5$,等熵条件下得到 $p_3 - p_2 = p_2 - p_1$、$h_{3s} - h_{2s} = h_{2s} - h_1$、$v_{u1} = -w_{u2}$、$v_{u2} = -w_{u1}$,速度三角形、基元级结构特征和焓熵关系如图 4.19 所示。

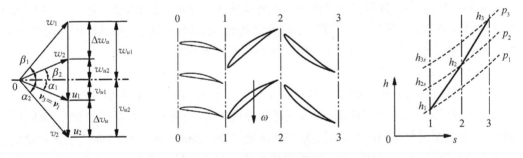

图 4.19　反力度为 0.5 的基元级气动热力特征

反力度为 0.5 时,动叶进气具有正预旋,进、出口速度三角形完全相等,可以生成结构完全相同的动、静叶叶型。如果 $v_3 = v_1$ 体现的是重复级的设计思想,那么,$\Omega = 0.5$ 则实现了重复排,静叶基元的绝对运动完全重复了动叶基元的相对运动。这时,动、静叶基元产生的压升、焓升均相等。实际过程中,动、静叶基元产生的熵增量也相等。

航空叶轮机实践中很少采用 $\Omega = 0.0$ 和 $\Omega = 1.0$ 的设计。无预旋情况下,基元级 $\Omega > 0.5$,超声速基元级不遵循简化速度三角形假设,动叶加功能力高于亚声速,$\Omega \approx 0.85$。轴流叶轮机不同展向高度的 Ω 存在变化或强制不变,取决于设计者对流场控制的需求,因此,Ω 选取是重要的设计参数,与流量系数、负荷系数共同决定了基元级速度三角形,构成叶轮机气动设计三要素。三者的共同特点都是以线速度作为参考量,具有全转速范围的相似性特征。

需要注意的是,超声基元级 $w_{m2} \neq w_{m1}$,M_{w1} 越大,流经动叶的 w_m 降低得越明显,式 (4.33)偏差越大,这时建议采用式(4.32)。

4) 反力度与轴向力

式(4.5)显示,风扇/压气机的轴向力指向进气方向(顺航向)。当假设轴向分速 w_x 或子午分速 w_m 不变时,进出口静压差是轴向力产生的唯一来源。但动、静叶的传力方式不同,静叶排的轴向力直接传递给机匣,并通过发动机安装节传递至飞行器;而动叶排的轴向力则施加于轮盘,结合轮盘受力共同传递至轴承,再通过安装节传递至载体。由于压气机和涡轮同轴,转子受力是平衡后的合力。由此可见,反力度通过动、静叶静压升分配,最终会影响发动机轴向力,乃至推力。由于涉及系统计算,这里难以用简化工具展现直观的轴向力定量分配。但是,从机械角度思考,飞行器终究还是依赖轴向力产生的推进,因此,转子系统的顺航向轴向力对航空发动机设计依然十分重要。现代小涵道比发动机高压转子顺航向轴向力有助于比推力增加,为此,HPC 趋于高反力度设计、HPT 趋于低反力度设计。大涵道比发动机以外涵推力为主,高压转子轴向力是否顺航向的重要性弱于小涵道比发动机,而 HPC、HPT 的低反力度设计则有助于部件效率提高。

之所以在反力度一节中强调轴向力设计问题,是希望借此表明,航空叶轮机不是通用产品,其设计思想受飞行器、发动机差异性应用而存在殊异的选择,通用核心机概念只是既有产品继承的经济性设计,而不是通用性设计。

4.2.5 基元流迎角特性

流量系数、负荷系数和反力度决定了基元级速度三角形,但仍需引入迎角 i、落后角 δ 和总压损失系数 ϖ,即两角一系数,才能确定基元级结构和性能。要设计评估两角一系数,首先需要了解基元流动随进气环境变化的基本物理图画。

1) 低速(亚临界)基元流动

由于气体黏性,叶片表面总有边界层存在。从图 4.11 基元叶型表面静压分布看,压力面逆压梯度不大,边界层较薄;吸力面逆压梯度较大,边界层厚度增长较快。当流体分别由吸、压力面流至叶型尾缘之后,为平衡压差(Kutta-Joukowsky 条件)而产生涡状结构,旋涡交替脱落(Karman 涡街)及其耗散形成尾迹。由于边界层吸力面厚而压力面薄,尾迹的发展并不对称,但尾迹区总压明显比主流区低(图 4.20),并在逆压梯度的减速作用下,掺混强烈,尾迹区快速扩散并耗散,总压损失明显。

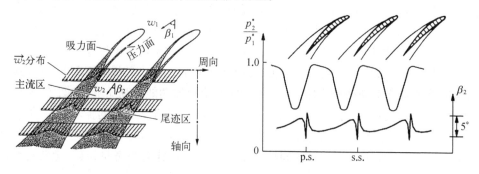

图 4.20　低速基元流动图画

湍流脉动使尾迹区出气角 β_2 具有强非定常特征。即使主流区, β_2 周向分布也变化明显,图 4.20 示意了从压力面 p. s. 至吸力面 s. s. 的变化趋势。气流在基元内转弯,流线曲率的离心作用使流体趋于压力面一侧,至尾缘时,近压力面出气角与出口金属角 χ_2 接近,而近吸力面出气角则偏离较远,导致平均出气角 $\overline{\beta_2}$ 也偏离 χ_2,产生式(4.8)定义的落后角 δ。从基元角度看, δ 总为正值,且叶型弯角 θ 越大,偏离 χ_2 越明显, δ 越大。

非特别说明,本书的气动热力参数均为平均量,而实际流动都有空间分布,因此,平均量计算变得十分重要。例如,平均出气角 β_2 一般需要测量相应分速后按流量平均(见附录 A)计算得到。若试验过程没有条件测量分速而只测出气角分布,那么,只能采用密度平均或几何平均得到平均出气角 β_2,并计算落后角 δ。

叶型弯角 θ 不变,式(4.9)显示 $\Delta\beta$ 和 δ 均可随 i 发生变化。设计迎角 i_d 进气条件下,基元流动无分离,如图 4.21 $i = i_d$ 所示。当流量减小, ϕ 减小,根据式(4.28)预旋角 α_1 不变时 β_1 增加,于是 $i > i_d$。无分离时的叶型损失主要是叶型表面摩擦损失和尾迹损失,因此,总压损失系数和落后角基本不变, $\varpi \approx \varpi_d$、 $\delta \approx \delta_d$,于是 $\Delta\beta$ 随 i 线性增加,即 Δw_u 增加, ψ_T^* 增加。反映在叶轮机特性上就是压比随流量减小而增加。当 i 增加至分离迎角 i_{sp} (图 4.21 $i = i_{sp}$)时,吸力面某弦向位置出现静压法向梯度为零的分离点, δ 开始增加而 $\Delta\beta$ 增幅减缓,同时,分离损失使 ϖ 迅速增加。 i 进一步增加至失速迎角 i_{st}(图 4.21 $i = i_{st}$)时,近吸力面出现大尺度分离, $\Delta\beta$ 达到最大值 $\Delta\beta_{max}$。 i 再增加, $\Delta\beta$ 迅速下降,而 ϖ 急剧上升,基元流动进入失速状态。另外,若 i 过小, $i \ll i_d$(图 4.21 $i = i_{ch}$)时,压力面也会出现大尺度分离, $\Delta\beta$ 迅速下降而 ϖ 急剧上升,基元流动进入堵塞状态,对应的迎角为堵塞迎角 i_{ch}。

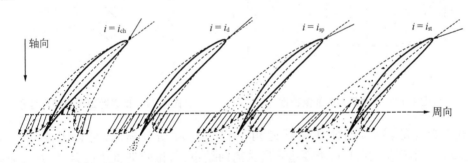

图 4.21 低速基元流动随迎角的变化

类似翼型,基元的迎角特性描述的是 $\Delta\beta$ 和 ϖ 随 i 的变化规律。图 4.22 是低速基元典型的迎角特性,由 Andrews(1949)10C4/25C50 叶型的平面叶栅试验获得。图中选择了低速结果,进气 Mach 数 M_{w1} 分别为 0.4、0.5 和 0.6,示意了与图 4.21 对应的堵塞迎角 i_{ch}、设计迎角 i_d、分离迎角 i_{sp} 和失速迎角 i_{st}。低速基元迎角特性的典型特点是:在一定的迎角范围内, δ 不变, $\Delta\beta$ 随 i 线性变化; ϖ 较低且基本不变。图 4.22 $M_{w1} = 0.6$, i_{ch} 至 i_{sp} 约 14°的迎角范围内, $\varpi \approx 0.02$ 且几乎没有变化,而 $\Delta\beta$ 正比于 i 的变化,并且随着 M_{w1} 的降低这一迎角范围明显扩大。这一特点使低速叶型迎角适应性很强,易于设计。显然,低 ϖ、高 $\Delta\beta$ 一定是设计预期,但又必须考虑稳定裕度的预留,极限负荷将进一步回答这一问题。

静压系数 c_p 沿轴向的分布可以反映到流场变化的层面。图 4.23 是 Cumpsty (1989)利用 NACA65 和 C4 叶型 $M_{w1} = 0.5$ 的计算结果，i 分别为 $-2°$ 和 $+2°$。i 不同、叶型不同，前缘表面静压分布差异较大，这与流体滞止后的加速性相关。C4 叶型 $\bar{e}$ 较小，吸力面前缘加速性强，特别是正迎角情况下，表面静压降低得非常剧烈。这将使整个吸力面沿弦向的逆压梯度增加，边界层分离倾向加重。因此，相对 NACA65，C4 叶型适用于更低的 M_{w1}。图中显示，正迎角情况下，吸压力面表面静压和出口静压都较高，体现了压缩功的实现，与迎角特性图中的 $\Delta\beta$ 增加相一致。由于计算的迎角变化较小，特别是正迎角情况下，吸力面表面静压呈线性增加，说明流动没有大尺度分离出现，与图 4.22 损失系数较低相一致。虽然现代数值模拟技术可以得到色彩斑斓的流场图画，但其定性化表现缺乏 c_p 分布所体现的细节，对低速设计帮助不大。同是数值结果，c_p 更易于和叶栅试验结果比较。

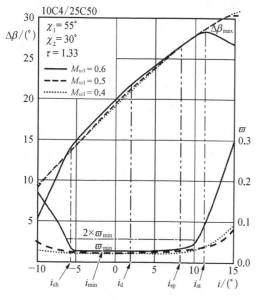

图 4.22　低速基元的迎角特性　　　　图 4.23　低速叶型表面静压分布

气动弯角足够大、即使在设计迎角下仍存在流动分离时，可以考虑串列基元（图 4.24）。串列基元前排叶型在边界层分离前结束，后排叶型重建边界层，并在前排尾迹作用下直接形成不易分离的湍流边界层。这样，后排可以更大的正迎角设计产生更大的气动弯角。通过搭接度 Δ/c_1、周向偏移 h/c_1、叶型弯角比 θ_2/θ_1 等附加参数设计，可以使串列基元在实现大 $\Delta\beta$ 的同时，ϖ 依然较低。串列叶片的缺点是将一排变成了两排，增加了轴向长度和制造成本，迫不得已并不采用。串列叶片通常仅用于多级压气机的出口整流器，早期也用于轴流-离心组合压气机的轴流级整流器。

2）高速（超临界）基元流动

当基元内部气流速度局部达到声速时，进气 Mach 数称为临界 Mach 数 M_{cr}，进一步增加进气速度即为超临界状态。由于叶型的 $\Delta\beta$ 较大，吸力面加速使基元流动很容易进入超临界状态，高负荷叶型的 $M_{cr} < 0.7$。超临界基元流动如图 4.25 所示意，激波和激波-边界层干涉成为总压损失的重要组成。

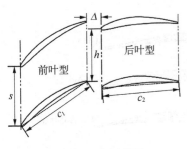

图 4.24　串列基元

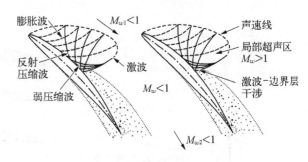

图 4.25　超临界基元流动图画

图 4.26 为三类叶型高速进气的迎角特性。$M_{w1} \leq 0.6$ 时,C4 叶型具有很好的迎角特性,但是当 $M_{w1} \geq 0.7$,明显存在最小损失迎角 i_{min},$\Delta\beta$ 随 i 线性变化的范围非常窄。偏离 i_{min},ϖ 和 δ 迅速上升,叶型表面极易分离,无法工程应用。相比之下,DCA 叶型具有更优的高速特性,$M_{w1} = 0.8$ 时仍具有相对较宽的 $\Delta\beta$ 线性变化和低损失迎角范围。

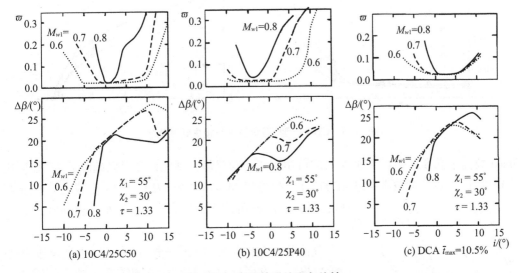

图 4.26　高速基元的迎角特性

可控扩散叶型(CDA)是适应超临界进气的现代叶型,设计思想源自 1967 年美国 Whitcomb 提出的超临界翼型。其特殊性表现在利用叶型表面静压或近表面 Mach 为目标生成叶型,而不是利用中弧线加原始叶型厚度。为抑制超临界条件下出现激波,所预期的近表面 Mach 数如图 4.27 所示,即气流从前缘急剧加速至近吸力面 $M_w < 1.3$,并利用声速线反射的弱压缩波系抑制叶型生成的膨胀波系,并实现转捩,最终以无激波或弱激波方式结束超声速区,气流在无激波-边界层干涉分离的情况下降为亚声速并保持低扩散度减速增压至尾缘。压力面则维持层流边界层,Mach 数变化不大。由此生成的叶型最大相对厚度 $\bar{t}_{max}$ 和最大相对挠度 $\bar{f}_{max}$ 明显前置,具有典型的前加载特征(如图 4.27 右图所示),而叶型尾缘区平直,尾缘楔形角更小,有利于高速气流的尾迹控制。

图 4.28 为 CDA 迎角范围和损失特性,显示 CDA 具有更优的可用迎角范围和更低的损失系数,低速性能也不弱于 NACA65 叶型的情况下,高速性能明显好于其他叶型,进气

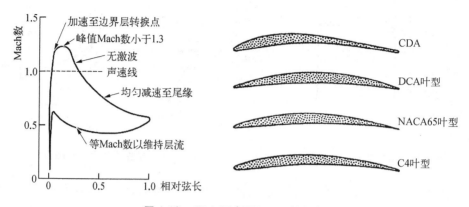

图 4.27　CDA 近表面 Mach 数预期

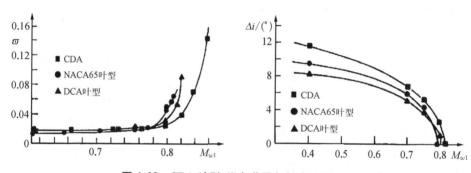

图 4.28　CDA 叶型、迎角范围与损失特性比较

Mach 数高于 0.8 时仍具有 3°左右的可用迎角。现代静叶基元设计可以超临界，但必须亚声速进气，以避免激波贯穿基元通道而产生壅塞和激波损失，因此，CDA 已成为现代亚

图 4.29　分流叶型基元

声速叶型的主流，既可用于静叶，也可用于亚声速动叶的基元设计。

　　分流叶型（大小叶片）是一种变稠度高速高弯度叶型（图 4.29），一方面通过低稠度特征减缓高速进气区域的流动堵塞，一方面通过高稠度特征抑制分流叶型区域的分离。可用于超跨声速基元，陈懋章（2002）开展的该方面研究得到了很好的应用。

3）超声速基元流动

　　能量转换原理决定了超声速基元仅在动叶中应用。当进气相对 Mach 数 $M_{w1} >$ 1.0 时，气流在前缘扰动下产生激波。其强度和位置取决于基元叶型、M_{w1} 和静压比 p_2/p_1。附录 B.3 节选了潘锦珊（1989）膨胀波与激波一章，以供参考。

　　由于叶型前缘小圆的存在，基元流动中并不存在理想的附体激波。如图 4.30 所示，低 p_2/p_1、高 M_{w1} 情况下，前缘点 A 之前存在脱体的弓形激波。弓形激波外伸至远前方，形成外伸激波；内伸至相邻叶型吸力面的激波足点 D，形成槽道激波和激波-边界层干涉分离区。弓形激波具有正激波特征，波后为亚声速流动，并于前缘小圆再加速，形成前缘亚声速区。

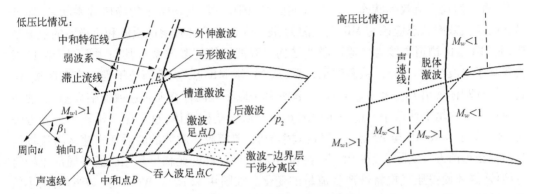

图 4.30　超声速基元流动图画

高 M_{w1}、低 p_2/p_1 情况下,通过外伸激波的气流折转角小于最大折转角,属弱激波,波后仍为超声速流动。于是,由前缘点 A 加速至声速线后,至吸力面激波足点 D 叶型表面产生一系列超声速特征波,波系加、减速程度取决于叶型 $ABCD$ 段的折转角度,凸叶型发出膨胀波系、凹叶型发出弱压缩波系。AB 段弱波与外伸激波相交、BC 段弱波与相邻叶型外伸激波相交,于是必然存在一点 B,所发出的弱波特征线与两道外伸激波都不相交,并伸向无穷远,称作中和特征线,其发出点为中和点 B。一周叶型所发出的一系列中和特征线无限前伸,使任意方向的超声速进气在波特征线的作用下折转至中和点 B 的叶型切向,基元进气相对叶型中和点切向的迎角为零,这就是超声速基元的唯一迎角。

弓形激波与滞止流线交于 E 点,由 C 点发出的弱波也交于 E 点,形成基元的第一道吞入波。其后叶型 CD 段产生的弱波系直接影响槽道激波的强度与形状,且膨胀波使 D 点的波前相对 Mach 数达到最大,产生严重的激波-边界层干涉分离损失。

基元叶型、M_{w1} 一定的情况下提高进出口静压比 p_2/p_1,弓形激波位置前移,外伸激波和槽道激波都趋于正激波特征,在功能上归一为脱体激波,波后为亚声速流动。流动信息通过波后亚声速区域前传至远前方,唯一迎角解除,流量随静压比 p_2/p_1 而变化。

为减小损失,可以通过叶型吸力面形状控制槽道激波的波前 Mach 数。若将 $ABCD$ 段设计为直线,则在边界层作用下,图 4.30 所示的膨胀波系变为弱压缩波系,这就是超声速J 叶型。若将 $ABCD$ 段设计为凹曲线,则弱压缩波系的减速作用加强,槽道激波的波前Mach 数得到进一步降低,这就是预压缩叶型(S 叶型)。预压缩过强,压力面前部形成凸曲线,槽道激波后产生再加速形成超声速流动,并产生基元后激波。J 叶型和 S 叶型均属于多圆弧叶型,即吸、压力面各由两段圆弧(含直线)形成。这样可以通过叶型前、后段弯角设计,控制激波结构及其强度,减小了总压损失。

图 4.31 是 Strazisar(1986)通过激光测速获得的某高负荷压气机动叶基元流场,被测截面为设计转速下 70%展高的动叶基元。这是迄今最真实的转子内部激波结构,并与转子特性进行了关联。图中看出,压比 p_2/p_1 较低时,压气机处于近堵塞(NC)状态,槽道激波和外伸激波均具有斜激波特征。槽道激波后存在后激波,说明槽道激波后依然存在或重新产生超声速流动。随着 p_2/p_1 提高,槽道激波和后激波前移,但流量 G 几乎不变,说明压气机在很大的压比变化范围内,流动处于窒塞状态,唯一迎角特性明显。这一过程效率

上升,直至达到峰值效率状态。需要说明的是,图中 PE 点是转子的峰值效率状态,而该基元的峰值效率状态应该为 MR 点。因为,图中 PE 点仍具有槽道激波和后激波的双波结构,而 MR 点的槽道激波为单道正激波结构。双波结构的激波系及其与边界层干涉的损失要高于单波结构。另外,从激波结构看,从 NC 至 MR 点,基元仍处于唯一迎角区域,但转子特性却体现出 $G_{MR} < G_{PE} < G_{NC}$,表明 70%以下展高存在亚声速或亚临界基元,使转子流量随压比增加而减小。进一步增加 p_2/p_1,激波结构脱体,直至压气机转子进入近失速(NS)状态。从 MR 至 NS 点,压气机效率降低,单道脱体激波的波后亚声速区将流场信息前传至远前方。实际上,在 PE 点,甚至 NC 点,低展高的亚临界基元已经将局部流场信息前传,这才使得压气机特性产生流量的变化。如图 4.32 所示,Wood 等(1986)对某小轮毂比转子的测量证明了激波结构具有非常强的三维性,不同展高的基元激波结构随 M_{w1} 和叶型而变化,以平面叶栅获得的基元激波结构不能完全代表其在转子中的结构特征。

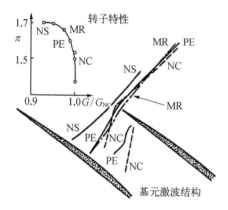

图 4.31　激波结构与转子特性

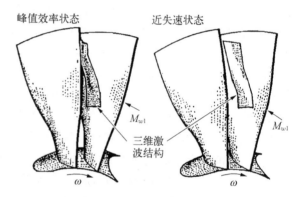

图 4.32　转子三维激波结构

基元结构和转速确定的情况下,迎角的变化取决于流量的改变。换言之,如果唯一迎角存在,则基元级流量就不再发生改变。如果转子全展高都是超声速进气,那么,压气机出现局部亚声速区之前,压气机流量不会改变。好在目前航空发动机只采用跨声速风扇/压气机,只是在局部展向存在超声速基元流动。

可见跨声速级具有低速叶轮机不具备的特点:① 流动结构具有更强三维空间特征;② 激波使叶轮机更容易进入壅塞状态;③ 可用迎角范围窄,对进口流场十分敏感;④ 超声速流动对表面几何非常敏感,无疑要求更高的制造精度。

4) Reynolds 数的影响

进气 Mach 数是影响基元流动的第一要素,以至于叶型结构必须根据 Mach 数设计。当叶片叶型确定后,影响气动性能的另一个重要因素是 Reynolds 数。海平面标准大气环境下的航空发动机典型截面 Reynolds 数如图 4.33 所示,这决定了 Reynolds 数随飞行高度增加而降低,高度特性受到 Reynolds 数过低的限制。

对于轴流压气机,一般采用叶弦 Reynolds 数,以弦长 c 作为特征长度,即

$$Re_c = \frac{c\rho_1 w_1}{\mu} \tag{4.35}$$

式中，ρ_1 为进气密度；w_1 为进气相对/绝对速度。其数值与边界层 Reynolds 数和水力 Reynolds 数差异较大，因此，相应临界 Reynolds 数的判断尺度也不尽相同。

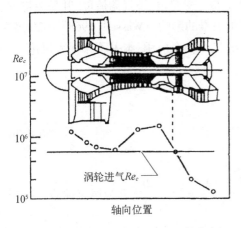

图 4.33 航空发动机 Reynolds 数分布

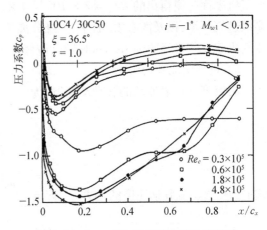

图 4.34 Reynolds 数对基元流动的影响

图 4.34 是 Rhoden(1952)测得的不同 Re_c 下叶栅静压系数 c_p 分布。$Re_c = 4.8 \times 10^5$ 时，吸力面最大加速后静压一致上升，至尾缘与压力面静压平衡形成尾迹。$Re_c = 1.8 \times 10^5$ 时，吸力面 50%~60% 弦长的静压梯度减小，流动转捩特征发生了变化。降低至 $Re_c = 0.6 \times 10^5$，吸力面 50% 弦长出现静压平台区，产生分离泡转捩，并在 67% 弦长再附，之后静压以更高的逆压梯度上升至尾缘，但所实现的尾缘静压偏低。再降低 $Re_c = 0.3 \times 10^5$，吸力面出现开放式分离，静压平台区发展至尾缘，与压力面尾缘压差增加，分离区宽度远大于尾迹，产生分离堵塞和大分离损失。另外，随着 Re_c 降低，压力面静压总体降低而吸力面静压则抬升，出气平均静压降低，表明 $\Delta\beta$ 减小、增压能力降低。

Rhoden(1952)还得到了不同 i 时，ϖ 和 δ 随 Re_c 的变化。图 4.35 显示，$Re_c < 3 \times 10^5$ 时，ϖ 开始增加而 δ 变化不大，说明基元流损失增加而平均流场并未恶化；$Re_c < 2 \times 10^5$ 时，ϖ 和 δ 均增加，流场开始发生变化；$Re_c < 1 \times 10^5$ 时，ϖ 和 δ 均显著增加，基元流动大尺度分离。同时，随着 i 的变化，ϖ 和 δ 显著变化的 Re_c 并不相同。总的趋势是，负迎角情况下对 ϖ 和 δ 产生影响的 Re_c 更高，但随 Re_c 减小的影响较缓；正迎角时，Re_c 较低但影响更具突变性。

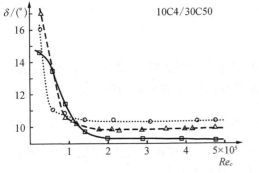

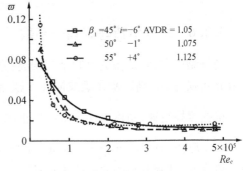

图 4.35 落后角和损失随 Reynolds 的变化

试验表明,对于某 Re_c 值,当 Re_c 降低至50%,基元损失则增加不小于1%,通常称此值为临界 Reynolds 数 Re_{cr}。当 $Re_c > Re_{cr}$,叶轮机进入自模状态,即 ϖ 和 δ 不随 Re_c 而变化。压气机平面叶栅得出的 $Re_{cr} = 2 \times 10^5 \sim 4 \times 10^5$。$Re_{cr}$ 受迎角、进气湍流度、叶型粗糙度、多级进气环境,以及离心力、曲率、三维分离等多重因素的影响。Wassell(1968)以20多台压气机建立了半经验的 Reynolds 数效应修正方法,迄今仍在应用,本书不作深入讨论。

5) 进气湍流度的影响*

湍流度 ε 代表流动的脉动动能,记为

$$\varepsilon = \frac{w'}{\bar{w}} \tag{4.36}$$

式中,w' 为湍流脉动速度的均方差,$w' = \sqrt{\dfrac{w_r'^2 + w_u'^2 + w_x'^2}{3}} = \sqrt{\dfrac{2k}{3}}$,$k$ 为湍流动能;$\bar{w}$ 为平均速度,$\bar{w} = \sqrt{\bar{w}_r^2 + \bar{w}_u^2 + \bar{w}_x^2}$。进气湍流度 ε 属于基元流动的环境条件,数值模拟或试验过程均为已知条件。一般要求压气机或叶栅试验的进气湍流度 $\varepsilon \leq 3\%$,但高速管道流动的 $\varepsilon > 5\%$,因此,试验器需要设计稳压箱(图3.12)和整流网(图4.7)控制试验件的进气湍流度。

进气湍流度主要涉及边界层转捩问题。$Re_c > Re_{cr}$ 时,ε 越低,ϖ 越小,$\Delta\beta$ 和 c_p 越高(图4.36);$Re_c < Re_{cr}$ 时,提高 ε 可以降低 ϖ,增加 $\Delta\beta$ 和 c_p。这是由于高 ε 可直接产生湍流进气,避免低 Re_c 分离转捩。另外,采用强化转捩措施也可改善低 Re_c 效应,如图4.36采用的叶型粗糙化和扰流丝(Barsun,1967)。但是,这些技术能否适用,需要考虑航空发动机全空域特征的总体评估。

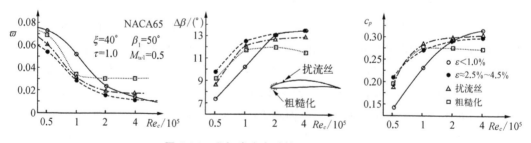

图4.36 进气湍流度对基元特性的影响

4.2.6 极限负荷与两角一系数

与翼型一致,叶型损失可归结为四类:① 叶型表面摩擦损失;② 叶型尾迹损失;③ 基元流分离损失;④ 高速基元激波损失,以及激波-边界层干涉分离损失。

根据摩擦定律,固体表面摩擦应力正比于流体动能,$\tau_{fric} = \lambda \dfrac{\rho}{2} v^2$,式中摩擦系数 λ 与Reynolds 数、壁面粗糙度相关。可见,主流流速 v 是决定摩擦损失大小的最关键因素,从设计角度看,抑制非必要的高速流动是减小损失的重要手段。

通常将多股运动流体以不同能量汇聚的过程视为掺混。叶轮机中存在着各种类型的掺混过程(Denton,1993),尾迹就是叶型尾缘后因静压平衡而产生的掺混流动。叶型尾迹掺混通常开始于吸力面尾缘区分离,并在尾迹区内形成类似 Karman 涡街的非定常脉动。在展向迁移的作用下,叶片尾迹具有一定程度的流向涡特征,流动结构更趋三维性也更复杂,本书不讨论。

叶型尾迹内部呈现掺混过程,而与主流则通过剪切层过渡。一般将存在法向速度梯度的流动归类为剪切流。叶轮机中的剪切流也是无处不在,而需要定量认识的是具有剪切功耗散、影响能量转换的剪切流,如叶型边界层、边界层分离、端壁边界层等强剪切流。与固壁摩擦一样,强剪切流产生明确的剪切功耗散,引发熵增。假设法向黏性应力远小于剪切应力,流向动量方程可简化为 $\rho v \dfrac{\partial v}{\partial m} = \dfrac{\partial \tau}{\partial l} - \dfrac{\partial p}{\partial m}$,式中,$m$、$l$ 分别代表流动方向及其法向,τ 为剪切应力。该式反映了剪切应力法向梯度、流向静压梯度对惯性力的影响。根据附录式(A.89),绝热条件下,沿流线熵增量等于剪切应力耗散的加功率,即 $T\dfrac{\partial s}{\partial m} = -\dfrac{1}{\rho}\dfrac{\partial \tau}{\partial l}$。

可见,引发叶型损失的主要物理机制是摩擦、掺混、剪切等黏性特征。传统上,相关计算均借助边界层微分或积分方程组。鉴于对应力建模的困难,通常在数据关联的基础上建立总压损失系数的经验模型,并以式(4.13)和式(4.16)关联熵增和效率。本节将讨论的 D 因子就是建立在尾迹动量厚度数据关联的基础上。

激波前后的总压直接可以通过 Rankine - Hugoniot 关系得到,并计算熵增(参见附录 B)。看起来十分简单,但激波-边界层干涉分离则是掺混和剪切均存在的复杂流动,难以高精度评估分析。

对流动结构影响不大的情况下,一般将上述损失分别建模处理,如低速管路、发动机空气系统等。但叶轮机迎角特性显示,$\Delta\beta$(或 δ)与 ϖ 关系密切,前者反映流动结构,后者反映流动损失。就设计而言,一方面需要确定最小叶型损失和最优气动弯角的设计点迎角,一方面需要为失速预留足够的迎角变化范围,即需要确定 δ 和 $\bar{\omega}$ 随 i 变化的函数关系。这就是叶轮机设计中最难以把握的"两角一系数"。其难度在于无法利用解析法直接建立理论模型,得到确定的函数关系。传统上通常以边界层理论和相似理论为基础,根据试验数据进行归纳总结和数据关联,以经验、半经验公式定量指导设计。由此产生的设计精度远高于数值仿真技术的模拟结果。当然,数据的正确利用是设计精度提高的关键,现代大数据驱动的机器学习或将是定量化模型建立的一种新途径。

对于 $\Delta\beta$ 或 δ,经典数据关联方法包括 Howell(1945)额定状态、Carter(1950)最优状态、Lieblein(1960)最小损失状态等关系式。对于 ϖ,最有效的数据关联方法是 Lieblein(1959)的 D 因子,并据此形成了基元级极限负荷的概念(Lieblein et al., 1953)。

1) 迎角的选择

对于低速基元流动,图 4.22 显示 i_{ch} 至 i_{sp} 之间,$\Delta\beta$ 随 i 线性变化、δ 和 ϖ 基本不变。这时的最大气动弯角 $\Delta\beta_{\text{max}}$ 一定处于 i_{sp} 附近。显然,若以 i_{sp} 作为设计状态,所设计的基元

一定存在稳定裕度不足的严重问题。于是,设计状态的迎角选择就成为基元级设计的首要问题。

Howell 建议以 $80\%\Delta\beta_{\max}$ 所对应的额定迎角 i_n 为额定状态;Carter 借用翼型升阻比,提出以最大升阻比建模确定最优迎角;Lieblein 则构建了最小损失迎角,低速基元定义为 2 倍 $\varpi_{\min}$ 迎角范围的中间值 $i_{\min}$(图 4.22),高速基元的最小损失迎角唯一。历史上对设计迎角的选择并不统一,这里仅给出最小损失迎角模型,以了解源自工程的数据关联方法。

根据试验数据,发现当稠度 τ 和进气角 β_1 一定时,迎角 i 随叶型弯角 θ 线性变化,即

$$i = i_0 + n\theta \tag{4.37}$$

式中,n 为 i 随 θ 变化的斜率因子,Lieblein 等(1956)根据 $i_{\min}$ 随 θ 的变化趋势总结了 n 随 β_1 变化的经验曲线(图 4.37)。i_0 为 $\theta = 0$ 的基准迎角,体现叶型最大厚度和厚度分布的影响。根据 NACA65 叶型的试验数据总结(Herrig et al., 1957),i_0 表示为

$$i_0 = (K_i)_s (K_i)_t (i_0)_{10} \tag{4.38}$$

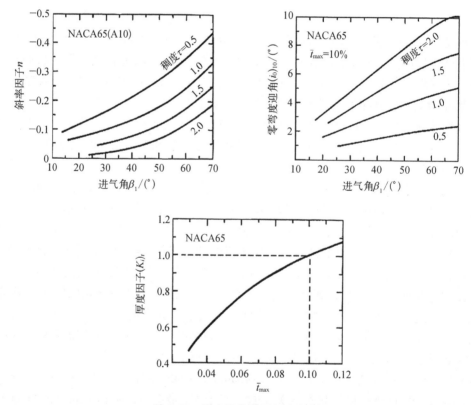

图 4.37 最小损失模型经验曲线

式中,$(i_0)_{10}$ 是 $\bar{t}_{\max} = 10\%$、NACA65 厚度分布、$\theta = 0$ 的零弯度迎角;$(K_i)_s$ 是厚度分布不同的形状因子;$(K_i)_t$ 是 $\bar{t}_{\max} \neq 10\%$ 的厚度因子。试验数据显示,$(K_i)_s$ 与最大厚度相对位置 $\bar{e}$ 关系密切,NACA65 叶型 $(K_i)_s = 1.0$、C4 叶型 $(K_i)_s = 1.1$、DCA 叶型 $(K_i)_s =$

0.7。$(i_0)_{10}$ 和 $(K_i)_t$ 的经验曲线如图 4.37 所示。

Cumpsty(1989)利用该模型计算了 NACA65 叶型的迎角变化(图 4.38)。计算得到 $\tau = 0.833$ 时,$i_{\min} = -2.0°$;$\tau = 1.25$ 时,$i_{\min} = +1.1°$。以不可压奇点法计算得到两者的前缘滞止点几乎重合,说明基元最小损失与前缘滞止点位置相对应,而稠度不同,相同滞止点所对应的进气迎角并不一致。从图 4.38 c_p 分布看,最小损失情况下,适当高的稠度有利于提高吸压力面压差,使 $\Delta\beta$ 高于低稠度基元。可见,稠度是叶轮机叶型不同于飞机翼型的关键参数。当然,稠度并不是越高越好。

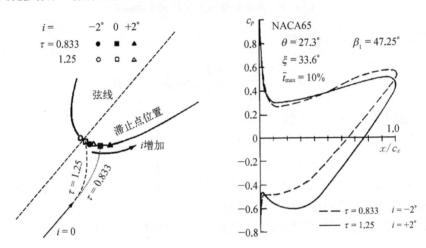

图 4.38　前缘滞止点随稠度和迎角的变化(Cumpsty, 1989)

2)极限负荷——D 因子

从迎角特性看,吸力面边界层限制了基元 $\Delta\beta$ 和负荷能力,存在负荷的极限。20 世纪 50 年代曾开展过大量研究,探讨极限负荷的设计准则。如 de Haller(1953)将减速比 $w_2/w_1 > 0.72$ 作为基元设计准则,否则将产生边界层分离。该准则被称为 de Haller 数,迄今仍在应用。与此相比,理论性、实践性更强的是 Lieblein 等(1956)提出的 D 因子(或称扩散因子、扩压因子、Lieblain 因子)。

Lieblain 认为边界层的发展主要取决于逆压梯度,即吸力面最大速度 $w_{\max}$ 减速至出气速度 w_2 的静压增长幅度。于是,Lieblain 定义了局部扩压因子

$$D_{\text{loc}} = \frac{w_{\max} - w_2}{w_{\max}} \qquad (4.39)$$

并将 NACA65 叶型 $i_{\min}$ 条件下的尾迹动量厚度 (δ^{**}/c) 表示为 D_{loc} 的函数,如图 4.39 所示。当 $D_{\text{loc}} \geqslant 0.5$ 时,(δ^{**}/c) 迅速增加,说明吸力面边界层出现分离。引入基元速度分布的近似关系 $w_{\max} \approx w_1 + \Delta w_u/(2\tau)$,并用进气平均速度 w_1 代替上式分母 $w_{\max}$,得到 D 因子:

$$D = 1 - \frac{w_2}{w_1} + \frac{\Delta w_u}{2\tau w_1} \qquad (4.40)$$

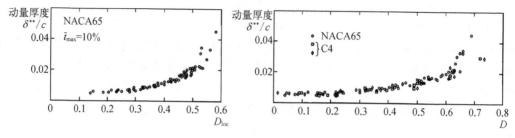

图 4.39 尾迹动量厚度与 D 因子的关系

假设 $u_2 = u_1$、$w_{m2} = w_{m1}$，则

$$D = 1 - \frac{\cos\beta_1}{\cos\beta_2} + \frac{\cos\beta_1}{2\tau}(\tan\beta_1 - \tan\beta_2) \tag{4.41}$$

注意，式中强制了 β_1、w_{u1} 为正值。

类似 D_{loc}，Lieblein 将 NACA65 和 C4 叶型 i_{min} 条件下的 (δ^{**}/c) 表示为 D 因子的函数，如图 4.39 所示。当 $D \geqslant 0.6$ 时，(δ^{**}/c) 迅速增加，说明吸力面出现大尺度分离。于是，将 $D = 0.6$ 作为二维基元流动的极限负荷设计准则，以保证设计迎角下不出现严重的二维分离，为失速状态预留足够的迎角范围。

叶轮机各基元级具有不同的进出口半径，Smith(1954) 在非公开文献中引入环量替代扭速，将 D 因子改写为 $D = 1 - \dfrac{w_2}{w_1} + \dfrac{\Gamma}{2cw_1}$，其中，环量 $\Gamma = 2\pi\Delta(v_u r)/N$，$N$ 为叶片数。于是，得到叶轮机设计广泛采用的 D 因子：

$$D = 1 - \frac{w_2}{w_1} + \frac{\Delta(v_u r)}{2\bar{\tau}\bar{r}w_1} \tag{4.42}$$

式中，$\bar{r}$ 为叶轮机某展高基元的平均半径；$\bar{\tau}$ 为平均稠度。流量系数、负荷系数和反力度共同决定了无黏假设下的速度三角形，上式则将损失功耗通过 D 因子，最终决定速度三角形设计。因此，D 因子也是重要的无量纲设计参数。

3）损失模型

式(4.10)是总压损失系数的定义式，无法与基元级速度三角形等设计参数直接关联。根据 Lieblein 等(1956) 对低速叶栅试验数据的归纳总结，将总压损失系数与边界层动量厚度进行了关联，记为总压损失参数 $\dfrac{\varpi\cos\beta_2}{2\tau}$

$$\frac{\varpi\cos\beta_2}{2\tau} = \frac{\delta^{**}}{c}\left(\frac{\cos\beta_1}{\cos\beta_2}\right)^2 \tag{4.43}$$

这样就可以将总压损失系数 ϖ 和 D 因子进行数据关联。Lieblein 根据 NACA65 叶型 i_{min} 条件下的试验数据，拟合出总压损失参数与 D 因子的关系，如图 4.40 二维叶栅拟合线所示，结果表明 i_{min} 条件下的 ϖ 非常低，主要体现为二维基元叶型的摩擦和尾迹损失。

Robbins 等(1956)对一系列单级压气机(NACA65 叶型和 DCA 叶型)进行了动、静叶损失测量,得到 i_{min} 条件下总压损失参数与 D 因子的关系,如图 4.40 所示。当 D 因子较高时,其结果与二维叶栅试验数据拟合曲线的差异较大。特别是转子叶尖,总压损失大幅度上升,这与后面将讨论的二次流损失有关。

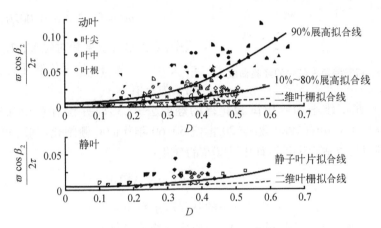

图 4.40 总压损失参数与 D 因子的关系

式(4.43)仅适合于不存在大尺度分离的基元叶型损失评估,因此与 D 因子的数据关联也局限在具有最小损失特征的设计状态。从设计角度看,只有保证适当的 D 因子,才能设计得到没有严重分离的基元级。

可将总压损失与 D 因子的关系拟合为损失模型经验公式,如李根深等(1980)建议的拟合关系为

$$\frac{\varpi \cos\beta_2}{2\tau}\left(\frac{\cos\beta_2}{\cos\beta_1}\right)^2 = \frac{0.002\,183}{0.713\,0 - D} + 0.002\,707 \quad (4.44)$$

并定量化地用于设计计算。

然而,模型的准确性很大程度上依赖于叶轮机几何和环境,图 4.40 显示,具有相同基元的二维叶栅和压气机试验,其结果存在着较大的差异。现代损失模型通常建立在风扇/压气机上的试验测量数据,因此,航空发动机研制必须先期开展压缩部件试验,工程大数据的积累和应用是提升设计精度的唯一途径。这一过程中,存在着大量无法直接获得的数据,其建模的正确性则体现了对气动热力学专业知识的精准把握,D 因子的简化思路、模化方法和数据利用充分反映了这一点。

4)落后角模型

Constant(1939)首先提出了额定落后角 δ_n 经验公式 $\delta_n = m_c \dfrac{\theta}{\tau^n}$,式中 n 为稠度指数。

Carter(1946)根据修正的圆弧中弧线得到 $n = 0.5$,并将额定落后角经验公式改写为

$$\delta_n = m_c \frac{\theta}{\sqrt{\tau}} \quad (4.45)$$

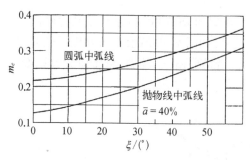

图 4.41　m_c 随安装角 ξ 变化的经验曲线

即为迄今仍广泛使用的 Carter 公式。式中，m_c 为经验系数，Carter 给出了不同中弧线的经验曲线，如图 4.41 所示；Howell 根据 C4 叶型的试验数据给出了系数 m_c 的经验公式：

$$m_c = 0.92\bar{a}^2 + 0.002\beta_{2n} \qquad (4.46)$$

式中，$\bar{a}$ 为最大挠度相对位置；β_{2n} 为额定状态出气角(°)。注意，这里依然强制了 β_1 和安装角 ξ 为正值。

式(4.45)是二维平面叶栅试验获得的经验公式，当时并没有意识到轴向密流比 AVDR 的影响。Cumpsty(1989)根据 20 世纪 50、60 年代的叶栅细化试验，建议以 AVDR 修正额定落后角，以适应现代设计中 *AVDR* 的变化：

$$\delta_n - \delta_{AVDR=1.0} = m(1.0 - AVDR) \qquad (4.47)$$

式中，角度单位均为(°)。安装角 ξ 较小的基元取系数 $m = 8.0$、较大的取 $m = 20.0$，结果与 Carter 公式更加一致。Pollsrd 等(1967)根据试验结果建议 $m = 10.0$。

将式(4.9)代入式(4.45)，得到用于基元叶型设计的叶型弯角 θ：

$$\theta = \frac{\Delta\beta_n - i_n}{1 - m_c/\sqrt{\tau}} \qquad (4.48)$$

显然，式(4.48)和式(4.45)需要联立计算，根据初始 θ 计算 δ_n，进而由 $\Delta\beta_n - i_n$ 计算 θ，直至 θ 满足收敛误差的要求。

5) 非设计状态损失与落后角

上述模型都属于设计状态模型，可用于基元级速度三角形设计计算和分析。当叶片、叶型确定后，实际的运行状态大多为非设计状态，需要建模分析偏离设计迎角情况下的损失和落后角。目前常用模型是 Miller(1987)根据试验结果总结的损失、落后角与迎角的数据关系式。该模型选取最小损失迎角 i_{min}、最优迎角(可作为设计迎角 i_d)、失速迎角 i_{st} 和堵塞迎角 i_{ch} 等四个典型参考状态(图 4.22)，将迎角特性拟合为分段函数：

$$\frac{\varpi}{\varpi_{min}} = \begin{cases} 1 + \left(\dfrac{i - i_{min}}{i_{st} - i_{min}}\right)^2 & (i \geqslant i_{min}) \\[3mm] 1 + 2\left(\dfrac{i - i_{min}}{i_{ch} - i_{min}}\right)^2 & (i < i_{min}) \end{cases} \qquad (4.49)$$

$$\frac{\delta - \delta_d}{i - i_d} = \begin{cases} 0 & (i < i_d) \\[2mm] \sin^2\left(30 \cdot \dfrac{i - i_d}{i_{st} - i_d}\right) & \left(0 \leqslant \dfrac{i - i_d}{i_{st} - i_d} \leqslant 3\right) \\[3mm] 1 & \left(\dfrac{i - i_d}{i_{st} - i_d} > 3\right) \end{cases} \qquad (4.50)$$

6) 平面叶栅额定特性

叶栅吹风试验的大量结果表明,在 $\tau = 0.5 \sim 2.5$、$\theta = 0 \sim 40°$、$\bar{a} = 0.4 \sim 0.45$、$\bar{t}_{max} = 0.05 \sim 0.12$、$i = \pm 5.0°$ 以及 $M_{w1} < M_{cr}$ 范围内,压气机叶型的气动弯角额定值主要与稠度和额定出气角相关,$\Delta\beta_n = f(\tau, \beta_{2n})$。据此形成平面叶栅额定特性以供工程设计(图 4.42),也称平面叶栅通用特性,可用于确定基元稠度。例如,已知基元级速度三角形 $\Delta\beta_n = 30°$、$\beta_2 = 10°$,查图得到基元稠度 $\tau \approx 1.1$,而 $\beta_1 = 45°$、$\beta_2 = -10°$ 时,$\Delta\beta_n = 55°$,得到 $\tau \approx 2.5$。

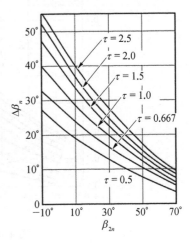

必须强调,额定特性曲线有着严格的约束条件。首先是进气 Mach 数 M_{w1} 限制。高亚声基元设计存在较大的误差,而超、跨声基元不可采用这套曲线确定稠度。其次,该曲线族在 $i = \pm 5.0°$ 的范围内获得,仅适用于额定状态,不能用于全转速特性计算。最后,叶型几何参数超出上述给定范围太多时,也导致较大误差。如叶型弯角 $\theta > 50°$ 时,由图 4.42 确定的稠度往往偏高。

图 4.42　平面叶栅额定特性

图 4.42 可以看出,β_{2n} 一定时,τ 愈大,可实现的额定弯角 $\Delta\beta_n$ 愈大。这是因为稠度 τ 增加,或安装角 ξ 增加,都可使基元流道的有效长度增加,气流在扩压过程中不易分离。由此表明,扩压因子(D 因子)仅反映稠度的影响存在着局限性。Koch(1981)则将基元流道的有效长度称为扩压长度,定义为中弧线弧长 L(图 4.43),并与基元出口通道宽度 g_2 的比值 $\dfrac{L}{g_2}$ 来衡量极限负荷(失速)时所具有的静压升能力。显然,这既体现了稠度的影响,又计入了安装角的影响,同时,可以拓展为叶片排的扩压长度,比仅反映基元流动扩压能力的 D 因子更有效精确。

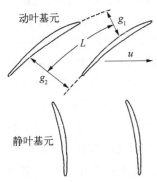

图 4.43　基元扩压长度

另外,安装角与流量系数存在密切而直接的关系。因此,以流量系数、负荷系数构建的 Smith 图就成为更为精确地反映叶型设计的重要工具。

4.2.7　Smith 图

基元级的优化设计本质上是通过流量系数 ϕ、负荷系数 ψ_T^*、反力度 Ω 和扩压因子 D(或设计点效率 η_{is}^*)的选择,确定合理的速度三角形。但是,在航空发动机全状态范围内,什么是"合理"就变得非常重要,Smith 图从一个侧面回答了这一问题。李根深等(1980)综合利用 ϕ、ψ_T^*、Ω、D 因子经验公式与速度三角形的关系,最终得到 $\Omega = 0.5$ 情况下的基元级 Smith 图,如图 4.44 所示。

根据早期经验公式反映出 $\Omega = 0.5$ 时达到最佳效率,图 4.44 是不同 $\psi_T^* - \phi$ 下最佳效率分布图,当选择 $\phi = 0.5$、$\psi_T^* = 0.5$ 时,最佳效率达到峰值,约 0.92。$\Omega = 0.5 \sim 0.7$ 的范围

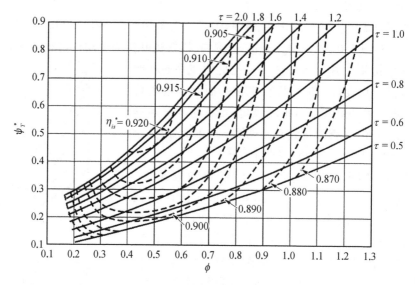

图 4.44 反力度为 0.5 的基元级 Smith 图

内,最佳效率变化不大,峰值效率约降低 1.0% 左右。反力度的选择通常取决于设计目标,而不是一定会选择在 0.5 左右。例如,由于基元级 ψ_T^* 随 Ω 增加而增加,为追求推重比,小涵道比发动机通常会选择较高的反力度以提升动叶增压能力,适度减少级数;又如,超声速基元级一定具有较高的反力度。另外,轴向出气和余速利用等问题也限制了反力度的最佳选取。

图 4.44 显示,当 $\Omega = 0.5$ 时,流量系数和负荷系数仍存在较宽的选择范围,并不是一定可以选在 $\phi = 0.5$、$\psi_T^* = 0.5$ 的峰值效率处。例如,对于多级压气机,前面级通常选择 $\phi = 0.5$ 左右,这样在全状态运行过程中,ϕ 变化较大但效率变化不大,容易保证全状态高效工作,也有助于减小 VIGV 和 VSV 调节角度,减缓多重特性的发生;中间级 ϕ、ψ_T^* 在全状态运行过程中变化不大,通常选择 $\phi = 0.5$、$\psi_T^* = 0.5$ 的峰值效率;而后面级在全状态运行过程中 ϕ 变化小而 ψ_T^* 变化大,于是选择更高的 ϕ 作为设计状态参数,有利于效率的保持,如 $\phi = 0.6 \sim 0.7$,ψ_T^* 大范围变化过程中 η_{is}^* 几乎不变。另外,超声速基元的 Ω 一定较高,在 $\Omega = 0.8$ 左右,此时,需要综合考虑涡轮的反力度设计特征,以平衡转子轴向力。

4.3 压气机级气动设计基础

上一节讨论了基元级气动设计的基本知识,但基元级的进气条件、增压能力、转换效率均随叶片展向高度变化。遵循这一变化规律,才能使空间叶片结构满足设计需求。通常将此规律称作扭向规律,并通过完全径向平衡方程将扭向规律的设计约束转换为基元级速度三角形的展向分布。本书仅以简单径向平衡方程讨论具有解析解分布的扭向规律,以阐明压气机工作及设计原理。

4.3.1 展向积叠: 径向平衡方程

完全径向平衡方程就是附录 A 式(A.30)中的径向分式,而简单径向平衡方程是完全径向平衡方程的简化形式,简化假设包括:① 定常假设,即流动参数不随时间变化;② 绝热假设,流体内部和边界均忽略热传导和辐射问题;③ 忽略工质重力,认为叶轮机尺寸所具有的位势差不足以影响能量转换;④ 忽略当地黏性、引入迁移黏性,即以损失熵增的概念计入黏性的影响;⑤ 轴对称假设,即流动参数沿周向无变化,$\partial/\partial\varphi = 0$,通常在级轴向间隙中近似有效;⑥ 假设轴向分速沿轴向变化不大,$w_{m2} = w_{m1} = w_m$,忽略加速度惯性力的作用;⑦ 假设子午流线沿圆柱面直线流动,即 $w_r = 0$、$u_2 = u_1 = u$。

这里仅给出简化过程的上述物理描述,而不讨论数学表达。在这样一系列的简化假设下,可以得到叶轮机简单径向平衡方程:

$$\frac{\mathrm{d}p}{\mathrm{d}r} = \rho\,\frac{v_u^2}{r} \tag{4.51}$$

该式反映流体微团 $\mathrm{d}m$ 所受静压 p 的径向梯度与微团离心力平衡(图 4.45)。可见,只要存在绝对周向分速 v_u,就存在径向静压梯度,且叶尖静压高、叶根静压低,否则一定产生径向迁移以重构平衡。

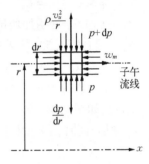

图 4.45　简单径向平衡

为引入迁移黏性,可对热力学关系式(2.35)沿径向求导,即

$$T\frac{\mathrm{d}s}{\mathrm{d}r} = \frac{\mathrm{d}h}{\mathrm{d}r} - \frac{1}{\rho}\frac{\mathrm{d}p}{\mathrm{d}r} \tag{4.52}$$

代入式(4.51),并考虑 $h^* = h + \dfrac{1}{2}v^2$ 和 $v^2 = w_m^2 + v_u^2$,得到:

$$\frac{\mathrm{d}w_m^2}{\mathrm{d}r} = 2\left(\frac{\mathrm{d}h^*}{\mathrm{d}r} - T\frac{\mathrm{d}s}{\mathrm{d}r}\right) - \frac{1}{r^2}\frac{\mathrm{d}(v_u r)^2}{\mathrm{d}r} \tag{4.53}$$

进一步假设沿径向等功 $\left(\dfrac{\mathrm{d}h^*}{\mathrm{d}r} = 0\right)$、等熵 $\left(\dfrac{\mathrm{d}s}{\mathrm{d}r} = 0\right)$,得到等功等熵条件下的简单径向平衡方程:

$$\frac{\mathrm{d}w_m^2}{\mathrm{d}r} + \frac{1}{r^2}\frac{\mathrm{d}(v_u r)^2}{\mathrm{d}r} = 0 \tag{4.54}$$

其中,环量 $(v_u r)$ 沿径向的分布规律即为扭向规律。该式将沿叶片展向的各基元级速度三角形关联起来,在扭向规律约束下确定速度三角形的展向分布和变化特征。叶片结构必须遵循扭向规律设计,并在径向平衡方程的约束下形成,否则叶片展向各基元级流动失配,自然平衡的结果一定远离设计者的预期。

4.3.2　典型的扭向规律

扭向规律是环量沿叶展方向的设计分布,早期也曾沿用翼展环量分布规律的"流型"一词,是轴流叶轮机叶片结构成型最为重要的设计规律。经典的扭向规律包括等环量扭向规律、等反力度扭向规律和中间规律等。

1）等环量扭向规律

沿径向等功设计，即 $dh^*/dr = 0$，叶片进、出口总焓分别沿径向不变。根据式(2.24)、式(2.22)，则表明轮缘功沿径向不变，即叶片进出口环量差 $(v_{u2}r_2 - v_{u1}r_1)$ 沿径向不变。

等环量扭向规律是动叶进气截面 1 和出口截面 2 的环量 $(v_u r)$ 分别沿径向不变，即

$$\begin{cases} \left[\dfrac{d(v_u r)}{dr}\right]_1 = 0 \\[3mm] \left[\dfrac{d(v_u r)}{dr}\right]_2 = 0 \end{cases} \tag{4.55}$$

积分得到 $(v_u r)_1 = C_1$、$(v_u r)_2 = C_2$，式中 C_1、C_2 为常数。于是，扭速 $\Delta w_u = \Delta v_u = v_{u2} - v_{u1} = (C_2 - C_1)/r$，表明加功量不变，扭速随半径增加而降低。预旋 $v_{u1} = C_1/r$，也随半径增加而降低。将式(4.53)代入式(4.54)，得到叶片进、出口子午分速 w_m 沿径向不变，即 $w_{m2} = w_{m1} = w_m = C_3$。结合线速度随半径线性增加 $u = \omega r$，就可以确定基元级速度三角形沿叶展的分布。以叶中 r_m 为参考，叶根 $r_h = 0.80r_m$、叶尖 $r_t = 1.25r_m$ 的基元级速度三角形及其变化特征如图 4.46 所示。随半径增加，u 增加，α_1 减小、v_1 减小、强制为正值的 β_1 增加、w_1 增加；同时，Δw_u 减小、α_2 减小、v_2 减小、β_2 增加、w_2 增加。

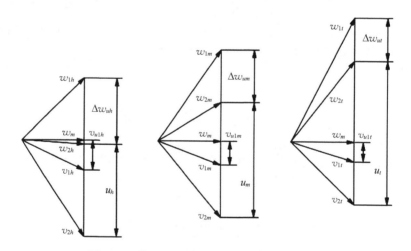

图 4.46　等环量扭向规律的根中尖速度三角形

叶轮机设计中，首先通过中线法设计平均半径 r_m 的流量系数 ϕ_m、负荷系数 ψ_{Tm}^* 和反力度 Ω_m，然后根据扭向规律计算 ϕ、ψ_T^* 和 Ω 随半径 r 的变化，进而确定各基元级速度三角形。等环量扭向规律的常数 C_1、C_2 和 C_3 就是由中线参数得到，为

$$C_1 = (1 - \Omega_m - \psi_{Tm}^*/2)\omega r_m^2$$

$$C_2 = (1 - \Omega_m + \psi_{Tm}^*/2)\omega r_m^2$$

$$C_3 = \phi_m \omega r_m$$

而 ϕ、ψ_T^* 和 Ω 随半径 r 的变化为

$$\begin{cases} \phi = \phi_m \left(\dfrac{r_m}{r} \right) \\[3mm] \psi_T^* = \psi_{Tm}^* \left(\dfrac{r_m}{r} \right)^2 \\[3mm] \Omega = 1 - (1 - \Omega_m) \left(\dfrac{r_m}{r} \right)^2 \end{cases} \qquad (4.56)$$

等环量扭向规律的最大优势是 w_m 不随 r 变化,匀速流动更容易以最小的损失通过最大的流量。w_m 均匀不代表绝对速度不变,简单径向平衡方程式(4.51)显示,v_u 随 r 变化使叶轮机出气静压 p 存在展向分布,但因为 $(v_u r)$ 沿展向不变,流动依然有势。实际上,等环量扭向规律来自机翼设计的自由涡(free-vortex)流型。附录 B.4 表明,free-vortex 一词源自点涡,也称有势涡,除轴心点涡外流动无旋,即 $(v_u r) =$ const. 的流场是无旋流场。对叶轮机而言,点涡位于旋转轴中心,与气动设计无关。因此,更精确表达物理内涵的名称应该称作无涡(vortex-free)流型。可见,叶轮机利用了涡动原理,构造了一种有势流动,使得出气流场中 v_u 随 r 反比例变化,虽然由此产生了展向静压梯度,但是,不同半径的有势流特征使掺混损失最小化。

等环量扭向规律的这些优势在现代设计中依然十分有效,但也存在着致命的缺陷。包括:① 动叶叶尖 M_{w1} 和静叶叶根 M_{v2} 容易超声速,特别是静叶叶根,为抑制激波的出现,必须限制 M_{v1};② 式(4.56)显示,ψ_T^*、Ω 随 r 变化过快,使叶根、叶尖基元级速度三角形容易偏离 Smith 图指导的最优区域;③ 半径变化过大的小轮毂比长叶片,叶片结构沿展向变化大,冷热态几何变化大,对设计精度要求更高,且不易制造。

为扬长避短,等环量扭向规律通常用于半径变化不大的叶轮机级设计,如多级压气机中间级和后面级等。

2)等反力度扭向规律

为缓解反力度沿径向变化过快,采用极端的等反力度设计,看看能够具有什么变化。等反力度扭向规律定义为

$$\begin{cases} \dfrac{\mathrm{d}\Omega}{\mathrm{d}r} = 0 \\[3mm] \dfrac{\mathrm{d}l_u}{\mathrm{d}r} = 0 \end{cases} \qquad (4.57)$$

可见,等反力度扭向规律明确将沿径向等功分布作为设计条件,而不是约定进出口分布。对式(4.57)积分,得到 Ω 和 l_u 沿径向不变,即 $\Omega(r) =$ const.、$l_u(r) =$ const.。于是:

$$\begin{cases} v_{u1} = (1 - \Omega)\omega r - \dfrac{l_u}{2\omega r} = \left(1 - \Omega - \dfrac{1}{2}\psi_T^* \right)\omega r \\[3mm] v_{u2} = (1 - \Omega)\omega r + \dfrac{l_u}{2\omega r} = \left(1 - \Omega + \dfrac{1}{2}\psi_T^* \right)\omega r \end{cases} \qquad (4.58)$$

其中，负荷系数 $\psi_T^* = \dfrac{l_u}{\omega^2}\dfrac{1}{r^2}$，随半径 r 增加而减小。将上式分别代入等功等熵条件下的简单径向平衡方程式(4.54)，并以平均半径 r_m 上的参数确定积分常数，得

$$\begin{cases} w_{m1}^2 = w_{m1m}^2 - 2\omega^2(1-\Omega)^2(r^2-r_m^2) + 2l_u(1-\Omega)\ln\dfrac{r}{r_m} \\[3mm] w_{m2}^2 = w_{m2m}^2 - 2\omega^2(1-\Omega)^2(r^2-r_m^2) - 2l_u(1-\Omega)\ln\dfrac{r}{r_m} \end{cases} \quad (4.59)$$

显然，式(4.54)是在 $w_{m2}=w_{m1}$ 条件下成立的方程，而式(4.59)只有当 $\Omega=1$ 或 $r=r_m$ 时，$w_{m2}=w_{m1}$ 才成立。说明等反力度扭向规律设计将改变进、出口流量系数 ϕ 的展向分布，即使平均半径上存在 $w_{m2m}=w_{m1m}$，其他半径的子午流线也存在加速或减速。这只有采用完全径向平衡方程，计入加减速惯性力，才能更精确地体现，本书不进一步讨论。以目前的简化假设，姑且认为 $w_m=(w_{m1}+w_{m2})/2$。

举例分析等反力度扭向规律的参数分布特征，取叶片轮毂比 $\bar{d}=0.5$，平均半径 r_m 的 $\phi_m=0.5$、$\psi_{Tm}^*=0.5$、Ω_m 分别为 0.5 和 0.8，并与 $\Omega_m=0.5$ 的等环量扭向规律进行比较。如图 4.47 所示，等反力度扭向规律的周向分速 v_u 随半径增加，进出口气流角变化缓和，使安装角沿展向的变化小于等反力度扭向规律。M_{w1} 和 M_{v2} 展向分布更加均匀，$\Omega=0.8$ 时，仅动叶尖部 $M_{w1}>1.0$，静叶进气的最大 M_{v2} 具有亚临界特征，克服了等环量设计的缺陷。但过低 Ω 时，静叶根部明显超临界。该扭向规律的缺点是等环量扭向规律 w_m 进出口相等且均匀分布的优势不复存在。Ω 低则 w_m 展向变化大，叶尖区域甚至出现 $w_m<0$；Ω 高则 v_{u1} 负预旋强。这都不是高效叶轮机的设计预期。

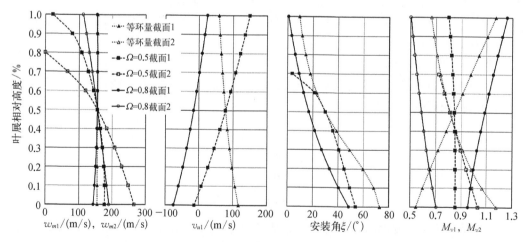

图 4.47 等反力度扭向规律参数比较

为此，等反力度级一般用于线速度较高的叶轮机设计，动叶叶尖超声速、安装角分布均匀等特征均适合于轮毂比相对较低的压气机前几级。

3）中间规律

适用于压气机的中间规律是等环量和等反力度扭向规律的组合，也称混合规律，定

义为

$$\begin{cases} v_{u1} = Ar - \dfrac{B}{r} \\[3mm] v_{u2} = Cr + \dfrac{D}{r} \end{cases} \tag{4.60}$$

式中，A、B、C、D 为常数。当 $A = C = 0$ 时为等环量扭向规律；当 $A = C \neq 0$、$B = D > 0$ 时为等反力度扭向规律；当 $A \neq C$ 则为变功设计。设计者可以控制 A、B、C、D 四个常数获得无量纲特征参数和基元级速度三角形的径向分布规律，如半涡流扭向规律是介于等环量和等反力度之间的折中设计；等气流角扭向规律是为特殊需要而将静叶设计为直叶片的扭向规律。

4）变功设计

为提高环面迎风面积，现代弯掠风扇趋向于小轮毂比 $\bar{d}$ 设计，一般 $\bar{d} < 0.3$，以至于必须采用圆弧榫才能将动叶可靠地固定在盘轴上。轮毂比的降低使风扇叶根区域线速度过低，等功设计显然导致叶根反力度为负值，迫不得已而采用展向变功设计，即适当减小风扇根部轮缘功，并通过增压级弥补该区域加功能力的不足。随着高压压气机转速提高、尺寸减小，其进口级同样因 $\bar{d} < 0.45$ 而存在变功设计的趋势。由于变功设计必须采用完全径向平衡方程进行子午流场迭代计算，本书不进一步讨论。

虽然沿叶展变功设计在一些特殊的区域已得到有效应用，如大涵道比涡扇发动机风扇根部区域，但是，总的设计趋势仍然是采用等功设计，以规避二次流动过强引发多级叶轮机适配所带来的危害。因此，即使在叶片三维设计的今天，仍没有必要随意改变扭向规律。

4.3.3　二次流动与流动控制 *

设计者总希望流动满足基元级和扭向规律的设计预期，然而，叶片边界层和端壁边界层的存在使得流动十分复杂。两个流体微团在叶片前缘滞止点分开后，或将永远不会再见。这就是叶轮机内部流动强三维性的基本特征。为认识这种特征，一般将符合基元级和扭向规律设计的流动称为叶轮机主流，而将一切与主流流动不一致的流动称为叶轮机二次流动。

有几点认识需要厘清一下：① 主流流动并不是无黏流动，基元级损失与落后角模型通过迁移黏性计入了主流的黏性效应；② 航空发动机分为主流道和二次流道（俗称空气系统）两类功能不同的气体流道，二次流仍然是主流道流动，与二次流道的低速流不同；③ 二次流不全是有害流动，剪切功耗散过程中产生着能量转换，也改变着流动结构。

如图 4.48 所示意，以目前的认识，叶轮机主流道二次流分为四种类型：① 角涡，或称角区流，涡轮中被称为马蹄涡；② 泄漏流，包括泄漏涡、刮削涡等副产品；③ 展向迁移流，包括潜流、展向堆积等复杂流动；④ 周向迁移流，包括横向流及由此产生的通道涡等。四类二次流均与叶轮机边界层和静压梯度有关。

在边界层理论的框架下，叶轮机一直追随着翼型的脚步处理叶型边界层问题，但是，端壁（或称环壁）边界层却有其强烈个性。例如：机匣的端壁边界层在动叶刮削作用下所

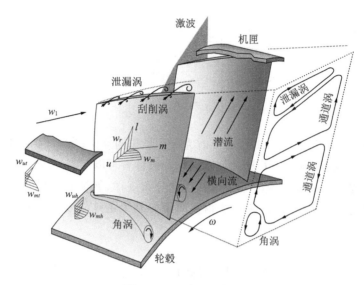

图 4.48 二次流示意图

剩无几。又如:静叶端壁边界层与飞机机身翼展的角区流动存在共性,但动叶端壁边界层受到轮盘旋转的影响。再如:动、静叶交替排列使叶片与盘腔之间存在强烈的侵入流动,形成主流道和二次流道的非定常耦合效应,破坏端壁边界层的产生与发展。迄今,从试验观测、理论分析到数值仿真,均无法对此进行高精度解耦和建模。叶轮机设计过程中,依然采用传统的端壁堵塞系数计入端壁边界层[图 4.49(a)]对子午流设计的影响。

1) 角涡

如图 4.48 所示,角涡产生于叶片前缘角区,具有明确的流向涡结构,沿叶片角区向空间发展形成复杂流动结构,并在逆压梯度作用下耗散产生熵增,影响后面排的迎角匹配。涡轮叶片具有较大的前缘半径,因此,角涡具有类似马蹄涡的特征。

目前,角涡的产生原理已基本明确。如图 4.49(a),0 - 0 截面是未受叶片干扰的区域。根据边界层理论的基本假设,端壁边界层内法向静压梯度为零,即 $p_0 = p_w$。在叶片前缘的滞止作用下,使 $p_1 = p_1^* > p_0$,而端壁静压维持不变 $p_{w1} = p_{w0}$,于是 $p_1 > p_{w1}$,产生叶片前缘前的端区静压势,迫使流动产生由主流指向端壁的径向分速,并在前缘吸、压力面的

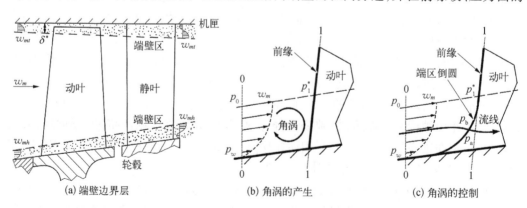

(a) 端壁边界层   (b) 角涡的产生   (c) 角涡的控制

图 4.49 端壁边界层与角涡

加速作用下诱导出流向涡结构。

原理明确的前提下,角涡的控制也相对固定,即采用端区倒圆(fillet),如图 4.49
(c)所示。端区倒圆诱导气流在近端壁处首先滞止,这样由截面 0 - 0 至 1 - 1,法向静压梯
度得到减缓,同时,近端壁的流体率先得到前缘加速,使得 $p_b > p_a$,迫使流体直接进入前
缘加速区而无法产生涡状结构。倒圆覆盖叶片端区,从前缘至尾缘,使叶片和端壁之间没
有相贯线。这样,不同迎角下均可以抑制角涡,并且防止叶片流道内角涡的二次发生。

端区倒圆设计可以追溯到李冰父子"遇弯截角"的流体力学基本原理,都江堰金刚堤
的鱼嘴就是类似的端区倒圆,可以有效适应不同流量下的分流,减缓二维或三维分离。目
前,通用的三维数值仿真软件因多块网格设计问题,并不能正确地反映角涡流动,模拟结
果常常是相反的效果。Ning(2014)开发的三维数值软件对多块网格进行特殊处理,得到
了符合流动机理的数值仿真结果。

航空发动机中,气动与强度设计之间通常存在着矛盾,如气动希望叶片薄而强度则希
望叶片根部厚,弯掠叶片设计不当严重影响结构稳定性等。但是,端区倒圆是同时有利于
叶片气动与强度的设计手段。很多设计者担心倒圆产生了几何堵塞,这是缺乏对流动深
入认知的表现。工程实践显示,端区倒圆遵循着"拇指定律",即以大拇指确定倒圆半径。
当然,设计者最好不要太胖或太瘦。

2) 泄漏流

泄漏流的产生原理是吸、压力面之间的压差。叶片所建立的吸压力面静压差和进出
口静压差在各类间隙中形成二次流动。叶轮机常见的泄漏流如图 4.50 所示,其中,叶尖
泄漏是最受关注的泄漏流。

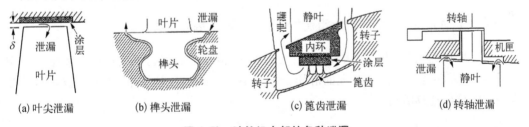

(a) 叶尖泄漏　　　(b) 榫头泄漏　　　(c) 篦齿泄漏　　　(d) 转轴泄漏

图 4.50　叶轮机内部的各种泄漏

为防止旋转件与固定件碰擦,动叶叶尖和
一些悬臂静叶叶根均设计有一定的径向间隙 δ
[图 4.50(a)]。经增压的流体通过径向间隙产
生泄漏流,翻越叶尖形成泄漏涡,没有翻越过去
的形成刮削涡(图 4.48)。即使是低速单级风
扇,径向间隙对性能特性也具有明显的影响。
Maerz 等(1999)采用不同间隙得到的低速单级
风扇试验特性如图 4.51 所示,压升负荷系数 ψ_p
的最大值、效率和稳定裕度均随叶尖相对间隙
δ/c 的减小而增加。图中显示,不同流量系数

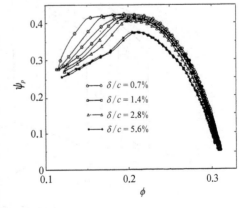

图 4.51　叶尖间隙对风扇特性的影响

下,间隙的影响程度存在差异,说明泄漏流受迎角特性的影响。同时,泄漏涡的发展与展向迁移流和周向迁移流交互作用,其影响区域深入流道内部并改变后排叶片的进气迎角。

泄漏流控制的直观方法是减小间隙,这是性能与结构的永久性矛盾。现代航空发动机采用耐磨涂层(图 4.50),以保证热态间隙足够小。由于航空发动机需要经历全空域全状态的全寿命应用,设计中必须兼顾其性能衰退,而叶尖间隙是性能衰退的重要因素之一。

弯掠叶片是抑制泄漏的气动设计方法之一。在径向平衡的作用下,弯掠通过周向不均匀源项改变了叶轮机进气流场的展向分布,使展向各基元设计迎角发生不同程度的变化(本书不讨论)。其中,动叶叶尖在前掠的作用下,趋于负迎角特征,基元负荷降低,吸压力面压差减缓并向尾缘后移,削弱并延缓泄漏涡的产生与发展。在获得气动收益的同时,前掠会导致叶片结构稳定性降低。

3)展向迁移流(潜流)

叶片流道的主流区内,假设流体微团遵循式(4.51)所表达的简单径向平衡,即径向静压梯度 $\dfrac{\mathrm{d}p}{\mathrm{d}r}$ 与离心力 $\rho\dfrac{v_u^2}{r}$ 相平衡,如图 4.52(a)所示。根据法向静压梯度不变的边界层理论,图 4.52(a)边界层内的 $\dfrac{\mathrm{d}p}{\mathrm{d}r}$ 不变,而无滑移条件使叶片表面微团离心力变为 $\rho\dfrac{u^2}{r}$。对于动叶,$u > v_u$,叶片表面微团所承受的径向静压梯度无法平衡离心力,产生附加的径向惯性力,沿着叶片表面由叶根流向叶尖,形成潜流。而静叶表面 $v_u = 0$,形成由叶尖向叶根的静叶潜流。如果叶片表面存在大面积的二维分离,那么分离流区域内静压平衡,即 $\dfrac{\mathrm{d}p}{\mathrm{d}r} \approx 0$。这种情况下,对于动叶,潜流加强;对于静叶,潜流减弱。

对于跨声速动叶,激波使静压突增,波后静压梯度突变,使得展向迁移流动增强。图 4.52(b)是跨声速压气机动叶表面静压云图和极限流线的计算结果,显示激波后具有非常明确的展向迁移流动。

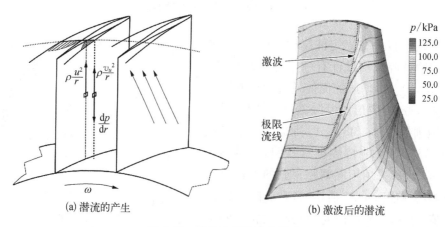

(a)潜流的产生   (b)激波后的潜流

图 4.52　叶片边界层内的潜流

潜流自身的危害不大,但其在端壁形成低能流的堆积,将产生显著的有害影响。对于动叶,展向迁移流堆积与泄漏流相互作用,影响区域达到端区 20%～30% 的展向高度。静叶的展向迁移流弱于动叶,通常被更强势的周向迁移流动吞并。

通过简单径向平衡方程诠释了展向迁移的形成原理,而实际过程是受完全径向平衡的主导。因此,扭向规律是控制展向迁移最主要的设计因素。如等反力度扭向规律形成的径向静压梯度将小于等环量扭向规律。但传统上很少从扭向规律角度控制潜流,因为,潜流本身并不是很强势的二次流,潜流对动叶边界层二维转捩的改变还带来有利的影响。潜流所具有的危害总体上体现为端壁堆积。前掠叶片在不可压流叶轮机中的有效应用就是控制了端壁堆积问题。

4) 周向迁移流(横向流)

周向迁移流也称为横向流,进而发展为通道涡(图 4.48)。叶片端壁边界层是横向流产生的必要条件,而驱动横向流生成的本质因素是吸压力面所固有的静压势。

如图 4.53(a),虚线表示端壁边界层外主流区基元流道内的平均流线 A - A,流线上的微团至少受到两个力的作用,一是因法向静压势产生的 $\dfrac{\mathrm{d}p}{\mathrm{d}n}$,二是流线曲率产生的离心力 $\rho\dfrac{w_m^2}{r_m}$。假设没有其他力的介入,则

$$\frac{\mathrm{d}p}{\mathrm{d}n} = \rho\frac{w_m^2}{r_m} \tag{4.61}$$

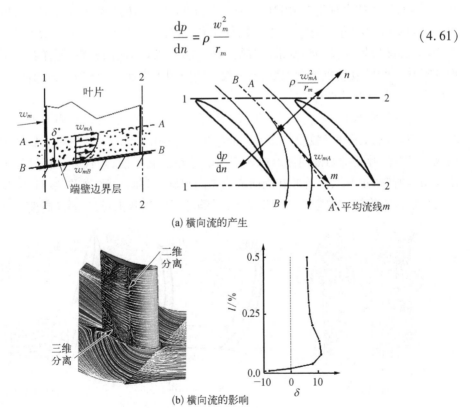

(a) 横向流的产生

(b) 横向流的影响

图 4.53　横向流的产生和影响

式中,下标 m 表示平均流线。于是,端壁边界层外 $A-A$ 子午流线上平均流线受力平衡,即

$$\left(\frac{\mathrm{d}p}{\mathrm{d}n}\right)_A = \rho\frac{w_{ma}^2}{r_{ma}}。$$ 而端壁附近[图 $4.53(a)$ 中的 $B-B$ 流线],法向静压梯度不变,即

$$\left(\frac{\mathrm{d}p}{\mathrm{d}n}\right)_B = \left(\frac{\mathrm{d}p}{\mathrm{d}n}\right)_A,$$ 但是,$w_{mB} < w_{mA}$。此时维持 $\left(\frac{\mathrm{d}p}{\mathrm{d}n}\right)_B = \rho\frac{w_{mB}^2}{r_{mB}}$ 的唯一途径是曲率半径减小,

即 $r_{mB} < r_{mA}$。于是,端壁附近的平均流线 $B-B$ 由压力面指向吸力面产生附加的周向分速,形成周向迁移流,并在叶片吸力面的阻滞下向展向空间发展,产生三维分离[图 $4.53(b)$],俗称通道涡。静叶具有轮毂和机匣两个端壁,均有条件产生通道涡,于是,通道涡成对出现。动叶存在泄漏涡,传统认为动叶排气的涡结构特征如图 4.48 所示意。

一般情况下,叶片负荷越大,所形成的通道涡越强烈。横向流使端壁处气流出现过转现象,使落后角 δ 为负值。落后角存在不均匀的展向分布,如图 $4.53(b)$ 所示,约 20% 展向高度内落后角存在变化,说明通道涡的发展影响到该区域的平均流场,迫使后一排叶片的迎角产生变化。

可见,周向二次流存在产生和发展两个阶段。因此,其流动控制也是遵循着抑制横向流的产生,或者通过后面级的设计顺应通道涡的发展。

如图 $4.54(a)$ 所示,端弯或者端削就是通过端壁减弯抑制横向流的产生,即减小叶片端壁区域的基元负荷,进而削弱法向静压势,减缓曲率半径 r_{mB} 的减小程度。20 世纪 80 年代初,端弯技术首先在 RB211-535E4 和 WP7 发动机获得成功应用。黎明公司蔡运金高工对两排静叶进行端弯改型设计,使 WP7 高压压气机效率和稳定裕度分别提高 4% 和 7%。彭泽琰教授(2008)则采用端削,去除静叶尾缘角区的材料,同样获得了效率和裕度的提升。WP7 发动机被淘汰后,该项技术的应用无疾而终,而 RR 公司则在不断改型发展中走向了三维叶片设计。

弯叶片技术源自 20 世纪 50 年代的反角叶片,同样是飞机机翼反角技术的延伸。20 世纪 80 年代,王仲奇教授开展了大量弯叶片叶栅试验,国内外均有大量文献讨论这一问题。正弯静叶是抑制横向流形成通道涡的流动控制手段,现代叶轮机设计中正趋于广泛应用。所谓"正弯",是静叶在周向弯曲方向与旋转方向一致,如图 $4.54(b)$ 所示吸力面的两个端区向旋转方向弯曲。理想情况,设静叶展向叶型相同,各展向高度均存在由压力

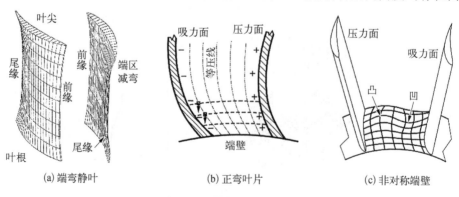

(a) 端弯静叶　　　　　　(b) 正弯叶片　　　　　　(c) 非对称端壁

图 4.54　周向迁移流控制

面指向吸力面的静压势。叶片某轴向截面如图 4.54(b)所示,由压力面至吸力面为一系列等压线。当叶片吸力面向旋转方向弯曲后,近端壁的吸力面边界层将受到远离端壁的法向静压势作用,以最速梯度产生惯性力,该作用力与横向流空间卷绕方向相反,一定程度上抑制了三维分离的产生,削弱了通道涡的发展。当然,真实叶片展向基元叶型由扭向规律确定,但只要利用最速静压梯度所产生的惯性力,"以势控黏"的途径是存在的。

周向弯曲受约束的叶片,如动叶和内置传统机构的支板等,非对称端壁[图 4.54(c)]是控制横向流的有效途径。其原理就是通过端壁型面优化疏导横向流发展、抑制通道涡增强。由于采用了复杂空间结构,需要根据特定叶片排设计、结合数值模拟进行数值优化(Jin et al., 2015)。

5) 二次流损失

以上仅为压气机排中的角区流、泄漏流、展向和周向迁移流动现象,对于压气机级或多级,情况更为复杂。有些二次流虽然只是在周向局部区域发生,但是对流动结构的改变将迫使后面排或级的迎角特性发生变化,并且逐级传递。

对于基元流,迎角特性将流动结构和损失共同考虑;对于二次流,通常仅计流动损失。图 4.40 中,90%展高的总压损失明显高于其他展高,即表明该损失计算中计入了叶尖泄漏流损失。利用基元损失模型加端壁修正是二次流损失建模的最简单方法。传统的二次流损失模型同样是通过试验数据关联建立经验公式,如 Griepentrog(1970),以简化模型计入总的损失系数而不考虑二次流发生区域。现代更多地以数值仿真介入,建立三维分离所产生的损失模型和设计控制准则,如 Lei(2006)。本书不进一步讨论。

4.4 多级压气机流动匹配

上一章表明,多级压气机是多个压气机级同轴串联而成,并以特性上不同工作状态讨论了各级性能的匹配问题。然而,性能参数是叶轮机流动的综合体现。当流动没有逾越其连续函数的边界时,其综合所产生的性能参数就合理存在,但是,一旦某一区域的流动逾越了函数边界,性能参数就不复存在,由性能产生的特性匹配设计就是不合理的。由于设计是追求遵循客观规律最优的工程实践过程,在性能匹配的设计思想下,必须深入到流动匹配的设计认知,以提高设计精度。

4.4.1 多级压气机匹配设计简介

第3.4.1节分析了多级轴流压气机设计状态的性能匹配问题,表明几何相等的多个压气机不可能串联形成可用的多级压气机。那么,设计过程中就需要遵循这一规律,考虑以不同结构的压气机级进行串联。以下就如何符合客观规律、提出设计思想进行简要论述。之所以仅作简述,是因为工程设计实践依赖于更完备、更精确的设计工具,这超出了本书认知范畴。

1) 多级压气机压比与效率

多级压气机压比 π_C^* 是各级压比 π_m^*($m = \mathrm{I}$、II、$\cdots$、M) 的乘积:

$$\pi_{\mathrm{C}}^* = \prod_{m=\mathrm{I}}^{M} \pi_m^* = \frac{p_{\mathrm{C}}^*}{p_{\mathrm{I}}^*} \tag{4.62}$$

式中,下标如图 3.20 所示。

多级压气机等熵效率与级效率定义式(2.50)一致,是多级压气机总的等熵压缩功与输入的总轮缘功之间的比值,即

$$\eta_{\mathrm{C}}^* = \frac{l_{is_{\mathrm{C}}}^*}{l_{u_{\mathrm{C}}}} \tag{4.63}$$

其中,压气机轮缘功 $l_{u_{\mathrm{C}}}$ 为各级轮缘功 l_{u_m} 之和,即

$$l_{u_{\mathrm{C}}} = \sum_{m=\mathrm{I}}^{M} l_{u_m} = \sum_{m=\mathrm{I}}^{M} \frac{l_{is_m}^*}{\eta_m^*} = \sum_{m=\mathrm{I}}^{M} \frac{c_p T_m^* (\pi_m^{*\frac{k-1}{k}} - 1)}{\eta_m^*} \tag{4.64}$$

显然,第 m 级压气机轮缘功 l_{u_m} 遵循着级等熵效率关系,是该级总等熵压缩功 $l_{is_m}^*$ 与效率 η_m^* 的比值。式中,T_m^* 是实际情况下第 m 级压气机的进气总温。

而式(4.63)中,总等熵压缩功 $l_{is_{\mathrm{C}}}^*$ 是多级压气机等熵假设条件下各级总等熵压缩功 $l_{is_m'}^*$ 之和,即

$$l_{is_{\mathrm{C}}}^* = \sum_{m=\mathrm{I}}^{M} l_{is_m'}^* = \sum_{m=\mathrm{I}}^{M} \left[c_p T_{s_m}^* (\pi_m^{*\frac{k-1}{k}} - 1) \right] \tag{4.65}$$

其中,$T_{s_m}^*$ 为等熵条件下第 m 级压气机进气总温。可见,多级压气机等熵过程和级等熵过程存在一定的差异,体现为等熵压缩功 $l_{is_m'}^*$ 和 $l_{is_m}^*$ 之间的差异。前者各级效率 $\eta_m^* = 1.0$,第 m 级进气总温为 $T_{s_m}^*$;后者仅具有级等熵假设,各级效率 $\eta_m^* < 1.0$,第 m 级进气总温为 T_m^*。实际过程中,除第一级进气条件不变外,后面各级进气总温 T_m^* 均高于多级压气机等熵压缩假设下的进气总温 $T_{s_m}^*$,即 $T_{s_m}^* < T_m^*$,于是:

$$l_{is_{\mathrm{C}}}^* = \sum_{m=\mathrm{I}}^{M} l_{is_m'}^* < \sum_{m=\mathrm{I}}^{M} l_{is_m}^* \tag{4.66}$$

说明多级压气机等熵压缩功小于各级等熵压缩功之和,产生这一现象的原因是实际过程中因前面级熵增而产生了额外的温度增量 $T_m^* - T_{s_m}^*$ 作为该级的进气条件。叶轮机中的这一现象被称为重热现象,即熵增除影响某级的流动,同时以热的方式改变后面级的进气条件。压气机的重热现象通常是不利的,而涡轮的重热现象可用通过多级加以利用。

将式(4.64)~式(4.66)应用于式(4.63),得

$$\eta_{\mathrm{C}}^* = \frac{\sum_{m=\mathrm{I}}^{M} l_{is_m'}^*}{\sum_{m=\mathrm{I}}^{M} l_{u_m}} < \frac{\sum_{m=\mathrm{I}}^{M} l_{is_m}^*}{\sum_{m=\mathrm{I}}^{M} l_{u_m}} \tag{4.67}$$

为阐明其物理意义,设压气机各级效率相等,即 $\eta_{\mathrm{I}}^* = \eta_{\mathrm{II}}^* = \cdots = \eta_M^*$,于是,$\dfrac{l_{is_{\mathrm{I}}}^*}{l_{u_{\mathrm{I}}}} = \dfrac{l_{is_{\mathrm{II}}}^*}{l_{u_{\mathrm{II}}}} = \cdots =$

$\dfrac{l^*_{is_M}}{l_{u_M}}$。根据合比定理，$\dfrac{\sum_{m=\mathrm{I}}^{M} l^*_{is_m}}{\sum_{m=\mathrm{I}}^{M} l_{u_m}} = \dfrac{l^*_{is_\mathrm{I}}}{l_{u_\mathrm{I}}} = \eta^*_\mathrm{I}$。于是根据式（4.67），$\eta^*_\mathrm{C} < \eta^*_\mathrm{I}$，即多级压气

机等熵效率低于各压气机级效率，这也说明重热现象对多级压气机效率不利，适当减少级
数对高效率多级压气机设计有利。但过度减少级数则因为极限负荷的突变产生更加不利
的影响。

2）流道设计

多级轴流风扇/压气机子午流道设计是多种约束的综合。图 4.55（a）为等外径子午
流道，其优点是各级平均半径逐级增加，有利于增加各级的加功能力。这是早期亚声速压
气机的典型特征，如 20 世纪 60 年代的 CJ805/J79 发动机。之所以设计为等外径，是因为
各级压气机的最大线速度均为亚声速，同时，出口级动叶轮毂线速度没有受限。

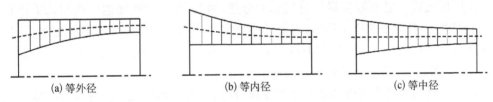

(a) 等外径　　　　　　　(b) 等内径　　　　　　　(c) 等中径

图 4.55　多级轴流压气机子午流道气动布局

随着跨声速压气机的应用，有必要提升进口级最大线速度，图 4.55（b）所示的等内径
设计成为 20 世纪 70 年代的主流特征，如 CFM56 发动机的高压压气机。一方面，为适应
风扇出口、机械传动等机械结构需要，在进口级轮毂比较大的情况下提高最大线速度，进
口级为跨声速级；一方面，由于压气机压比增加，材料（如合金钢）限制了高温条件下出口
级线速度和叶片高度的增加。

随着压比进一步增加，控制流量系数成为进口级设计的特点，因此，现代设计势必采
用等中径的子午流道布局［图 4.55（c）］，如 GE90 发动机高压压气机。其优势是进口级
维持可控的跨声速级、流量系数得到最大限度地控制、全转速工作状态进气导叶调节角度
虽然大但仍可接受等，所带来的问题是发动机高压压气机前轴承腔空间狭小，不利于机械
结构设计。

3）负荷分配原则

不论是设计点还是非设计点，多级压气机的中间级始终处于较好的工作状态，流量系
数、负荷系数变化不大、效率高，应该多分配一些功。亚声速压气机的前面级和后面级应
该少分配些功，一方面是从压气机效率考虑，另一方面在于保证良好的非设计点性能，特
别是有足够的稳定裕度。前面级为跨声速时，加功量应适当增加，因为超、跨声压气机加
功能力强、反力度大，但非设计状态的超声速基元迎角变化需要可调叶片加以控制，没有
进口导向叶片的风扇则需要通过叶尖区前掠设计提高稳定裕度。

4）扭向规律设计

多级压气机一般采用进口导流叶片设计，控制动叶最大相对 Mach 数，并采用等反力
度扭向规律或中间规律兼顾气动参数沿叶展的变化。没有进气预旋的小轮毂比跨声速风

扇,若按等功设计仍无法解决动叶根部加功能力差的问题时,可采用变功设计。所产生的增压能力不足需要通过增压级弥补。压气机后面级叶片高度小,温度高,不可压流动特征明显,多采用等环量扭转规律。中间级一般采用中间规律设计。

虽然现代多级风扇/压气机设计更多地采用三维叶片几何进行流动控制优化,但仍需要保持展向等功分布的传统扭转规律。一旦打破这一规律,传统总结的两角一系数经验关系可能存在较大的变化,影响设计工具的精度。目前的变功设计仅见诸大涵道比风扇的叶根区域和轮毂比小于 0.45 的高压压气机进口级叶根区域。

5) 轴向分速的变化

为减小发动机迎风面积,第一级风扇的进气轴向分速通常选取得较高,如现代大涵道比涡扇发动机的跨声速风扇进气轴向分速约 205 m/s,在没有进口导流叶片的情况下,这是典型的高通流设计,抑制二维分离和控制中低转速失速都将变得十分困难。

高压压气机一般不轻易提高进气轴向分速,因为 HPC 对环面迎风面积几乎没有影响。但 HPC 出口级和燃烧室相连,为保证燃烧室总压恢复系数较高和燃烧更加稳定,出气轴向分速不宜过高,一般为 $120 \sim 150$ m/s。轴向分速在各级中的减小梯度不宜超过 15 m/s,一般以设计参数 AVDR 加以控制。

由于大量的多级压气机都是通过加零级、加出口级等相似设计获得,因此,传统几何和参数特征的保持是更为常见的设计需求。因此,轴向分速并不是设计的追求目标,以新设计融入传统平台,确保流动合理匹配才是更为重要的设计目标。

6) 端壁边界层修正

如图 4.56(a),端壁边界层的存在势必产生压气机流道面积的堵塞,迫使轴向分速改变,进而影响加功量的大小。

假设端壁区轴向分速逐级降低,$w'_x < w_x$,各基元级维持落后角变化不大的迎角特性,即 $\alpha'_1 = \alpha_1$、$\beta'_2 = \beta_2$,于是端壁区速度三角形如图 4.56(b)所示,扭速逐级增加 $\Delta w'_u > \Delta w_u$,加功量也逐级增加。与此同时,动静叶的迎角也逐级增加,当迎角增加至分离迎角 i_{sp} 时,落后角不变的假设失效,即使不计入二次流动的影响,端壁区基元级也存在二维分离,加剧流动堵塞,加功能力丧失并产生失速现象。

在端壁区堵塞作用下,主流区轴向分速逐级增加,$w'_x > w_x$,于是情况与端壁区相反,如图 4.56(c)所示,扭速逐级降低 $\Delta w'_u < \Delta w_u$,加功量也逐级降低,动静叶迎角逐级减小,当迎角减小至堵塞迎角 i_{ch} 时,压力面分离产生并形成壅塞,加功能力同样丧失。

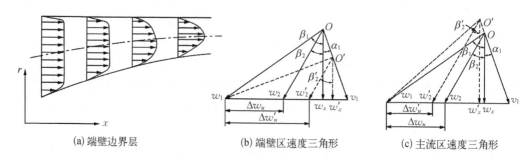

(a)端壁边界层   (b)端壁区速度三角形   (c)主流区速度三角形

图 4.56 端壁边界层及其影响

为适应端壁边界层的存在,设计过程中通常需要引入堵塞系数,以修正边界层位移厚度所产生的影响。显然,图 4.56 所示的趋势是基于端壁边界层逐级增厚的假设。以此假设构建的堵塞系数偏离客观规律较远,端壁边界层不可能永远逐级增厚,重复级现象所描述的逐级变化特征更符合客观规律。

4.4.2　重复级现象 *

Howell(1945)测试了六级压气机轴向分速,认为轴向分速展向分布的均匀性将逐级恶化,如图 4.56(a) 所示,后人将此归结为端壁边界层厚度的逐级增加,直至 Smith(1969)在 12 级轴流压气机中观察到重复级现象。以目前的认识,早期的测试显然存在问题,展向测点过少通常会导致结论偏差。

重复级是多级轴流风扇/压气机中普遍存在的流动现象,表现为中间级和后面级的进气总温、总压和轴向分速等参数沿展向分布具有重复性特征。图 4.57 显示第 4 级之后,压气机流动的展向分布并非逐级恶化,而是趋于一致的重复性分布。

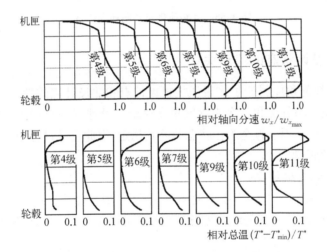

图 4.57　十二级压气机轴向分速和总温的展向分布

原理上,重复级现象产生于二次流的空间发展。不论是泄漏流还是横向流,均为压气机周向静压梯度所致。各级负荷系数基本一致时,驱动二次流产生和发展的有势流动相似,因此所产生的二次流动(包括迁移扩散和湍流掺混)均存在流动相似性。同时,在二次流作用下,传统意义下类似直管道的端壁边界层概念并不存在。因此,多级压气机最终不会产生如图 4.56 所描述的逐级恶化现象。

需要说明的是,重复级(重复排)设计和重复级现象是不同的概念。前者是遵循基元级速度三角形展向的相似分布,利用相同的基元叶型生成重复的级或排;而后者是一种流动现象。重复级设计所具有的流动相似性更容易产生重复级现象,二次流动相似的非重复级设计同样可用产生重复级现象。但是,采用三维叶片设计后,二次流随之发生改变,重复级现象也随之变化。

为将这一现象应用于正确设计,需要在求解径向平衡方程的计算过程中计入相关模型。基于边界层理论,Adkins 等(1982)构建了经验性较强的掺混模型,获得了与试验一致的计算结果(图 4.58),由此表明了展向掺混概念的正确性。然而,Wisler 等(1987)通过非常细致的试验测试,结果显示展向掺混的幅值沿展向大部分区域基本上是均匀的,仅在端壁区存在更为强烈的湍流掺混,表明二次流展向迁移的扩散作用更为重要。Gallimore(1986)在湍流掺混模型中计入了湍流扩散过程,并应用于完全径向平衡方程,同样计算了重复级现象。本书不进一步深入。

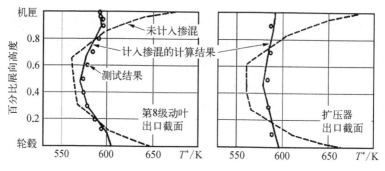

图 4.58 九级压气机展向掺混计算

4.4.3 非设计状态的流动失配 *

上一章从特性的角度讨论了多级压气机设计点和非设计点的性能匹配问题,前两节又从流道结构、轮缘功分配和二次流发展角度讨论了设计点的流动匹配问题。工程设计不能仅考虑设计点,必须兼顾全工作状态的高效稳定,因此设计过程中应该充分把握非设计状态的流动失配问题。

1) 前面级展向失配特征

基元级无量纲特性沿叶展高度方向明显不同,一般规律为:叶根基元级 ϕ 变化范围大而 ψ_T^* 变化平缓,而叶尖基元级 ϕ 变化范围窄但 ψ_T^* 变化陡峭。这是径向平衡和速度三角形的综合体现。

等功扭向规律的结果是叶尖区 u 大、Δw_u 小,而叶根区正好相反。对于进口级,等转速下 ϕ 减小时,一定的迎角变化范围内 α_1、β_2 保持不变,于是,子午分速 w_m 减小导致叶尖区负荷系数($\Delta w_u/u$)快速增加,而叶根区的变化则缓和得多。这一变化趋势使前喘后堵时,进口级失速首先发生于叶尖区基元级,也使进气可调叶片的调节规律设计需要以叶尖区基元流动控制为依据。

2) 后面级展向失配特征

对于前面级,特别是进口级,ϕ 变化时,子午分速 w_m 总是沿展向均匀变化,但级特性将改变这种均匀变化特征。Cumpsty(1989)利用径向平衡方程计算了四级压气机无黏子午流场,设计点流量系数 $\phi_d = 0.57$、温升负荷系数 $\psi_{T_d}^* = 0.4$。图 4.59(a)为出口级进气百分比子午分速 $w_m/\bar{w}_m$ 的展向变化,设计状态时子午分速沿展向均布。当压气机流量系数减小($\phi = 0.47 < \phi_d$)时,叶根区子午分速减小而叶尖区增加,流量系数增加($\phi = 0.68 > \phi_d$)时恰好相反。

若转速不变,ϕ 减小意味着压气机特性线趋近于不稳定边界,级平均迎角特性呈现逐

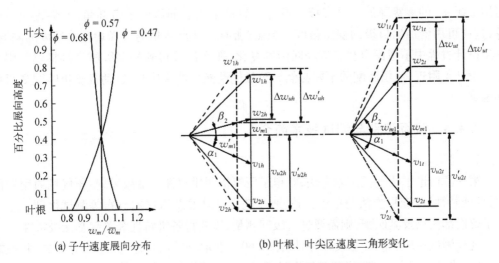

(a) 子午速度展向分布   (b) 叶根、叶尖区速度三角形变化

图 4.59　多级压气机非设计点展向失配及其原理

级放大的趋势,即出口级平均迎角处于最大正迎角状态。同时,w_m 减小导致叶根区正迎角特征进一步加强,而 w_m 增加则使叶尖区正迎角程度减缓。于是,叶根区将首先因正迎角分离而进入失速/喘振边界,导致压气机喘振。

若沿共同工作线增加转速 $n > n_{\rm d}$,多级压气机性能特性趋于前堵后喘。这时,虽然压气机流量增加,在温压比的作用下,出口级 ϕ 则降低得最为严重。于是,ϕ 降低导致叶根区 w_m 减小,而 n 增加进一步加强了叶根区迎角趋正,率先进入失速而导致压气机喘振。

可见,不论是逐级放大还是前堵后喘,率先进入不稳定边界的区域都是出口级叶根区。那么,产生这一失配现象的基本原理是什么呢?

根据简单径向平衡方程式(4.53),设压气机进口级均匀进气且过程等熵,于是得到:

$$\frac{1}{2}\frac{{\rm d}w_m^2}{{\rm d}r}=\frac{u-v_u}{r}\frac{{\rm d}(v_u r)}{{\rm d}r} \tag{4.68}$$

由于该级进气均匀,当流量系数降低时,不是进气子午分速 w_{m1} 减小,就是线速度 u 增加。以 w_{m1} 减小为例,当迎角特性处于线性变化区域时,落后角 δ 不随迎角变化,即 α_1 和 β_2 近似不变。于是,叶根、叶尖速度三角形变化如图 4.59(b)所示,叶尖区扭速的增加量 $(\Delta w'_{ut}-\Delta w_{ut})$ 大于叶根区 $(\Delta w'_{uh}-\Delta w_{uh})$,即 v_{u2t} 的增量大于 v_{u2h} 的增量,该级出口截面存在 $\dfrac{{\rm d}(v_u r)}{{\rm d}r}>0$。而绝大多数情况下,$(u-v_u)>0$,于是根据式(4.68)存在 $\dfrac{{\rm d}w_m^2}{{\rm d}r}>0$,表明维持平均子午分速不变 $\bar{w}_{m2}=w_{m1}$ 的情况下,叶尖区 w_{m2t} 增加,而叶根区 w_{m2h} 减小。这样一种趋势逐级加强,当达到末级时叶根区子午分速随流量系数降低而减小得最为严重。

以上假设了 $(u-v_u)>0$,多级风扇/压气机中的确存在 $(u-v_u)<0$ 的情况,如小轮毂比风扇进口级,通常采用轮毂半径增加,使叶根区 w_{m2h} 加速以减缓出口级叶根减速的趋势。另一种减缓其趋势的设计思想是增加叶根区负荷,根据式(4.68),叶根区扭速增加,

可用减缓 w_m 的逐级降低。更直接的设计思想是采用后面级叶根负迎角、叶尖正迎角设计,这样可用增加出口级的稳定裕度。当然,所有设计点迎角的选择均存在适度的问题,如果设计过程中不考虑全状态流动匹配的变化,那么设计得到的多级压气机将仅可用工作于设计点附近,流场匹配的不好必然导致最优性能特性区狭窄,发动机整机匹配变得更加困难。

4.4.4　流场识别与调试技术简介*

1) 测试需求

第 3 章讨论了压气机试验方法,获得了压气机通用特性。多级风扇/压气机通用特性(总性能特性)的获取方法与单级一致,通过进出口总温总压展向分布等测试得到。进一步了解内部流场及其匹配,则需要进行级间测量,以获得各级特性和关键基元级特性。

现代测试一般在静叶上设计探针(图 4.60),获取动叶出口总温、总压等数据,并根据 3.3.1 小节进行数据处理,得到各级无量纲特性,包括各级负荷系数-流量系数和效率-流量系数特性。由于测试截面位于动叶出口,直接进行数据处理,得到的是一排静叶和一排动叶的级性能参数。如果一定要转化为一排动叶和一排静叶所构成的级气动性能,则需要建立损失模型,根据各动叶出口总温、总压分布,计算得到静叶出口的参数分布。

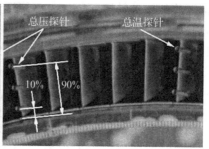

图 4.60　固定在静叶上的总温、总压探针

为获得正确的性能特性,不论是总性能测量还是级间测量,展向测点数应不少于 5 点,通过流量平均得到压气机和级性能特性,同时,需要逐级测量端壁静压,以处理端壁边界层的影响。因此,多级压气机测点较多,测试后数据处理工作重要而繁杂,只有严格按照流动规律执行相关标准,才可能获得可信度较高的性能特性,特别是与损失相关的效率计算。

第 3.3.1 节通过扭矩效率测试计算,以规避总温测量的不确定性。但作为级间测量或发动机整机测量,则无法回避复温系数的影响。这导致总温测试误差远大于静态标定所得到的温度测试误差,一般认为高速流动中的总温测试误差最大高达 8 K。对于高压涡轮出口,8 K 的绝对误差尚可接受,但对于风扇/压气机则使效率计算完全失真。因此,风扇压气机测试中关于总温的测试标定问题迄今仍值得探讨,但限于知识深度,本书暂不讨论。

2) 峰值线法

多级压气机调试依据是通过定量方法识别接近或已经恶化的流场。由于无法直接观察到多级压气机内部流场的真实形态,流场识别只能采用间接方法,于是方法的正确性就显得尤其重要。Brown 等(1962)提出的峰值线法是通过特性识别流场的有效手段。

　　Brown 等(1962)对某五级轴流压气机进行了级间测量,展向等面积布置 5 个测点。图 4.61 为第三级根、中、尖基元级无量纲特性,其中,"中"代表展向各点总压的平均结果,"根""尖"区基元级分别由两端测点测得。图中,流量系数 ϕ 以各转子平均进气 w_m 和 u 的比值进行统一;负荷系数采用压比负荷系数 ψ_p^*,并分别以各自半径的 u 作为参考。

　　良好设计下,ψ_p^* - ϕ 无量纲特性线通常存在峰值点,特别是多级轴流风扇/压气机的前几级。如果没有峰值,则需要参考 η^* - ϕ 无量纲特性线,选择 ψ_p^* 的最大值。如果 ψ_p^* 最大值位于曲线的最右端,那么设计一定有问题。图 4.61 以第三级 72.9%$\bar{n}_c$ 为例,给出了叶中 ψ_p^* - ϕ 曲线,其中,点 1、2、3 和 4 分别为测试结果,点 P 为拟合线的峰值点。各点与压气机等转速通用特性一一对应［图 4.62(a)］,在通用特性图上连接不同转速的峰值点,得到峰值线。每一级有一条峰值线。以峰值线形状、位置判断级性能的方法称为峰值线法。

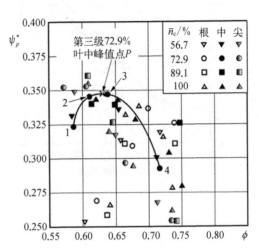

图 4.61　基元级无量纲特性

　　3) 峰值线法判定准则

　　图 4.62 分别为叶中(平均)级峰值线和叶根、尖区峰值线。以图 4.62(a)为例,当工作点位于点 4 时,说明流量偏大而增压能力不足;点 3 在点 P 的右侧并非常接近峰值点 P,说明各性能参数最佳和谐,共同工作线通过该点是设计所希望的结果;点 2 的流量系数小于峰值点,流量降低、负荷下降,稳定裕度或将不足;点 1 则已经进入失速,不可长期使用。据此可以辨识出多级压气机匹配后的流场状态,通过几何调试改善失配的级或区域,达到多级压气机各级的全转速和谐匹配。

　　根据多级压气机气动性能的匹配规律,级特性峰值线法的判定准则为:前面级中低转速、中间级全转速、后面级高转速范围内工作于峰值线上或偏右侧为最佳。显然,工作点取决于压气机共同工作线,而共同工作线只有一条,因此,峰值线以相对集中为最佳。

　　以此准则分析图 4.62(a)的各级平均峰值线。第一二级峰值线仅存在于中低转速,满足要求,但第二级峰值线仅在 60%$\bar{n}_c$ 附近出现,说明该级的高转速平均负迎角特性过强、增压能力不足。第三四级峰值线存在于全转速范围,满足要求。第五级峰值线仅存在于高转速范围,满足要求。仅分析平均峰值线,除第二级外各级状态良好,但是,叶根区峰值线却存在着严重的问题。

　　叶轮机的流场恶化一定源自端壁区域,而叶中总是在径向平衡的作用下处于非极端状态,因此,10%、90% 展高的无量纲特性测试是细化判断流场结构的关键手段。图 4.62 显示叶根区峰值线最不集中,问题最为严重。第三级峰值线虽然覆盖全转速范围,但大部分转速范围内远离其他级峰值线。如果共同工作线在第一二级峰值线的右侧附近

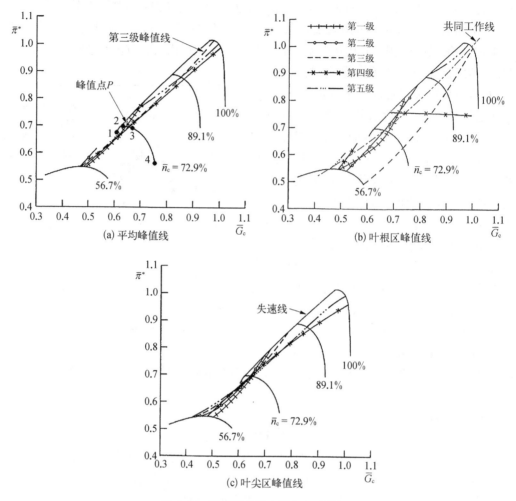

图 4.62　通用特性图上的各级峰值线

[图 4.62(b)],那么,第三级叶根区一定工作于峰值线左上方,这是正迎角大分离的工作状态。第三级叶根区的分离导致第三级峰值线完全背离判断准则,也使第五级叶根区进入负迎角负荷能力不足的状态。同时,导致第三级分离的因素不一定是其自身。第一二级中低转速具有良好的叶根区峰值线,但第二级平均峰值线表明其工作于平均负迎角状态,因此,前两级叶根区流通能力不足也是第三四级叶根区分离的失配源。

4) 峰值线法调试技术

有了这样一种匹配的逻辑推理,就可以通过叶片几何的变化进行多级压气机调试。常见的调试手段是开门或关门。"开门"是减小安装角 ξ,使叶片趋于正迎角进气,叶片通道的喉道面积增加、流量通过能力增加,峰值点向右偏移;"关门"则相反,通过增加 ξ 减小流量,峰值线左移。通常,工程上更容易改变静叶的安装角,只有在静叶改变仍不能很好匹配时才调试动叶。一些情况下,叶片安装角的改变并不能完成匹配调试,则需要进行基元级安装角改变,这意味着叶片的重新制造。

Brown 等(1962)采用导叶开门 9°、第一级动叶叶尖关门 10°、第一级静叶开门 7°、第二级动叶叶尖关门 5°等几何调整,得到调试后的各级特性如图 4.63 所示。从平均特性的调试结果[图 4.63(a)]看,第二级特性得到改善,第三、四级峰值线不是很集中。由此产生的结果是第三级在整机匹配后可能负荷能力不足,而第四级则可能稳定裕度偏低。图 4.63(b)、(c)显示,调试后峰值线变化较大,第三级叶根区得到明显改善,而第二级叶根区在中低转速趋于稳定裕度降低,第四级则叶根区负荷偏低、叶尖区负荷偏高。

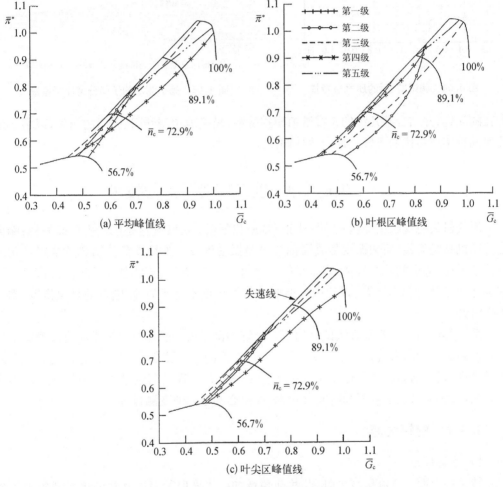

图 4.63　调试后的各级峰值线

对比图 4.62,由于各转速失速边界线明显左移至更小的流量,说明调试后多级压气机稳定裕度得到扩展。这一点在压气机性能特性图上更为直观。图 4.64 显示,多级压气机调试后不但稳定裕度得到提高,各转速峰值效率均存在不同程度的提升,并且高效率范围得到一定的扩展。这一切均使该压气机更易于与涡轮实现最优匹配。

李根深等(1980)引述了一个六级轴流压气机的调试案例,通过更少的几何调整得到了满足压气机总性能特性的改善,本书不赘述。

随着现代测试技术的进步,Zhou 等(2020)根据测得的总温、总压分布,通过完全径向平衡计算得到了更细节的子午流场诊断(图 4.65)。这一结果可以更直观地辨识各级所

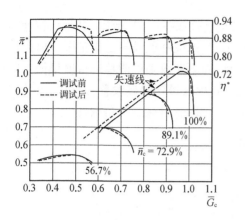

图 4.64 调试前、后的压气机特性

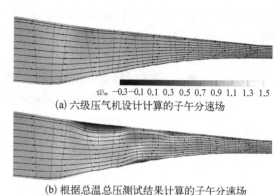

(a) 六级压气机设计计算的子午分速场

(b) 根据总温总压测试结果计算的子午分速场

图 4.65 基于测试的子午分速流场诊断

存在的问题,并结合某几级的三维数值模拟分析,精确地预测开门、关门的角度,以最小的几何调整实现最优的压气机性能特性调试。

4.5 失速喘振、进气畸变及扩稳技术

压气机失稳现象主要包括旋转失速、喘振和颤振。旋转失速是压气机局部失稳;喘振是发动机系统失稳;而颤振则是流固耦合自激振动诱发的失稳现象。第 3 章从特性角度讨论了失速、喘振的基本特征,本章从气动上讨论产生特性边界的基本原理。颤振更多地涉及叶片振动与模态问题,设计中一般要求颤振裕度不小于失速/喘振的稳定裕度,本书不作讨论。

系统失稳通常需要系统级试验确定。传统测试手段一般是通过热线风速仪测量某展向高度的进气轴向密流 ρw_{x1} 脉动,以代表单位面积的流量脉动量;或者采用动态静压探针测量进排气静压脉动,并通过 FFT 变换进行频率分析。现代测试进步集中体现在小型化和高频响,大大增加了空间和时间分辨率,如模态测量和畸变测量等。

4.5.1 旋转失速

1)失速初始

转速一定而空气流量减少时,叶片迎角增加。当展向某高度叶片的进气迎角大于分离迎角 i_{sp} 时,某叶片通道首先发生大尺度分离。如图 4.66(a)所示,大分离产生的流道堵塞改变了进气迎角:旋转方向的相邻叶片通道具有负迎角进气,原有的分离特征得到缓解;而反旋转方向的相邻通道的正迎角进气特征进一步加强,原有的分离被强化为失速。于是,相对坐标系上,失速区沿反旋转方向传播;而绝对坐标系上,则可以观察到失速区以低于线速度的绝对速度传播。失速区与压气机动叶同向旋转,故称旋转失速。这就是 Emmons 等(1955)关于旋转失速的经典解释,失速概念本身与机翼

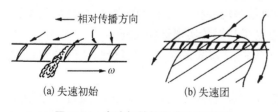

(a) 失速初始   (b) 失速团

图 4.66 失速初始的经典物理图画

失速完全一致。McDougall 等(1990)则显示旋转失速起始于多达 15%的叶片通道,即失速团,如图 4.66(b)所示。

2) 失速先兆波[*]

失速前,叶片各通道均处于正迎角分离状态,分离信息以波的形式向四周传播。忽略分离流动结构,将叶片排作为激盘,那么远离激盘的区域就可以探测到流体波动所具有的频率和模态波特征。根据小扰动理论,失速初始就是由线性扰动发展为非线性扰动的失稳过程,即失速先兆波的发展。基于这一理论,McDougall 等(1990)周向布置了一组热线,测量某低速压气机轴向分速脉动量,通过周向模态波分解,观察到失速前、后不同的模态波。

当周向布置的动态静压传感器数量足够多时,就可以通过实验测试得到由分离模态猝发为失速模态的叶片区域,即失速猝发(spike)。这样可将 Emmons 的经典解释付诸试验观测,同时为失速/喘振/颤振等稳定性理论模型提供有效验证。相关深入的知识参见孙晓峰和孙大坤(2018)。

3) 失速传播速度与失速频率[*]

环形叶栅试验显示静叶中同样存在旋转失速现象,表明失速团传播的绝对速度 v_s 与线速度 u 没有直接关系。但为体现旋转失速的"旋转",习惯上总是与叶轮机转速进行关联。

Graham 等(1965)总结了 10 台单级压气机,失速团 1~8 个,$v_s = (0.23 ~ 0.87)u$;8 台多级压气机,失速团 1~7 个,$v_s = (0.47 ~ 0.57)u$。虽然关联了诸多设计因素,但仍不确定 v_s/u 变化较大的原因。于是,统计意义上的结论大致为:① 大多数多级压气机的 $v_s \approx 0.5u$;② 压气机几何形状不变,v_s 则不变;③ 单级压气机的 v_s 随失速团数目不同而存在变化,也存在数目不同 v_s 相同,以及数目相同类型不同而 v_s 不同的现象;④ 等反力度速度三角形的单级压气机集中于 $v_s \approx 0.25u < 0.5u$,跨声速单级压气机则 $v_s \approx 0.7u > 0.5u$。陆亚钧(1990)总结了 24 台单转子和 12 台压气机的试验结果,显示 v_s 随稠度增加而降低、随流量系数 ϕ 增加而增加的趋势。稠度反映了叶片数,而结合已知的 u、ϕ 则体现了进气相对 Mach 数。

气动原理上,从分离堵塞诱发迎角变化进而发展为失速传播需要一个时间历程。这一历程与流量的非定常响应相关,低速不可压流动响应时间快,于是相对传播速度较高而绝对传播速度 v_s 较低,即 v_s/u 较小;可压流的流量守恒存在非定常迟滞,于是 v_s/u 较大。这一理解属非定常响应的理论推测,尚未见文献验证。

失速传播速度与失速频率存在一一对应的关系,$v_s = 0.3u$ 意味着失速频率是轴通过频率的 0.3 倍,而失速频率是工程上判断失速发生的最有效手段。通常可以通过一支动态静压探针进行进气壁面脉动静压测量,并以 FFT 将时域脉动变换在频域上,判断压气机进入失速与否。图 4.67(a)是没有发生失速的实时频谱结果,图 4.67(b)则在 0.3 倍轴通过频率附近出现了失速现象。

4) 失速团数目与失速类型

不论是单级压气机还是多级压气机,等转速线上的失速团数目随流量降低而增加,转速越低数目越多。Graham 等(1965)最多测到 12 个失速团。实际上,起动过程中进口级

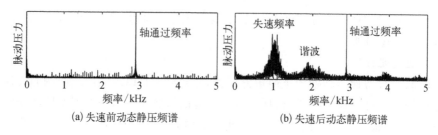

(a) 失速前动态静压频谱　　　　　　(b) 失速后动态静压频谱

图 4.67　频谱上的失速判断

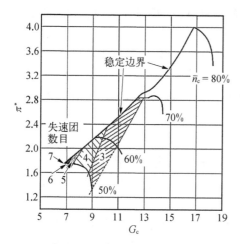

图 4.68　多级压气机失速团数目

压气机就类似搅拌机,每一通道均存在分离,只是因为时间短、能量低且不存在喘振而不受重视。Graham 等(1965)给出某十级压气机失速团数目及其在通用特性图上的发生区域。如图 4.68 所示,转速很低($\bar{n}_c = 50\%$)时,从堵点到喘点一直存在着旋转失速。

根据压气机气动特征,旋转失速可以分为渐进型失速和突变型失速两种类型。两者在几何尺度上基本对应着部分展向失速和全展向失速。

以图 4.68 $\bar{n}_c = 60\%$ 为例,失速团数目随 G_c 降低而增加,但特性线压比连续增加直至喘振边界。这一过程的旋转失速为渐进型失速,对应空间的部分展向失速。如图 4.69(a),失速团仅发生于部分展向高度,叶根区进气轴向密流 ρw_{x1} 没有出现失速脉动。渐进型失速多发生于中低转速、风扇/压气机的前面级,特别是叶尖区域。

如图 4.68 $\bar{n}_c = 50\%$,渐进型失速时,压气机压比随流量减小而增加,从特性上不易察觉,易产生叶片高周疲劳而大幅度缩短压气机寿命,故不宜在这些转速长时间停留。

一定的条件下,渐进型失速可以发展为突变型失速。图 4.68 喘振边界所对应的旋转失速一般是突变型失速,特性线上存在不连续的过失速特性和失速迟滞(图 3.8)。突变型失速通常对应全展向失速,如图 4.69(b),失速团数目通常只有一个,但贯穿叶片全展向高度,热线测得从叶根到叶尖均存在进气轴向密流 ρw_{x1} 脉动。

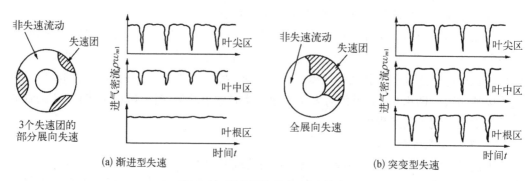

(a) 渐进型失速　　　　　　　　　　　(b) 突变型失速

图 4.69　渐进型失速和突变型失速

通常,突变型失速直接产生于大轮毂比压气机级,如 HPC 后面级,对应高转速特性。由于后面级叶片短,旋转失速一旦产生就会波及整个叶高而形成突变型失速,同时,因压比突降而直接导致高转速喘振。轮毂比较低的风扇和 HPC 前面级,则存在由渐进型向突变型失速的过渡,而中等转速失速迟滞则引发多重特性。

5) 失速迟滞

从流动角度看,失速迟滞反映了流动分离失速和分离解除之间的动能差异,分离失速具有的进气相对动能总是不高于分离解除所需要的进气相对动能。这种差异与可压流的非定常效应相关,简言之,分离微团的低动能不可压特征发展为非分离的高动能可压流特征存在更长的时间历程,即微团在扩散过程中获得能量所需的时间历程。

根据附录 C,反映非定常流动相似的相似准数是 Strouhal 数:

$$Sh = \frac{v_{ref}t_{ref}}{l_{ref}} \tag{4.69}$$

式中,v_{ref}、t_{ref}、l_{ref} 分别为特征速度、特征时间尺度和特征长度尺度。对叶轮机而言,可以用线速度 u 表征特征长度与特征时间的比值,用进气子午分速 w_m 表征特征速度,于是,流量系数 $\phi = w_m/u$ 就代表了叶轮机中的 Strouhal 数。

Day 等(1978)通过四台不同的三级压气机,表明失速迟滞与流量系数存在密切的关系(图 4.70),设计点流量系数 ϕ_d 增加,非失速特性线的最大负荷系数增加,但失速迟滞的流量范围也增加。

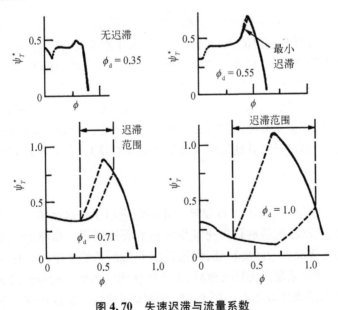

图 4.70　失速迟滞与流量系数

失速迟滞范围的增加则意味着多重特性现象趋于严重。其设计结果将导致一根轴上的压气机设计压比越高,可调叶片在中等转速的调节角度就越大,可调叶片及其间隙的流动控制就愈加困难,对制造就愈加苛求。因此,现代高压压气机设计追求的是高负荷高效率和低通流,即设计点进气流量系数不易选择得过高。从某些工程案例看,俄制三代机

HPC 在设计点流量系数的选择上存在一定的不足,导致其通过中等转速时需要改变共同工作线来规避多重特性。

6) 旋转不稳定性[*]

Kameier 等(1997)通过声模态测量发现另一类旋转不稳定性现象。图 4.71(a)显示,动叶叶尖间隙 δ/c 较大的压气机,当流量系数 ϕ 减小到一定程度时,进气近场声压测得一系列高阶周向模态波,频率范围较宽,但处于轴通过频率和叶片通过频率之间。这显然和传统意义的失速频率不同。而间隙较小的情况下,即使进入失速,也不存在上式旋转不稳定性频率特征。

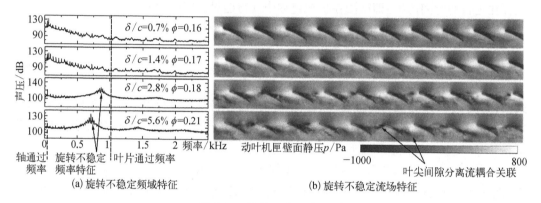

图 4.71 旋转不稳定性现象

Maerz 等(1999)结合叶尖壁面静压脉动测试表明[图 4.71(b)],产生旋转不稳定性现象的叶尖间隙流场具有明显的流动分离特征。某叶片通道的叶尖间隙泄漏流动可以影响相邻通道的泄漏流动状态,形成分离流动耦合。旋转一周的范围内,或多通道或双通道耦合,或者不耦合,分离形态复杂,但与叶片通道数相关,于是,产生频率范围相对较宽、峰值频率复杂的旋转不稳定性现象。一定转速下,随着流量系数进一步降低,旋转不稳定性频率将进一步提高,直至所有叶片均存在叶尖大尺度泄漏分离,达到叶片通过频率。而这时,叶尖区全通道分离将导致其他展向高度的负迎角特征加强,或不进入传统意义上的渐进型失速现象。

7) 多级效应[*]

显然,单级压气机中失速团数目和频率并不能应用于由这些单级组成的多级压气机失速特性,各级的流动匹配是旋转失速发生发展的关键因素。虽然上一节重点强调了多级压气机等转速逐级放大的匹配特征,但这是就非失速条件下平均特性所具有的客观趋势。早期认为某一级、某端区旋转失速后,失速区在压气机整个轴向长度上到处延伸。但现代测试所体现的结果并非如此。图 4.65 根据级间测量数据通过完全径向平衡计算得到的子午流场显示,第一级静叶和第二级动叶在叶尖区存在失速分离。分离团不可能无限延伸,而是在一定尺度下形成封闭的大尺度非开放分离区。叶尖区的分离迫使第一级静叶根区具有超过设计的负迎角特征,速度三角形分析表明过强的负迎角将导致下一级动叶根区具有强正迎角进气,于是,第二级动叶根区出现周向平均的分离流动。根、尖交替变化的分离失速导致多级压气机性能特性无法满足设计需求,基于流动认知的调试技术显得十分重要。

虽然分离流尺度不可能跨越整个多级压气机,但是,失速信号却可以在进、排气截面获得,因此,失速信息及其识别也是多级压气机调试的重要手段。

4.5.2 喘振

1) 喘振现象

上一章从特性角度讨论了喘振的系统失稳特征。从气动角度看,喘振是流体微团的静压、速度等物理参数脉动沿压气机轴向传播,流量在系统的每一个截面上均随时间变化,具有低频率、高振幅的气流振荡特征。

喘振的基本过程:随流量降低,当压气机或压气机级的进出口压比超越其增压能力时,喘振发作。喘振时,出口高压气流向进口方向倒流,出口静压降低。输入功率不变时,喘振后流量又迅速增加,沿节流线达到预定转速,并沿等转速线流量降低、压比增加。在阀门面积不变的情况下再次出现喘振。于是,只要系统功率、排气阀门不变,压气机将经历流动、分离、倒流、再流动、再分离、再倒流的周期性喘振现象。

喘振的主要特性:压气机出口总压和流量大幅度地波动;压气机内部形成逆向的轴向流动;存在低频的沉闷放炮声,并伴随非常强烈的机械振动;转速不稳定;喘振时,气流脉动频率和振幅与流路容积特性相关。

2) 失速喘振的类型、振幅与频率[*]

Riess 等(1987)对某三级压气机($\pi_d^* = 2.0$、$n_d = 17\,000$ r/min)进行喘振试验,排气集气管容积分别为 6 m³ 和 0.03 m³。进气脉动静压的测试结果如图 4.72 所示,表明集气管容积足够小时,只发生失速而没有喘振。当集气管容积足够大时,失速诱发喘振,喘振频率约为 1.01 Hz。

早期研究表明可根据失速类型,将喘振分为突变型失速喘振和渐进型失速喘振。Huppert(1952)通过改变集气管容积对某 16 级压气机进行了喘振试验,大集气管容积是小集气管的 9 倍。由大集气管构成的压缩系统中,30% ~ 100% n_d 都可以听到剧烈的喘振声;小集气管时,50% n_d 以下听不到喘振。图 4.73(a)、(b) 分别是大、

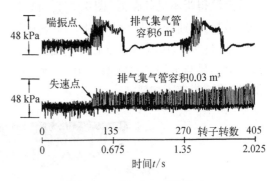

图 4.72 喘振与失速的关系

小集气管系统中压气机进、出口的总压脉动随时间的变化。进气总压脉动没有图 4.72 得到的总压突变,这与早期测试系统的频率响应特性较低有关。

通过排气总压脉动判断,图 4.73(a)大集气管系统具有明确的喘振现象:排气总压降幅明显,约为喘点总压升的 41%;喘振频率约为 1.2 Hz;并且在总压降低过程中伴有旋转失速现象,直至总压开始恢复。可见,在特性上由喘点进入过失速特性后,旋转失速依然存在,直至失速迟滞结束,排气总压开始恢复,进入非失速特性。这一点也得到图 4.72 的印证。

类似图 4.72，小集气管系统也没有明显的喘振现象［图 4.73(b)］。从压气机本身看，图 4.73(a)、(b) 表明 50% n_d 附近均存在突变型失速和失速迟滞，并且排气总压衰减量均为喘点或失速点总压升的 41%。说明喘振所导致的总压降幅度取决于过失速特性，虽然因气流的惯性，喘振会伴随严重的逆向子午分速。另外，当小集气管储能不足时，类似多重特性，压气机进口级进入过失速特性，使压比和流量始终保持低值特性状态。图 4.73(b) 进气总压增加表明压气机流量减小，而排气总压的低值脉动说明失速没有解除而压比无法恢复。

图 4.73(b) 中，除 23 Hz 左右的失速频率，还存在着 5 Hz 左右的总压脉动。该频率高于 1.2 Hz 的喘振频率，低于失速频率。表明在过失速过程中，局部区域的压比超越了压气机或某些级的增压能力，产生了能量较低、频率较高的总压脉动，传统称之为温和喘振。

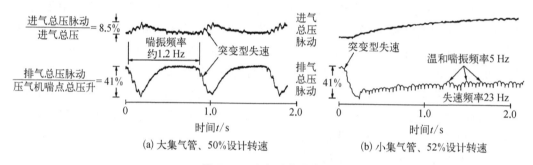

图 4.73 突变型失速喘振

部分展高的渐进型失速也可能伴有能量较低的温和喘振。Huppert(1952) 在单级压气机上测得听不见的喘振(图 4.74)。试验采用热线风速仪测试，以 12 kHz 低通滤波得到失速信号，失速频率 1.42 kHz，8 个失速团，轴向密流最大脉动量与平均量的比值为 60%。同时，通过 100 Hz 低通滤波后得到轴向密流的低频脉动，代表了单位面积的净流量脉动，最大脉动量与平均量的比值为 10%，频率为 10~15 Hz。体现出轴向气流脉动的温和喘振，但喘振频率不规律。

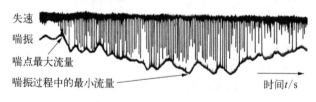

图 4.74 渐进型失速喘振

3) 诱发发动机喘振的环境、结构因素

归纳一下失速喘振的特点：① 类型取决于旋转失速类型；② 气流轴向脉动的振幅与失速迟滞和增压能力相关；③ 频率与集气容积和势能聚集相关。由于燃气涡轮发动机燃烧室容积较小，航空发动机的喘振频率通常会高于压气机试验器。为此，现代高压压气机试验器排气段中通常会模拟燃烧室结构，并采用引射尽可能缩短排气集气管长度(图 3.12)。

虽然喘振发生在压气机中，但诱发因素不仅仅是旋转失速，更多、更高能量的喘振产生于结构和环境的改变。这里简单列举一些工程案例。

结构变形诱发喘振。某大涵道比涡扇发动机起飞过程中发生喘振,经分析,发现长期使用过程中,HPC 对开机匣变形,使得后面级稳定裕度降低而出现喘振。

叶片磨损诱发喘振。某离心压气机试验过程中出现喘振,经分析,离心机匣与叶轮叶片摩擦,结构设计导致机匣热膨胀后加剧叶片磨损,增压能力不足以抵抗业已产生的出口静压而导致喘振。

加力燃烧室爆燃诱发喘振。某涡喷发动机起飞加力失败,在喷口面积收缩后产生余油自燃,高温导致尾喷管内总压急剧上升,在进气畸变的组合作用下产生发动机喘振。

起动不当诱发喘振。发动机起动过程中,涡轮膨胀功尚未建立时形成热悬挂,即排气温度不断升高而转速不变。尾喷管热节流达到一定程度时,压气机进入喘振。

鸟撞诱发喘振。某涡扇发动机风扇因鸟撞而丧失增压能力,发动机直接进入喘振。

这些案例说明喘振不一定源自风扇/压气机自身,喘振发生的必要条件包括:① 系统容腔所具有的势能聚积。如压缩机管路储气系统中的高压储气就是典型的势能聚集。又如,燃烧室热量突变导致势能瞬间聚集等;② 系统节流所体现的势能释放。如储气罐排气节流阀不能有效释放导致压缩机喘振,航空发动机涡轮喉道面积、可调排气面积均属于排气节流。又如,类似进气节流的进气畸变,压气机正常工作时进气总压降低,畸变后的增压比高于压气机喘点压比而导致喘振。

4.5.3 进气畸变 *

飞机大攻角爬升、大偏航角转弯或强测风时,进气道分离将导致发动机进气流场不均匀。战斗机武器发射时,发动机吸入热气产生进气温度不均匀。S 弯进气道设计得再好,也存在排气总压不均匀和通道涡,形成发动机进气总压和方向的不均匀分布。一般将严重影响风扇/压气机性能的不均匀进气流场称作进气畸变。

实际上,发动机内部同样存在强烈的不均匀分布,如风扇出口总温总压的展向变化和通道涡都是高压压气机的不均匀进气条件。这种不均匀性通常在发动机匹配设计中解决。但是,同一款发动机需要适应不同的进气道和飞行环境,因此,有必要通过畸变的定量描述,确定发动机与进气道的匹配性,及其环境适应性。图 1.16 中,稳定裕度预留的发动机外部影响就是进气畸变的定量化设计。

1) 畸变类型

按气动参数,进气畸变可分为总压、总温、静压、旋流畸变等;按空间可分为周向、径向、组合畸变;按时间可分为稳态、瞬态畸变。

旋流畸变主要源自进气道弯曲扩压过程形成的通道涡。典型工程案例是某战斗机进气道以一个进气段分叉供两台发动机进气,结果某一侧的发动机始终处于稳定裕度不足的状态。究其原因,就是进气道弯曲扩压管产生成对的通道涡,分叉后各自保留了固态旋流的周向分速,导致一侧发动机的风扇叶尖迎角趋正,而另一侧迎角趋负。趋正一侧的发动机风扇裕度自然降低而易于喘振。这一情况,最经济有效的解决方法是进气道改进设计。

静压畸变主要源自弯曲进气道局部加速使静压降低,局部子午分速增加使风扇进气迎角趋负,对发动机安全性影响不大。

稳态总温畸变多产生于发动机尾气吸入,如编队飞行、反推开启等,瞬态温度畸变则源自武器发射。总结表明(陆亚钧,1990),前者通过风扇使 HPC 喘振边界线下移,发动机 90°畸变角进气范围内温度上升 50℃ 可使 HPC 喘振;后者则通过风扇使 HPC 的共同工作线上移,当发动机进气温度变化率大于 1 644 K/s 时可使 HPC 喘振。更多情况下,温度畸变是稳态和瞬态畸变的叠加,需要解决的是发动机的环境适应性问题。

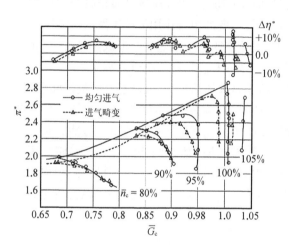

图 4.75 畸变对风扇特性的影响

除环境适应能力外,总压畸变则涉及进气道匹配设计及其对发动机性能特性的影响。图 4.75(刘大响等,2004)是进气畸变对三级风扇流量、压比、效率、裕度的影响,这种影响不仅表现为稳定裕度降低,而且等转速性能特性曲线完全不同、各参数衰减严重,结果是畸变进气条件下发动机重新匹配,共同工作线变化量很小,但发动机趋于推力降低、耗油率上升、排气温度增加。目前,尚不能根据进气畸变精确预估特性的定量变化,但在进气道畸变指数适应性和压气机稳定裕度变化方面上可以为发动机设计和应用提供有效的支持。

图 4.76(a)是典型的进气道排气总压恢复系数不均匀分布。可以在压气机试验器进口前 2 倍直径以上位置设计畸变模拟器,通过畸变模拟板[图 4.76(b)]或模拟网产生压气机进气畸变,并在进口截面设计周向不少于 6 点、径向不少于 5 点的总压探针矩阵,获得风扇/压气机进气畸变图谱[图 4.76(c)]。

图 4.76(c)是典型的组合畸变。刘大响等(2004)总结表明,径向总压不均匀对各类发动机稳定性的影响很小,甚至完全没有影响,可以不予考虑。因此,可以通过各支总压探针获得的结果进行径向面积平均,得到总压 p_0^* 或总压恢复系数 σ_0^* 周向畸变。另外,总压的环境变化时间历程远大于发动机一转所需时间,因此,总压畸变对发动机的影响研究主要集中于稳态总压的周向畸变。

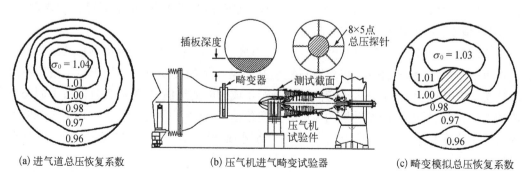

(a) 进气道总压恢复系数　　(b) 压气机进气畸变试验器　　(c) 畸变模拟总压恢复系数

图 4.76 进气畸变图谱与畸变模拟试验

2) 临界畸变角

p_0^* (或 σ_0^*) 沿周向分布如图4.77(a)所示意,面积平均总压为 p_{avg}^*,将总压低于 p_{avg}^* 的畸变扇形区以畸变角 θ 确定。图4.77(b)是周向畸变角 θ 对压气机稳定裕度的影响。体现稳定裕度变化的是进气畸变条件下喘点压比 π_{sD}^* 与无畸变喘点压比 π_s^* 的比值 (Bowditch et al.,1983)。结果表明,当 $\theta \geqslant 60°$ 时,畸变条件下的喘点压比 π_{sD}^* 不再降低,说明周向畸变的影响存在临界畸变角 $\theta_{cr} = 60°$。

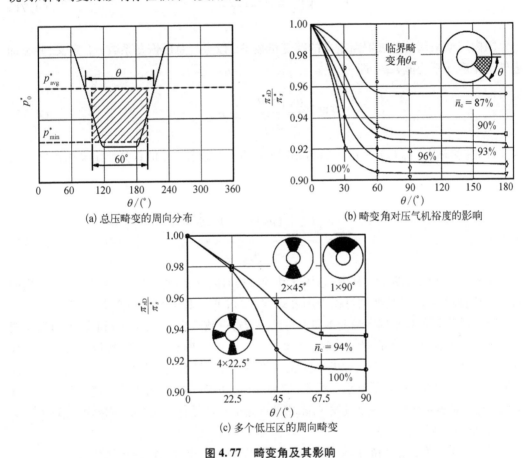

(a) 总压畸变的周向分布

(b) 畸变角对压气机裕度的影响

(c) 多个低压区的周向畸变

图4.77 畸变角及其影响

图4.77(c)分别采用22.5°四个低压区、45°两个低压区和90°一个低压区进行周向畸变模拟试验,畸变角总和均为90°。结果显示,其影响仅与单区畸变角相关,与畸变角总和无关,并且单区畸变角60°左右达到最大影响。表明高阶谐波的周向畸变对压气机稳定裕度的影响很小(Cumpsty,1989)。因此,采用图4.76(c)所示的简单插板,就可以通过畸变角大于60°的单个低压区进行组合畸变模拟,准确地反映周向畸变对压气机性能的影响。

3) 畸变指数

除畸变范围之外,更重要的是确定低压区的强度,即畸变指数。英国RR公司定义为进气平均总压 p_{avg}^* 与不小于60°低压区最低平均总压 p_{min}^* [图4.77(a)]之差与进气平均动压的比值(Cumpsty,1989),即畸变指数 DC_{60}:

$$\mathrm{DC}_{60} = \frac{p_{\mathrm{avg}}^* - p_{\min}^*}{p_{\mathrm{avg}}^* - p_{\mathrm{avg}}} \tag{4.70}$$

航空发动机的 DC_{60} 值通常为 1.0 或更高，一般 $\mathrm{DC}_{60} \geq 0.5$ 就可以安全解决进发匹配问题。美国 PW 公司则以进气平均总压 p_{avg}^* 作为分母，即畸变指数 KD_2：

$$\mathrm{KD}_2 = \frac{p_{\mathrm{avg}}^* - p_{\min}^*}{p_{\mathrm{avg}}^*} \tag{4.71}$$

国内习惯采用的是俄罗斯定义的畸变指数 W，以进气总压恢复系数 σ_0^* 定义，并叠加进气湍流度面平均值 $\varepsilon_{\mathrm{avg}}$，即

$$W = \frac{\sigma_{\mathrm{avg}}^* - \sigma_{\min}^*}{\sigma_{\mathrm{avg}}^*} + \varepsilon_{\mathrm{avg}} \tag{4.72}$$

式中，以脉动总压 $[p_0^*(t) - p_{\mathrm{avg}}^*]$ 的均方根占进气平均总压 p_{avg}^* 的百分比定义湍流度 $\varepsilon_{\mathrm{avg}}$：

$$\varepsilon_{\mathrm{avg}} = \frac{\sqrt{\dfrac{1}{T}\displaystyle\int_0^T [p_0^*(t) - p_{\mathrm{avg}}^*]^2 \mathrm{d}t}}{p_{\mathrm{avg}}^*} \tag{4.73}$$

并以此表示总压瞬态畸变。其中，总压脉动的取样时间通常取为 $T = 1 \sim 2\,\mathrm{s}$。由于周向畸变、径向畸变和瞬态畸变均可以采用公式（4.72），W 也称为综合畸变指数。

畸变指数 W 的稳态周向畸变本质上与式（4.71）一致。比较式（4.70）和式（4.71），主要差异在于分母不同，同样的周向畸变，$W < \mathrm{DC}_{60}$。一般，进气道畸变指数设计得小于 10% 时，发动机只要 $W \geq 10\%$ 就可以安全匹配。如果进气道没有复杂的弯曲扩压段，那么发动机进气畸变指数就可以降低要求。但是，如果发动机抗畸变能力弱于进气道的畸变指数发动机与进气道就会失配。一旦进发失配，需要改进的往往是研制成本低、周期短的部件。

4）敏感系数

式（3.5）定义了稳定裕度，如图 4.78 所示，以等折合流量确定的压比裕度为

$$\mathrm{SM} = \frac{\pi_s^{*\prime} - \pi_o^*}{\pi_o^*} \tag{4.74}$$

设共同工作点压比 π_o^* 不变，畸变条件下等折合流量的喘点压比降低为 $\pi_{sD}^{*\prime}$，于是，压比裕度为

$$\mathrm{SM}_D = \frac{\pi_{sD}^{*\prime} - \pi_o^*}{\pi_o^*} \tag{4.75}$$

两者的差值为 $\dfrac{\pi_s^{*\prime}}{\pi_o^*} \dfrac{\pi_s^{*\prime} - \pi_{sD}^{*\prime}}{\pi_s^{*\prime}}$。定义周向畸变敏感系数 K_C，

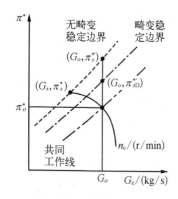

图 4.78　稳定裕度衰减

使 $\dfrac{\pi_s^{*'} - \pi_{sD}^{*'}}{\pi_s^{*'}} = K_C \cdot W$，得到畸变条件下压气机稳定裕度的衰减量为

$$\Delta \mathrm{SM} = \mathrm{SM} - \mathrm{SM}_\mathrm{D} = \frac{\pi_s^{*'}}{\pi_o^{*}} K_C \cdot W \qquad (4.76)$$

周向畸变敏感系数 K_C 反映了由畸变强度所引发的压气机稳定裕度衰减量，范围为 $0.2 \sim 0.6$（刘大响等，2004）。

5）平行压气机法

周向畸变的常用预测方法是平行压气机方法。如图 4.79 所示，将压气机周向畸变进气条件分为高压区和低压区，总压分别为 $p_{0\mathrm{H}}^{*}$ 和 $p_{0\mathrm{L}}^{*}$。忽略周向掺混进气损失，压气机进口存在 $p_{1\mathrm{H}}^{*} = p_{0\mathrm{H}}^{*}$、$p_{1\mathrm{L}}^{*} = p_{0\mathrm{L}}^{*}$。压气机进出口均可以假设静压沿周向平衡，即 $p_{1\mathrm{L}} = p_{1\mathrm{H}}$、$p_{2\mathrm{L}} = p_{2\mathrm{H}}$。于是，压气机进口体现为进气速度不同，低压区流量函数 $q(M_{1\mathrm{L}}) < q(M_{1\mathrm{H}})$，而压气机出口则存在低压区总对静压比 $\dfrac{p_{2\mathrm{L}}}{p_{2\mathrm{L}}^{*}} > \dfrac{p_{2\mathrm{H}}}{p_{2\mathrm{H}}^{*}}$。压气机几何不变的情况下压气机特性不变，因此，在等转速线上体现为总对静压比关于流量函数的单调变化特征与无畸变特性一致。由此可以计算相对高压区的低压区稳定裕度衰减量。由于忽略了周向不均匀产生的迁移掺混流动，将高、低压区假设为两个独立并行系统，于是称该方法为平行压气机方法。

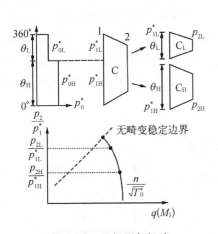

图 4.79　平行压气机法

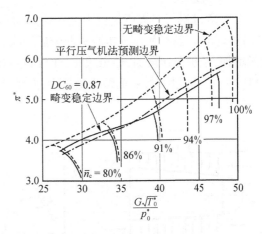

图 4.80　周向畸变预测结果

图 4.80 是九级轴流压气机进气周向畸变稳定裕度损失（Reid，1969），平行压气机法预测的结果基本反映了全转速范围内端点压比的降低。可见，平行压气机方法是有效假设下的便捷方法，在工程中得到广泛应用。该方法同样适用于总温周向畸变。

4.5.4　扩稳技术

压气机是根据发动机设计点参数需求进行的几何结构设计，当工作状况偏离设计点时，压气机中各基元级速度三角形产生变化，非设计点气动参数与几何结构不协调，产生流动失配和性能失配，导致稳定裕度不足而不具备应用能力。扩稳技术是改善压气机共

同工作点稳定裕度的技术措施,一般包括三个方面:① 气动设计保证;② 被动扩稳技术;③ 主动扩稳技术。

全转速状态范围内,压气机前面级和后面级偏离设计点程度最强,而中间级速度三角形和设计点基本一致,因此,需要对压气机前面级和后面级进行特别考虑,采取特殊设计措施。进口级易于叶尖区失速,因此局部区域的负迎角、降负荷设计有助于扩稳,而现代叶尖区前掠则可以在不改变基元级设计的情况下实现负迎角、降负荷的目的。出口级易于叶根区失速喘振,于是,减小末级负荷、降低根区迎角、增加稠度等技术可以实现扩稳。对静子而言,可控扩散叶型、正弯叶片等技术手段的实施均有利于稳定裕度增长。不论采用什么技术,最优的设计是特性在失速边界上具有全展向一致的失速特征,这是极限负荷限制扩稳设计的最平衡体现,任何局部区域的过度追求反而导致扩稳能力的降低。

处理机匣是典型的被动扩稳技术,但通常应用于对已有发动机的改进。对于现有型号,风扇/压气机改进设计成本高、周期长,如果因为整机匹配发现稳定裕度不足,最经济有效的方法是采用处理机匣进行扩稳,其代价通常是效率有所降低。

主动扩稳技术主要包括中间级放气和可调叶片,均与发动机转速控制规律关联形成主动调节。有条件的情况下,也可利用其他运动机构进行调节,如某小涵道比涡扇发动机的喷口面积可调,于是,起动过程中通过喷口面积增加使共同工作线向右下方移动,增加了中低转速稳定裕度。

1) 中间级放气

上一章讨论了多级压气机中低转速的前端后堵,如果压气机中间级放掉一部分空气[图4.81(a)],就可使压气机脱离前端后堵状态。当中间级放气阀门打开排空时,前面级流量增加,子午分速增加,迎角减小,压气机退出喘点 s,工作于稳定的共同工作点 o[图4.81(b)]。与此同时,后面级流量减少,迎角增加,远离堵点 c 而工作于稳定的共同工作点 o[图4.81(c)]。

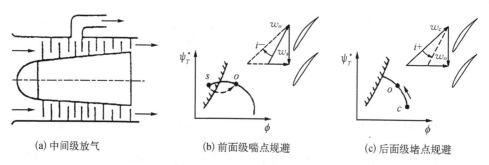

(a) 中间级放气   (b) 前面级喘点规避   (c) 后面级堵点规避

图4.81 中间级放气扩稳原理

对于双转子大涵道比涡扇发动机,增压级末级也需要进行放气。因为中低折合转速以下,低压压气机出口未实现高压压气机进气所需的压缩条件,低压涡轮导向器趋于壅塞,迫使低压转子共同工作线在中低转速时趋于稳定边界(详细匹配原理将在发动机总体性能中讨论),风扇增压级稳定裕度降低。解决这一问题的技术措施则是在增压级之后进行中间放气,而三转子发动机则没有这一问题。

需要注意的是,多级压气机的后面级堵塞在起动过程中处于出功状态,对减小起动功率有利,放气流量需要根据扩稳和功率平衡综合设计确定,而不是任意放气。

2) 可调叶片

放气扩稳技术只适用于单转子 $\pi^* < 10$ 的多级轴流压气机。当 π^* 更高时,实验证明放气扩稳效果不显著,这时多采用可调进口导流叶片(VIGV)和可调静子叶片(VSV)。应用导叶和静叶调节改变预旋的目的是不改变叶片几何的情况下,通过预旋角 α_1 同时改变流量系数和负荷系数所体现的工作状态。

如图 4.82,转速不变,导叶正预旋时,动叶进气速度由 v_1 变为 v_1'。导叶喉部面积减小导致 $v_1' > v_1$,导叶安装角改变使 $\alpha_1' > \alpha_1$。角度变化量远大于速度增加量,两者综合的结果是 $w_m' < w_m$,于是,流量系数减小。另一方面,导叶安装角改变同时导致 $|\beta_1'| < |\beta_1|$,而动叶进口金属角 χ_1 不变,于是,动叶呈现负迎角特征。在负迎角变化不大的情况下,落后角不变,气动弯角与迎角变化成正比,轮缘功降低,负荷系数减小。由于动叶出气方向不变,而流量减小,会导致 $\alpha_2' > \alpha_2$,静叶迎角趋正。因此,在导叶调节的过程中,其后的静叶也会做关联调节。多级轴流压缩机可以采用除末级 OGV 外的全部静叶调节,而航空发动机则为减轻重量、减少零件数采用前面几级调节。

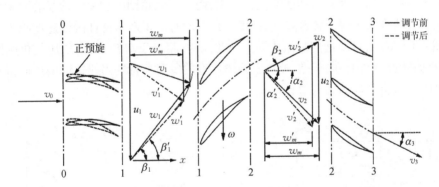

图 4.82　预旋调节改变特性的基本原理

导叶正预旋调节后,第一级流量系数、负荷系数均有所降低,导致后面级以及压气机特性均工作在低流量、低压比特性线上。如图 4.83 所示,正预旋调节后,压气机特性线向左移动,同一折合转速的共同工作点稳定裕度得到扩展、效率得到提高。为获得综合性能最佳,不同转速具有不同的调节角度。

可调叶片优点突出,不仅达到扩稳目的,而且可以改善非设计点效率和发动机加速特性。现代小涵道比涡扇发动机的风扇一般采用 VIGV,而 HPC 则采用 VIGV 和两排 VSV

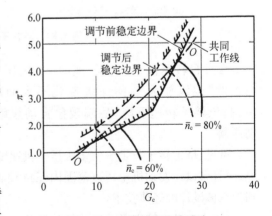

图 4.83　可调叶片扩稳试验

联动调节。调节角度 α 分别为风扇、HPC 转速 n_1、n_2 的单调函数,属于主动控制调节。大涵道比涡扇发动机的风扇没有导叶,因此需要叶片设计满足全转速稳定裕度,而 HPC 往往往需要5~6排可调叶片,其结果导致发动机零件数增加、可靠性降低。

可调角度也是发动机制造和维修过程中调试参数。可以在发动机装配工艺规范规定的最大调节角度范围内进行调节,以使新装配的发动机满足交付性能。

近年来,发动机上开始使用可变弯度叶片,将可调叶片在一定弦长处分为前后两段,前半段固定,后半段可调。这样,可调叶片的迎角不受调节角度影响,在一些应用上更为有效。

由于压气机IGV具有涡轮基元的流动特征,对于过大的可调角度,往往采用涡轮叶型设计VIGV叶型,以保证全转速范围内具有综合最佳的气动性能。

3) 多转子扩稳

第3.5.4节从特性角度讨论了多转子发动机自适应防喘的基本原理,这里进一步讨论多转子扩稳的气动原理。

标准大气环境下,单转子发动机折合转速降低时,压气机趋于"前喘后堵"的共同工作。对单转子发动机而言,意味着前面级趋于正迎角、扭速Δw_u增大,后面级趋于负迎角、Δw_u减小,功率需求上呈现为"前重后轻",而多级涡轮始终是"逐级放大"。改为双转子后[图4.84(a)],高压涡轮出功能力变化不大,而低压涡轮则因功率降低显著而无法驱动低压压气机,使得低压转子转速降低,速度三角形原有的正迎角特性因线速度减小而得到缓解[图4.84(b)],自动远离喘振边界。与此同时,相对于单转子,高压压气机则因功率需求较小而转速自动上升,于是,速度三角形原有的负迎角特性因线速度增加而得到缓解[图4.84(c)],自动远离堵塞边界。

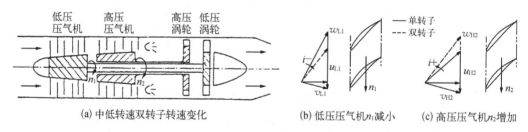

(a) 中低转速双转子转速变化   (b) 低压压气机n_1减小   (c) 高压压气机n_2增加

图4.84 双转子发动机扩稳原理

当折合转速高于设计转速时,多级压气机"前堵后喘"或"前轻后重",多级涡轮依然"逐级放大",前面级变化不大而后面级出功能力明显上升。改为双转子后,高压转子转速下降,后喘现象自动缓解;低压转子转速增加,前堵现象也得到自动缓解。

可见,增加转子数量可使多级压气机速度三角形更接近于设计点,不但能够自适应扩稳,而且可以在发动机全转速范围内保持较高效率、降低起动功率,是将气动设计困难转嫁为机械设计的经典技术。

目前,大推力航空发动机的最佳结构形式是三转子。但是三转子的机械设计难度超越了大多数发动机的安全可靠应用,双转子仍是最为接受的机械结构布局形式。现代航空发动机压缩系统总压比达30以上,这时除采用双转子结构以外,仍需要可调叶片和中间级放气等多重技术,以保证发动机安全高效运行。

4.6　相似设计与相似试验

全新研制多级压气机存在难度大、周期长、耗资多的问题。能否将型号中的压气机应用于新研的发动机上？能否将实验研究的压气机应用到新发动机上？相似理论可以定量回答并解决这些问题。

4.6.1　加级设计

为提高现有压气机性能,最经济有效的设计手段是加零级,使压气机压比和空气流量明显增加,发动机推力增大,耗油率则因总压比增加而有所下降。

加零级设计的原则是保持原压气机相似流量 $\dfrac{G\sqrt{T_1^*}}{p_1^*}$ 和相似转速 $\dfrac{n}{\sqrt{T_1^*}}$ 不变,即

$$\frac{n'}{\sqrt{T_1^{*'}}} = \frac{n}{\sqrt{T_1^*}} \tag{4.77}$$

$$\frac{G'\sqrt{T_1^{*'}}}{p_1^{*'}} = \frac{G\sqrt{T_1^*}}{p_1^*} \tag{4.78}$$

式中, G' 为加零级后的压气机流量; n' 为加零级后的压气机转速; $T_1^{*'}$ 和 $p_1^{*'}$ 分别为零级压气机出口总温和总压,也是原压气机新的进气条件。

为某压气机加零级 $\pi_0^* = 1.5$、$\eta_0^* = 0.87$,得到压气机新的转速、流量分别为 $n' = 1.068n$、$G' = 1.404G$。表明增加零级后,压气机的设计点转速需要增加、通过的流量也得到提高,而原压气机设计点的相似流场得到了保证。法国阿塔发动机的压气机改进就是采取加零级的办法,每隔多年,前面加一级,先后加了三次。WP11 发动机同样也是通过增加轴流级实现推力从 4.6 kN 增加到 8.3 kN。

随着设计点参数的提高,共同工作线所体现的非设计点并不相似,因此,即使是增加零级这样的改进,仍然需要通过压气机部件试验确定全状态特性的变化。图 4.85 为某十级压气机,通过进口增加两级后的试验结果。图中下标"00"和"0"分别代表增加的两级进口级。从中看出设计点参数基本得到满足,且各级特性均存在一定的变化。如果这种变化引发了稳定边界的减小,则表明需要根据具体的级进行必要的调试。

如果不希望改变流量和转速而仅改变压比,则可以加末级。

4.6.2　改级设计

由于进气条件相对均匀,因此,加零级设计通常仅需要进行平均参数的相似设计,即公式(4.77)、式(4.78)所反映的设计需求。如果对现有压气机进口级进行改型,那么,平均相似参数就不足以完成相似设计。

通常,随着设计技术进步,对进口级提高压比以增加发动机流量和推力、提高涡轮前

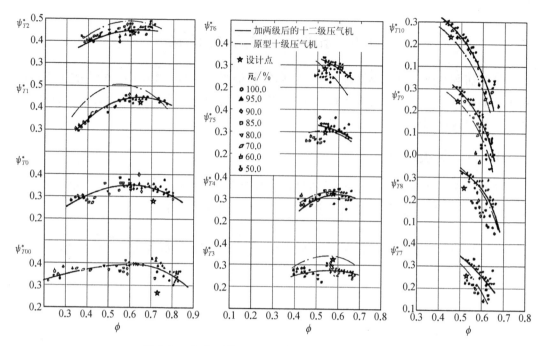

图 4.85　加级后的十二级压气机与原型十级压气机

进气温度,也是经济有效的设计手段。这时,依然需要依据相似理论,但在发动机维持转速不变的前提下,需要保证第二级进气 Mach 数、机械 Mach 数及其沿展向的分布维持不变。这需要利用完全径向平衡方程的子午流场计算,并按原进口级扭向规律进行设计,本书不作进一步讨论。

4.6.3　缩放设计与缩尺试验

一台性能良好的多级压气机可以按相似准则进行放大或缩小,并快速应用于适应飞行器需求的发动机中。任何一款先进的发动机都可以追溯到其原始机型,特别是具有跨代特征的叶轮机,如美国高效节能发动机(E^3)计划研制的新一代 HPC,不但在为 GE90、GEnx 上不断改进应用,同时通过缩尺得到 Leap 发动机 HPC,并将因此形成的三维设计概念转而改进 CFM56。

对于实验研究中的高性能新型压气机进行放大也可以获得新机种的应用。例如,某发动机研制多年始终未能解决其低压压气机性能问题,研究发现美国的某双级跨声压气机的性能先进,参数和特性均能够与所研制的高压压气机相匹配。于是,将该双级压气机按相似准则放大,用作新研制发动机的低压压气机,结果获得了成功。

通常并不需要按照发动机实际尺寸进行部件试验,通过几何缩尺,可以减少压气机输入功率获得真实压气机的性能特性。在几何相似的前提下,保证流量相似准数 $\dfrac{G\sqrt{T_1^*}}{p_1^* A_1}$ 和转速相似准数 $\dfrac{n d_1}{\sqrt{T_1^*}}$ 分别相等,就可以得到相似缩放。标准大气条件下,缩放前后的转速

和质量流量分别为

$$\frac{n'}{n} = \frac{1}{K_l} \tag{4.79}$$

$$\frac{G'}{G} = \frac{A'}{A} = K_l^2 \tag{4.80}$$

式中，K_l 为几何缩放的缩尺系数。

如某小涵道比涡扇发动机风扇设计参数为 $n_c = 10\,500$ r/min、$G_c = 95$ kg/s、$\pi^* = 3.2$、$\eta^* = 0.86$，在 3 000 kW 的试验器上开展该风扇性能特性试验。显然，需要对该风扇进行缩尺形成试验件，缩尺系数为 $K_l = 0.487\,8$，进气流量减小为 $G'_c = 22.6$ kg/s，而转速则需要增加为 $n'_c = 21\,525$ r/min。由于是缩尺，需要检查进口级平均半径的叶弦 Reynolds 数：

$$Re = \frac{\rho_1 c w_1}{\mu} \tag{4.81}$$

当 $Re > Re_{cr}$ 时，试验的性能特性经放大后就代表该实际风扇的性能特性；若 $Re \leqslant Re_{cr}$，则需要通过相关标准修正。为保证修正的准确性，不建议采用过小的缩尺系数，一般以 0.7 左右为宜，不低于 0.6。

相似设计和相似试验都具有很强的灵活性，关键需要正确地应用相似理论，并在试验验证过程中通过间接参数判断气动性能优劣，以有针对性地完成调试。

4.6.4　进气节流试验

另一种减少压气机实验件功率消耗的方法是进气节流，通过压气机试验器的进气节流阀开度降低，使压气机进气流量减少而降低功耗。

为了保证流场相似，式(4.78)体现出质量流量与进气总压成比例变化，即

$$\frac{G'}{G} = \frac{p_1^{*'}}{p_1^*} = K_p \tag{4.82}$$

式中，K_p 为进气节流比。进气节流阀关闭的过程就是压气机进气总压 $p_1^{*'}$ 降低的过程，也是其进气流量 G' 减少的过程。

在上例中，如果压气机试验器的最大转速为 20 000 r/min，那么 $K_l = 0.487\,8$ 的缩尺系数不能满足试验要求。可以将缩尺系数设计为 $K_l = 0.6$，这时，$n'_c = 17\,500$ r/min，但功率需求达到 4 538 kW，超出了 3 000 kW。为此，节流比 $K_p = 0.661\,1$ 时，该风扇功率需求可以满足。

进气节流试验需要注意的问题是：① 进气节流导致压气机试验器(图 3.12)进气段负压，因此需要保证试验器不存在泄漏，否则试验结果不真实；② 同样需要检查 $Re > Re_{cr}$，同样不建议采用过低的节流比，一般以 0.7 左右为佳；③ 节流比直接导致排气总压降低，当压气机试验件排气总压不足以克服试验器排气损失时，试验无法进行。

思考与练习题

1. 判断压气机所受轴向力是向前还是向后,并解释。

2. 分析作用在压气机机匣上的力和力矩。

3. 分析亚声压气机级压比不可能很高的原因。

4. 画出亚声叶栅和超声叶栅的通道简图,并对比说明其减速扩压机理的差异。

5. 用速度三角形表示反力度 Ω 为 0、0.5 和 1.0 三种情况的基元级特点。

6. D 因子的物理意义是什么? 减小动叶叶尖 D 因子有哪些办法?

7. 为什么动叶叶尖的许用 D 因子数值比其他截面要小?

8. 画出平面叶栅的迎角特性曲线,并从流动的基本原理上予以解释。

9. 装在协和号飞机的发动机,其原压气机进口级装有预旋导流叶片。在其动叶进口处 $T_1^* = 15℃$,叶尖处的 $w_{m1} = 190\,\text{m/s}$、$v_{u1} = 125\,\text{m/s}$、$u = 350\,\text{m/s}$。
   (1) 求叶尖 M_{w1};
   (2) 在改型中去掉了预旋导流叶片,且叶尖 $w_{m1} = 202\,\text{m/s}$,求此时的叶尖 M_{w1}。

10. 某亚声轴流压气机第一级平均半径处的基元参数为:$u_2 = u_1 = 250\,\text{m/s}$、$w_{m1} = w_{m2} = w_{m3} = 125\,\text{m/s}$、$v_{u1} = 30\,\text{m/s}$、$v_{u2} = 0$、$l_u = 20.1\,\text{kJ/kg}$。
    (1) 计算 M_{w1},M_{v2},β_1,β_2 和 α_2($T_1^* = 288\,\text{K}$);
    (2) 画出这个基元级的速度三角形;
    (3) 画出和这个速度三角形一致的动、静叶基元叶型示意图,指出流道几何特征。

11. 讨论非设计状态超声平面叶栅波系的变化趋势(激波的位置、激波的倾斜程度):
    (1) 进气 Mach 数低于设计值;
    (2) 叶栅后反压低于设计值;
    (3) 进气方向使迎角增大。

12. 某轴向进气的跨声压气机进口级的叶尖基元级参数为:$u_2 = u_1 = 485\,\text{m/s}$,基元级 $\pi^* = 2.0$,静叶总压恢复系数 $\sigma^* = 0.96$,基元级效率 $\eta^* = 0.80$,$w_{m1} = 260\,\text{m/s}$。
    (1) 计算动叶叶尖相对 Mach 数 M_{w1}($T_1^* = 288\,\text{K}$);
    (2) 计算压气机动叶叶尖的效率 η_R^*;
    (3) 计算压气机动叶叶尖扭速 Δw_u;
    (4) 假定 $\beta_1 = \beta_2$,计算 w_{m2};
    (5) 计算尖部基元级的反力度 Ω,判断其是否合理,并解释原因;
    (6) 选定动叶叶尖稠度为 $\tau = 1.5$,计算动叶叶尖的 D 因子;
    (7) 假定 $w_{m3} = w_{m2}$、$v_{u3} = 0$,画出这个基元级的速度三角形,并根据计算的 α_2 和 α_3 确定静叶尖部稠度;
    (8) 画出与这个基元级速度三角形相一致的动、静叶基元叶型示意图,并作简单评述。

13. 压气机级的流动损失有哪些? 简单分析说明。

14. 指出动叶和静叶叶身边界层内潜流方向,解释它们的潜流方向不同的原因。

15. 有两种压气机叶型。一种最大挠度相对位置 $\bar{a} = 0.4$、最大厚度相对位置 $\bar{e} = 0.4$,另一种 $\bar{a} = \bar{e} = 0.5$。哪种叶型更适合前面级设计?哪种更适合后面级?为什么?

16. 某叶栅采用 C4 叶型。根据气动计算已知:$\beta_1 = 68°$、$\beta_2 = 57°$、$M_{v1} = 0.64$、$M_{v2} = 0.52$,选定迎角 $i = -1°$。

    (1) 求叶型弯角 θ;

    (2) 求落后角 δ;

    (3) 确定叶栅稠度 τ,计算 D 因子;

    (4) 估算总压损失系数(假定此叶栅为静子叶片平均半径的某截面)。

17. 为什么多圆弧叶型能够比双圆弧适用于更高的来流 Mach 数?

18. 基元级的流动损失包括哪几项?它们是怎样形成的?

19. 分析影响平面叶栅实验结果的因素。

20. 压气机动叶沿叶展为什么要扭(即:叶尖区叶型安装角小、弯角小,叶根区叶型安装角大、弯角大)?

21. 一台早期轴流鼓风机,动叶采用沿叶展不扭、叶型无弯角的平板叶片,试分析该动叶效率很低的原因。

    (1) 气流能对准叶片各基元叶型几何方向吗?为什么?

    (2) 叶根和叶尖迎角有什么特点?为什么?

    (3) 叶根、叶中和叶尖出口处的总温、总压分布特征如何?为什么?

    (4) 如何修改?画出修改前后根、中和尖三个展向位置的基元叶型。

22. 某压气机进口导流叶片叶尖区为正预旋($v_{u1t} > 0$)、叶根区为负预旋($v_{u1h} < 0$)设计,画出该进口导流叶片的三维结构形状。

23. 说明下列三个方程的应用前提:

    (1) $\dfrac{\mathrm{d}p}{\mathrm{d}r} = \rho\,\dfrac{v_u^2}{r}$;

    (2) $\dfrac{\mathrm{d}w_m^2}{\mathrm{d}r} = 2\left(\dfrac{\mathrm{d}h^*}{\mathrm{d}r} - T\dfrac{\mathrm{d}s}{\mathrm{d}r}\right) - \dfrac{1}{r^2}\dfrac{\mathrm{d}(v_u r)^2}{\mathrm{d}r}$;

    (3) $\dfrac{\mathrm{d}w_m^2}{\mathrm{d}r} + \dfrac{1}{r^2}\dfrac{\mathrm{d}(v_u r)^2}{\mathrm{d}r} = 0$。

24. 证明:动叶进、出口截面采用等环量扭向规律设计时,沿叶展加功量相等。

25. 简述等环量扭向规律的优缺点及其应用情况。

26. 试分析引起径向流动(即 v_r)的可能因素。

27. 列出简单径向平衡的简化假设条件,分析这些简化条件的物理意义。

28. 从物理概念和流动分析解释动叶总压损失参数沿叶高变化经验曲线。

29. 画出压气机级中可能产生的旋涡,分析这些旋涡的特点(包括旋涡方向)和它们之间的相互作用。

30. 画出超声平面叶栅流动物理图画的简化模型,分析削弱槽道激波的技术措施。

31. 简述超声叶型和亚声叶型的差异,并简述其理由。

32. 跨声压气机设计的矛盾和难点有哪些?

33. 多级轴流压气机的前面级、中间级和后面级的工作条件有什么差异? 设计的主要矛盾分别是什么?

34. 为什么说多级轴流压气机的研制难度大、耗资巨、周期长、风险大? 克服这些困难的捷径是什么?

35. 评述控制扩散叶型设计的主要准则。

36. 平面叶栅额定特性曲线族的用途是什么? 使用这些曲线的限制又是什么?

37. 用平面叶栅额定特性证明,出气角相同时,双排叶栅实现更大的气动弯角 $\Delta \beta$ (假设叶栅间距相同,双排叶栅弦长之和等于单排叶栅的弦长)。

38. 压气机的转速 n 和进气条件 p_1^* 和 T_1^* 均和设计状态值相等,但流经压气机的流量 G 略低于设计流量 G_d,试分析气体流入压气机的迎角和增压比变化。

39. 假定双级轴流压气机中没有临界截面,证明第一级工作状态相似,则双级压气机出口绝对 Mach 数 M_{v2} 保持不变。

40. 证明 $\left(\dfrac{l_u}{T_1^*}, \dfrac{n}{\sqrt{T_1^*}} \right)$ 也是保证压气机不同状态相似的相似准则,即只要这组参数保持不变,则压气机的性能参数 π^*、η^* 保持不变。

41. 一台大涵道比风扇,在标准海平面大气条件下($T_a = 288\ \mathrm{K}$、$P_a = 101\ 325\ \mathrm{Pa}$),风扇流量为 $360\ \mathrm{kg/s}$,风扇压比为 1.65,风扇效率为 0.89,风扇直径 $1.6\ \mathrm{m}$,风扇转速为 $n = 5\ 000\ \mathrm{r/min}$。

    (1) 计算传动这台风扇动力的功率数值;

    (2) 按缩型比为 0.6 缩型此风扇进行试验研究时,其动力原功率为多少 kW?

    (3) 试验台动力必须达到的转速是多少?

42. 用物理图画说明旋转失速的机理。

43. 简述喘振的物理全过程。为什么有时在发动机进入喘振时,压气机进口处会出现"吐火"的现象?

44. 评述几种防喘方法的优缺点及其应用。

45. 某多级轴流压气机压比为 $\pi^* = 11$、$\eta^* = 0.84$、$G = 42\ \mathrm{kg/s}$($T_a = 288\ \mathrm{K}$、$101\ 325\ \mathrm{Pa}$ 条件下)。现拟对此压气机进行试验,但只有功率为 $8\ 000\ \mathrm{kW}$ 的压气机试验器。为完成试验,需要进行进气节流。求节流比 K_p 应设计为多少?

46. 一台性能良好的十一级轴流压气机,拟进一步提高流经该压气机的流量和增压比,正好,有一台高迎风面流量和高负荷的研究压气机成果,故决定将十一级轴流压气机的后面十级保持不变,将原来的第一级压气机换成新研制的压气机,现将原十一级压气机和新研制压气机参数列举如下($T_a = 288\ \mathrm{K}$、$P_a = 101\ 325\ \mathrm{Pa}$):原十一级压气机 $\pi^* = 23$、$\eta^* = 0.82$、$G = 64\ \mathrm{kg/s}$、$n = 11\ 950\ \mathrm{r/min}$,原第一级 $\pi_I^* = 1.75$、$\eta_I^* = 0.83$;新研制的第一级 $\pi_I^{*'} = 1.96$、$\eta_I^{*'} = 0.855$、$G_I' = 28.4\ \mathrm{kg/s}$、$d_{\mathrm{tip}} = 0.432\ \mathrm{m}$、$u_{\mathrm{tip}} = 457\ \mathrm{m/s}$。

(1) 求更换第一级压气机以后,保证原十一级压气机的后十级压气机增压比和效率不变的条件(即新十一级压气机的流量 G' 和低压压气机转速 n_1' 各为多少? 新十一级压气机的高压压气机转速 n_2' 和原来的 n_2 比值为多少?);

(2) 新十一级压气机的压比 $\pi^{*'}$ 和效率 $\eta^{*'}$ 各为多少(在保证原后十级压比不变的条件下)?

(3) 求新十一级压气机(在新的流量 G' 和新的转速 n_1'、n_2' 下工作)的外径 d_{tip}' 为多少?

47. 压气机进口流场畸变是由哪些可能因素引起的?

48. 简述畸变的类型,讨论它们沿压气机衰减特征和它们对不稳定工作边界的影响和压气机性能的影响。

49. 列举提高多级轴流压气机稳定裕度的途径,并就其机理进行讨论。

第 5 章
轴流涡轮气动设计基础

本章从设计角度出发,讨论轴流涡轮的基本气动原理。在叶型、基元、叶片结构参数定义的基础上,通过基元级速度三角形关联气动性能与能量转换,通过反力度、基元流动和损失、Smith 图等概念讨论基元级气动设计的基本知识和气冷涡轮的基元流动,通过简单径向平衡和扭向规律讨论涡轮级设计和多级匹配。

学习要点:

(1) 掌握基元级速度三角形和反力度等概念,具备速度三角形简化分析能力;

(2) 认识基元流动的基本物理图画和损失特征,体会涡轮设计所存在的极限条件;

(3) 了解径向平衡和扭向规律的设计应用,初步认识二次流和多级涡轮匹配特征;

(4) 初步了解气冷涡轮的基元流动及其气动损失。

5.1 轴流涡轮叶片结构参数

与压气机一样,涡轮同样以"级"作为叶轮机性能和特性的宏观单元;可以将"级"分解为"排",讨论导叶和动叶的内部流动;可以进一步深化,以基元流(简化 S1 流面)和子午流(简化 S2 流面)表示叶轮机三维流动。不同的是,涡轮的级由进口导流叶片(导叶)及其下游的转子叶片(动叶)组成。

将 S2 流面投影在柱坐标子午面内,如图 5.1(a)所示,以一系列子午流线 m 表示叶片展向高度的流动,即为子午流场;以子午流线的回转面切割涡轮级,得到基元级[图 5.1(b)],子午流线 m 则体现忽略展向参数变化的基元流场,包括导叶基元和动叶基元。图 5.1(a)子午流线半径 r_m 不变时,其回转面是一个圆柱面[图 5.1(b)],将圆柱面上的基元级展成平面[图 5.1(c)],得到平面内的涡轮基元级。同样,可以制造涡轮叶栅进行试验。

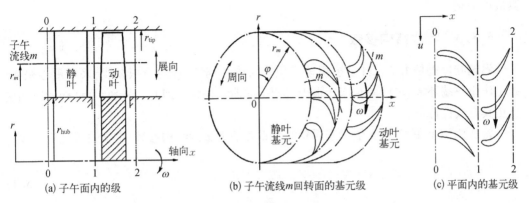

图 5.1　涡轮级与基元级

5.1.1　叶型结构参数

涡轮基元叶型设计的关键结构参数与压气机完全相同,如图 5.2,包括:弦长 c、最大相对挠度 $\bar{f}_{max} = \dfrac{f_{max}}{c}$ 及其相对位置 $\bar{a} = \dfrac{a}{c}$、最大相对厚度 $\bar{t}_{max} = \dfrac{t_{max}}{c}$ 及其相对位置 $\bar{e} = \dfrac{e}{c}$、叶型弯角 θ、中弧线,以及由厚度分布产生的叶型坐标。

叶型同样由四段曲线组成,分别为吸力面、压力面、前缘小圆和尾缘小圆。前缘小圆相对半径 $\bar{r}_1 = \dfrac{r_1}{c}$ 和尾缘小圆相对半径 $\bar{r}_2 = \dfrac{r_2}{c}$。

叶型设计中,喉道面积或宽度是涡轮更为重要的基元参数。虽然压气机基元同样存在喉道面积及其变化(图 4.44),但只要相对 Mach 数不进入临界,一般并不关心其存在。但涡轮基元一般都会接近或超过临界,并且喉道面积或宽度通常位于基元尾缘,如图 5.2 所示的 g_2,也可采用流道收缩比 $\dfrac{g_1}{g_2}$ 或收缩率 $\dfrac{g_1 - g_2}{L}$。这是一个对基元损失影响极大的参数。

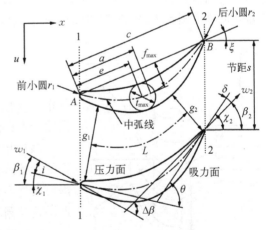

图 5.2　涡轮基元叶型结构参数

5.1.2　基元结构参数

除叶型外,同样需要安装角 ξ、稠度 $\tau = \dfrac{c}{s}$、金属角 χ 等结构参数,确定基元工作位置。

由于涡轮叶型弯角 θ 较大,以子午面为参考基准的角度明显存在正负值。强制出口金属角 χ_2 为正值,图 5.2 中进口金属角 χ_1 可以为正、也可以为负,而叶型弯角 θ 则是

$$\theta = \chi_2 - \chi_1 \tag{5.1}$$

其值恒为正。

5.1.3 叶片结构参数

涡轮叶片也是由基元叶型按积叠线积叠而成,一般以直线为积叠线,采用重心积叠。因工作于热端环境,现代涡轮依然很少采用空间曲线积叠。因此,涡轮叶片结构的空间变化更具有线性特征。

轮毂比 $\bar{d}$ 和展弦比 $\bar{h}$ 依然是涡轮叶片重要的无量纲结构参数,定义与压气机一致:

$$\bar{d} = \frac{r_{hub}}{r_{tip}} \tag{5.2}$$

$$\bar{h} = \frac{r_{tip} - r_{hub}}{c_{avg}} \tag{5.3}$$

高压涡轮通常不带冠,现代设计趋于小展弦比;多级低压涡轮多为带冠密封结构设计,配合主动间隙控制,因此,大展弦比设计特点得到有效地延承。

5.2 基元级气动设计基础

5.2.1 基元气动性能参数

虽然涡轮出现早于翼型,但是 Joukowski 定理(附录 A.3.4)同样可以应用于涡轮二维基元流动。图 5.3 涡轮叶型的受力 $\boldsymbol{F}$ 可以分解为轴向力 F_x 和周向力 F_u,分别为

$$F_x = G(w_{x1} - w_{x2}) + s(p_1 - p_2) \tag{5.4}$$

$$F_u = G(w_{u1} - w_{u2}) \tag{5.5}$$

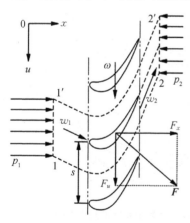

图 5.3 涡轮基元流受力分析

其中,周向力 F_u 是驱动涡轮旋转的原始力,其力矩就是涡轮功 l_T;轴向力 F_x 是发动机、涡轮轴向力产生的根源。

涡轮叶型同样离不开叶栅试验。试验器与图 4.7 所示的叶栅试验风洞一致,但由于出口气流速度较高,通常需要设计尾板导流,并通过端壁多孔吸气结构控制超声速涡轮叶栅的激波反射等。

根据能量转换式(2.31)和式(2.32),动叶基元的相对运动和增压特性与导叶基元的绝对运动和增压特性完全一致。因此,涡轮叶栅试验所得到的基元流动和性能特性,既可以应用于导叶,也可以应用于动叶(忽略离心力、科氏力影响)。

与压气机基元一样,涡轮基元的主要气动性能参数如下。

1) 气流角

气流角是基元周向平均气流方向与子午面之间的夹角,进出口分别为进气角 β_1 和出

气角 β_2（图5.2）。一般，相对气流角以 β 表示、绝对气流角以 α 表示。无特别说明，以 β 表示气流角，对动叶为相对气流角，对导叶则为绝对气流角。

2）迎角 i

迎角定义为基元进气角 β_1 与进口金属角 χ_1 之间的差值：

$$i = \chi_1 - \beta_1 \tag{5.6}$$

迎角的正负如图4.9所示，取决于平均进气速度 w_1 延伸线与前缘小圆交点的位置，交于压力面区域为正迎角、交于吸力面区域为负迎角。

3）落后角 δ

落后角定义为基元出气截面平均气流角 β_2 与出口金属角 χ_2 之间的夹角：

$$\delta = \chi_2 - \beta_2 \tag{5.7}$$

由于约定了 χ_2 为正值，显然图5.2中 β_2 亦为正值，于是式（5.7）计算的落后角为正，代表偏离叶型中弧线使气动弯角减小的落后角为正落后角。而式（5.6）中，与 χ_2 方向一致的 χ_1 和 β_1 为正值，否则为负值。

4）气动弯角 $\Delta\beta$

气动弯角也称作折转角，是气流在基元前、后平均速度方向的折转角度：

$$\Delta\beta = \beta_2 - \beta_1 = \theta + i - \delta \tag{5.8}$$

一般，涡轮基元的气动弯角 $\Delta\beta$ 远大于压气机基元。

5）总压损失系数 ϖ

涡轮通常以出口动压为参考定义无量纲的总压损失系数：

$$\varpi = \frac{p_{w2s}^* - p_{w2}^*}{p_{w2}^* - p_2} \tag{5.9}$$

其中，p_{w2s}^* 是以相同的总焓所实现的等熵相对总压，体现了 ϖ 是总焓不变因熵增产生的（相对）总压差 $(p_{w2s}^* - p_{w2}^*)$。焓熵图2.3可以直观地看出涡轮熵增、焓和压强之间的关系。

6）基元级效率 η_T^*

基元级效率与级等熵效率的定义式（2.54）相同，重写如下：

$$\eta_T^* = \frac{1 - \dfrac{1}{\theta_T^*}}{1 - \dfrac{1}{\pi_T^{*\,(k-1)/k}}} \tag{5.10}$$

式中，温比 $\theta_T^* = \dfrac{T_0^*}{T_2^*}$；压比（落压比）$\pi_T^* = \dfrac{p_0^*}{p_2^*}$。对于导叶基元 $\theta_T^* = 1$，无法用等熵效率反映其损失，因此，同样采用总压恢复系数 $\sigma^* = \dfrac{p_1^*}{p_0^*}$。于是，级压比 π_T^* 与动叶压比 π_R^* 之间

的关系为 $\pi_T^* = \dfrac{p_0^*}{p_2^*} = \dfrac{p_0^*}{p_1^*} \cdot \dfrac{p_1^*}{p_2^*} = \dfrac{\pi_R^*}{\sigma^*}$。对于存在冷效的涡轮基元级效率将在后面进一步讨论。

7）等熵 Mach 数 M_s

涡轮叶栅试验中，将被测叶片表面布置一系列静压孔，可以得到叶型表面静压。测试结果一般处理为总对静压比 $\dfrac{p}{p_1^*}$，其中，p 为叶栅表面静压。也可以由此计算得到等熵 Mach 数 M_s：

$$M_s = \sqrt{\frac{2}{k-1}\left[\left(\frac{p_1^*}{p}\right)^{\frac{k-1}{k}} - 1\right]} \tag{5.11}$$

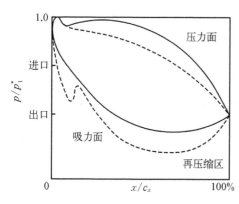

图 5.4 基元叶型表面静压分布

以反映叶型近表面 Mach 数所具有的变化。当取 $p = p_{2\mathrm{avg}}$，则得到涡轮出口平均等熵 Mach 数。

图 5.4 是某涡轮基元叶型表面静压分布（Dring 等，1985），虚线为初始设计结果，实线为最终结果。两者的共同点是：① 前缘滞止点静压即为进气总压 $\dfrac{p}{p_1^*} = 1.0$；② 吸压力面曲线所包围的面积相等，且等于叶型周向力 F_u；③ 尾缘静压近似等于最终的下游静压；④ 吸力面存在最低静压，并产生再压缩区。最后一点很重要，涡轮基元再压缩区的逆压梯度足够大时，产生边界层分离，损失大幅度增加。涡轮没有原始叶型，但通过诸如稠度、反力度、叶型厚度分布等设计参数，降低再压缩区的范围和强度，是涡轮叶型设计的要点。虽然目标很清晰，但在多级涡轮设计中真正做到这一点也十分困难。

5.2.2 基元级速度三角形与能量转换

与压气机一样，涡轮基元级速度三角形也是流体质点绝对速度 $\boldsymbol{v}$、相对速度 $\boldsymbol{w}$ 和牵连速度 $\boldsymbol{u} = \boldsymbol{\omega} \times \boldsymbol{r}$ 之间的关系，即附录式（A.8）$\boldsymbol{v} = \boldsymbol{w} + \boldsymbol{u}$，柱坐标系的分量形式为

$$v_x = w_x \tag{5.12}$$

$$v_r = w_r \tag{5.13}$$

$$v_u = w_u + u \tag{5.14}$$

将轴向和径向分速合成为子午面内的速度分量，称为子午分速 $w_m = \sqrt{w_x^2 + w_r^2}$，即

$$v_m = w_m \tag{5.15}$$

以相对柱坐标系作为参考系的流场中，任何一点都存在上述速度关系。如图 5.5，高

温高压气体以绝对速度 v_0 流入、v_1 流出导叶基元,以相对速度 w_1 流入、w_2 流出动叶基元,并驱动动叶以角速度 ω 旋转。动叶基元进、出口各有一个三角形满足上述速度关系,就是基元级速度三角形,或称速度图。动叶叶型设计分析取决于相对速度 w 流场、导叶取决于绝对速度 v 流场,相对和绝对坐标系交替变换,成为涡轮流场设计分析的最重要工具。

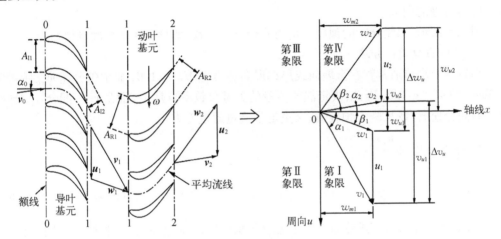

图 5.5　涡轮基元级速度三角形

按照"旋转方向为正的右手系法则",基元级速度三角形所在的坐标系如图 5.5 右图所示。根据该坐标系和速度矢量分解式(5.14),β_2 和 w_{u2} 均处于第 IV 象限,其值一定为负;而 β_1 和 w_{u1} 的值可以为正,也可以为负。图 5.5 中,β_1 和 w_{u1} 的值为正,当反力度较大时,β_1 和 w_{u1} 可能落在第 IV 象限,其值为负。编制软件进行设计计算时,需要严格遵循该坐标系定义。但是,无计算机时代大量平面叶栅的试验结果却以 $\beta_2 > 0$ 构建了经验数据和公式,工程应用中习惯将 β_2、w_{u2} 取为正值,与 β_2 方向一致的 β_1 和 w_{u1} 亦为正值,不一致则负值。

本书只能选择适应工程应用习惯,否则大量参数变化的描述会造成严重的混淆。图 5.2 已经强制了 χ_2、β_2 为正值,才存在式(5.1)、式(5.6)~式(5.8)的定义关系。而强制 β_2 和 w_{u2} 为正值的重大改变是需要将式(5.14)改写为

$$u = w_u - v_u \tag{5.16}$$

对叶轮机设计的初学者,建议不用关心 β_1 和 w_{u1} 的正负值问题,将基元级叶型和速度三角形一起画出来,就能够直观地得到各角度和周向分速的关系。传统教材中就是这么做的。

基元级速度三角形同样可以建立涡轮性能特性与流场之间的定量关系,但体现这种关系的重要参数与压气机基元级不同,分别如下。

1) 动叶线速度 u

根据式(2.2),线速度与转速相关,直接决定气流对动叶的出功能力和应力储备。当动叶基元存在 $r_2 = r_1$ 时,$u_2 = u_1 = u$。

2) 导叶出气角 α_1

导叶预旋角 α_1 是涡轮设计中十分重要的参数,不但决定涡轮的反力度,也是限制涡轮流量极限、动叶出功能力的关键因素,同时约束动叶的出气角 α_2。对于航空发动机,涡轮出口需要设计为轴向排气,即设计点 $\alpha_2 = 0$,以产生最小的排气管损失和最大的发动机推力。单级涡轮,α_2 的大小完全受控于 α_1 的设计。对于多级涡轮,则可以通过各级预旋进行更为合理的调节。

图 5.5 所示,涡轮导叶的预旋一定与旋转方向一致,即只存在正预旋设计。

3) 导叶出口周向分速 v_{u1}

涡轮导叶出口通常存在全展向或局部展向超声速 $M_{v1} > 1.0$,而子午分速 w_{m1} 所对应的 Mach 数 $M_{m1} < 1.0$,因此,决定涡轮流量的关键参数不再是 w_{m1} 而是 v_1。配合 α_1,导叶出口周向分速 v_{u1} 既反映了预旋值,又决定了流量通过能力。

4) 子午分速比 $\dfrac{w_{m1}}{w_{m2}}$

压气机一级所实现的增压比很小,可近似为 $\dfrac{w_{m2}}{w_{m1}} \approx 1.0$。但是涡轮流动具有加速特征,一级的落压比很大。虽然通过子午流道面积设计,可以控制排气速度 w_{m2} 增长,但是,设计为 $\dfrac{w_{m1}}{w_{m2}} \approx 1.0$ 并不是一个合理的选择。现代设计中一般选取 $\dfrac{w_{m1}}{w_{m2}} \approx 0.75 \sim 0.85$(彭泽琰等,2008)。低速情况下,或者作为初学者,仍可假设并设计 $v_{m1} = v_{m0}$、$w_{m2} = w_{m1}$。

5) 扭速 Δw_u

叶轮机 Euler 方程式(2.22)明确了轮缘功 l_u 和基元级速度三角形的关系。假设 $u_2 = u_1$,式(2.22)简化为

$$l_u = u(v_{u2} - v_{u1}) = u\Delta v_u = u\Delta w_u \tag{5.17}$$

式中,$\Delta w_u = w_{u1} - w_{u2}$,是相对周向分速的进出口变化量,称为"扭速"。注意,强制 w_{u2} 的值为正后,$\Delta w_u < 0$。对于涡轮,不论 w_{u1} 的值为正还是为负,均存在 $\Delta w_u < 0$,表明动叶加功为负,是流体向涡轮输出机械功。式(5.17)体现了速度三角形与能量转换的对应关系。

当 $u_2 < u_1$ 时,扭速 $|\Delta w_u| < |\Delta v_u|$,动叶余速动能 $v_2^2/2$ 中包含了一部分离心力加功 $(u_2^2 - u_1^2)/2$,即以较小的扭速 $|\Delta w_u|$,输出较大的轮缘功 $|l_u| = |u_2 v_{u2} - u_1 v_{u1}|$。这是典型的向心涡轮的出功原理。

图 5.5 中,涡轮导叶、动叶基元的平均流线均由正变斜,$\alpha_1 > \alpha_0$、$\beta_2 > \beta_1$(强制 β_2 为正值)。因此,不论动叶基元还是导叶基元,涡轮流道面积均呈现收缩的趋势,$A_{I1} < A_{I0}$、$A_{R2} < A_{R1}$。

6) 动、导叶基元的作用

根据广义 Bernoulli 方程式(2.30)和叶轮机第二 Euler 方程式(2.23),忽略黏性,得到相对坐标系下动叶基元机械能形式的能量方程:

$$\frac{1}{2}(u_2^2 - u_1^2) = \frac{1}{2}(w_2^2 - w_1^2) + \int_1^2 \frac{1}{\rho}\mathrm{d}p \tag{5.18}$$

假设子午流线 $r_2 = r_1 = r_0$，相对坐标系动叶和绝对坐标系导叶基元的能量守恒分别为

$$\frac{1}{2}(w_1^2 - w_2^2) = \int_1^2 \frac{1}{\rho} \mathrm{d}p \qquad (5.19)$$

$$\frac{1}{2}(v_0^2 - v_1^2) = \int_0^1 \frac{1}{\rho} \mathrm{d}p \qquad (5.20)$$

可见，相对动能增加 $w_2 > w_1$，实现了动叶基元的膨胀功 $\int_1^2 \frac{1}{\rho} \mathrm{d}p$，使静压降低 $p_2 < p_1$；导叶绝对动能降低 $v_1 > v_0$，实现了静压降 $p_1 < p_0$。因此，导叶、动叶基元都需要通过叶型设计，合理组织速度三角形，以流体膨胀实现功率输出。

综上表明，导叶基元的作用是膨胀、导流；动叶基元的作用是出功、膨胀和整流。为使动叶基元具有更为合理的相对速度进气方向，导叶基元需要将来流方向改变，这就是导流，而同时伴随着流体膨胀加速。动叶基元则将扭速转换为轮缘功，实现流体能量向机械功的转换，这就是出功；同时伴随着相对动能增加、流体势能降低，这就是膨胀。作为出口级涡轮，必须保证出气流动方向满足系统的需要，如航空发动机轴向喷气，而即使是多级涡轮，每一级都需要为涡轮的轴向出气作贡献，这就是整流。

现代设计中，随着单级膨胀负荷的增加，当动叶基元无法保证轴向出气时，需要增加一排（也称二分之一级）整流叶片。如前所述，不论压气机还是涡轮，所有的进口导流叶片都具有膨胀流动特征，所有的出口整流叶片都具有压缩流动特征。

7）基元进出口参数变化

涡轮导叶基元通过面积 A_I 收缩，$v_1 > v_0$、$p_1 < p_0$，动叶基元通过面积 A_R 同样收缩，$w_2 > w_1$、$p_2 < p_1$（图 5.6）。根据速度三角形，$v_2 < v_1$、$v_{u2} < v_{u1}$，存在 $\Delta v_u < 0$，流体对机械输出功。根据能量守恒式（2.24），动叶基元进出口总焓或总温降低、静焓或静温降低；导叶基元进出口总焓或总温不变、静焓或静温增加。根据式（2.43）$i = h^* - \omega(v_u r)$，动叶基元进出口转焓不变。

综上分析，气体流经压气机基元级的各参数变化趋势如图 5.6 所示，也可以通过焓熵图 5.7 分析各参数的变化。

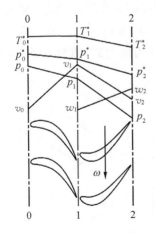

图 5.6　基元级气动参数变化

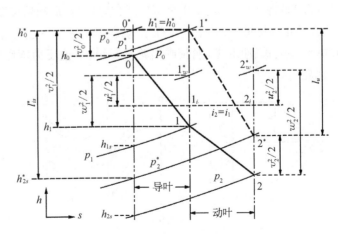

图 5.7　涡轮基元级焓熵图

5.2.3　基元级反力度与轴向力

与压气机反力度概念一致,涡轮反力度定量表达了导叶和动叶中静压膨胀的比例。同式(4.31),反力度 Ω 为

$$\Omega = \frac{\int_1^2 \frac{1}{\rho}\mathrm{d}p + l_{fR}}{\int_0^1 \frac{1}{\rho}\mathrm{d}p + l_{f1} + \int_1^2 \frac{1}{\rho}\mathrm{d}p + l_{fR}} = \frac{(w_1^2 - w_2^2) + (u_2^2 - u_1^2)}{(v_2^2 - v_1^2) + (w_1^2 - w_2^2) + (u_2^2 - u_1^2)} = 1 - \frac{(v_2^2 - v_1^2)}{2(u_2 v_{u2} - u_1 v_{u1})}$$

(5.21)

其中,l_{f1}、l_{fR} 分别为导叶、动叶基元损失功耗。说明反力度是动叶静压膨胀和损失功耗占基元级轮缘功的比例。忽略损失功耗,并假设 $u_2 = u_1$、$w_{m2} = w_{m1}$,式(5.21)简化为

$$\Omega = 1 - \frac{v_{u2} + v_{u1}}{2u} = 1 - \frac{v_{u1}}{u} - \frac{\Delta v_u}{2u}$$

(5.22)

注意,式中 v_u 存在正负值,如图 5.5 所示。

式(5.21)同样严格成立于重复级 $\mathbf{v}_2 = \mathbf{v}_0$ 情况,于是,等熵条件下,能量方程式(2.24)变为 $l_u = h_{2s}^* - h_0^* = (h_{2s} - h_0) + \frac{1}{2}(v_2^2 - v_0^2)$ 代入式(5.21),得到:

$$\Omega = \frac{h_{2s} - h_{1s}}{h_{2s}^* - h_0^*} = \frac{h_{2s} - h_{1s}}{h_{2s} - h_0}$$

(5.23)

式中,下标 s 表示等熵过程,说明反力度在物理上代表动叶基元等熵焓降与基元级等熵焓降的比值。一些文献中也称之为热力反力度,但如图 5.7 所示,本质上是等熵条件下的运动反力度。这里列举典型反力度进行分析说明。

1) 反力度为 0.0

反力度为零,$\Omega = 0.0$,等熵条件下由式(5.21)得 $p_2 = p_1$,由式(5.23)得 $h_{2s} = h_{1s}$,而由式(5.22)得 $w_{u2} = -w_{u1}$,于是,基元级速度三角形和焓熵图如图 5.8 所示。动叶基元具有很强的正预旋进气,并呈现对称结构,仅转弯 $\beta_2 = -\beta_1$,而不膨胀 $p_2 = p_1$。通常称为冲力式(或冲动式、冲击式)涡轮或涡轮基元级,其他反力度则称为反力式(或反动式、反击式)涡轮。

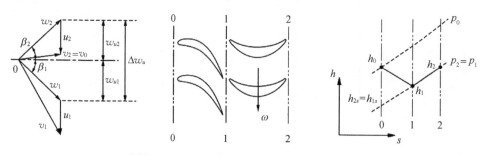

图 5.8　反力度为 0.0 的涡轮基元级气动热力特征

冲力式涡轮的静压降仅在导叶基元中实现，$p_1 < p_0$。图 5.8 焓熵图的热力工作过程显示，等熵假设下 $h_{2s} = h_{1s} < h_0$，等熵焓降（$h_{2s} - h_0$）全部在导叶中由静压降转换得到。输出轮缘功的总焓降 Δh_{21}^* 并没有在动叶中转换为静膨胀功 $\int_1^2 \frac{1}{\rho} \mathrm{d}p$，而是通过大扭速 Δw_u 获得较大的轮缘功输出。其优点是动叶叶尖漏气损失较小，但因气流不加速膨胀、没有顺压梯度，气流易于分离，效率较低。常见于蒸汽轮机和火箭发动机涡轮泵的设计。

焓熵图是通过等熵计算认识熵增过程的最直观工具。等熵简化计算在图 5.8 中可用清晰地看出实际熵增过程的变化趋势。实际过程中，冲力式基元级依然存在 $p_2 = p_1$，但熵增导致了静焓升 $h_2 > h_{2s}$，说明熵增过程的实际焓升（$h_2 - h_1$）完全由动叶损失功耗 l_{fR} 产生。

2）反力度为 1.0

反力度 $\Omega = 1.0$，等熵条件下得到 $p_2 < p_1 = p_0$、$h_{1s} = h_0$、$v_{u2} = -v_{u1}$，速度三角形、基元级特征和焓熵关系如图 5.9 所示。

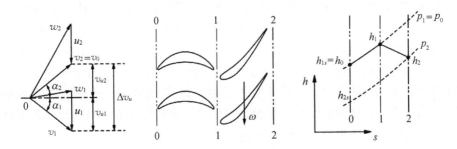

图 5.9　反力度为 1.0 的涡轮基元级气动热力特征

反力度为 1.0 时，涡轮动叶相对进气角 β_1 接近于轴向，级膨胀完全由动叶实现。若满足 $v_2 = v_0$，导叶基元呈现对称结构，进出口静压不变，仅提供流动方向改变，即绝对气流角 $\alpha_2 = -\alpha_1$、$v_{u2} = -v_{u1}$。从焓熵图的热力过程看，导叶只转弯不膨胀，基元级全部静压降由动叶实现。等熵假设下，$h_{2s} < h_{1s} = h_0$，基元级全部焓降发生在动叶中，即实现等熵膨胀功所具有的静焓降（$h_{2s} - h_0$）。

实际过程中，熵增过程所具有的导叶焓升（$h_1 - h_0$）全部产生于导叶损失功耗 l_{f1}。

3）反力度为 0.5

反力度 $\Omega = 0.5$，等熵条件下得到 $p_2 - p_1 = p_1 - p_0$、$h_{2s} - h_{1s} = h_{1s} - h_0$、$v_{u2} = -w_{u1}$、$v_{u1} = -w_{u2}$，速度三角形、基元级结构特征和焓熵关系如图 5.10 所示。

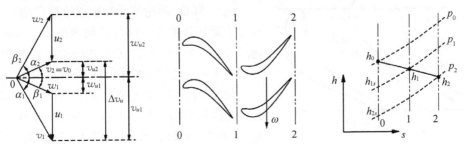

图 5.10　反力度为 0.5 的涡轮基元级气动热力特征

反力度为 0.5 时,动叶进、出口速度三角形完全相等,可以生成结构完全相同的导叶、动叶叶型。如果 $v_3 = v_1$ 体现的是重复级的设计思想,那么,$\Omega = 0.5$ 则实现了重复排,动叶基元的相对运动完全重复了导叶基元的绝对运动。这时,导、动叶基元产生的静压降、静焓降均相等。实际过程中,导、动叶基元产生的熵增量也相等。

反力式涡轮中,动叶流动为降压加速过程,气流不易分离,效率较高,是航空燃气涡轮发动机涡轮设计的重要选择。但是,反力度过高(大于 0.75~0.80)将导致动叶叶尖漏气损失较大,通常需要选择带篦齿的叶冠进行密封。现代航空发动机涡轮前总温较高,高压涡轮导叶(NGV)多采用气膜冷却,减小 Ω 设计有助于导叶膨胀降温,减缓动叶热防护难度,但过度降低 Ω 也会降低动叶出功能力。为此,高压涡轮叶中 Ω 通常控制在 0.25~0.40,低压涡轮则逐级增加,但需要平衡叶尖 Ω 过大、叶根 Ω 过小所带来的问题。

4）反力度与轴向力

式(5.4)显示,涡轮的轴向力指向排气方向。当假设轴向分速 w_x 或子午分速 w_m 不变时,进出口静压差是轴向力产生的唯一来源。但动、静叶的传力方式不同,静叶排的轴向力直接传递给机匣,并通过发动机安装节传递至飞行器;而动叶排的轴向力则施加于轮盘,结合轮盘受力共同传递至轴承,再通过安装节传递至飞行器。由于压气机和涡轮同轴,转子受力是平衡后的合力。由此可见,反力度通过导、动叶静压升分配,最终影响发动机轴向力,乃至推力。反力度设计得是否合理最终会影响航空发动机气动与机械结构布局,必须通过先验性平台进行不断改型才能臻于至善。

5.2.4 涡轮基元流动

流量系数、负荷系数和反力度同样决定着涡轮基元级速度三角形,并通过基元叶型实现。为此,首先需要认识涡轮基元流动的基本特点。这里先假设涡轮基元进气参数(如 β_1、p_1^* 等)不变,通过降低基元出口反压 p_2,讨论涡轮基元流动的基本特征。

1）亚声速流动

涡轮基元的最基本流动特征是膨胀加速。p_2 较高时,进气速度很低,燃气在叶型前缘某一点滞止,并分叉流向叶型吸、压力面,并随基元流道收缩,气流加速。此时基元进出口压差不大,膨胀加速程度有限,出气等熵 Mach 数 M_{w2s} 较低,全流场处于亚声速流动状态。

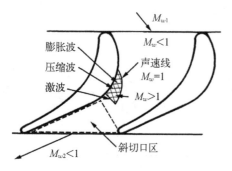

图 5.11 涡轮基元局部超声速区

2）跨声速流动

随 p_2 降低,涡轮基元膨胀加速程度增加,气流在吸力面某处率先出现局部超声速区。该区以声速线开始,并大体上以正激波结束。局部超声区外均为亚声速流动,如图 5.11 所示。

与压气机不同,涡轮临界 Mach 数 M_{cr} 定义为基元内达到声速时的出气相对(绝对)Mach 数。通常,$M_{cr2} = 0.7 \sim 0.8$ 时,基元流动存在超声速区。进一步降低 p_2,局部超声区逐渐扩大,激波向下游移动。

3）燕尾波

p_2 降低的过程中,叶片尾缘处气流急剧加速,出现另一个局部超声速区。气流离开尾缘时,在吸、压力面处各形成一道脱离激波。该激波具有斜激波特征,气流穿越后发生折转,在尾迹剪切层形成两组压缩波,并汇集成一对燕尾形的斜激波。伸向基元流道内部的称为内尾波,伸向基元下游的称为外尾波,如图 5.12 所示。

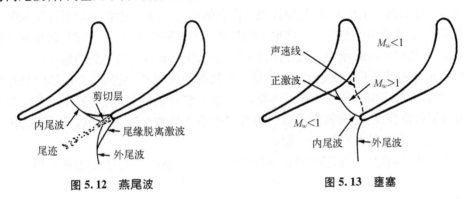

图 5.12　燕尾波　　　　　　　　图 5.13　壅塞

4）涡轮临界状态——壅塞

p_2 继续降低,当内尾波与吸力面局部超声速区后的正激波相遇时,表明超声速区贯穿基元流道,涡轮基元进入壅塞状态,如图 5.13 所示,正激波贯穿于涡轮喉部截面。此时,M_{w1} 达到最大值,不随 M_{w2} 增加而增加,基元流量也达到最大值,不再增加。这时 p_2 与基元进气总压之比称为临界压比 $\left(\dfrac{p_2}{p_1^*}\right)_{cr}$,涡轮称此状态为临界状态,$\dfrac{p_2}{p_1^*} > \left(\dfrac{p_2}{p_1^*}\right)_{cr}$ 为亚临界,$\dfrac{p_2}{p_1^*} < \left(\dfrac{p_2}{p_1^*}\right)_{cr}$ 为超临界。

涡轮的临界状态之所以用壅塞定义,而不是压气机基元的临界 Mach 数,这与航空发动机最大通过的流量有关。当涡轮导叶或动叶排全展向基元均进入壅塞状态时,航空发动机总体性能进入临界,发动机流量受限于喉道截面,该截面平均的流量函数 $q(\lambda) = 1.0$。

5）斜切口波系

进一步降低 p_2,$\dfrac{p_2}{p_1^*} < \left(\dfrac{p_2}{p_1^*}\right)_{cr}$,涡轮基元出口气流达到超声速。一般将涡轮喉道截面、尾缘额线和吸力面构成的三角区称为斜切口区(图 5.11)。气流绕压力面尾缘急剧加速,在基元喉部截面后的斜切口区形成一组扇形原生膨胀波,并在相邻叶片吸力面形成反射膨胀波。气流穿过原生和反射膨胀波继续加速膨胀,即所谓超声斜切口波膨胀。随着出口 Mach 数增加,图 5.13 所示的内尾波沿吸力面迅速推向尾缘,由正激波逐渐变为斜激波,并与吸力面边界层相互干扰后产生反射激波。如图 5.14 所示,出口超声速状态

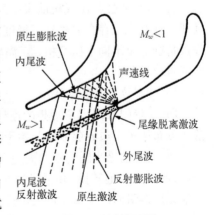

图 5.14　斜切口波

下基元流道斜切口波系主要包括：原生膨胀波、反射膨胀波、内尾波、内尾波反射激波、尾缘脱离激波、外尾波等一系列复杂波系。一些叶栅试验的纹影照片上还存在原生激波，一般认为这是叶型吸力面型线突变所致，从中可以意识到超声速气流对表面几何形状的敏感性。

6）最大膨胀状态

当 M_{w2} 增加到一定程度，内尾波在吸力面上的入射点移至尾缘，其反射波与相邻叶片外尾波重合，膨胀波系的最后一道波也大致与基元出口额线相平行。这时，涡轮基元达到极限负荷，斜切口区的膨胀能力已经得到充分利用，出气轴向分速达到当地声速。

如果 p_2 进一步下降，则气流只能在基元出口外面无制约地膨胀，并使轴向分速继续增加。这时，叶片表面的压强分布不再受到 p_2 进一步降低的影响，气流作用在叶片上的气动力也不会改变，决定涡轮输出功的切向分速不再增加。所以，当基元几何结构确定后，涡轮所能达到的最大膨胀由此确定。

上述流动图画对应于涡轮特性的不同工作状态，典型状态点可参见图 3.29。航空发动机涡轮中，亚声速涡轮基元大体工作于 2）、3）所对应的总对静压比状态，膨胀出功能力较弱；跨声速涡轮基元大体以状态 5）工作，膨胀出功能力较强，并留有最大膨胀的变化储备。低压涡轮轮毂比逐级降低，展向各基元速度三角形变化较大，不易控制喉道截面；高压涡轮轮毂比大，展向变化较小，容易达到全展向基元超临界。沿展向各基元流动状态的变化取决于扭向规律和反力度设计。某一排涡轮叶片全展基元均超临界，则发动机进入临界状态，现代航空燃气涡轮发动机通常将该截面设计在 NGV 喉部。

5.2.5 涡轮基元损失

同压气机，涡轮基元流动损失，即所谓叶型损失，也可以归结为四类：① 叶型表面摩擦损失；② 叶型尾迹损失；③ 基元流分离损失；④ 高速基元激波损失，以及激波-边界层干涉分离损失。

不同于压气机的是：① 涡轮基元总体上具有非常强的顺压梯度，进气 Mach 数很低但出气 Mach 数很高，因此，迎角对涡轮基元流动和特性的影响远弱于压气机；② 涡轮尾迹产生于高 Mach 数环境，强度大扩散慢，多级非定常影响强烈，因此，涡轮尾缘设计比前缘重要，其重要性与压气机前缘一致；③ 涡轮斜切口区是超声速流动波系汇聚之所在，即使亚声速基元也存在局部逆压梯度，是激波损失、分离损失的高发区；④ 叶型表面边界层发展特征完全不同于压气机；⑤ 涡轮损失的一部分热量能够转换为机械功，即存在再生热或重热现象。

1）叶型边界层基本特征

Dring 等（1985）以不理想的设计阐明了涡轮基元叶型边界层的发展，如图 5.15 表面静压分布所示。边界层流动起始于滞止点 0，属层流，沿前缘小圆急遽加速。由于前缘过度加速，离开前缘小圆后吸力面边界层流动存在强烈的再压缩，导致边界层在点 1 处发生分离，形成分离泡转捩，并再附为充分湍流。迎角大到一定程度，前缘加速过强会导致分离泡无法再附而产生基元流大尺度分离。这一点与压气机基元流动一致，但临界迎角不同。若分离泡发展为充分湍流并再附，边界层在点 2 处再次急遽加速，并可能在点 3 处经历再层流化,或产生逆转捩。边界层继续加速直至最小静压点 4,并开始最后一个再压缩过程。这时,边界层将经历二次转捩,以分离泡形式形成充分湍流再附,或不再附。若再附,则有较低的损失到达尾缘点 6;若不再附,则为分离转捩,在到达尾缘点之前,如点 5,发生湍流分离,尾迹增厚、损失增加。压力面边界层具有类似的现象,但不存在再压缩过程。

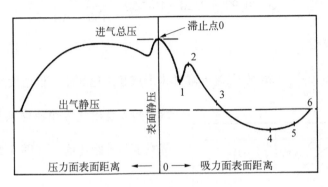

图 5.15　涡轮基元叶型边界层

2) 叶型损失模型

给定叶型,随 Mach 数、Reynolds 数、主流湍流度和迎角变化,上述边界层发展特征明显不同;给定流动条件,则叶型设计的微小变化也足以改变边界层发展。因此,难以建立通用损失模型,相对准确的模型往往源自工程实践和特定应用。再加上没有原始叶型,导致涡轮叶型损失模型十分丰富,多达几十种。这里仅讨论彭泽琰等(2008)建议的速度损失系数模型。

根据涡轮基元级焓熵图 5.7,等熵流动过程的导叶出气速度 v_{1s} 为

$$v_{1s} = \sqrt{2(h_0^* - h_{1s})} = \sqrt{2c_p T_0^* \left(1 - \frac{T_{1s}}{T_0^*}\right)} = \sqrt{2c_p T_0^* \left[1 - \left(\frac{p_1}{p_0^*}\right)^{\frac{k-1}{k}}\right]}$$

其中,c_p 和 k 为定比热过程燃气的定压比热和绝热指数。实际膨胀过程中存在损失,其中动能损失体现为导叶实际出气速度 $v_1 < v_{1s}$,两者的比值称为速度损失系数 φ,即

$$\varphi = \frac{v_1}{v_{1s}} = \frac{\lambda_{v1}}{\lambda_{v1s}} \tag{5.24}$$

于是,导叶动能损失为

$$\zeta_k = \frac{1}{2}(v_{1s}^2 - v_1^2) = \frac{v_1^2}{2}\left(\frac{1}{\varphi^2} - 1\right) \tag{5.25}$$

而导叶总压恢复系数为

$$\sigma^* = \frac{p_1^*}{p_0^*} = \frac{p_1/\pi(\lambda_{v1})}{p_1/\pi(\lambda_{v1s})} = \frac{\pi(\lambda_{v1}/\varphi)}{\pi(\lambda_{v1})} \tag{5.26}$$

以相对坐标系下的相对速度,上述关系同样可应用于动叶。但是,当 $u_2 \neq u_1$ 时,需要

注意等熵相对总压 p_{w2s}^* 与相对总压 p_{w2}^* 的差异。

彭泽琰等(2008)建议导叶 $\varphi = 0.96 \sim 0.98$、动叶 $\varphi_w = 0.95 \sim 0.97$。Vavra(1960)根据试验曲线拟合得到速度损失系数随涡轮基元气动弯角 $\Delta\beta$ 变化的关系式:

$$\varphi = 0.99 - 2.28 \times 10^{-4}\Delta\beta - \frac{4.97}{180 - \Delta\beta} \tag{5.27}$$

3)落后角模型

亚临界 $\dfrac{p_2}{p_1^*} > \left(\dfrac{p_2}{p_1^*}\right)_{cr}$ 情况下,基元喉部未形成超声速膨胀。根据大量试验数据,发现

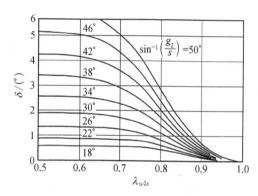

图 5.16 亚临界涡轮基元落后角经验曲线

落后角 δ 是出气等熵速度系数 λ_{w2s} 和基元喉部宽度与节距比值 $\dfrac{g_2}{s}$ (图 5.2)的函数。归纳总结,得到以 $\sin^{-1}\left(\dfrac{g_2}{s}\right)$ 为参变量的落后角计算曲线,如图 5.16 所示。

对于超临界状态 $\dfrac{p_2}{p_1^*} < \left(\dfrac{p_2}{p_1^*}\right)_{cr}$,膨胀波产生于基元喉部截面的尾缘扰动(图 5.14),形成扇形斜切口波系,气流方向角满足 Prantl - Meyer 函数向右偏转,产生附加的落后角。以导叶为例,斜切口区从喉部截面至出口截面维持质量守恒,即单位基元厚度的流量不变:

$$s\cos\chi_1 \frac{p_{cr}^*}{\sqrt{T_0^*}}Kq(\lambda_{cr}) = s\cos\alpha_1 \frac{p_1^*}{\sqrt{T_0^*}}Kq(\lambda_{v1})$$

式中,当燃气绝热指数 $k = 1.33$ 时,$K = 0.0396$;p_{cr}^* 为喉部截面气流总压。令喉道前基元总压恢复系数为 σ_{cr}^*,存在 $p_{cr}^* = \sigma_{cr}^* p_0^*$,另外,$p_1^* = \sigma^* p_0^*$,于是上式改写为

$$\cos\alpha_1 = \cos\chi_1 \frac{\sigma_{cr}^* q(\lambda_{cr})}{\sigma^* q(\lambda_{v1})}$$

由于喉部截面与声速线并不重合,且存在边界层损失,流动也不均匀,因此一定存在 $q(\lambda_{cr}) < 1$,具体值很难计算。但是,当速度损失系数 φ 一定,$q(\lambda_{cr})$ 一定是 $q(\lambda_v)$ 的最大值。设 $\sigma_{cr}^* \approx \sigma^*$,则

$$\cos\alpha_1 = \cos\chi_1 \frac{[\sigma^* q(\lambda_{v1})]_{max}}{\sigma^* q(\lambda_{v1})} \tag{5.28}$$

$\sigma^* q(\lambda_v)$ 随 λ_v 的关系曲线如图 5.17 所示,其中,各曲线的最高点就是 $[\sigma^* q(\lambda_{v1})]_{max}$。等熵过程中,$\varphi = 1.0$、$\sigma^* = 1.0$,于是 $[\sigma^* q(\lambda_{v1})]_{max} = 1.0$。实际过程

中，$\varphi < 1.0$，等 φ 曲线的最高点，即基元
喉部 $\left[\sigma^* q(\lambda_{v1})\right]_{\max} < 1.0$。

　　举例说明落后角 δ 的计算。已知 $\chi_1 =$
$70°$、$\varphi = 0.96$、$\lambda_{v1} = 1.15$，由图 5.17 查得
$\left[\sigma^* q(\lambda_{cr})\right]_{\max} = 0.955$，$\sigma^* q(\lambda_{v1}) =$
0.912，代入式 (5.28) 得到 $\alpha_1 = 69°$，于是
导叶基元的落后角 $\delta = \chi_1 - \alpha_1 = 1°$。

　　上述公式和图 5.17 同样可以在相对
坐标系下适用于动叶超临界状态的落后
角计算。

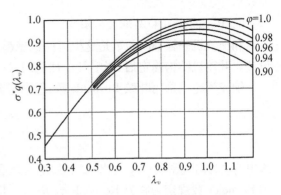

图 5.17　$\sigma^* q(\lambda_v)$ 随 λ_v 的关系曲线

　　4）叶型前缘和迎角的影响

　　涡轮叶型的前缘半径直接决定其最大厚度，半径越大则叶型最大厚度越大。图
5.18 是前缘小圆半径变化对涡轮叶型损失系数 ζ_p［仅计入叶型摩擦损失和尾迹损失的动
能损失系数，李根深等 (1980)］随迎角 i 的变化。不论前缘半径的大小，涡轮叶型均具有
宽广的迎角范围，薄叶型的低损失迎角范围约 $60°$，而厚叶型虽然最小损失较高，但却高达
$100°$ 以上可用迎角。这一特征表明涡轮基元与压气机不同，迎角不再是涡轮基元的关键
参数，而需要根据实际应用选择涡轮叶型的前缘和最大厚度。如 NGV 通常选择厚叶型，
以适应燃烧室出口方向变化较大的低速气流和复杂的气膜冷却结构，而涡轮动叶则更多
地依据材料、强度的要求确定展向厚度分布。

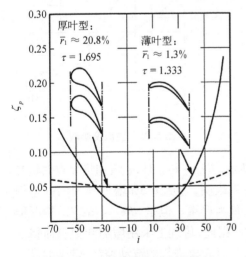

图 5.18　前缘半径与迎角特性

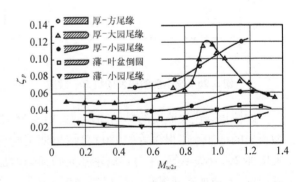

图 5.19　叶型尾缘的影响

　　5）叶型尾缘的影响

　　高速、高损失和逆压梯度均发生在涡轮基元尾缘的斜切口区，因此，尾缘厚度和小圆
半径是影响涡轮基元性能的关键因素。Prust (1972) 对不同尾缘的试验结果 (图 5.19) 显
示，涡轮尾缘区域的几何结构对基元损失影响重大，特别是跨声速涡轮基元。通常以尾缘
区域尽可能薄、小圆半径尽可能小为佳，这无疑提高了对材料和制造的要求。

6) Reynolds 数和湍流度的影响

和压气机一样,Mach 数是这类流体机械影响的根本,需要根据 Mach 的大小开展叶型设计。叶轮机结构确定后,影响气动性能的另一个重要因素是 Reynolds 数和湍流度。

轴流涡轮也采用叶弦 Reynolds 数,但参考截面是涡轮出口,即

$$Re_c = \frac{c\rho_2 w_2}{\mu} \tag{5.29}$$

式中,ρ_2 为出气密度;w_2 为出气相对/绝对速度。Re_c 增加一倍,基元损失降低不大于 1% 的 Reynolds 数规定为临界 Reynolds 数 Re_{cr}。当 $Re_c > Re_{cr}$ 时,涡轮进入自模状态,即基元损失系数和落后角不随 Re_c 变化。Re_{cr} 的数值视叶型设计而不同,通常涡轮导叶基元 $Re_{cr} \approx 5 \sim 6 \times 10^5$,而动叶基元 $Re_{cr} \approx 3 \sim 4 \times 10^5$。设计不当的基元,容易产生吸力面分离,$Re_c$ 降低的影响更为明显。

图 4.34 显示,航空发动机 Re_c 最小的是低压涡轮。Castner 等(2002)表明 PW545 小型涡扇发动机在 18 km 高空巡航时,低压涡轮 $Re_c \approx 0.5 \times 10^5$,效率降低 6 个百分点左右(图 5.20)。低压涡轮低 Re_c 导致损失大幅度增加的同时,出功能力也在降低,会导致高空环境下发动机高低压转速的转差增加,风扇丧失应有的推进能力且稳定裕度降低。这是多转子发动机高空性能衰退严重,速度、高度特性都不及单转子发动机的关键因素之一。

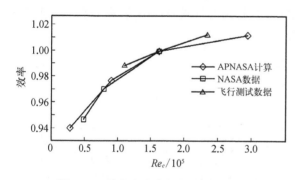

图 5.20　某小型涡扇发动机 Re_c 效应

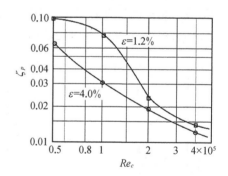

图 5.21　湍流度影响

湍流度 ε 代表流动的脉动动能,如式(4.36)所示。$Re_c > Re_{cr}$ 时,ε 增加将导致涡轮叶型损失的增加。李根深等(1980)总结早期试验结果表明,ε 从 1.5% 增加到 8%,叶型损失增加 2%~6% 不等,冲力式涡轮基元的损失增加最为严重。但是,$Re_c < Re_{cr}$ 时情况恰好相反,ε 增加将使涡轮叶型损失降低(图 5.21)。据此,传统上采用增加叶型表面粗糙度或扰流丝等技术抑制涡轮的低 Re_c 效应,显然这是以表象进行的流动控制,带来的是大 Re_c 情况下的大损失。现代设计则基于边界层时空演化特征,利用前排涡轮尾迹所具有的湍流区和寂静区,对后排叶片边界层的发生发展进行控制。这是现代涡轮低 Re_c 效应的流动控制手段,称为寂静效应,相关深入的内容可参考邹正平等(2014)。

7) 重热现象

涡轮基元级损失反映在焓熵图上就是熵增过程。如图 5.7 所示,涡轮级静压由进气 p_0 降低至出气 p_2,等熵焓降为 $(h_0 - h_{2s})$,而熵增焓降为 $(h_0 - h_2)$,显然,$h_2 > h_{2s}$。这就

是熵增过程的再生热现象,即流体损失的一部分会以热的形式存储于流体内部。这部分热可以在下一级中得到再利用,就是多级涡轮的重热现象。

　　这一点与压气机不同。压气机中,流动损失转化的热量会使气体更难压缩,为达到相同的压缩就必须增加轮缘功输入,这部分额外的功输入称为热阻功。涡轮中的流动损失的再生热量使气体膨胀增加,得到了额外的膨胀功输出。应该指出,收回的再生热只占流动损失的一小部分,不应产生涡轮基元级叶型损失有利于轮缘功输出的错觉。但是,再生热作为进气条件,所产生的重热现象将有利于多级涡轮的效率提升。

5.2.6　涡轮基元级 Smith 图

　　与压气机一样,基元级优化设计本质上是选择流量系数 ϕ、负荷系数 ψ_T^*、反力度 Ω 和 D 因子(或设计点效率 η_{is}^*),确定合理的速度三角形。不同的是,涡轮流量系数 φ 选择出气子午分速 w_{m2},即

$$\phi = \frac{w_{m2}}{u} \tag{5.30}$$

负荷系数 ψ_T^* 不变:

$$\psi_T^* = \frac{l_u}{u^2} \tag{5.31}$$

涡轮基元级典型的 Smith 图如图 5.22 所示(Smith,1965),反映设计状态效率选择及其影响范围。

　　如图所示,高负荷基元级难以获得高效率设计,而高效率设计的基元级流量系数变化范围较窄,不适合该基元级流量系数的全状态大

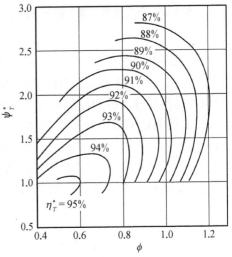

图 5.22　涡轮基元级 Smith 图

范围变化等。因此,涡轮基元级设计也需要根据应用需要选择合理的设计点范围。否则,单一参数的过度追求并不有利于工程系统的有效应用。

5.3　气冷涡轮的基元流动

5.3.1　冷却的目的

　　现代小涵道比涡扇发动机的重要性能指标之一是推重比,提高推重比的有效手段之一是提高发动机比推力,而提高比推力的有效途径就是提高涡轮进气总温 T_4^*。大涵道比涡扇发动机降低耗油率的技术途径则是增加涵道比,提高总压比和涡轮进气总温 T_4^*。因此,高性能发动机总是和 T_4^* 的提升联系在一起,三代机发动机的 $T_4^* \approx 1\,850\,\text{K}$,四代机则基本达到 $T_4^* \approx 1\,950\,\text{K}$。航空发动机的进一步发展仍然需要提高 T_4^*。

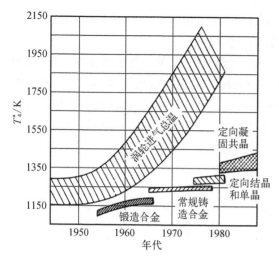

图 5.23 涡轮进气总温与材料许用温度

可见,如果说压气机的技术进步依赖于气动专业认知深化的话,涡轮技术则更依赖于气动、传热、材料、工艺的综合进步。图 5.23 为涡轮进气总温和叶片材料许用温度的发展趋势(Suo, 1985)。可以看出,材料的发展远落后于现代航空发动机对温度提升的需求,即使采用热障涂层为金属表面提供不足 150 K 的温度降低,仍然存在 500 K 左右的温度需要涡轮气动自身解决。这就是为什么现代航空发动机需要有 20% 左右的空气由高压压气机引入涡轮,由各类复杂气路使涡轮叶片得到精确而有效地冷却,使叶片材料工作在安全可靠的冷气环境内部。

涡轮基元级的常见冷却方式有对流冷却和气膜冷却(图 5.24),对于涡轮级还要考虑端壁冷却。图 5.24 看出,同样的冷气量,气膜冷却具有较高的冷却效率。但是,并不是冷却效率越高越好。因为冷却从两个方面降低了 T_4^* 所具有的优势:① 冷气降低了动叶进气总温,使涡轮出功能力降低;显然,降低高压涡轮反力度将直接有利于动叶进气总温的降低,减少动叶冷却气量和气动损失,现代 HPT 的确倾向于小反力度设计;② 冷气与主流掺混而产生气动损失,使涡轮效率降低。经验统计数据表明,冷却所带来的能量消耗可使涡轮效率降低 1.5%~3.0%,这还不包括为冷却而产生的二次流路损失。

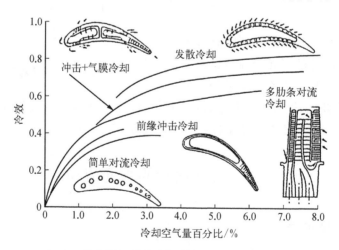

图 5.24 常见冷却方式的冷却效应

可见,冷却的目的是保护叶片而不是改善涡轮气动设计,冷却必须在气动设计更为合理的基础上才能够有效发挥其作用,或者减少冷气量,或者减小气动损失,使叶片保护和能量转换在涡轮部件上达到工程应用上的最佳。这显然不是冷却本身所能够解决的内容,必须融入涡轮气动设计过程。

5.3.2　对流冷却*

1）冷效

对流冷却是冷却气从一端流入叶片内部,并由另一端流出而产生对叶片金属的有效冷却,如图 5.24 所示。冷却的平均有效性定义为

$$\bar{\Phi} = \frac{T_g^* - \bar{T}_m}{T_g^* - T_c^*} \qquad (5.32)$$

式中,T_g^* 为燃气主流总温;T_c^* 为冷却气总温;$\bar{T}_m$ 为叶片金属的平均温度。有文献称 $\bar{\Phi}$ 为冷却效率,显然,上式不具有效率的内涵,是冷却效应的体现。本书简称之为"冷效"。$\bar{\Phi} = 1$ 时表示最大冷却,$T_m = T_c^*$;$\bar{\Phi} = 0$ 时不冷却。平均冷效是确定冷却方式和冷气量的决定性参数,也是叶片排各基元冷效的平均结果。

受限于冷却气压差,一般对流冷却的平均冷效 $\bar{\Phi} < 0.5$。 另外,对流冷却冷效过高将产生金属温度梯度过大,引发热应力问题。

2）换热系数

燃气与壁面之间的热交换强度定义为当地换热系数 α_m:

$$\alpha_m = \frac{q_w}{\Delta T} \qquad (5.33)$$

式中,q_w 为气流与壁面热交换的热通量,单位 W/m^2;ΔT 表示气流与叶片金属之间的温差。对于低速流动,$\Delta T = T_g - T_m$,即燃气与壁面的静温差。对于高速流动,$\Delta T = T_r - T_m$,其中,T_r 为平衡温度,在绝热壁面假设下等于壁温。平衡温度 T_r 涉及热边界层温度恢复问题,体现了高速气流下换热问题的复杂性,这里不讨论。

涡轮叶片的换热系数非常高,而材料导热率相对较低。这一组合不可避免地要求得到整个叶片的换热系数详细分布,而不能进行平均处理。涡轮叶型的典型换热系数分布如图 5.25 所示。滞止点的换热系数最大,其大小与圆柱绕流滞止点的换热系数相关,并受进气湍流度的影响而变化。压力面边界层几乎均为湍流,换热系数变化较小;吸力面受进气湍流度影响,边界层转捩方式复杂,换热系数变化相对较大。

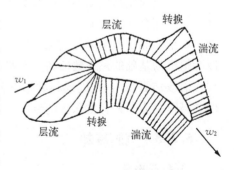

图 5.25　涡轮叶型换热系数分布

3）无量纲特征参数

换热系数也可以用无量纲相似准数 Stanton 数 St 和 Nusselt 数 Nu 表示:

$$St = \frac{\alpha_m}{c_p \rho_g w_g} \qquad (5.34)$$

$$Nu = \frac{\alpha_m l_{ref}}{\lambda_g} \qquad (5.35)$$

式中，c_p、ρ_g 和 w_g 分别为燃气主流的定压比热、密度和相对速度；λ_g 为燃气主流静止状态的导热系数，单位为 W/(m·K)；对叶轮机而言，特征长度 l_{ref} 通常选择叶型的弦长 c；对冷却气孔而言，通常选择小孔直径。

4）冲击冷却

图 5.25 显示，由涡轮叶型表面的换热系统存在有规律的分布特征，可以根据这一特征降低金属温度以提高冷效。前缘换热系数最高，因此可以从内部对其冲击冷却；对存在较高换热系数的叶型中部弦向区域也可以利用冲击冷却（图 5.26）。

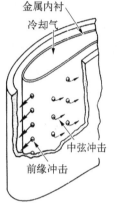

金属内衬
冷却气
中弦冲击
前缘冲击

图 5.26　冲击冷却

冲击冷却的优势是冷却气不参与涡轮基元流动，曾被公认为冷效相对较高的冷却方式。大量文献通过二维建模得到 Nusselt 数的经验关系式，获得换热系数分布模型。

为获得良好的气动性能，叶型前小圆半径通常较小。Metzger 等（1972）研究表明前缘壁面增厚可以避免热响应过快而转捩。说明即使不与主流掺混，冷却也会通过壁面影响主流流动，而前小圆半径过小又限制了冷效。

5）多肋及尾缘冷却

提高换热系数的另一种常用技术是设置与冷气流道相垂直的肋条或扰流片，并通过叶型尾缘排出。图 5.24 显示，这是对流冷却中冷效最佳的方式，但涉及内部流道设计以及尾缘出气对基元主流的影响，对于叶轮机动叶还必须考虑高速旋转的影响。

目前，网络法仍然是对流冷却设计的主要方法，但需要计入摩擦损失、面积变化的收扩损失、加热以及旋转的影响，每一节点的总压损失均需要通过数据和模型得到。传统上积累了大量简化结构模型的试验数据，但很少计入旋转的影响和压缩性效应，因此，在动叶上的应用存在较大的偏差。另外，对超声速基元的复杂流动干涉尚没有有效的预估模型。如果能够借助实际几何和旋转模型进行试验，网络分析方法通常会得到合理的结果。以叶轮机为基础的三维数值仿真是模拟局部真实流道的有效方法，可根据与整机连算的现代缩放仿真技术，正确建模并结合网络法分析，提升冷效设计的精度。大多数情况下，燃气涡轮制造商具有更深入的专用数据，这些数据应用范围更窄，但用对了就更加精确。

5.3.3　气膜冷却*

1）气膜冷效

当涡轮燃气温度、冷却气温度和金属许用温度综合所需的平均冷效 $\bar{\Phi} > 0.5$ 或更高时，通常采用气膜冷却，通过冷却气包围在叶片表面，将叶片金属与高温燃气隔离。由于冷气与涡轮燃气掺混，气膜本身并不是一种高效的冷却方式。然而，当与叶片内部的对流冷却结合之后，就成为一种非常高效的叶片冷却方式。

如图 5.27，燃气主流和叶片内部之间有几个关键温度：燃气主流总静温 T_g^* 和 T_g（不可压情况下，两者近似相等）、冷却气总温 T_c^*、冷却气膜孔出气总温 T_{ce}^*、气膜当地温度 $T_f(z, x)$、叶片金属温度 T_m。对如此复杂的掺混流温度场，可以做两部分处理：首先是确定存在气膜的壁面绝热温度,即气膜温度 $T_f(z, x)$,但不计对流冷却;其次是根据气膜和叶片金属温差按(5.33)确定换热系数。

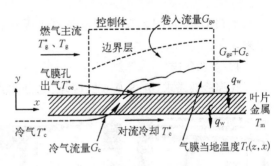

图 5.27　气膜冷却的温度场特征

气膜温度 T_f 可以根据气膜冷效 $\varPhi_f$ 得到:

$$\varPhi_f = \frac{T_g^* - T_f(z, x)}{T_g^* - T_{ce}^*}$$

式中, $T_f(z, x)$ 是当地气膜温度。对小孔而言,气膜温度的展向不可能均匀,也没有必要精确到当地气膜温度,一般以气膜展向平均冷效评估沿流动方向 x 的变化,即

$$\overline{\varPhi}_f = \frac{T_g^* - \overline{T}_f(x)}{T_g^* - T_{ce}^*} \tag{5.36}$$

2) 劈缝冷却

由上可知,气膜冷却的关键问题还是需要解决流动的掺混问题,劈缝气膜通常采用二维卷吸模型。如图 5.27 所示,设主流燃气被卷入气膜层中,简单地假设边界层发展过程中卷入质量流量 G_{ge},并忽略冷却以确定初始边界层。进而,假设边界层内的温度均匀,为卷入燃气和气膜冷却气混合后的平均温度。可见,气膜冷却的建模难度主要在于边界层建模。

3) 多排小孔

出于对热应力与机械设计的考虑,劈缝在叶片上并不常用。热应力高的原因是劈缝上游温度很高而下游温度较低,很难通过劈缝将叶片固定而不产生裂纹。多排小孔替代劈缝可以解决这一问题,但其冷效明显低于劈缝,且流场三维效应强,更难建模和预测。小孔下游约 40 倍直径的范围内气膜的冷效并不均匀,而流场的三维效应使热通量计算复杂化。好在大量实践显示,当地换热系数 $\alpha_m(z, x)$ 与展向 z 的关系不大,于是,展向平均热通量 $\overline{q}_w(x)$ 可以通过展向平均温度 $\overline{T}_f(x)$ 计算得到:

$$\overline{q}_w(x) = \alpha_m(x)\left[\overline{T}_f(x) - T_m(x)\right] \tag{5.37}$$

而不是通过当地气膜温度进行计算。

研究表明,冷气-主流质量通量比、密度比和动量通量比、进气边界层位移厚度、孔径比等参数均对气膜冷却产生重要影响。一般而言,减小孔间距和采用多排孔有利于提高气膜冷效,小孔的几何形状也是改善冷效的设计手段。现代涡轮气膜冷却的工作大都聚焦于此,通过简化模型研究这些参数的影响规律。目前而言,在大量文献数据的基础上,有必要获得叶栅或动叶真实几何的试验数据,试验模拟 Reynolds 数、进气 Mach 数、机械 Mach 数、冷气-主流密度比和冷气-主流质量通量比,以及湍流度的影响。

与对流冷却一样,气膜冷却建模和计算均建立在二维假设的基础上,与基元流概念一致。然而,叶轮机径向平衡弥补了基元流的展向变化,而气膜展向宽度、旋转效应和展向分布尚没有弥补手段,三维数值仿真也无法将多排小孔结合涡轮主流流场完整地模拟出来。

4）多孔气膜

气膜冷效需求 $\overline{\Phi} > 0.6$ 的区域,必须采用多孔气膜冷却。多孔气膜与多排小孔不同,几何结构上体现为孔径更小的等距小孔矩阵,如图 5.28 所示。对这类气膜冷却的处理不同于多排小孔气膜冷却,其分析建模方法完全不同,而更接近于发散冷却。

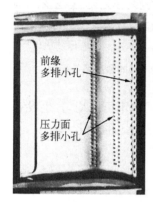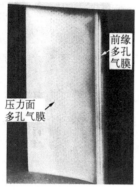

图 5.28　多排小孔与多孔气膜

与多排小孔气膜冷却一样,多孔气膜的冷效计算是非常困难的问题。低速平板试验表明,即使远下游位置,气膜冷效沿展向变化依然剧烈,而流向存在平均冷效的累积上升,100 倍孔径的流向距离时冷效增长趋缓,主流区射流掺混与气膜冷气补给达到平衡,200 倍后才开始降低。可见,多孔气膜更有效地隔离了高温燃气。然而,孔径过小、穿孔率过高都会在制造和应用上产生困难。

另外,大量测试结果证明了交错排列的小孔优于直排小孔,后倾一定角度的小孔优于垂直孔,高密度冷气具有高的气膜冷效等。但是,目前的大量数据源自简单几何或叶栅试验,Reynolds 数、进气 Mach 数、机械 Mach 数、湍流度、冷气-主流密度比和冷气-主流流量比与发动机真实条件尚存差距。

5）发散冷却

发散冷却被视为是理想的冷却方式(图 5.24)。冷气由多孔壁引出,故以最大理论限度对多孔壁进行对流冷却(金属温度等于冷气排放温度),并且低速冷气气膜分布均匀。大部分发散冷却涡轮试验都使用金属丝编织网外衬来模拟叶片的蒸发表面。尽管很理想,但迄今没有获得应用,其原因是结构属性问题:多孔金属叶片的强度尚不具备工程可用;钢丝网强度足够,但气动外形不够光滑;大面积金属氧化严重缩短了叶片寿命等。另外,过小的孔隙难以抵抗大气中颗粒物的烧蚀结焦和堵塞。

6）前缘冷却

前缘是涡轮叶片温度最大的区域,并存在随工作状态变化的滞止点,气膜覆盖难度很大。为覆盖前缘,势必采用密集小孔引出大量冷气,显然这一设计思想缺乏工程可行性。为此,一定小孔的气膜冷却,结合前缘内部冲击对流冷却,是现代涡轮前缘冷却的重要手段。

5.3.4　气膜冷却的气动损失 *

当气膜冷却面对涡轮高速流动时,降低气动损失就成为其设计的一部分。统计显示,气冷高压涡轮叶型损失占 35%、二次流损失占 35%,而气膜冷却损失占 30%。

冷却涡轮的基元损失依然采用总压损失,体现进出口主流(相对)总压降,但影响总压降的因素则不是经典的气动边界层。最简单的掺混模型是假设冷气不影响叶片静压分布,冷气与边界层之间没有干扰,也不影响叶片的表面摩擦,一维的方式考虑冷气与部分主流发生掺混,形成所谓的掺混层。损失则发生于掺混层之中,由前缘开始累积,直至尾缘。尾缘截面,两股掺混层(压力面和吸力面)与未受影响的主流流动进行掺混,得到尾缘平均静压。这一流动会与黏性边界层和尾缘冷气流进行掺混,并以尾缘堵塞的方式计入。每一种掺混计算均施之以控制体变量简化方法。此外,对每一股冷气流量 G_c,可以通过一维线性关系式计算掺混层内部损失:

$$\frac{\Delta p_g^*}{p_g^*} = \frac{k}{2}Ma^2 \frac{G_{ce}}{G_g}\left(1 + \frac{T_{ce}^*}{T_g^*} - 2\frac{w_{ce}}{w_g}\right) \tag{5.38}$$

式中,Δp_g^*、T_g^*、p_g^*、G_g 和 w_g 分别为燃气主流总压损失、总温、总压、流量和速度;T_{ce}^*、G_{ce} 和 w_g 分别为气膜射入点冷却气总温、流量和速度;Ma 为当地 Mach 数。应用于动叶基元相关参数均采用相对量。

Hartsel(1972)对涡轮叶栅掺混层内部损失进行了对比试验。图 5.29 显示了动能损失随冷气-主流流量比 $\dfrac{G_{ce}}{G_g}$ 的变化,其中,动能损失定义为相同出口静压情况下,全部流动的实际动能与冷气、主流各自等熵膨胀所具有的动能之比,可以直接转换为式(5.38)的总压损失,其结果为图 5.29 的掺混层损失计算曲线。试验结果显示气膜具有远大于表面摩擦的掺混损失,一般认为涡轮效率因此降低 1.5% ~ 3.0%。式(5.38)显示这类损失与当地 Mach 数的平方成正比。因此,冷却孔位置是降低气膜冷却损失的重要设计手段。

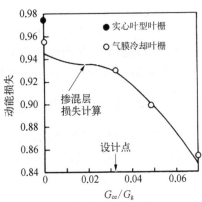

图 5.29　气膜冷却的气动损失

表面上看,冷气由尾缘劈缝射出可以填充尾迹,降低气动损失。但是,式(5.38)表明,随冷气流量增加,由冷气产生的总压损失会首先增大,达到某最大值后开始减小,直至为零或负值(总压增加)。这一现象源于冷气总压随冷气流量增加而增加,但是以冷气流量的能量降低总压损失并不是涡轮基元原理所需要的。虽然以此降低了主流总压损失,甚至为零或负值,但若综合考虑冷气和主流的熵增,则同样导致效率的降低。当然,主流受到尾缘喷射的影响,将改变涡轮基元应有的低静压区,这将强烈影响总压损失。目前研究显示,尾缘冷气喷射将使涡轮在总体性能上存在净损失,冷效的设计必须综合涡轮基元流气动性能。

5.4　涡轮级与多级涡轮

涡轮基元级的进气条件、膨胀能力、转换效率同样随叶片展向高度变化,同样需要进行扭向规律的设计。这里依然以简单径向平衡方程讨论具有解析解分布的扭向规律,以阐明涡轮的工作及设计原理。

5.4.1 基元级的展向积叠:径向平衡方程

这里的内容和压气机一致,拟不作重复。与分析压气机中的气流一样,所谓涡轮一级中的气流组织,也仅限于导叶和动叶两排叶片轴向间隙中那一小块空间的气流。仍假设轴向间隙中那一小块流体沿圆柱面流动,并认为导叶进气参数沿径向是均匀的,那么,气流满足简化径向平衡方程:

$$\frac{\mathrm{d}p}{\mathrm{d}r} = \rho \frac{v_u^2}{r} \tag{5.39}$$

该方程将展向平衡简化为径向平衡。沿径向等熵假设下,参见式(4.53),式(5.39)改写为

$$\frac{\mathrm{d}l_u}{\mathrm{d}r} = \frac{1}{2}\left[\frac{\mathrm{d}w_m^2}{\mathrm{d}r} + \frac{1}{r^2}\frac{\mathrm{d}(v_u r)^2}{\mathrm{d}r}\right] \tag{5.40}$$

其中,环量$(v_u r)$沿径向的分布规律即为扭向规律。该式将沿叶片径向的各基元级速度三角形关联起来,在扭向规律约束下确定速度三角形的径向分布和变化特征。叶片结构必须遵循扭向规律设计、在平衡方程约束下形成,否则叶片径向各基元级流动失配。

5.4.2 典型的扭向规律

式(5.40)显示了轮缘功l_u、子午分速w_m和环量$(v_u r)$之间的关系,任意规定两个参数的径向分布,就可以确定第三个参数的径向分布。下面简单介绍几种在涡轮叶片设计中常用的扭向规律。

1) 等环量扭向规律

沿径向等功设计,即$\frac{\mathrm{d}l_u}{\mathrm{d}r} = 0$,叶片进、出口总焓和环量$(v_u r)$分别沿径向不变,即

$$\begin{cases} \left[\dfrac{\mathrm{d}(v_u r)}{\mathrm{d}r}\right]_1 = 0 \\ \left[\dfrac{\mathrm{d}(v_u r)}{\mathrm{d}r}\right]_2 = 0 \end{cases} \tag{5.41}$$

积分得到$(v_u r)_1 = C_1$、$(v_u r)_2 = C_2$,式中C_1、C_2为常数。于是,扭速$\Delta w_u = \Delta v_u = v_{u2} - v_{u1} = (C_2 - C_1)/r$,扭速随半径增加而降低。预旋$v_{u1} = C_1/r$,也随半径增加而降低。将上式代入式(5.40),得到叶片进、出口子午分速w_m沿径向不变,即$w_{m2} = w_{m1} = w_m = C_3$。结合线速度随半径线性增加$u = \omega r$,可以确定基元级速度三角形的叶展分布(图5.30)。

叶轮机设计中,首先通过中线法设计平均半径r_m的流量系数ϕ_m、负荷系数ψ_{Tm}^*和反力度Ω_m,然后根据扭向规律计算ϕ、ψ_T^*和Ω的随半径r的变化,进而确定各基元级速度三角形。等环量扭向规律的常数C_1、C_2和C_3就是由中线参数得到,为

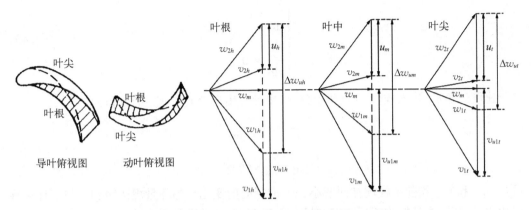

图 5.30　等环量设计的速度三角形及其叶型

$$C_1 = (1 - \Omega_m - \psi_{Tm}^*/2)\omega r_m^2$$

$$C_2 = (1 - \Omega_m + \psi_{Tm}^*/2)\omega r_m^2$$

$$C_3 = \phi_m \omega r_m$$

而 ϕ、ψ_T^* 和 Ω 的随半径 r 的变化为

$$\begin{cases} \phi = \phi_m\left(\dfrac{r_m}{r}\right) \\[2mm] \psi_T^* = \psi_{Tm}^*\left(\dfrac{r_m}{r}\right)^2 \\[2mm] \Omega = 1 - (1 - \Omega_m)\left(\dfrac{r_m}{r}\right)^2 \end{cases} \qquad (5.42)$$

　　与压气机等环量扭向规律一样,其优点是:流动是无旋的,w_m 径向分布均匀,效率较高,计算简便且与实测数据比较一致。适合于出口级涡轮采用,以保证喷管流场均匀无旋损失低。出气流场 v_{u2} 随 r 反比例变化,产生了径向静压梯度,v_{u2} 的设计值越小,p_2 的径向变化越小,越适合于喷口处的低损失静压平衡。为此,v_{u1} 沿径向变化急剧,必然导致 p_1 沿径向急剧变化,因此,反力度沿径向急剧变化。对于轮毂比较小的长叶片,根部反力度可能为零或负值,即所谓冲力式涡轮基元级。这一现象在蒸汽轮机低压缸中常见,但在燃气轮机中应尽量避免,因此,燃气涡轮出口级轮毂比一般不设计得过小。

　　另外,α_1 和 β_1 沿径向的变化都比较急剧,叶片愈长愈突出。特别是 β_1 和 β_2 的变化趋势相反,对应反力度过低时,根部基元级出现 $|\beta_2| > |\beta_1|$,产生压气机动叶基元结构,显然不利。因此,等环量设计又适用于轮毂比较大的叶片。

　　2) 等 α_1 角扭向规律

　　等 α_1 角扭向规律设计条件为

$$\begin{cases} \dfrac{\mathrm{d}l_u}{\mathrm{d}r} = 0 \\ \dfrac{\mathrm{d}\alpha_1}{\mathrm{d}r} = 0 \end{cases} \tag{5.43}$$

结合速度三角形,代入式(5.40)并积分,得出导叶出口处 v_{u1}、w_{m1} 的分布为

$$\begin{cases} v_{u1} r^{\cos^2\alpha_1} = \text{const.} \\ w_{m1} r^{\cos^2\alpha_1} = \text{const.} \end{cases} \tag{5.44}$$

可知,v_{u1} 和 w_{m1} 均随半径增加而减小,v_{u1} 沿径向的变化比等环量规律缓和。与等环量规律相比,这两因素都能改善反力度和导叶出口 Mach 数等参数沿叶高变化急剧的缺点。尤其对于避免根部反力度小于零的问题,采用等 α_1 角扭向规律有明显改善。

等 α_1 角扭向规律的目的就是保持直叶片导叶,优点是:① 涡轮临界截面计算准确,控制有效,并容易制造;② 叶片内部可设计为直通道空心叶片,以便于冷却结构的设计和制造;③ 有利于空心叶片中通过承力枝干等。缺点是 v_{u2} 沿径向存在变化。因此,多应用于高压涡轮 NGV 的设计。

3) 通用扭向规律

和压气机中间规律一样,涡轮叶片的各种扭向规律也可以由一个通式表示:

$$\begin{cases} \dfrac{\mathrm{d}(v_{u1} r^m)}{\mathrm{d}r} = 0 \\ \dfrac{\mathrm{d}l_u}{\mathrm{d}r} = 0 \end{cases} \tag{5.45}$$

式中,m 为常数。当 $m = 1$ 时为等环量扭向规律;当 $m = \cos^2\alpha_1$ 时为等 α_1 角扭向规律。当选择 m,使 $\cos^2\alpha_1 < m < 1$ 时,就可以得到介于两者之间的扭向规律,这种规律也叫作中间规律。对于轮毂比很小的长叶片,若采用等 α_1 规律仍不能避免动叶根部基元反力度为负值时,可选择 m,令 $0 < m < \cos^2\alpha_1$,使叶根区域反力度增加。

4) 可控涡设计

20 世纪 60 年代中期开始采用完全径向平衡方程计算涡轮流场,并采用可控涡设计。这样的设计能保证涡轮具有较大的出功能力,且叶根截面不出现负反力度。

所谓可控涡设计方法,是规定环量沿叶片展向的分布规律,以获得反力度沿叶展变化较缓的长叶片设计方法。这时展向功分布、熵分布和流线曲率均需要通过完全径向平衡方程组的求解,以子午流场分布反映周向平均或中心 S2 流面的准三维流场,这里不作深入讨论。

可控涡设计的优点是:① 反力度沿叶展分布可控制得较为均匀,从而改善动叶根部区域的流动状态,并减小叶尖间隙的漏气量;② 可使导叶根部出口 Mach 数和动叶尖部出口相对 Mach 数相应减小,易于对涡轮临界截面的有效控制;③ 反力度均匀分布的结果可以削弱导叶边界层内的潜流现象,避免根部端壁边界层堆积,降低能量损失;④ 多级涡轮

可控涡设计,可通过各导叶预旋角设计,增加前面级动叶出口环量 $v_u r$,增加涡轮出功能力,这时动叶出口 α_2 可偏离子午面高度 30°左右,并通过负荷降低使出口级 $\alpha_2 \approx 0$,或通过增加一排出口静叶使气流保持轴向出气。

5.4.3　二次流动

除叶型损失外,和压气机一样,涡轮同样存在着与基元流主流不一致的二次流动。Dring 等(1985)称之为端壁空气动力学,而将基元流称为叶型空气动力学。

与压气机不同的是:① 强逆压梯度下的压气机叶片排,其流动损失产生于某一排,受影响的也是这一排,并通过落后角影响至下一排叶片。但是,涡轮处于强顺压梯度,某一排产生的流动损失可以通过下一排影响到下一级,并且以强非定常流动的特征产生影响;② 就一排叶片而言,涡轮叶片的流动损失没有压气机严重,但是,设计者对涡轮效率的预期值远高于压气机,控制流动损失依然是艰巨的任务。

除马蹄涡、展向迁移流、周向迁移流和泄漏流四类二次流动与压气机具有一致的原理特征外,涡轮二次流动还包括由端区冷却形成的二次流动。由于第 4 章已经讨论了四类二次流现象的形成原理,这里不再赘述,而讨论其综合的影响。

1) 端区二次流动

涡轮端区二次流动是马蹄涡、周向迁移流和展向迁移流的共同作用下向空间发展的结果。Langston 等(1977)通过涡轮叶栅流场显形得到端壁流动的极限流线,如图 5.31(a)。结果显示,叶栅边界层厚度与弦长比值 $\frac{\delta}{c} \approx 10\%$ 的区域存在马蹄涡,形成原理与压气机角涡一致。但是,马蹄涡在端壁形成极限流线的鞍点,流动被分为两支:一支受马蹄涡作用,进气 w_1 正迎角特征明显加强,流入叶栅前呈现逆向流动,围绕前缘流入相邻流道;另一支虽然在本流道内,但受端区边界层周向二次流的有势作用,迅速呈现非常强烈的负迎角特征,向吸力面流动,并受马蹄涡诱导卷绕,约在 1/2 弦长位置到达吸力面,并与展向二次流汇合向空间发展。马蹄涡鞍点下游几乎没有来自进气边界层的流体,周向二次流重构了端壁边界层,形成非常薄的横向流动边界层($\frac{\delta}{c} \approx 0.2\%$),并在吸力面与

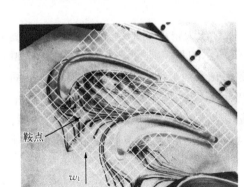

(a) 涡轮叶栅端区极限流线

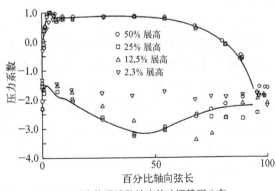

(b) 体现端壁效应的叶栅静压分布

图 5.31　端壁二次流动的形成与发展

径向二次流共同作用向空间发展为通道涡。如图 5.31(b)所示,50%展高的吸力面最低静压出现在 50%弦长附近,这时基元流动的设计体现。在端区二次流影响下,2.3%展高吸力面静压大幅度增加,负荷能力减小;12.5%展高最低静压后移至 70%弦长,上游负荷能力减弱,最低负荷后移,体现了二次流在空间的发展。25%展高时,这种影响发展到 90%弦长。顺压梯度的作用下,涡轮通道涡具有很强的流向涡特征,且不易分离,与盘腔泄漏流作用,穿过下一排叶片影响到下一级。

2) 泄漏流动

同压气机,涡轮动叶叶尖间隙也是效率降低的重要原因之一。燃气涡轮转子的安全运行间隙一般为动叶展高 1%~5%。研究表明,每增加 1%的相对间隙,涡轮级效率约降低 1.5%。

叶尖泄漏的流动原理与压气机一致,不同的是涡轮顺压梯度使泄漏掺混流动更多地影响下游流场。另外,低压涡轮更多地采用带冠叶片以减小泄漏损失。

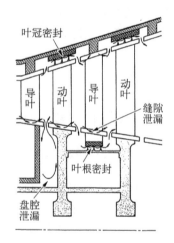

图 5.32　涡轮中的泄漏流动

如图 5.32 所示,现代涡轮同样具有十分复杂的密封结构,以控制各类间隙的泄漏流动。然而,燃气也是无孔不入,只要有压差和缝隙存在,泄漏就不可避免。

由于应用广泛,带冠转子的叶冠间隙流动正受到前所未有的重视。主流气体离开流道,经过篦齿密封后再进入主流道,损失的产生包括篦齿节流损失和主流道再入的动量掺混。减小泄漏的气动设计方法包括可控涡扭向规律子午流场设计。相对无涡设计,该设计可以通过降低叶尖反力度来减小动叶尖区的静压降,进而减小引发流动泄漏的势差。密封效果也是减少泄漏流动的机械设计贡献。

一些情况下,如同多级压气机,多级涡轮导叶也存在叶根密封设计。与动叶尖部泄漏损失一样,导叶根部泄漏损失同样影响性能。显然,可控涡设计也是减小导叶根区静压降的重要手段,在此基础上同样需要机械设计手段以增强密封效果。

迄今为止,气动上没有研究过缝隙泄漏的问题,一般将此归结于结构设计,如缘板焊接、密封装置等。

以上各类泄漏流均产生于主流的静压势差。但有一类情况越来越受到重视,就是旋转盘腔通过流道根区间隙与主流相连通,如图 5.32 所示的盘腔泄漏。这一间隙取决于瞬态运行时转、静子零件不发生碰摩所需的最小缝隙。在表面剪切力的作用下,旋转盘如同一个泵,作用于盘腔内的空气。其本身所产生的功耗并不大,但是却可以将高能空气泵出盘腔,进入主流道,产生动量掺混损失。这一效应使进入叶片排下游的端壁边界层增厚,因此,增加了叶片排的端壁损失。这一作用受到动、静叶的影响,具有强烈的非定常流动特征。如果有冷却气引入盘腔,则更为复杂。

3) 端区冷却

流入涡轮的燃气存在随机的周向温度分布,这是 NGV 叶片热斑产生的重要原因。一般,当涡轮进气温度为 1 650 K 时,热斑温度可能高达 1 900 K。周向平均的径向温度分布也不均匀,典型分布如图 5.33(a)所示,体现了燃烧室冷气使端壁温度降低的自然分布特征,同时有利于叶片端壁冷气需求量的降低。

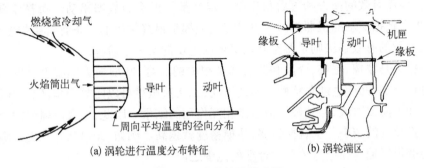

(a) 涡轮进行温度分布特征　　　(b) 涡轮端区

图 5.33　涡轮的端区冷却

　　早期的航空发动机,涡轮进气温度较低,可通过温度场分布的设计规避端壁冷却问题。然而,随着燃气温度的提高,端壁冷却变得不可或缺。如图 5.33(b),端区冷却主要是解决导叶缘板和动叶缘板的问题,这些区域和叶片一样具有较强的温度梯度。目前对端区冷却的气动设计还处于比较初步的阶段。

　　导叶缘板受到横向流的强烈影响。Blair(1974)利用大尺寸单流道开展低速试验,对 NGV 端壁区的气膜冷效和换热系数进行了测量。气膜产生于上游劈缝,如图 5.34 所示,横向流使气膜明显远离压力面,气膜冷效范围非常有限。可见,正确理解叶轮机内部复杂流动是气冷设计的重要前提。

　　涡轮进气温度很高时,或许需要气膜对静止机匣进行冷却。但几乎没有这类冷却的文献。因为必须在涡轮转子中进行测量,所需的数据极难获取。

　　动叶缘板和叶冠的换热问题几乎不被关注。较低温度下,出于气动性能的原因,大部分涡轮动叶具有叶冠,如低压涡轮。较高温度时,叶冠需要冷却,而设计者通常以取消叶冠来解决由此产生热应力问题,如高压涡轮第一级。

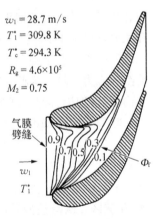

$$w_1 = 28.7 \text{ m/s}$$
$$T_1^i = 309.8 \text{ K}$$
$$T_c^* = 294.3 \text{ K}$$
$$R_g = 4.6 \times 10^5$$
$$M_2 = 0.75$$

图 5.34　端壁气膜冷效

　　4) 二次流损失

　　现代叶轮机二次流的基本原理已经十分明确,其最新理解与预估强烈依赖于基元流、子午流的原始状态,是有势流与边界层相互作用的结果。如果说叶型损失涉及的是叶片排自身结构,那么,二次流损失还受到上游端区二次流的影响,不能由该排叶片结构唯一确定。为此,必须同时考虑由叶片排内部产生的净损失和多排相互作用施加于该叶片排的总损失。对于多级压气机,总损失受压气机进气迎角的影响;对于多级涡轮,受迎角影响的程度较低,但却能够以非定常的形式影响到其后的多级叶片排。

　　目前,二次流损失模型有效性不高,分散度达到 100% 的情况并不罕见。这就无怪乎需要考虑净损失、总损失和下游二次流损失的依赖性问题,即使采用非定常三维数值仿真,也无法对真实几何的耦合影响进行高精度评估。因此,准确的二次流损失模型必须得到解决,但目前仍没有成功的迹象。

从叶型损失模型的发展历程看,从早期理论模型,到以试验数据为基础的半经验、经验模型,精确而有效的损失和落后角模型一定是基于理论的数据驱动。随着计算能力的进步,基于大数据驱动的机器学习或将是二次流模型最终解决的一条有希望的途径,而复杂二次流模型的有效解决则是航空叶轮机再次进步的又一个阶梯。

叶型损失是摩擦、尾迹、分离和激波四类损失的综合,叶型损失模型也可以通过各自建模后进行叠加,并产生迎角特性。与此不同,二次流虽然可以归类为角区流、泄漏流、展向二次流和周向二次流,但其最终流态是相互作用的结果。因此,二次流损失的建模强烈依赖于多排综合的结果。综合性越弱,建模精度就越高。例如,无冠动叶叶尖间隙的泄漏损失就能够很好地落在模型关系式计算的范围之内。

盘腔泄漏也具有相对明确的结构特征,与损失关联的函数自变量至少包括端区二次流影响参数、间隙流量、轮盘泵效应、叶片排前尾缘冲击影响的非定常效应等。容易解决的是盘腔,不容易解决的是受到干扰的端区二次流和非定常效应。

二次流建模的另一个困难是:很难通过涡轮试验获得有效数据进行建模。真实叶轮机具有丰富的间隙泄漏流态,很难将端区二次流动损失与泄漏损失解耦。例如,带冠动叶叶尖间隙泄漏会影响动叶端区二次流,无法通过试验获得多少损失源自径向/周向二次流、泄漏流。因此,类似无冠动叶,必须以带冠动叶泄漏损失作为一类完整的模型,而不是在无冠动叶泄漏模型上加以修正。类似结构在叶轮机中十分丰富,随设计而不同,因此,二次流损失具有更强烈的个性化特征,结构设计必须以气动为基础,不是单单完成工程图绘制和应力计算。为此,不仅需要深入认识叶轮机气动热力学,同时必须仔细分析叶轮机结构细节,理论、计算、试验缺一不可。

叶型对流冷却设计精度基本达到了航空发动机应用需求,差异在于二次流道空气系统的损失将决定是从哪一级压气机进行引气,体现了系统能量的转换效率。然而,气膜冷却则远没有达到这一水平。虽然有大量文献发表,但是,以高冷效、低损失为综合目的的设计常常仅考虑了换热问题而忽略了气动损失。端区冷却则更为复杂,与二次流浑然一体,在端区二次流模型可用前,不可能出现端区冷却损失模型。

字里行间,希望读者可以初步领悟到航空叶轮机设计的难度和创新发展的方向。

5.4.4 多级涡轮

压气机压比小于 6.0 时,一般用单级涡轮带动压气机。随着高压压气机压比增加和风扇流量增大,涡轮功的需求量不断增加,多级涡轮成为必然。另外,涡轮级数的多少也成为小涵道比和大涵道比涡扇发动机的基本差异特征。涡轮级的重量远大于压气机级,为追求小涵道比涡扇发动机的推重比,以单级高压、单级低压涡轮为优,为此则需要限制压缩系统总压比;而大涵道比涡扇发动机更加追求安全性经济性,于是以压缩系统总压比提高、风扇流量增加为设计目标,不过度追求推重比。

1) 多级涡轮的设计原则

采用多级涡轮的情况可能有如下几种:

(1) 功率问题:单级涡轮功率不足时,自然需要考虑多级涡轮。

（2）迎风面积问题：轴流压气机最大线速度受跨声速压气机限制，采用单级涡轮而过分增加其最大线速度，势必导致涡轮直径远大于压气机直径，使发动机迎风面积增大而不利于飞机设计。

（3）轴向力问题：虽然反力度和空气系统设计可以在一定范围内调整轴向力，但是直径过大的涡轮必然导致高压转子轴向力指向下游方向，也必然需要通过涵道比增加以弥补推力损失。同等推力下，涵道比的增加必然降低比推力，不利于小涵道比发动机的特殊应用。

（4）寿命问题：涡轮线速度过高使高温环境下涡轮叶片应力设计困难、蠕变增强，不利于性能衰退和寿命延长。

（5）重热问题：工程应用中没有特殊限制时，应考虑利用重热现象而采用多级涡轮。

2）多级涡轮的压比与效率

目前，多级涡轮的等熵效率 $\eta_T^* = 0.91 \sim 0.94$，比单级约高 $1\% \sim 3\%$。这得益于涡轮的重热现象。

多级涡轮压比（膨胀比）π_T^* 是各级压比 $\pi_m^*(m = \mathrm{I}, \mathrm{II}, \cdots, M)$ 的乘积：

$$\pi_T^* = \prod_{m=\mathrm{I}}^{M} \pi_m^* = \frac{p_T^*}{p_\mathrm{I}^*} \tag{5.46}$$

式中 p_I^* 和 p_T^* 分别为 M 级涡轮进、出口总压。

多级涡轮等熵效率与级效率定义式（2.54）一致，是多级涡轮输入的总轮缘功与总的等熵压缩功之间的比值，即

$$\eta_T^* = \frac{l_{u_T}}{l_{is_T}^*} \tag{5.47}$$

其中，涡轮轮缘功 l_{u_T} 为各级轮缘功 l_{u_m} 之和，即

$$l_{u_T} = \sum_{m=\mathrm{I}}^{M} l_{u_m} = \sum_{m=\mathrm{I}}^{M} (l_{is_m}^* \eta_m^*) = \sum_{m=\mathrm{I}}^{M} \left[c_p T_m^* \left(1 - \frac{1}{\pi_m^* \frac{k-1}{k}} \right) \eta_m^* \right] \tag{5.48}$$

显然，第 m 级涡轮轮缘功 l_{u_m} 遵循着级等熵效率关系，是该级总等熵压缩功 $l_{is_m}^*$ 与效率 η_m^* 的乘积。式中，T_m^* 是实际情况下第 m 级压气机的进气总温。

而式（5.47）中，总等熵压缩功 $l_{is_T}^*$ 是多级涡轮等熵假设条件下各级等熵压缩功 $l_{is'_m}^*$ 之和，即

$$l_{is_T}^* = \sum_{m=\mathrm{I}}^{M} l_{is'_m}^* = \sum_{m=\mathrm{I}}^{M} \left[c_p T_{s_m}^* \left(1 - \frac{1}{\pi_m^* \frac{k-1}{k}} \right) \right] \tag{5.49}$$

其中，$T_{s_m}^*$ 为等熵条件下第 m 级涡轮进气总温。可见，多级涡轮等熵过程和级等熵过程存在一定的差异，体现为等熵压缩功 $l_{is'_m}^*$ 和 $l_{is_m}^*$ 之间的差异。前者各级效率 $\eta_m^* = 1.0$，第 m

级进气总温为 $T_{s_m}^*$；后者仅具有级等熵假设，各级效率 $\eta_m^* < 1.0$，第 m 级进气总温为 T_m^*。 实际过程中，除第一级进气条件不变外，后面各级进气总温 T_m^* 均高于多级涡轮等熵压缩假设下的进气总温 $T_{s_m}^*$，即 $T_{s_m}^* < T_m^*$。 于是，和压气机一样：

$$l_{is_T}^* = \sum_{m=1}^{M} l_{is'_m}^* < \sum_{m=1}^{M} l_{is_m}^* \tag{5.50}$$

说明多级涡轮等熵压缩功小于各级等熵压缩功之和，产生这一现象的原因是实际过程中因前面级熵增而产生了额外的温度增量 $T_m^* - T_{s_m}^*$ 作为该级的进气条件。叶轮机中的这一现象被称为重热现象，即熵增除影响当前级的流动，同时以热的方式改变后面级的进气条件。压气机的重热现象通常是不利的，而涡轮的重热现象可通过多级加以利用。为什么呢？

将式(5.48)~式(5.50)应用于式(5.47)，得

$$\eta_T^* = \frac{\sum_{m=1}^{M} l_{u_m}}{\sum_{m=1}^{M} l_{is'_m}^*} > \frac{\sum_{m=1}^{M} l_{u_m}}{\sum_{m=1}^{M} l_{is_m}^*} \tag{5.51}$$

为阐明其物理意义，设涡轮各级效率相等，即 $\eta_I^* = \eta_{II}^* = \cdots = \eta_M^*$，于是，$\dfrac{l_{u_I}}{l_{is_I}^*} = \dfrac{l_{u_{II}}}{l_{is_{II}}^*} = \cdots = \dfrac{l_{u_M}}{l_{is_M}^*}$。 根据合比定理，$\dfrac{\sum_{m=1}^{M} l_{u_m}}{\sum_{m=1}^{M} l_{is_m}^*} = \dfrac{l_{u_I}}{l_{is_I}^*} = \eta_I^*$。 于是根据式(4.67)，$\eta_T^* > \eta_I^*$，即多级涡轮等熵效率高于各级效率，这也说明重热现象对多级涡轮效率有利，适当增加级数有助于提升多级涡轮的效率，当然，重热现象的利用以不影响工程应用效果为前提。

3) 多级涡轮设计参数的匹配

多级涡轮是单级涡轮的串联组合，但必须考虑到各级之间的匹配关系，包括涡轮与尾喷管的气动匹配。例如，已知总涡轮功（亦即总焓降）的情况下，总焓降多级分配就必须从效率、轮毂比和尾喷管的配合等方面综合设计。总体而言，遵循多级涡轮逐级放大的原则，采用膨胀功（或总焓降）逐级下降为佳。其优点如下：① 末级膨胀功设计得最小，易使末级出口气流接近轴向，尾喷管能量损失最小、产生推力的能力最大；对于带加力燃烧室的发动机，可以减少其进口扩压段的整流损失；② 进口级膨胀功最大，总焓降大，反力度一定时，NGV 中气流静温降低显著，有利于第一级动叶和后面级规避复杂的冷却设计。随着涡轮前总温的不断提高，小反力度设计也是降低动叶进气静温的重要手段，但不应走入另一个极端，设计过低的反力度。进口级进气轴向分速一般较低，燃烧室出口方向变化随机性较强，过低的反力度将导致导叶气动弯角大、流动损失大。不走极端的唯一途径是在过去应用的基础上，根据气动、冷却、材料、制造和热障涂层的综合进步实施有效的创新。

多级涡轮的动叶进气绝对气流角 α_1 一般设计为前大（65°~72°）后小（55°~60°）。这使得反力度前小后大，前面级叶片不至于过短、后面级叶片不至于过长，流道的扩张变化

较为缓和。因为,叶片长度主要决定于子午流道的环面积,由流量方程确定:

$$A_1 = \frac{G_g\sqrt{T_0^*}}{\sigma^* p_0^* K q(M_1)} \cdot \frac{1}{\cos\alpha_1} \tag{5.52}$$

式中,0-0 截面代表导叶进口截面,1-1 截面代表导叶出口截面。可见,α_1 越大,则环面积 A_1 的设计需求越大;反之,α_1 越小,则 A_1 越小。环面积大则意味着叶片长,反之叶片就短。注意,这里 α_1 依然是与子午面的夹角。

前小后大的反力度分配有助于进口级动叶前温度降低,后面级反力度即使存在展向变化也可以缓解叶根的反力度过低。

与多级压气机流道收缩一样,多级涡轮存在流道逐步扩张的设计,流道的形式有等内径、等外径和等中径之分。以流量系数、负荷系数和反力度定量遵循上述功分配原则,兼顾全状态变化,特别是壅塞问题,是流道形状的设计依据。虽然与多级压气机类似,但更少地关注气动分离的变状态特征,更多地兼顾叶片温度裕度的极限问题。

思考与练习题

1. 涡轮和压气机与气流间的能量交换方式有何不同?
2. 在涡轮中为什么要把喷嘴环安置在工作轮前面?
3. 试用热焓方程和 Bernoulli 方程分析喷嘴环和工作轮中的能量转换过程。
4. 试将压气机和涡轮作一比较,找出它们的共性和特性。
5. 什么叫作涡轮膨胀过程的再生热?
6. 决定涡轮基元级速度三角形的主要参数有哪些?
7. 涡轮反力度和压气机反力度是否概念一致? 如何计算涡轮反力度?
8. 在焓熵图上画出零反力度的涡轮基元级中气流的膨胀过程。
9. 什么叫作涡轮叶栅的临界 Mach 数和壅塞状态?
10. 什么叫作涡轮叶栅的极限负荷状态?
11. 涡轮叶栅流场是怎样随栅后反压变化的?
12. 涡轮导叶和动叶出口的气流速度如何计算?
13. 涡轮基元级的流动损失是由哪几部分组成? 它和压气机基元级的是否完全一样?
14. 当涡轮导叶和动叶处于亚临界和超临界时,如何计算气流角 α_1 和 β_2?
15. 比较等环量压气机叶片和等环量涡轮叶片的异同。
16. 涡轮级的流动损失和压气机级的流动损失是否一样?
17. 什么是二次流动损失?
18. 试分析影响涡轮功率的因素。
19. 试分析喷嘴环气流出口角 α_1 的大小与叶片长短的关系。
20. 在什么情况下采用多级涡轮?
21. 在多级涡轮中,各级轮缘功应如何分配?
22. 为什么说多级涡轮效率一般比单级涡轮效率高?

23. 涡轮气膜冷却对涡轮效率有什么影响？

24. 已知燃气流过涡轮叶栅时，$\alpha_1 = 65°$、$v_1 = 560\ \mathrm{m/s}$、$T_1 = 920\ \mathrm{K}$、$T_2 = 860\ \mathrm{K}$、$u_2 = u_1 = 340\ \mathrm{m/s}$、$w_{m2} = w_{m1}$，并已知燃气绝热指数 $k = \dfrac{c_p}{c_v} = 1.3$、气体常数 $R = 287\ \mathrm{J/(kg \cdot K)}$。

试求：

(1) 喷嘴环中之总焓的大小及其变化；

(2) 工作轮中的相对总焓的大小及其变化；

(3) 工作轮出口的相对速度 w_2；

(4) 工作轮进出口的绝对总焓变化；

(5) 喷嘴环进口至工作轮出口绝对总焓变化；

(6) 轮缘功 l_u；

(7) 反力度 Ω。

25. 某涡轮进口燃气总温为 $1\ 015℃$，总压为 $0.8\ \mathrm{MPa}$，出口燃气总压为 $0.25\ \mathrm{MPa}$，求涡轮的滞止等熵膨胀功和滞止多变膨胀功（燃气绝热指数 $k = 1.33$，多变指数 $m = 1.28$）。

26. 某发动机转速 $n = 11\ 150\ \mathrm{r/min}$，第一级涡轮平均直径 $d_m = 543\ \mathrm{mm}$。在叶中截面处，动叶基元进口绝对速度 $v_1 = 491\ \mathrm{m/s}$、$\alpha_1 = 64.5°$。求动叶基元进口相对速度 w_1 的大小和方向。

27. 某涡轮级的轮缘功 $l_u = 250\ \mathrm{kJ/kg}$，且中径处的下列参数为已知：$\alpha_1 = 62°$、$\psi_T^* = 1.5$、$\Omega = 0.3$、$\dfrac{w_{m1}}{w_{m2}} = 1.0$，试画出该中径上的速度三角形。

28. 某涡轮级导叶的速度损失系数 $\varphi = 0.96$、$\dfrac{p_0^*}{p_1} = 1.8$、$T_0^* = 1\ 100\ \mathrm{K}$，求：

(1) 出气速度 v_1；

(2) 导叶动能损失 ζ_k。

29. 已知某涡轮动叶进口处的燃气相对总温 $T_{w1}^* = 1\ 050\ \mathrm{K}$、相对速度 $w_1 = 300\ \mathrm{m/s}$、速度损失系数 $\varphi = 0.94$、落压比 $\dfrac{p_1}{p_2} = 1.4$，试求涡轮后的静温 $T_2(k = 1.33)$。

30. 某单级涡轮中径基元级反力度为零，$u_2 = u_1$、$w_{m2} = w_{m1}$，出气方向为轴向，并已知 $\alpha_1 = 60°$。试画出气流流过该基元级的焓熵图、速度三角形和叶型的大致情况，并计算气流经过动叶基元时的气动弯角。

31. 某单级涡轮沿径向按等功设计，燃气流量 $G_g = 50\ \mathrm{kg/s}$，中径处 $v_1 = 500\ \mathrm{m/s}$、$v_2 = 300\ \mathrm{m/s}$，反力度 $\Omega = 0.5$，试求该涡轮的输出功率（设 $\delta_{sc} = 0.97$）。

32. 一个单级涡轮，进口总温 $T_4^* = 1\ 200\ \mathrm{K}$、出口总温 $T_5^* = 935\ \mathrm{K}$，涡轮效率 $\eta_T = 0.89$、$\delta_{sc} = 0.97$，进口总压 $p_4^* = 540\ 000\ \mathrm{Pa}$，求：

(1) 涡轮功 l_T；

(2) 涡轮出口总压。

33. 某单级涡轮设计膨胀比 $\pi_T^* = 1.9$，出口燃气绝对 Mach 数为 0.47，试求该涡轮级所能达到的最大膨胀比及其涡轮功。

34. 评述涡轮部件的材料、工艺和冷却在发展先进涡轮中的地位和作用。

35. 列举并评述三种涡轮新技术之思路及其作用。

36. 转动导叶为什么可以调节涡轮特性？

第6章
离心压气机气动设计基础

本章从设计角度出发,侧重于区别轴流压气机,分别讨论离心叶轮、扩压器和离心压气机级气动设计的基本概念。对于离心叶轮,重点讨论基本结构参数、速度三角形与能量转换、滑移系数和反力度等概念;对于扩压器,以进气 Mach 数提高为主线,讨论为什么会采用形式不同的径向扩压器;通过基本流动图画和流动损失,讨论离心压气机级匹配问题。

学习要点:

(1) 掌握离心叶轮速度三角形、滑移系数和反力度等概念,体会离心叶轮能量转换与气动性能的有机联系;

(2) 了解扩压器基本流动规律,体会不同扩压器结构形式与流动特征的内在联系;

(3) 了解离心压气机流动的不均匀性、流动损失,以及级性能匹配问题,体会流动控制的方法与流场识别。

6.1 离 心 叶 轮

离心压气机同样存在"级"的概念,但是,对应轴流压气机的动、静叶叶片排,离心压气机更习惯称为叶轮和扩压器,并以叶轮和扩压器为单元,讨论其内部流动与性能特性的关系。进一步细化,可将叶轮和扩压器分解为基元流和子午流,作为吴仲华先生 S1 和 S2 流面的简化。

比转速较低的离心压缩机子午剖面如图 6.1(a)所示,流体径向流入、流出叶轮,由轮盘、叶片和轮盖构成闭式叶轮,固定元件包括进气管、进气蜗壳、扩压器、弯道、回流器、出气蜗壳等。由于叶片展向变化较小,叶片呈二维结构特征,通常用平均子午流线 m 上的气动热力参数代表叶轮和级的性能。比转速较高的离心压气机[图 6.1(b)]为轴向流入、径向流出叶轮,多为半开式叶轮,没有轮盖。传统叶轮由导风轮和径向叶轮组成,现代叶轮则将两者合而为一。固定元件包括无叶扩压段、径向扩压器和轴向扩压器。虽然目前叶片结构仍采用直纹面,但导风轮区域存在展向变化,叶片三维结构特征较强,仍需要 S1、

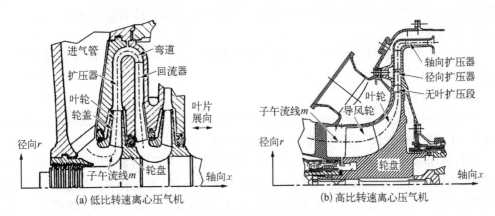

(a) 低比转速离心压气机　　　　　　　(b) 高比转速离心压气机

图 6.1　离心压气机级

S2 两族流面体现三维流场。

将 S2 流面投影在柱坐标子午面内,如图 6.1(b)所示,以一系列子午流线 m 表示叶片展向高度的流动,即为子午流场;以子午流线的回转面切割叶轮机级,得到基元级,体现了忽略展向参数变化的 S1 流面基元流场。

叶轮机设计一般采用柱坐标系 (r, φ, x) 旋转方向为正的右手系法则,于是有了径向、周向(或切向)和轴向的概念。如图 6.1(b),前缘区域的展向为半径的变化,尾缘区域的展向为轴向变化,因此,离心压气机更习惯称为展向,表示叶片不同展向高度所具有的参数分布。

6.1.1　离心叶轮结构参数

叶型不是离心叶轮设计的关键结构参数,因此,叶轮的叶片不定义最大挠度及其相对位置、最大厚度及其相对位置等轴向叶型所关注的参数,而更为重要的结构参数包括进出口半径、进出口金属角等。传统叶轮采用等厚度分布的双圆弧叶型(图 6.2),现代设计则根据子午通流设计计算,获得多项式中弧线及厚度分布的叶型几何。

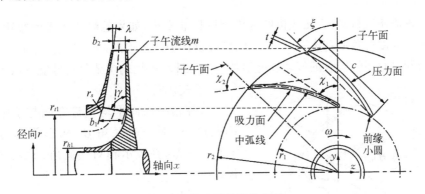

图 6.2　离心叶轮结构参数

1) 中弧线

离心压气机的中弧线也是由气动设计产生的重要曲线,结合厚度分布生成叶型坐标,并以中弧线前端为圆心形成前缘小圆,尾缘可以没有小圆而直接制造为钝尾缘。

2）弦长 c

弦长定义为中弧线前、后端切线与前、尾缘小圆交点的连线长度。没有尾缘小圆的情况下以中弧线后端点计。

3）金属角 χ

金属角,也称构造角,是中弧线切线与子午面之间的夹角。进口金属角 χ_1 和出口金属角 χ_2 分别是中弧线前、后端切线与子午面的夹角。

叶轮机领域,关于角度参考平面同样存在两种方式,与子午面的夹角,和与圆弧切线的夹角,两者互余。这里依然采用与子午面的夹角。另外,按旋转方向为正的右手系法则,图 6.2 中叶轮进口金属角 χ_1 的值恒为负,而 χ_2 正负皆有可能。工程上习惯将 χ_1 取为正值,与 χ_1 方向一致的 χ_2 也记为正值,而转过子午平面的 χ_2 记为负值(前弯叶片式叶轮)。

易知,金属角 χ 不变所产生的中弧线曲线是对数螺旋线,明显存在弯度,因此,轴流叶轮机的叶型弯角在离心压气机中没有气动上的物理意义。

4）安装角 ξ

安装角定义为叶型弦线与子午面之间的夹角,确定叶片相对叶轮的安装角度。

5）叶型坐标

由中弧线、厚度 t 分布、前缘小圆和尾缘小圆(或钝尾缘)得到叶型坐标。如图 6.2,叶型由四段曲线组成,分别为吸力面、压力面、前缘小圆和尾缘小圆(或钝尾缘直线)。压力面静压较高,称工作面;吸力面静压较低,称非工作面。与轴流压气机叶型不同的是,多数叶轮压力面是凸面、吸力面是凹面。

除叶型参数外,影响气动性能的叶轮结构参数还包括:叶片进出口半径 r_1、r_2、进出口宽度 b_1、b_2、轮盖或机匣斜角 λ、前缘掠角 γ、轮盖进口圆角 r_s 和叶片数 N 等。对离心压气机而言,叶轮和扩压器均具有变稠度的特征,因此,稠度不宜作为重要的气动结构参数。分流叶片(或称大小叶片)是弥补稠度变化过大的有效工程设计手段。

6.1.2 气动性能参数与速度三角形

相对轴流压气机,离心压气机叶片的展弦比非常小,如果忽略二次流的影响,那么展向各基元级速度三角形基本一致。因此,传统设计中以平均展高子午流线(中线)参数代表基元级和离心压气机级的气动性能参数。离心叶轮中线的主要气动性能参数包括:

1）气流角

气流角是周向平均气流方向与子午面之间的夹角,特别是进气角 β_1 和出气角 β_2(如图 6.3)。一般,β 表示相对气流角、α 表示绝对气流角。

2）迎角 i

迎角定义为叶轮进气角 β_1 与进口金属角 χ_1 之间的差值。按旋转方向为正的右手系法则,β_1 的值一定为负,但是,工程应用习惯强制 β_1 为

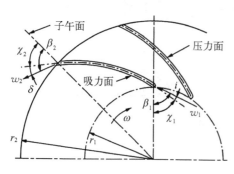

图 6.3　离心叶轮气动性能参数

正值。于是按照工程习惯，迎角与 β_1、χ_1 的关系与轴流压气机一致，为

$$i = \beta_1 - \chi_1 \tag{6.1}$$

和轴流叶轮机一样，平均进气速度 w_1 的延伸线交于压力面(工作面)区域时，迎角定义为正，否则为负迎角。

3）落后角 δ

落后角定义为叶轮出气截面平均气流角 β_2 与出口金属角 χ_2 之间的夹角。同样存在角度的正负问题，工程上也是将与 β_1 方向一致的 β_2 记为正值，而出口气流方向转过子午平面的 β_2 才记为负值。这样的出气角通常对应于前弯叶片式叶轮。按工程应用习惯：

$$\delta = \beta_2 - \chi_2 \tag{6.2}$$

表明流动脱离吸力面方向为正。因为没有叶型弯角，故而没有气动弯角的定义。

4）总压损失系数 ϖ

由于进出口半径存在差异，因此，离心叶轮总压损失系数必须扣除离心力加功的影响，即

$$\varpi = \frac{p_{w2s}^* - p_{w2}^*}{p_{w1}^* - p_1} \tag{6.3}$$

其中，p_{w2s}^* 参见图 2.3。图中看出，上式为相对总焓不变时，等熵与不等熵所产生的相对总压损失 $p_{w2s}^* - p_{w2}^*$。

总压损失系数 ϖ 是航空叶轮机动叶中使用频率最高的损失定义，与熵增 Δs 的关系可以通过热力学关系式推导得到，即

$$\Delta s = -R\ln\left\{1 - \frac{\varpi\left[1 - \left(1 + \frac{k-1}{2}M_{w1}^2\right)^{\frac{-k}{k-1}}\right]}{\left(\frac{T_{w2}^*}{T_{w1}^*}\right)^{\frac{k}{k-1}}}\right\} \tag{6.4}$$

$$\Delta s = -R\ln\sigma^* \tag{6.5}$$

式中，$\sigma^* = \dfrac{p_3^*}{p_2^*}$ 是扩压器总压恢复系数。

5）叶轮效率 η^*

与级效率的定义式(2.50)一致。熵增与效率的关系为

$$\Delta s = -c_p\ln\left[\eta^* + (1 - \eta^*)\frac{T_1^*}{T_2^*}\right] \tag{6.6}$$

综上可知，熵增 Δs 将效率 η^*、总压损失系数 ϖ 和总压恢复系数 σ^* 都进行了定量关联，是更加普适的热力学参数。另外，需要注意，η^* 只能用于基元级或动叶基元；ϖ 和

σ^* 是叶栅试验最易获得的量,低速基元以 ϖ 为宜,高速基元均可使用;Δs 均有效但却不直观。

6.1.3 速度三角形与能量转换

速度三角形同样是物质绝对运动速度 v 等于相对运动速度 w 和牵连运动速度 $u = \omega \times r$ 的矢量和,即附录式(A.8)$v = w + u$,柱坐标系的分量形式为

$$v_x = w_x \tag{6.7}$$

$$v_r = w_r \tag{6.8}$$

$$v_u = w_u + u \tag{6.9}$$

轴流压气机 $w_x \gg w_r$,而离心压气机 $w_r \gg w_x$。将轴向和径向分速合成为子午面内的速度分量,称为子午分速 $w_m = \sqrt{w_x^2 + w_r^2}$,即

$$v_m = w_m \tag{6.10}$$

就可以不区分是轴流,还是离心压气机。

以相对柱坐标系作为参考系的流场中,任何一点都存在上述速度关系。如图6.4,叶轮以角速度 ω 旋转,抽吸气体以相对速度 w_1 流入、w_2 流出动叶基元。没有进气预旋时,绝对速度 v_1 等于径向分速 v_{r1},即子午分速 w_{m1},进气绝对气流角 $\alpha_1 = 0$(图6.4)。出气绝对速度 v_2 是该截面相对速度 w_2 和线速度 u_2 的矢量和,其各分量如图6.4所示。叶轮进、出口各有一个三角形满足上述速度关系,这就是基元级速度三角形,或称速度图。速度三角形将这种速度关系直观地描述出来(图6.4右图),成为叶轮和下游的扩压器流场设计分析的最重要工具。

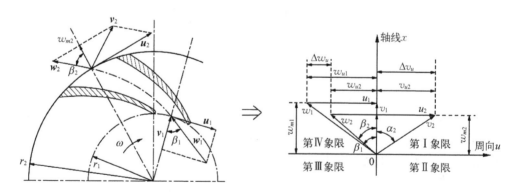

图6.4 离心叶轮的速度三角形

按照"旋转方向为正的右手系法则"的约定,相对周向分速 w_u 和相对气流角 β 均落在图6.4的第Ⅳ象限,其值为负,满足速度矢量分解式(6.9)。传统教材中,均将相对气流角 β、绝对气流角 α 约定为正值,且以正值定义了 i 和 δ。于是,简单地将式(6.9)改写为

$$u = v_u + w_u \tag{6.11}$$

建议不要纠结于各气动参数的正负值,分析时以绘制的速度三角形判断,采用式 (6.11)更为直观,而编程计算时则必须采用式(6.9)以保证计算机正确计算。

比转速较高的叶轮以轴向进气为主,这时,进口速度三角形类似轴流压气机,可以分别绘制速度三角形而不刻意将其放在一起比较。

速度三角形更重要的作用是诠释了能量转换过程中流动结构的变化,建立了叶轮机性能特性与流场之间的定量关系。体现这种关系的重要参数包括:

1) 叶轮进出口线速度

根据叶轮机第二 Euler 方程式(2.23):

$$l_u = \frac{1}{2}(v_2^2 - v_1^2) + \frac{1}{2}(w_1^2 - w_2^2) + \frac{1}{2}(u_2^2 - u_1^2)$$

对离心压气机,$u_2 \neq u_1$,利用 $r_2 \gg r_1$ 实现了轮缘功 l_u 输入,降低叶轮进出口绝对、相对动能差。正因为此,离心压气机对气动控制的设计难度远弱于轴流压气机。

2) 进气子午分速 w_{m1}

低比转速离心叶轮,w_{m1} 就是径向分速,$w_{m1} = w_{r1}$;高比转速离心叶轮,w_{m1} 就是轴向分速,$w_{m1} = w_{x1}$。根据流量方程式(2.7),子午分速 w_{m1} 直接决定流量、流量系数、进气 Mach 数等关键参数,影响叶轮机效率和稳定裕度。

3) 子午分速比 $\dfrac{w_{m2}}{w_{m1}}$

径向出气就是指 $w_{m2} = w_{r2}$,不存在轴向分速,即 $w_{x2} = 0$。当然,这是设计中对平均流场无黏假设,二次流将严重改变这一假设。无黏情况下,根据离心叶轮进出口流量不变,$\rho_2 w_{m2} \cdot 2\pi r_2 b_2 = \rho_1 w_{m1} A_1$,于是:

$$\frac{w_{m2}}{w_{m1}} = \frac{\rho_1 A_1}{\rho_2 \cdot 2\pi r_2 b_2} \tag{6.12}$$

式中,低比转速叶轮的 $A_1 = 2\pi r_1 b_1$;高比转速叶轮的 $A_1 = \pi(r_{t1}^2 - r_{h1}^2)$。可见,低比转速叶轮 $\dfrac{w_{m2}}{w_{m1}} = \dfrac{\rho_1 r_1 b_1}{\rho_2 r_2 b_2}$,子午分速比主要取决于叶轮半径的变化,特别对于不可压流动的叶轮。

4) 预旋角 α_1

离心压气机设计选择预旋角 $\alpha_1 = 0$,如图 6.4 所示,即 $v_{u1} = 0$、$w_{m1} = v_1$。即使是多级离心压缩机[图6.1(a)],也可以通过回流器将下游流动设计为 $\alpha_1 \approx 0$。

有些离心压气机,在叶轮上游设计有 VIGV,其目的是用于调节流量。

5) 扭速 Δw_u

因为 $u_2 \neq u_1$,叶轮机 Euler 方程式(2.22) $l_u = u_2 v_{u2} - u_1 v_{u1} \neq u\Delta v_u \neq u\Delta w_u$。但是,由于 $\alpha_1 = 0$,式(2.22)可以简化为

$$l_u = u_2 v_{u2} \tag{6.13}$$

可见,离心叶轮加功能力取决于两个因素:一是叶轮出口线速度 u_2;二是出气绝对周

向分速 v_{u2}。但是,前者受限于离心叶轮的应力水平,目前,闭式叶轮因轮盖的存在,最大线速度不大于 400 m/s;半开式叶轮则不大于 550 m/s。虽有突破,但一定是以可靠性、寿命和重量为代价。后者则受限于出气 Mach 数 M_{v2},将在扩压器中进一步讨论。

离心叶轮的参考截面通常选择在叶轮出口截面,其根本原因就是其极限能力受限于上述出气参数。如式(2.18)关于流量系数的定义 $\phi = \dfrac{G}{\rho_1 u_2 d_2^2}$,选择了叶轮出口线速度 u_2 和直径 d_2 作为参考量。

6) 叶轮和扩压器的作用

与轴流压气机一样,离心叶轮的作用是加功和增压,扩压器的作用是增压和整流,但能量转换形式存在细节上的差异。

如式(6.13),叶轮的加功作用更多地源自叶轮出口的结构和气动状态。

根据广义 Bernoulli 方程式(2.30)和叶轮机第二 Euler 方程式(2.23),得到相对坐标系下叶轮的机械能形式能量方程:

$$\int_1^2 \frac{1}{\rho} \mathrm{d}p = \frac{1}{2}(u_2^2 - u_1^2) + \frac{1}{2}(w_1^2 - w_2^2) - l_{fR} \tag{6.14}$$

而绝对坐标系下扩压器的机械能形式能量方程为

$$\int_2^3 \frac{1}{\rho} \mathrm{d}p = \frac{1}{2}(v_2^2 - v_3^2) - l_{fS} \tag{6.15}$$

式中,仍然采用下标 R 和 S 分别表示叶轮和扩压器。

可见,叶轮压缩功 $\int_1^2 \dfrac{1}{\rho} \mathrm{d}p$ 更多地源自离心力加功项 $\dfrac{1}{2}(u_2^2 - u_1^2)$,同时合理地设计进出口相对速度差 $w_2 < w_1$,使叶轮损失功耗 l_{fR} 足够低。扩压器则与轴流压气机静叶一样,必须通过绝对动能降低获得所需的静压升 $\int_2^3 \dfrac{1}{\rho} \mathrm{d}p$,同时克服扩压器损失功耗 l_{fS}。

显然降低损失功耗是高效率气动设计的关键。关于这一点,叶轮可以通过 $w_2 \approx w_1$ 达到低功耗的目的,而加功能力则由 $u_2 > u_1$ 负责。这样设计的叶轮一定具有较高的效率,但是,u_2 和 v_{u2} 的限制又使得在应力可接受的条件下,必须通过降低 w_2 和更为合理相对出气角 β_2,才能保证扩压器也具有较低的损失。

低比转速离心压气机的扩压器通常仅具有增压能力,整流的作用由下游的回流器或排气蜗壳解决。因此,离心压气机扩压器通常不能称作整流器。高比转速离心压气机通常采用径向扩压器和轴向扩压器,均具有增压和整流的作用。

7) 离心压气机进出口参数变化

离心压气机进出口参数变化的趋势参见图 2.5(c)所示,其焓熵图与轴流压气机一致,参见图 2.3,这里不赘述。

6.1.4 滑移系数

1）什么是滑移系数

假设无限叶轮由无限多、无限薄叶片构成,于是,无黏流体沿叶片中弧线均匀流动,如图 6.5 中 b 所示,相对速度 w 大小相等、方向与中弧线相切。实际叶轮不可能具有无限多、无限薄叶片,相邻叶片之间的流道内将形成无黏轴向旋涡。

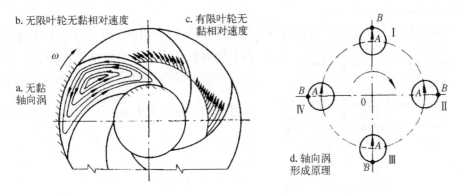

图 6.5 有限叶轮无黏轴向涡的产生

图 6.5 中 d 说明了产生原理。对于装有无黏液体的容器,液体上漂浮着箭头 A。状态 I 时箭头指向容器标志点 B,当容腔顺时针旋转至状态 II、III 和 IV,从绝对坐标系中观察,箭头 A 不变而标志点 B 分别旋转了 90°、180° 和 270°。当以相对坐标系 B 点为观察点时,容器不转而箭头 A 产生逆时针旋转。表明旋转容器内的无黏流体,在相对坐标系中观察,出现角速度相等、旋转方向相反的相对运动。该相对运动是以旋转轴为中心的旋涡运动,称为无黏轴向涡。

这一现象同样适用于离心叶轮。当封闭叶轮的进出口,即由叶轮构成的容器如图 6.5 中 a 所示,容器中的相对运动是以角速度为 ω 的无黏轴向涡。将无黏轴向涡与无限叶轮相对速度叠加,其和速度就是有限叶轮中对应点的相对速度分布。有限叶轮的相对速度沿周向的分布并不均匀,图 6.5 中 c 看出,压力面区域的相对和速度降低、吸力面区域的相对和速度增加。

可见,有限叶轮相对速度沿周向不均匀分布,相对气流角也因此而发生了变化。这一变化导致有限叶轮与无限叶轮在能量转换上的差异。

根据式（6.13）,无限叶轮 $l_{u_\infty} = u_2 v_{u2_\infty}$,有限叶轮 $l_u = u_2 v_{u2}$,其中,下标 ∞ 代表无限叶轮。设叶轮出口 w_{m2} 不变,分析叶轮出口速度三角形如图 6.6 所示可知,无黏轴向涡导致出口相对气流角 $\beta_2 > \beta_{2_\infty}$,绝对周向分速 $v_{u2} < v_{u2_\infty}$,于是 $l_u < l_{u_\infty}$,实际叶轮的加功能力小于无限叶轮。叶轮出口由轴向涡产生的周向分速差值为滑移速度 $v_s = v_{u2_\infty} - v_{u2}$,而滑移系数 μ 定义为

$$\mu = \frac{l_u}{l_{u_\infty}} = \frac{v_{u2}}{v_{u2_\infty}} = \frac{\tan\alpha_2}{\tan\alpha_{2_\infty}} = \frac{\tan\alpha_2}{u_2/w_{m2} - \tan\chi_2} \tag{6.16}$$

式中,无限叶片的出口相对气流角 $\beta_{2\infty}$ 就是图 6.3 所示的出口金属角 χ_2。注意在强制 β_1 为正时,图 6.3 中的出口金属角 χ_2 为正值。

何川与郭立君(2008)将 μ 称为环流系数,而将滑移系数定义为 $1 - \dfrac{v_s}{u_2}$,两者存在一定的换算关系。Cumpsty(1989)将两者均称为滑移系数,认为后者只是式(6.16)针对径向叶轮的早期定义式。

2) Stodola 滑移系数模型

Stodola(1927)早在 1927 年就建立了滑移系数模型。如图 6.5 中 a 由叶轮流道构成的封闭容器。无黏轴向涡涡量为 -2ω(负号代表与叶轮旋转方向相反,可略),轴向涡直径近似为叶轮出口流道宽度 $h = \dfrac{2\pi r_2}{N}\cos\chi_2$(图 6.6)。根据 Biot-Savart 公式(附录 B.4.6)直径 h 处的旋涡诱导速度 $v_\theta = \dfrac{\Gamma_0}{\pi h}$,而根据 Stokes 定理(附录 B.4.3),速度环量 $\Gamma_0 = 2\omega\pi\left(\dfrac{h}{2}\right)^2$。设滑移速度 $v_s = v_\theta$,整理得到:

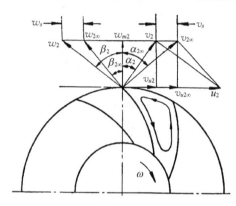

图 6.6　滑移系数的产生

$$v_s = \frac{1}{2}\omega h = \frac{\pi\omega r_2}{N}\cos\chi_2$$

代入式(6.16),得 Stodola 滑移系数模型:

$$\mu = 1 - \frac{v_s}{u_2 + w_{m2}\tan\chi_2} = 1 - \frac{(\pi/N)\cos\chi_2}{1 + (w_{m2}/u_2)\tan\chi_2} \tag{6.17}$$

通过 Stodola 模型的建立,可以看出在数据积累不充分的时代,基于近似假设的理论模型占有十分重要的地位。Stodola 模型是离心叶轮工程建模与涡运动学基本理论有机结合的产物,迄今仍具有应用价值。

至 20 世纪 70 年代,关于滑移系数有不少经验、半经验模型得到应用。实际设计中需要引用,这里不作讨论。需要明确的是,滑移系数是无黏流动的观念,不要与黏性系数混淆。

6.1.5　离心压气机反力度

依然从广义 Bernoulli 方程式(2.30)出发,讨论一下什么是反力度。依据控制体的不同选择,式(2.30)适用于叶轮、扩压器和离心压气机,分别写为

$$l_u = \frac{1}{2}(v_2^2 - v_1^2) + \int_1^2 \frac{1}{\rho}dp + l_{fR} \quad (\text{叶轮})$$

$$0 = \frac{1}{2}(v_3^2 - v_2^2) + \int_2^3 \frac{1}{\rho}\mathrm{d}p + l_{fS} \quad （扩压器）$$

$$l_u = \frac{1}{2}(v_3^2 - v_1^2) + \int_1^3 \frac{1}{\rho}\mathrm{d}p + l_f \quad （离心压气机）$$

其中,离心压气机损失功耗 $l_f = l_{fR} + l_{fS}$。依然保证进出口绝对速度不变, $v_3 = v_1$, 则

$$l_u = \int_1^2 \frac{1}{\rho}\mathrm{d}p + l_{fR} + \int_2^3 \frac{1}{\rho}\mathrm{d}p + l_{fS}$$

说明除损失功耗 l_{fR}、l_{fS} 外, l_u 输入完全用于叶轮和扩压器增压。为反映增压比例,将叶轮压缩功和损失功耗占轮缘功的比例称为反力度 Ω, 即

$$\Omega = \frac{\displaystyle\int_1^2 \frac{1}{\rho}\mathrm{d}p + l_{fR}}{\displaystyle\int_1^2 \frac{1}{\rho}\mathrm{d}p + l_{fR} + \int_2^3 \frac{1}{\rho}\mathrm{d}p + l_{fS}} \tag{6.18}$$

将式(6.14)和叶轮机第二 Euler 方程式(2.23)代入式(6.18),得到:

$$\Omega = \frac{(w_1^2 - w_2^2) + (u_2^2 - u_1^2)}{(v_2^2 - v_1^2) + (w_1^2 - w_2^2) + (u_2^2 - u_1^2)} = 1 - \frac{(v_2^2 - v_1^2)}{2(u_2 v_{u2} - u_1 v_{u1})} \tag{6.19}$$

对于离心压气机,设 $v_{u1} = 0$、$w_{m2} = w_{m1} = v_1$, 根据速度三角形得到简化的反力度:

$$\Omega = 1 - \frac{v_{u2}}{2u_2} = 1 - \frac{\psi_T^*}{2} \tag{6.20}$$

式中, ψ_T^* 是假设 $v_{u1} = 0$ 情况下的负荷系数 $\psi_T^* = \dfrac{v_{u2}}{u_2}$。

当 $\Omega = 0.5$ 时, $v_{u2} = u_2$, 如图 6.7(b) 所示。忽略落后角的情况下,叶片的结构形式为径向叶片式,叶轮相对出气方向为径向,即 $\beta_2 = 0$、$w_2 = w_{m2}$。于是, $\Omega > 0.5$ 为后弯叶片式叶轮; $\Omega < 0.5$ 为前弯叶片式离心叶轮。

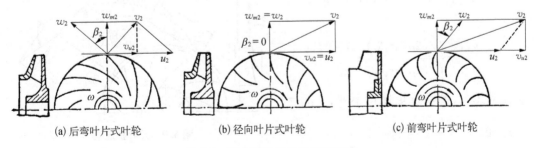

(a) 后弯叶片式叶轮　　　　　(b) 径向叶片式叶轮　　　　　(c) 前弯叶片式叶轮

图 6.7　离心叶轮的叶片结构形式

目前,绝大多数离心叶轮采用后弯式叶片,反力度 $\Omega > 0.5$, 以叶轮实现静压升为主。其原因是在相同的进出口半径时,后弯叶片式叶轮存在如下优势:① 具有更加均匀的相

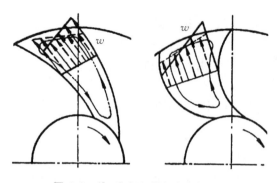

图 6.8　前、后弯流道流动分布特征

对速度周向分布，流动损失低、效率高；② 流道长度长，扩张度小、流道弯度小，流动不易分离，叶轮效率高；③ 出口绝对速度 v_2 低，避免扩压器进入超声速状态，扩压器总压恢复系数高。后两点可以在图 6.7 中直接看出，关于第一点可参见图 6.8。后弯叶片流道内部流动在无黏轴向涡的作用下呈现工作面相对速度低、非工作面相对速度高的分布特征，而弯曲作用使流道凸面（工作面）相对速度加速、凹面（非工作面）减速的分布特征，两者综合，使相对速度 w 在流道内的分布更加均匀。而前弯叶片所具有的流道则使两者的综合效果更加不均匀，相对速度减速至一定程度产生冲击式流动分离、加速至一定程度产生脱离式流动分离，不利于流动控制。

6.2　扩　压　器

　　航空离心压气机扩压器包括径向扩压器和轴向扩压器。轴向扩压器与轴流压气机静叶完全一致，具有增压和整流的作用，采用的也是叶型设计。这里主要讨论径向扩压器，这是离心压缩机扩压器的应用与发展，以增压为主，兼顾整流。离心压缩机扩压器一般分为无叶扩压器、叶片扩压器。无叶扩压器因其直径过大，不适合航空发动机应用。航空发动机传统的径向扩压器均为叶片扩压器，现代设计中随着叶轮出气绝对速度的提高，派生了无叶扩压段和管式扩压器，而管式扩压器又将径向扩压器和轴向扩压器融为一体。

6.2.1　无叶扩压器

　　顾名思义，无叶扩压器就是没有叶片的扩压器。如图 6.9 所示，3、4 截面之间的环形侧壁就构成了增压但不整流的无叶扩压器。

　　设 $\rho_4 = \rho_3$、$b_4 = b_3$，根据流量连续，存在：

$$\frac{w_{m4}}{w_{m3}} = \frac{G/(2\rho_4 \pi r_4 b_4)}{G/(2\rho_3 \pi r_3 b_3)} = \frac{r_3}{r_4}$$

设流动无黏，则动量矩保持不变，$v_{u4}r_4 = v_{u3}r_3$，即 $\dfrac{v_{u4}}{v_{u3}} = \dfrac{r_3}{r_4}$。于是：

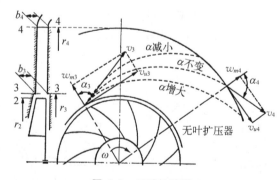

图 6.9　无叶扩压器

$$\tan \alpha = \frac{v_{u3}}{w_{m3}} = \frac{v_{u4}}{w_{m4}} = \text{const.} \tag{6.21}$$

$$vr = v_4 r_4 = v_3 r_3 = \text{const.} \tag{6.22}$$

表明无叶扩压器中气流角 α 不变,流线为对数螺旋线,速度三角形为相似三角形,且绝对速度随半径增加而反比例减小。根据广义 Bernoulli 方程式(2.30),扩压器中绝对速度的降低过程就是静压的上升过程。

当 $\rho_4 > \rho_3$ 时,存在 $\dfrac{w_{m4}}{w_{m3}} = \dfrac{\rho_3 r_3}{\rho_4 r_4} < \dfrac{r_3}{r_4}$、$\dfrac{v_{u4}}{v_{u3}} = \dfrac{r_3}{r_4}$,于是 $\alpha_4 > \alpha_3$,气流角 α 随半径增加而增加,表明密度增加使得子午(径向)速度更快地降低。极限情况下,当 w_{m4} 接近零时,流体长时间在扩压器中驻留,损失大幅度上升。可见,无叶扩压器更适合于不可压流体压缩。

当流体计入黏性时,气流动量矩减小 $v_{u4} r_4 < v_{u3} r_3$,存在 $\dfrac{w_{m4}}{w_{m3}} = \dfrac{r_3}{r_4}$、$\dfrac{v_{u4}}{v_{u3}} < \dfrac{r_3}{r_4}$,于是 $\alpha_4 < \alpha_3$,气流角 α 随半径增加而减小,表明黏性作用使流体更快地离开扩压器,显然伴随着更高的损失。由于没有叶片存在,这种损失主要来源于端壁摩擦。

实际流动中,上述两个方面综合的结果是气流角 α 近似不变,于是,绝对速度 v 的降低比理想情况更快。

另外,作为设计参数,也可以通过扩压器宽度 b 改变气流角 α 随半径的变化。

6.2.2　叶片扩压器

在无叶扩压器的环形侧壁之间沿周向均布一系列叶片,就成为叶片扩压器。如图 6.10 所示,装入叶片后,流体在扩压器中的运动轨迹比无叶情况明显缩短,与叶片一致。因此,如何设计叶片就显得十分重要。

叶片扩压器 $b_4 = b_3$,根据流量连续,存在:

$$\frac{w_{m4}}{w_{m3}} = \frac{G/(2\pi r_4 \rho_4 b_4)}{G/(2\pi r_3 \rho_3 b_3)} = \frac{r_3 \rho_3}{r_4 \rho_4}$$

而 $v_3 = \dfrac{w_{m3}}{\cos\alpha_3}$、$v_4 = \dfrac{w_{m4}}{\cos\alpha_4}$,于是:

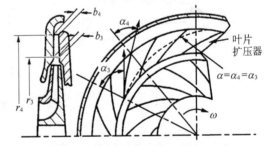

图 6.10　叶片扩压器

$$\frac{v_4}{v_3} = \frac{r_3 \rho_3 \cos\alpha_3}{r_4 \rho_4 \cos\alpha_4} \tag{6.23}$$

与式(6.22)比较,当进出口半径一致时,$\alpha_4 < \alpha_3$,$\cos\alpha_4 > \cos\alpha_3$,于是,叶片扩压器进出口速度比 $\dfrac{v_4}{v_3}$ 小于无叶扩压器,静压升能力更强。因此,在扩压器径向尺寸受限的情况下,常常采用叶片扩压器以减小压气机直径。

叶片扩压器的叶型结构参数与离心叶轮一致,包括叶片弦长 c、金属角 χ、安装角 ξ、叶型坐标、叶片进出口半径 r_3、r_4、进出口宽度 b_3、b_4 和叶片数 N 等。与径向叶轮叶型一

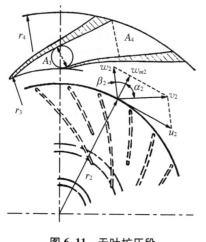

图 6.11　无叶扩压段

样,传统设计中倾向于等厚度圆弧中弧线,而现代设计中则根据气流速度采用变厚度叶型,通常称为直壁式叶片扩压器(图 6.11)。也有设计者采用轴流压气机叶型(或称翼型),但缺乏基本原理的支撑,同时增加了制造的复杂性。

6.2.3　无叶扩压段

传统上常常认为叶轮与扩压器之间的径向空间(图 6.12 中 $\Delta r = r_3 - r_2$)取决于转静机械结构,这一理解仅适用于低速离心压气机。跨声速离心压气机的无叶扩压段则由气动设计得到。

当叶轮负荷足够高时,即使采用后弯叶片式叶轮,出口绝对速度 v_2 也使得其 Mach 数超过临界 Mach 数,甚至达到声速。以出口线速度 500 m/s、压比 6.0 的离心叶轮为例,等熵情况下叶轮出口机械 Mach 数 $M_{u2} > 1.2$。这时选用径向叶片式叶轮,必然使 $M_{v2} > 1.2$。即使选用后弯叶片式叶轮,压气机全状态变化范围内极易导致 $M_{v2} > 1.0$。一旦出现 $M_{v2} > 1.0$,势必导致叶片扩压器进入壅塞状态,破坏发动机整机匹配。离心压气机通常选择叶轮出口截面作为参考截面,也是因为该截面具有压气机中最高的速度,是设计控制的重要截面。

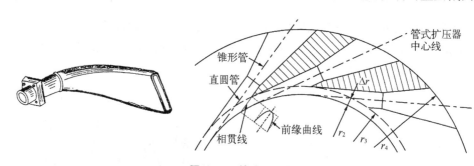

图 6.12　管式扩压器

如图 6.11,利用无叶扩压段,遵循 $\dfrac{v_3}{v_2} = \dfrac{w_{m3}\cos\alpha_2}{w_{m2}\cos\alpha_3} = \dfrac{r_2\rho_2}{r_3\rho_3}$,使 $M_{v3} < 1.0$,并通过径向扩压器的预压缩叶片设计,控制全工作状态没有强激波产生。

6.2.4　管式扩压器

无叶扩压段的基本原理与无叶扩压器一致,因此优缺点也相同。优点是没有迎角特性,缺点是半径变化大、速度降低缓慢、没有整流作用、总压恢复系数较低。因此,寻求一种适应高速进气的扩压器,规避无叶扩压段的缺点,是现代高负荷离心压气机设计的进步途径。管式扩压器从原理上存在这样一条途径。

如图 6.12 所示,管式扩压器由直圆管和渐扩锥形管构成。锥形管可替代径向扩压器和轴向扩压器的叶片,形成低损失扩张的流道。而原理上至关重要的是直圆管,非常巧妙地利用了圆管之间的相贯线,使扩压器前缘形成如图 6.12 所示的曲线。该前缘曲线具有非常强的后掠特征,在扩压器中心线附近远离叶轮出口, Δr 较大,作用类似无叶扩压段;在叶轮出口的端壁处则明显后掠, M_{v2} 超声速情况下形成弱压缩波,有效降低扩压器进气 Mach 数,避免壅塞。

目前尚未明确管式扩压器所能达到的 M_{v2} 极限值,但是,现代小型航空发动机中为提升单级离心叶轮的增压能力,已经大量采用管式扩压器(图 6.13)。管式扩压器的困难在于制造。

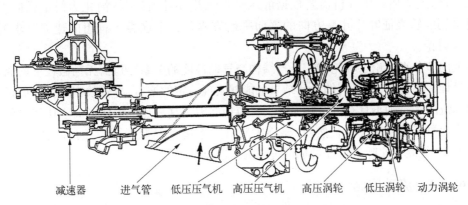

减速器　进气管　低压压气机　高压压气机　高压涡轮　低压涡轮　动力涡轮

图 6.13　涡轴发动机的管式扩压器

6.2.5　蜗壳

以管路排气的离心压缩机中,通常由排气蜗壳连接排气管路。传统设计,通常用蜗壳连接无叶扩压器和管路。无叶扩压器具有扩压作用,而蜗壳具有整流作用。实际上,蜗壳同时具有对低速气流的整流和扩压作用。

图 6.14 所示,蜗壳的结构型线设计本质上是确定中心线半径 r_v 随角度 φ 的变化函数。一般取涡舌 $r_v = r_4$ 为零流量点,采用两种方法设计:一种是按照流体自由流动的轨迹进行设计,即以无黏假设下动量矩不变 $v_{uv} r_v = v_{u4} r_4$,以及各 φ 角所对应的流量均匀分布 $G_\varphi = G_4 \dfrac{\varphi}{2\pi}$,积分计算蜗壳型线;另一种方法是给定各 φ 角所对应平均速度 v_v 的变化规律,根据流量计算截面积,确定蜗壳型线。前者类似无叶扩压器,气流角 α_v

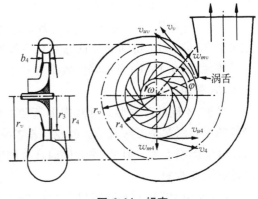

图 6.14　蜗壳

不变,蜗壳中心线为对数螺旋线,不均匀整流的作用;后者可根据给定的 v_v 略微改变气流角 α_v。具体计算过程可参见徐忠(1990)或 Cumpsty(1989)。

6.3　离心压气机级

对于低比转速离心压气机,叶轮和扩压器均具有二维叶片结构,前两节分别讨论了二维叶片离心压气机气动设计的基本概念。进气导风轮与离心叶轮、径向扩压器和轴向扩压器的一体化设计,使高比转速离心压气机叶片具有非常强烈的三维结构形状。即使目前仍然采用直纹面开展叶片结构造型,但流动的三维特征十分明显。和轴流压气机一样,这类离心压气机需要根据静压平衡进行设计,且不能简化为简单径向平衡,而是采用能够表征叶片叶高方向的展向平衡方程。关于这类方程组的建立与求解,本书不作讨论。

上两节分别讨论了叶轮和扩压器结构与气动性能的关系,可见,无黏假设下的离心压气机设计并不复杂,所得到的设计结果也能够实现一定的增压,尽管效率很低。而过低效率的轴流压气机则不具有能量转换的工程应用能力。这一点也说明了离心压气机的出现为什么远早于轴流压气机。然而,离心压气机效率迄今仍低于同等压比的轴流压气机。究其原因,低展弦比叶片特征贡献了过强的二次流动损失。

6.3.1　流动图画

Eckardt(1976)对某径向叶片式叶轮($n = 18\,000$ r/min、$G = 7.2$ kg/s、$\pi^* = 3.0$、$u_2 = 377$ m/s)的子午分速 w_m 测试显示[图6.15(a)],即使进气均匀,在导风轮出口后的各截面均存在近吸力面叶尖区分离。出口截面Ⅳ呈现明显的尾迹,具有 25%~30% 平均脉动的强非定常特征。这与 Dean 和 Senoo(1960)提出的喷流-尾迹模型相一致,即在叶轮出口,子午分速沿周向存在急剧变化,近压力面区域呈现高速喷流特征,而吸力面区域呈现低速尾迹流动。

Krain(1988)设计了后弯叶片式叶轮($n = 22\,345$ r/min、$G = 4.0$ kg/s、比转速 $n_s = 0.62$、$\pi^* \approx 4.7$、$u_2 = 468$ m/s、叶片后弯角 30°),进口叶尖间隙为 $0.4\%r_1$、出口叶尖间隙为 $1.3\%b_2$,测试得到的叶轮总对总多变效率为 95%。如此高的效率应该在流场中得到了体现,图6.15(b)显示峰值效率点并不存在吸力面尾迹,但在中间流道叶尖区存在低速流动(截面Ⅳ)。

可见,不同的叶片形式导致内部流动沿周向的不同分布,引发叶尖区流动分离、总压降低的主要因素是二次流动。叶轮气动参数的周向变化是下游扩压器的非定常激励,对气动性能影响不大。但是,由此同时产生的展向不均匀分布,却影响到离心压气机的性能特性和流动匹配。

Rodgers(1982)对不同出口宽度 b_2 的半开式叶轮,在下游 1.1 倍半径处进行了径向分速(即子午分速)测量,从轮毂到叶尖的展向分布如图6.16所示。结果表明,叶轮出口宽度 b_2 越大,从轮毂到轮盖的 v_{r2} 分布越不均匀,并且,随运行状态点的变化产生分布特征的变化。

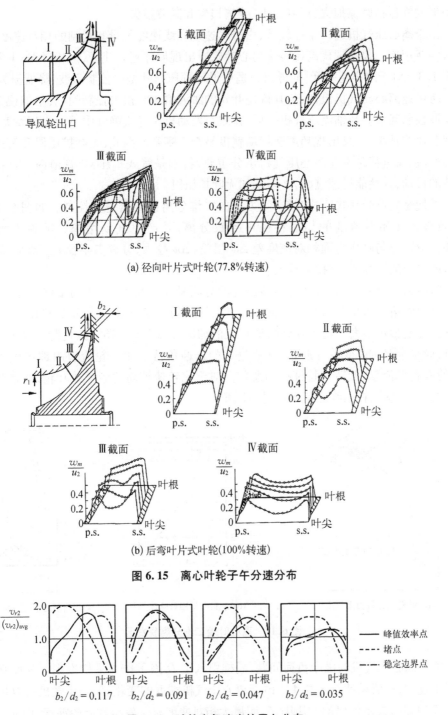

(a) 径向叶片式叶轮(77.8%转速)

(b) 后弯叶片式叶轮(100%转速)

图 6.15　离心叶轮子午分速分布

图 6.16　叶轮出气速度的展向分布

6.3.2　流动损失

离心压气机中的损失同样源自基元损失和二次流损失。以平均子午流线所代表的基元损失同样包括摩擦损失、尾迹损失、分离损失和激波损失。

由于离心压气机进口半径较低,由进气速度和线速度矢量和得到的相对速度 Mach 数一般为亚声速。仅在现代高比转速离心叶轮中出现局部超声速区,但相对 Mach 数通常不大于 1.3。对于超声速基元,同样可以适度设计预压缩叶型以控制激波,降低损失。

跨声速离心压气机设计,与其说是叶轮的激波增压和损失控制问题,不如说是扩压器的激波控制问题。与轴流压气机一样,在航空发动机压气机静叶中不能出现壅塞,而扩压器展弦比非常小,一旦出现超声速扰动就极易产生壅塞。因此,无叶扩压段和管式扩压器对高通流、高负荷跨声速离心压气机十分重要,特别是管式扩压器,管道内一旦存在产生激波的扰动,其性能迅速衰减,甚至不如无叶扩压段。

即使是后弯叶片式闭式叶轮,吸力面的二维分离也难以完全控制。如图 6.17(a)所示,近吸力面相对速度的加速特征可导致分离,并产生气动堵塞。试验表明(Baljé,1970),分离点与吸压力面相对速度差 Δw 相关。Δw 越大,分离点半径 r_{sep} 越小,意味着分离区所占流道面积越大,损失越大。

除吸力面分离外,离心叶轮容易出现的分离是如图 6.17(c)所示的轮毂冲击分离和轮盖进口圆角 r_s 处的加速分离。冲击分离会导致局部损失增加,若不影响设计迎角,则对压气机性能影响不大。轮盖进口圆角 r_s 处的加速分离十分危险。其危险不在于分离损失本身,而是会严重改变设计迎角,并通过大的正迎角特征使叶轮流道内部产生大尺度分离,使叶轮低流量、低转速特性极易恶化。对于比转速较高的半开式叶轮,通常会通过导风轮的设计,壁面在前缘之前出现进口圆角。

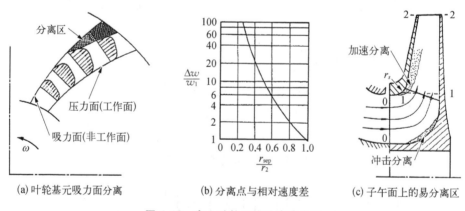

(a) 叶轮基元吸力面分离　　　　(b) 分离点与相对速度差　　　　(c) 子午面上的易分离区

图 6.17　离心叶轮二维分离易发区

关于离心压气机的极限负荷问题,同样引入了 D 因子作为平均准则。为使基元损失不至于过大,一般设计 $D < 0.4$。由于离心压气机稠度的变化,离心压气机的 D 因子通常采用式(4.39)表示的局部扩压因子,而最大相对速度 w_{max} 发生在叶轮前缘,即 $w_{max} = w_1$。

和轴流压气机一样,全状态变化范围内,流动分离的严重程度取决于迎角的变化。正迎角过大导致吸力面分离、负迎角过大导致压力面分离(图 6.18)。转速不变时,迎角的变化特性就决定了离心叶轮特性。为扩展低损失迎角范围,传统的钝前缘设计应该被完全摒弃,现代高速离心叶轮通常以前缘小圆替代钝前缘,而是否采用变厚度叶型、分流叶

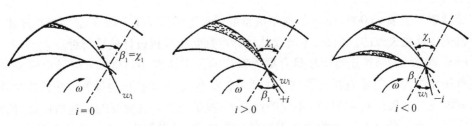

图 6.18　不同迎角下叶轮流道的分离特征

型则取决于半径增加的程度,因为,设计者总是应该为市场考虑其制造成本。

离心压气机叶片流道的二次流动也可以分为角区流、泄漏流、展向二次流和周向二次流等四类,只是因为展向变化更小,各种二次流动更加综合地体现在小展弦比叶片流道中,如图 6.19 所示。

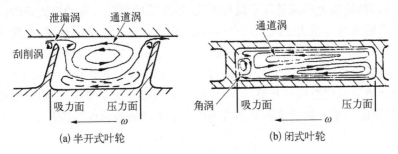

图 6.19　叶轮出口的二次流特征

与轴流压气机不同的是潜流。离心叶轮的潜流基本上与主流流动方向一致,因此,其影响远弱于轴流叶轮。

气体二次流控制的手段与轴流压气机基本一致,但尚未见到成熟的损失计算模型。

6.3.3　级性能匹配

虽然离心压气机通常只有一级,但是流动的三维复杂程度远高于轴流压气机,控制复杂流动的设计手段却弱于轴流压气机。因此,复杂流动所导致的性能匹配在单级离心压气机中就可以明显地体现出来。

Stiefel(1972)通过不同的叶片扩压器宽度 b_3 试验,验证了离心叶轮与扩压器的流动匹配特征(图 6.20)。从特性线看,两台离心压气机在 65 000 r/min 转速下均产生了壅塞现象,即流量不变而压比存在变化。壅塞可以发生在跨声速叶轮中,也可以发生在径向扩压器中。如果发生在叶轮中,那么,同等压比下,两台压气机应该具有相同的最大流量通过能力。但是,图 6.20 显示,宽扩压器($b_3 = 10.5$ mm)离心压气机流量明显高于窄扩压器($b_3 = 8.0$ mm)。可以判断,窄扩压器的壅塞一定发生

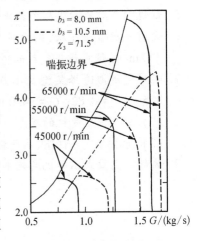

图 6.20　级性能特性匹配

在扩压器中。如果 65 000 r/min 转速下流量的设计点需求是 1.7 kg/s,显然窄扩压器离心压气机的设计是失败的。但是,不能仅从设计点判断压气机设计成功与否。

图 6.20 显示,窄扩压器明显具有更为宽广的稳定裕度,65 000 r/min 转速时,窄扩压器喘点压比约为 5.2,而宽扩压器则仅达到 4.2 左右,表明宽扩压器导致了喘振裕度降低。什么原因呢? 金属角 $\chi_3 = 71.5°$ 不变的情况下,宽扩压器具有更强的正迎角特征,扩压器总压恢复系数降低,同时,近喘边界正迎角分离严重,引发失速喘振。而窄扩压器虽然在更低的流量下进入了壅塞状态,但是负迎角特征角区,随着压比的提高,扩压器迎角趋正,流量降低且壅塞解除,因此可以达到更高压比的稳定工作。如果考虑到扩压器进气径向分速的展向分布,宽扩压器具有更强的分布不均匀性,所导致的端区分离可以强化总压损失的增加,那么,上述现象将进一步恶化。

对于航空发动机整机匹配而言,图 6.20 所示的宽扩压器 65 000 r/min 转速特性是不可用的,因为该特性线上的流量几乎没有变化,很难适应涡轮对发动机流量的约束。如果涡轮临界状态的物理流量大于压气机供应流量,那么涡轮无法进入壅塞,膨胀出功能力降低;反之,发动机在更低的转速下就会逼近压气机稳定边界。控制扩压器不产生壅塞,对高负荷离心叶轮的高效工作十分有利,同时影响到离心压气机性能特性和稳定裕度。

当前设计者通常很重视动叶设计,但比动叶更为重要的是静叶,比静叶更重要的是匹配,比压气机匹配更重要的是兼顾发动机整机匹配下的叶轮机匹配设计。

思考与练习题

1. 离心式压气机和轴流式压气机在增压原理方面有什么不同?
2. 离心式压气机各个部分的作用是什么?
3. 气体流经无叶扩压段时气体静压为什么会提高? 为什么无叶扩压段面积增加的过程中,超声速气流反而减速而不产生激波?
4. 为什么在叶轮出口绝对速度超声时,采用管式扩压器的效率比采用叶片式扩压器效率可能高些? 管式扩压器的缺点是什么?
5. 试说明单级离心式压气机比单级轴流压气机压比高、但效率低的原因。
6. 设有一离心压气机,轴向进气,叶轮出口处 $\beta_2 = 30°$、$\alpha_2 = 70°$,外径处线速度 $u_2 = 400$ m/s,试求该压气机的轮缘功。
7. 某研究所拟选择某型离心压气机提供压缩气源。已知该离心压气机的压比 $\pi^* = 3.5$、$\eta^* = 0.82$、$G = 14.0$ kg/s,求:

   (1) 驱动该压气机的功率 P 为多少 kW?

   (2) 标准大气条件下,压气机出口的气体总温 T_2^* 和总压 p_2^* 分别为多少?
8. 为什么离心式压气机的效率比轴流式压气机效率低?

附录 A
叶轮机气动热力学基本方程

本章总结叶轮机气动热力学基本方程组及其简化过程,包括质量守恒与流量方程、动量守恒与动量矩方程、能量守恒方程以及热力学第二定律与热力学关系式。叶轮机气动热力学基本方程的特点包括:① 采用柱坐标系或旋转直角坐标系;② 相对、绝对运动共存,方程以相对坐标系统一;③ 热力学关系式成为热力学第二定律的定量表达。

学习要点:

(1) 认识相对柱坐标系下各方程推导、简化的逻辑过程;若有志于航空发动机设计,应该熟练掌握各基本方程的推导和简化;

(2) 初步认识 Clausius 不等式和热力学关系式的产生,记住热力学关系式。

A.1 Reynolds 输运定理

流体力学或气动热力学中,通常以 Reynolds 输运定理实现微元体(封闭体系)问题的 Lagrange 法和控制体(开放体系)问题的 Euler 法之间的转换(图 A.1)。关于 Reynolds 输运定理的推导可以参考相关教材。对于任意物理量 q,Reynolds 输运定理表示为

$$\frac{\mathrm{d}}{\mathrm{d}t}\int_V q\mathrm{d}V = \frac{\partial}{\partial t}\int_V q\mathrm{d}V + \oint_A q(\boldsymbol{v}\cdot\boldsymbol{n})\mathrm{d}A$$

$$(\text{A.1})$$

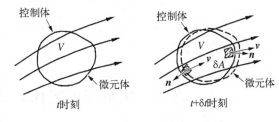

图 A.1 微元体与控制体示意图

式中,V 为微元体或控制体体积;A 为控制体的表面积;$\boldsymbol{n}$ 为控制体表面法向单位矢量,以外法向为正;$\boldsymbol{v}$ 为速度矢量;q 为控制体内任意物理参量,可以是矢量场的函数,也可以是标量场的函数。可见,Reynolds 输运定理将微元体中物理量总量 $\int_V q\mathrm{d}V$ 的运动总变化率分解为控制体内该物理量 q 的当地变化率和迁移变化率之和。当地变化率由流动的非定常性所引发,而迁移变化率则由净流出控制体表面的通量表示,而不必追究内部流

动变化的复杂过程和微元体的变形过程。

根据 Gauss 散度定理,对任意矢量 $\boldsymbol{q}$,若存在空间 V 及其表面 A 的连续偏导数,则控制体表面面积分与体积分的关系为

$$\oint_A \boldsymbol{q} \cdot \boldsymbol{n} \mathrm{d}A = \int_V \nabla \cdot \boldsymbol{q} \mathrm{d}V \tag{A.2}$$

直角坐标系中, $\nabla = \boldsymbol{i}_x \dfrac{\partial}{\partial x} + \boldsymbol{i}_y \dfrac{\partial}{\partial y} + \boldsymbol{i}_z \dfrac{\partial}{\partial z}$;柱坐标系中, $\nabla = \boldsymbol{i}_x \dfrac{\partial}{\partial x} + \boldsymbol{i}_r \dfrac{\partial}{\partial r} + \boldsymbol{i}_\varphi \dfrac{1}{r} \dfrac{\partial}{\partial \varphi}$。

将式(A.2)代入式(A.1),并假设流动的参考坐标系属于惯性系,则 $\dfrac{\mathrm{d}}{\mathrm{d}t}\int_V \boldsymbol{q} \mathrm{d}V = \dfrac{\partial}{\partial t}\int_V \boldsymbol{q} \mathrm{d}V + \int_V \nabla \cdot (\boldsymbol{v}\boldsymbol{q}) \mathrm{d}V = \int_V \left[\dfrac{\partial \boldsymbol{q}}{\partial t} + (\boldsymbol{v} \cdot \nabla)\boldsymbol{q}\right] \mathrm{d}V + \int_V \boldsymbol{q}(\nabla \cdot \boldsymbol{v}) \mathrm{d}V$。其中, $\dfrac{\partial \boldsymbol{q}}{\partial t} + (\boldsymbol{v} \cdot \nabla)\boldsymbol{q}$ 定义为任意物理参数 $\boldsymbol{q}$ 的随流导数:

$$\frac{\mathrm{d}\boldsymbol{q}}{\mathrm{d}t} = \frac{\partial \boldsymbol{q}}{\partial t} + (\boldsymbol{v} \cdot \nabla)\boldsymbol{q} \tag{A.3}$$

随流导数可以通过流体多自变量复合函数的求导法则推导得到(单鹏,2004),反映流体在运动过程中当地变化率和迁移变化率。从式(A.3)看,随流导数仅反映了质点运动的时空变化率问题,而不是微元体。为说明这一点,设微元体足够小,体积为 $\delta V = \int_V \mathrm{d}V$,内部各类物理参数存在平均量,依然以 $\boldsymbol{q}$ 表示,则 $\dfrac{\mathrm{d}}{\mathrm{d}t}\int_V \boldsymbol{q} \mathrm{d}V$ 可表为 $\dfrac{\mathrm{d}}{\mathrm{d}t}(\boldsymbol{q}\delta V)$,根据微分运算 $\dfrac{\mathrm{d}}{\mathrm{d}t}(\boldsymbol{q}\delta V) = \dfrac{\mathrm{d}\boldsymbol{q}}{\mathrm{d}t}\delta V + \boldsymbol{q}\dfrac{\mathrm{d}(\delta V)}{\mathrm{d}t}$。显然,此式右端第一项 $\dfrac{\mathrm{d}\boldsymbol{q}}{\mathrm{d}t}\delta V$ 反映流动参数 $\boldsymbol{q}$ 发生变化时,微元体积 δV 保持不变,具有质点运动的基本特征;而第二项 $\boldsymbol{q}\dfrac{\mathrm{d}(\delta V)}{\mathrm{d}t}$ 则反映了 $\nabla \cdot \boldsymbol{v} = \dfrac{1}{\delta V}\dfrac{\mathrm{d}(\delta V)}{\mathrm{d}t}$,说明微元体在迁移过程中存在着体积的膨胀或收缩,即所谓流体的扩散。

可见,式(A.1)将流体运动进行了有效的分解,更加清晰地描述了流动过程中守恒关系的物理概念。

A.2 质量守恒定律与相对流动的连续方程

A.2.1 三维流动连续方程

质量守恒即是微元体(图 A.1)的总质量 $\int_V \rho \mathrm{d}V$ 不随流动发生变化,即

$$\frac{\mathrm{d}_a}{\mathrm{d}t}\int_V \rho \mathrm{d}V = 0 \tag{A.4}$$

式中,下标"a"表示绝对坐标系;ρ 为微元体内部的密度
分布。

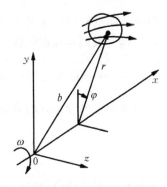

叶轮机转子叶片和轮盘等转动部分是以某转速 n 绕转动
轴 x 旋转,需要采用相对坐标系对转子内部相对流动及相应
的绝对流动进行分析,图 A.2 示意了相对坐标系下的微元体。
相对坐标系可以是直角坐标系 (x,y,z),也可以是柱坐标系
(x,r,φ),但均遵循右手法则。

对于相对坐标系,微元体总质量 $\int_V \rho\mathrm{d}V$ 同样不随流动发

图 A.2　相对坐标系微元体

生变化,保持质量守恒,即

$$\frac{\mathrm{d}}{\mathrm{d}t}\int_V \rho\mathrm{d}V = 0 \tag{A.5}$$

这里,物理参数(如密度)的分布既可以按直角坐标系形式体现 $\rho = \rho(x,y,z,t)$,也可以
按柱坐标系形式体现 $\rho = \rho(x,r,\varphi,t)$。

应用 Reynolds 输运定理(A.1),得到适用于控制体的连续方程式。需要注意,当观察
点随坐标系旋转时,通过控制体的运动是相对运动,运动速度以相对速度 $\boldsymbol{w}$ 表示,于是相
对运动和绝对运动的连续方程产生了差异,分别为

$$\frac{\partial}{\partial t}\int_V \rho\mathrm{d}V + \oint_A \rho(\boldsymbol{w}\cdot\boldsymbol{n})\mathrm{d}A = 0 \tag{A.6}$$

$$\frac{\partial}{\partial t}\int_V \rho\mathrm{d}V + \oint_A \rho(\boldsymbol{v}\cdot\boldsymbol{n})\mathrm{d}A = 0 \tag{A.7}$$

式(A.6)和(A.7)都是以通量形式描述的守恒型连续方程,是目前数值模拟技术中
最常见的形式。其中,相对速度 $\boldsymbol{w}$ 与绝对速度 $\boldsymbol{v}$ 通过速度合成定理(单鹏,2004)关联。由
于叶轮机相对坐标系和绝对坐标系之间不存在坐标原点的平动,合成速度为

$$\boldsymbol{v} = \boldsymbol{w} + \boldsymbol{u} \tag{A.8}$$

式中,$\boldsymbol{u}$ 为旋转坐标系的牵连速度,叶轮机领域称为线速度,$\boldsymbol{u} = \boldsymbol{\omega}\times\boldsymbol{b}$。其中,$\boldsymbol{\omega}$ 是旋转
角速度,与旋转轴 x 同向,$\boldsymbol{\omega} = \omega\boldsymbol{i}_x$;$\boldsymbol{b}$ 是微元体矢径(图 A.2),是半径和轴向长度的矢量
和,$\boldsymbol{b} = x\boldsymbol{i}_x + r\boldsymbol{i}_r$。于是,叶轮机固体几何上某半径为 r 的质点绕 x 轴旋转的线速度为

$$\boldsymbol{u} = \boldsymbol{\omega}\times\boldsymbol{r} = \omega r\boldsymbol{i}_\varphi \tag{A.9}$$

上述 $(\boldsymbol{i}_x,\boldsymbol{i}_r,\boldsymbol{i}_\varphi)$ 分别为坐标轴 (x,r,φ) 的单位矢量,遵循右手法则角坐标 φ 以旋转方向
为正(图 A.2)。

由式(A.8),当角速度 ω 为零时,相对运动连续方程式(A.6)自然变为绝对运动连续
方程式(A.7)。这一点十分重要,叶轮机中转子、静子交替存在,由于式(A.8)所具有的
关联关系,使相对运动的各类守恒方程完全涵盖绝对运动,即采用同一套相对运动方程组
就可以表述旋转坐标系和非旋转坐标系的相对流动和绝对流动问题。在能量方程中,吴

仲华先生对转焓的定义本质上就是为了以相对坐标系下的能量方程统一解决相对运动与绝对运动共同存在的问题。

将 Gauss 散度定理式(A.2)应用于式(A.6)，则 $\int_V \frac{\partial \rho}{\partial t} dV + \int_V \nabla \cdot (\rho w) dV = 0$，于是得到相对坐标系微分形式的守恒型连续方程：

$$\frac{\partial \rho}{\partial t} + \nabla \cdot (\rho w) = 0 \qquad (A.10)$$

和相对坐标系微分形式的非守恒型连续方程：

$$\frac{d\rho}{dt} + \rho \nabla \cdot w = 0 \qquad (A.11)$$

当角速度 ω 为零，上两式中的相对速度 w 自然变为绝对速度 v，即得到绝对坐标系下的相应方程。后面的介绍中，若非必须，不再列出绝对坐标系下的方程形式。

对式(A.11)进行一定的变换，存在 $\nabla \cdot w = -\frac{1}{\rho} \frac{d\rho}{dt} = \frac{1}{\delta V} \frac{d(\delta V)}{dt}$，可以看出微元体体积的百分比增加量就等于密度的百分比减小量，当流体为不可压时，微元体体积在运动过程中不发生变化。

对相对直角坐标系 (x, y, z)，Lame 系数均为 $(1, 1, 1)$，相对速度 $w = w_x i_x + w_y i_y + w_z i_z$，于是，连续方程(A.10)的展开形式为

$$\frac{\partial \rho}{\partial t} + \frac{\partial (\rho w_x)}{\partial x} + \frac{\partial (\rho w_y)}{\partial y} + \frac{\partial (\rho w_z)}{\partial z} = 0 \qquad (A.12)$$

对相对柱坐标系 (x, r, φ)，Lame 系数分别为 $(1, 1, r)$，相对速度 $w = w_x i_x + w_r i_r + w_u i_\varphi$，连续方程(A.10)的展开形式为

$$\frac{\partial \rho}{\partial t} + \frac{\partial (\rho w_x)}{\partial x} + \frac{\partial (r\rho w_r)}{r\partial r} + \frac{\partial (\rho w_u)}{r\partial \varphi} = 0 \qquad (A.13)$$

A.2.2　一维流动流量方程

对一维流动，流动的自变量一般取为管道(也可以是流管)的几何中心线 m(图 A.3)。当管道或流管绕 x 轴旋转时，相对坐标系下的相对速度矢量 $w = w(m) i_m$。在定常或不可压条件下，式(A.6)中密度的当地变化率为零，即 $\frac{\partial}{\partial t} \int_V \rho dV = 0$，于是，$\oint_A \rho(w \cdot n) dA = 0$。由此得到管道或流管进

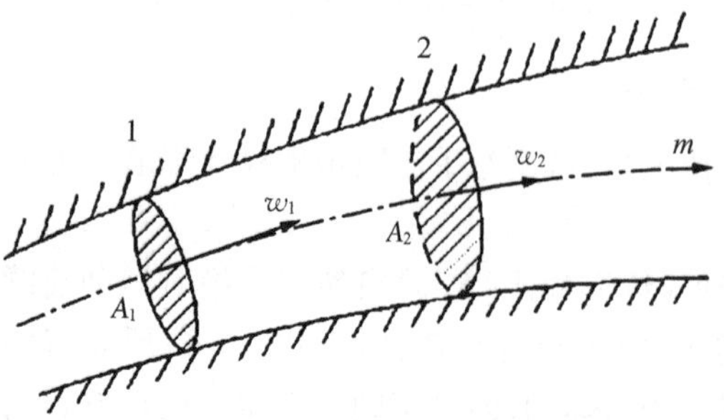

图 A.3　一维曲线坐标系下管道流动

出口截面质量流量 G 不变,即

$$G = \int_{A_1} \rho(\boldsymbol{w} \cdot \boldsymbol{n}) \mathrm{d}A = \int_{A_2} \rho(\boldsymbol{w} \cdot \boldsymbol{n}) \mathrm{d}A \tag{A.14}$$

这时,一维流动连续方程就称为流量方程。

A.3　动量守恒定律与相对流动的动量方程

A.3.1　动量守恒与受力分析

动量守恒是 Newton 第二定律的具体应用,即微元体动量变化率等于施加于微元体的外力总和,表示为

$$\frac{\mathrm{d}_a}{\mathrm{d}t} \int_V \rho \boldsymbol{v} \mathrm{d}V = \oint_A \boldsymbol{\pi} \cdot \boldsymbol{n} \mathrm{d}A + \int_V \rho \boldsymbol{f}_V \mathrm{d}V \tag{A.15}$$

式中,$\boldsymbol{f}_V$ 为微元体单位质量流体所承受的彻体力,包括重力或万有引力、电磁力等;$\boldsymbol{\pi}$ 是微元体表面单位面积所承受的表面力,即表面应力,包括黏性应力 $\boldsymbol{\tau}$ 和静压强 p。作用于微元体表面的黏性应力是对称张量,存在三个切应力和三个正应力分量,即

$$\boldsymbol{\tau} = \begin{bmatrix} \tau_{xx} & \tau_{xy} & \tau_{xz} \\ \tau_{xy} & \tau_{yy} & \tau_{yz} \\ \tau_{xz} & \tau_{yz} & \tau_{zz} \end{bmatrix} \tag{A.16}$$

对 Newton 流体,在 Stokes 假设下,应力与流体应变率存在广义 Newton 黏性应力关系:

$$\boldsymbol{\tau} = \mu \left[(\nabla \boldsymbol{v} + \nabla \boldsymbol{v}^T) - \frac{2}{3} (\nabla \cdot \boldsymbol{v}) \boldsymbol{I} \right] + \boldsymbol{\tau}' \tag{A.17}$$

其中,$\boldsymbol{I}$ 为单位张量;μ 为 Stokes 首先引入的分子动力黏性系数,单位:$\mathrm{N} \cdot \mathrm{s/m^2}$。工程上,只要静压不是特别高,分子黏性系数只是流体温度 T 的函数,一般采用 Sutherland 公式计算:

$$\mu = \mu_0 \left(\frac{T}{T_0} \right)^{1.5} \frac{T_0 + S}{T + S} \tag{A.18}$$

式中,μ_0 是绝对温度 T_0 时的黏性系数参考值;S 为流体特征温度,一般称作 Sutherland 常数。对于空气,$T_0 = 273 \ \mathrm{K}$、$\mu_0 = 1.711 \times 10^{-5} \ \mathrm{N} \cdot \mathrm{s/m^2}$,$S = 122 \ \mathrm{K}$。

式(A.17)中,$\boldsymbol{\tau}'$ 为 Reynolds 应力。若以涡黏性模型建立,则在形式上可以得到类似式(A.17)所表示的应力-应变率本构关系(constitutive relation):

$$\boldsymbol{\tau}' = \mu_t \left[(\nabla \boldsymbol{v} + \nabla \boldsymbol{v}^T) - \frac{2}{3} (\nabla \cdot \boldsymbol{v}) \boldsymbol{I} \right] - \frac{2}{3} \rho k \boldsymbol{I} \tag{A.19}$$

式中，μ_t 为湍流黏性系数；k 为湍流动能（单位 m^2/s^2）。

应该注意的是，黏性的特征是由当地应变率所引发而产生，对于相对运动，式（A.17）和（A.19）分别为

$$\tau = \mu \left[(\nabla w + \nabla w^T) - \frac{2}{3} (\nabla \cdot w) I \right] + \tau' \tag{A.20}$$

$$\tau' = \mu_t \left[(\nabla w + \nabla w^T) - \frac{2}{3} (\nabla \cdot w) I \right] - \frac{2}{3} \rho k I \tag{A.21}$$

作用于微元体表面的流体静压 p 总是压缩应力，与微元体表面外法线方向相反，因此，表面应力 $\boldsymbol{\pi}$ 可表为

$$\boldsymbol{\pi} = \boldsymbol{\tau} - pI = \begin{bmatrix} \tau_{xx} & \tau_{xy} & \tau_{xz} \\ \tau_{xy} & \tau_{yy} & \tau_{yz} \\ \tau_{xz} & \tau_{yz} & \tau_{zz} \end{bmatrix} - \begin{bmatrix} p & 0 & 0 \\ 0 & p & 0 \\ 0 & 0 & p \end{bmatrix} \tag{A.22}$$

A.3.2 加速度合成定理

对于叶轮机，动量方程式（A.15）并不是直接可用的方程，同样需要考虑相对运动问题。相对速度和绝对速度分布为矢径 $\boldsymbol{b}$ 的相对导数和绝对导数，即 $w = \dfrac{\mathrm{d}\boldsymbol{b}}{\mathrm{d}t}$、$v = \dfrac{\mathrm{d}_a\boldsymbol{b}}{\mathrm{d}t}$，于是，式（A.8）可以表示为

$$\frac{\mathrm{d}_a\boldsymbol{b}}{\mathrm{d}t} = \frac{\mathrm{d}\boldsymbol{b}}{\mathrm{d}t} + \boldsymbol{\omega} \times \boldsymbol{b} \tag{A.23}$$

在绝对坐标系下对上式再进行一次求导，得到绝对加速度：

$$\frac{\mathrm{d}_a\boldsymbol{v}}{\mathrm{d}t} = \frac{\mathrm{d}\boldsymbol{v}}{\mathrm{d}t} + \boldsymbol{\omega} \times \boldsymbol{v} \tag{A.24}$$

这里必须注意，求导中假设了 $\boldsymbol{\omega}$ 为常数，换言之，叶轮机械仅以某一稳定的角速度旋转。若需要考虑叶轮机械过渡态问题，即角速度随时间变化的问题，存在 $\boldsymbol{\omega} = \boldsymbol{\omega}(t)$，从而引入角加速度的复杂问题（单鹏，2004），这里暂不涉及。

将式（A.8）、式（A.9）代入式（A.24）右端，整理得到表述绝对加速度与相对加速度关系的加速度合成定理：

$$\frac{\mathrm{d}_a\boldsymbol{v}}{\mathrm{d}t} = \frac{\mathrm{d}\boldsymbol{w}}{\mathrm{d}t} + \boldsymbol{\omega} \times (\boldsymbol{\omega} \times \boldsymbol{r}) + 2\boldsymbol{\omega} \times \boldsymbol{w} \tag{A.25}$$

该式表明，在一个以等角速度旋转的坐标系中，微元体质点的绝对加速度矢量可以分解为三部分：① 相对加速度矢量；② 离心加速度矢量，乘以微元体质量形成离心力，方向与半径方向一致；③ Coriolis 加速度矢量，简称科氏（或哥氏）加速度，乘以微元体质量形成科

氏力,方向垂直于 $\boldsymbol{\omega}-\boldsymbol{w}$ 平面。可以看出,在叶轮机旋转部件中,离心力和科氏力均可以迫使流动发生变化,前者是半径方向且与半径大小相关,后者始终垂直于相对运动方向,与半径无直接关系。因此,当角速度、线速度足够大时,这两项力均不能轻易忽略。例如,传统的螺旋桨通常会忽略其影响,但对于叶尖线速度提升了一倍左右的桨扇则不应该忽略。正因为此,对航空发动机而言,必须形成与高速旋转密切相关的叶轮机气动热力学问题和特殊的流动现象,进而产生了叶轮机械独有的叶轮理论(Wu, 1951; Wu, 1952)。

A.3.3　三维流动动量方程

已知绝对加速度和相对加速度之间的关系后,可以将式(A.25)直接代入绝对坐标系下的运动方程得到相对坐标系下的运动方程。然而,对于流经控制体的开口体系,往往不采用运动方程,而是直接利用微元体构建的动量方程式(A.15),应用 Reynolds 输运定理(A.1)变换为适用于控制体的动量方程式。本质上,动量方程是运动方程和连续方程的结合,并不产生新的基本关系(李根深等,1980)。

对于如图 A.2 所示的微元体 δV,不论是对相对坐标系,还是绝对坐标系,运动过程中均维持着同等的质量守恒,即 $\dfrac{\mathrm{d}_a}{\mathrm{d}t}(\rho\delta V)=\dfrac{\mathrm{d}}{\mathrm{d}t}(\rho\delta V)=0$,于是,根据加速度合成定理(A.25),微元体绝对动量变化率和相对动量变化率之间存在如下关系:

$$\frac{\mathrm{d}_a}{\mathrm{d}t}\int_V\rho\boldsymbol{v}\mathrm{d}V=\frac{\mathrm{d}}{\mathrm{d}t}\int_V\rho\boldsymbol{w}\mathrm{d}V+\int_V\rho\left[\boldsymbol{\omega}\times(\boldsymbol{\omega}\times\boldsymbol{r})+2\boldsymbol{\omega}\times\boldsymbol{w}\right]\mathrm{d}V \tag{A.26}$$

将上式代入式(A.15),整理得到相对坐标系微元体动量守恒关系:

$$\frac{\mathrm{d}}{\mathrm{d}t}\int_V\rho\boldsymbol{w}\mathrm{d}V+\int_V\rho\left[\boldsymbol{\omega}\times(\boldsymbol{\omega}\times\boldsymbol{r})+2\boldsymbol{\omega}\times\boldsymbol{w}\right]\mathrm{d}V=\oint_A\boldsymbol{\pi}\cdot\boldsymbol{n}\mathrm{d}A+\int_V\rho\boldsymbol{f}_V\mathrm{d}V \tag{A.27}$$

由于相对流动的非惯性项是通过彻体力的形式施加于微元体,因此,运动系统仍可以按惯性系统处理,将 Reynolds 输运定理(A.1)应用于上式,得到面向控制体的相对运动动量方程式:

$$\frac{\partial}{\partial t}\int_V\rho\boldsymbol{w}\mathrm{d}V+\oint_A\rho\boldsymbol{w}(\boldsymbol{w}\cdot\boldsymbol{n})\mathrm{d}A+\int_V\rho(2\boldsymbol{\omega}\times\boldsymbol{w}-\omega^2\boldsymbol{r})\mathrm{d}V=\oint_A\boldsymbol{\pi}\cdot\boldsymbol{n}\mathrm{d}A+\int_V\rho\boldsymbol{f}_V\mathrm{d}V$$
$$\tag{A.28}$$

当旋转角速度 $\omega=0$ 时,上式的相对速度 $\boldsymbol{w}$ 就是绝对速度 $\boldsymbol{v}$,于是,相对运动动量方程变为绝对运动动量方程。可见,绝对运动动量方程式只是相对运动的一种特殊形式。

式(A.28)是叶轮机稳定旋转情况下的最基本动量方程式,可以根据需要对其进行形式上的变化,以适应被求解对象的控制体形式和数值过程的需求。目前叶轮机内部流动计算分析中,面向控制体的概念,有以下三种形式的动量方程最为常用。

第一种是相对柱坐标系微分形式守恒型动量方程式,适合于周向平均方法的降维应用和求解。利用 Gauss 散度定理(A. 2)将式(A. 28)的所有面积分转换为体积分,并类似式(A. 3)的推导过程,得到相对柱坐标系微分形式守恒型动量方程式,具体形式为

$$\frac{\partial}{\partial t}(\rho \boldsymbol{w}) + \nabla \cdot (\rho \boldsymbol{w}\boldsymbol{w}) + 2\rho \boldsymbol{\omega} \times \boldsymbol{w} - \rho \omega^2 \boldsymbol{r} = \nabla \cdot \boldsymbol{\pi} + \rho \boldsymbol{f}_V \tag{A.29}$$

第二种是相对柱坐标系微分形式非守恒型动量方程式,适合于 S1、S2 流面的降维处理和流线曲率法求解。由式(A. 29)和连续方程式(A. 10),经必要推导,容易得到动量方程式的非守恒形式,即

$$\frac{\partial \boldsymbol{w}}{\partial t} + (\boldsymbol{w} \cdot \nabla)\boldsymbol{w} + 2\boldsymbol{\omega} \times \boldsymbol{w} - \omega^2 \boldsymbol{r} = -\frac{1}{\rho}\nabla p + \frac{1}{\rho}\nabla \cdot \boldsymbol{\tau} + \boldsymbol{f}_V \tag{A.30}$$

对于不可压情况,根据流量方程式(A. 11),将 $\nabla \cdot \boldsymbol{w} = 0$ 代入式(A. 20),并忽略 Reynolds 应力,得到不可压情况的动量方程式:

$$\frac{\partial \boldsymbol{w}}{\partial t} + (\boldsymbol{w} \cdot \nabla)\boldsymbol{w} + 2\boldsymbol{\omega} \times \boldsymbol{w} - \omega^2 \boldsymbol{r} = -\frac{1}{\rho}\nabla p + \frac{\mu}{\rho}\nabla^2 \boldsymbol{w} + \boldsymbol{f}_V \tag{A.30a}$$

式中,Laplace 算子 $\nabla^2 = \frac{\partial^2}{\partial x^2} + \frac{\partial^2}{\partial y^2} + \frac{\partial^2}{\partial z^2}$。

第三种是有限体积时间推进数值模拟方法常用的相对直角坐标系积分形式守恒型动量方程式,适合于相对、绝对坐标系同场数值模拟。该方程式由式(A. 28)简单变换即可以得到:

$$\frac{\partial}{\partial t}\int_V \rho \boldsymbol{w}\mathrm{d}V + \oint_A (\rho \boldsymbol{w}\boldsymbol{w} + p\boldsymbol{I}) \cdot \boldsymbol{n}\mathrm{d}A = \oint_A \boldsymbol{\tau} \cdot \boldsymbol{n}\mathrm{d}A + \int_V \rho \boldsymbol{T}\mathrm{d}V + \int_V \rho \boldsymbol{f}_V \mathrm{d}V \tag{A.31}$$

式中,$\boldsymbol{T}$ 为相对直角坐标系下的离心加速度和科氏加速度矢量,为

$$\boldsymbol{T} = \begin{bmatrix} 0 \\ \omega^2 y + 2\omega w_z \\ \omega^2 z - 2\omega w_y \end{bmatrix} \tag{A.32}$$

A.3.4 二维基元流动动量方程

二维基元流动的动量方程就是 Joukowski 定理在叶轮机中的应用。这里对基元流动进行二维动量守恒分析。图 A. 4 由二维基元叶型构成流道,其控制体由封闭的 $1-2-B-A-a-A-B-2'-1'-1$ 控制面构成,其中,a 表示叶型表面

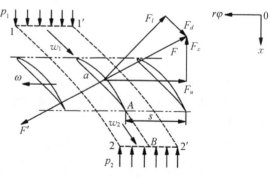

图 A.4 基元流动受力分析与控制体选择

几何。封闭控制体的面积分(二维情况为线积分)可以分解为

$$\oint = \int_{12} + \int_{2B} + \int_{BA} + \int_{a} + \int_{AB} + \int_{B2'} + \int_{2'1'} + \int_{1'1}$$

其中,$1-2$ 和 $1'-2'$、$A-B$ 均存在大小相等方向相反的受力特征,于是存在:

$$\oint = \int_{2B} + \int_{a} + \int_{B2'} + \int_{1'1} = \int_{a} + \int_{22'} - \int_{11'}$$

其中,下标"a"为叶型表面,不论是黏性还是无黏流动,都存在 $\boldsymbol{w} \cdot \boldsymbol{n} = 0$。设基元进口 $1-1'$、出口 $2-2'$ 远离基元叶型的前缘、尾缘,忽略进出口黏性作用,则 $\int_{22'} \boldsymbol{\tau} \cdot \boldsymbol{n} dA = \int_{11'} \boldsymbol{\tau} \cdot \boldsymbol{n} dA = 0$。于是,对相对运动动量方程式(A.28)进行上述分解,得到叶型表面所受的力 $\boldsymbol{F}$,为

$$\boldsymbol{F} = -\boldsymbol{F}' = -\int_{\text{airfoil}} \boldsymbol{\pi} \cdot \boldsymbol{n} dA = -\frac{\partial}{\partial t} \int_V \rho \boldsymbol{w} dV - \int_{22'} \rho \boldsymbol{w}(\boldsymbol{w} \cdot \boldsymbol{n}) dA + \int_{11'} \rho \boldsymbol{w}(\boldsymbol{w} \cdot \boldsymbol{n}) dA$$

$$- \int_V \rho(2\boldsymbol{\omega} \times \boldsymbol{w} - \omega^2 \boldsymbol{r}) dV - \int_{22'} p\boldsymbol{I} \cdot \boldsymbol{n} dA + \int_{11'} p\boldsymbol{I} \cdot \boldsymbol{n} dA + \int_V \rho \boldsymbol{f}_V dV \quad (\text{A.33})$$

式中,科氏加速度 $\boldsymbol{\omega} \times \boldsymbol{w}$ 的方向始终垂直于控制面,说明当三维叶片流动降维至二维基元流动时,本质上忽略了由科氏力所产生的展向迁移作用。当角速度 $\boldsymbol{\omega}$ 足够大时,这一忽略将影响叶轮机展向迁移流动的准确计入。这种迁移不是黏性作用产生,但却会因黏性效应产生剪切功。另外,离心加速度 $\omega^2 r$ 也在降维过程中被忽略。对于轴流压气机,这一忽略仅影响展向迁移问题,但对离心压气机则影响到离心力做功,这在能量守恒中表现得更为明确。

当忽略离心力、科氏力、彻体力 $(\boldsymbol{f}_V =)0$ 的作用,并假设定常流动时,式(A.33)简化为

$$\boldsymbol{F} = -\int_{22'} \rho \boldsymbol{w}(\boldsymbol{w} \cdot \boldsymbol{n}) dA + \int_{11'} \rho \boldsymbol{w}(\boldsymbol{w} \cdot \boldsymbol{n}) dA - \int_{22'} p\boldsymbol{I} \cdot \boldsymbol{n} dA + \int_{11'} p\boldsymbol{I} \cdot \boldsymbol{n} dA \quad (\text{A.34})$$

显然,式中相对速度 $\boldsymbol{w}$、压强 p 在基元流动进、出口截面 $1-1'$、$2-2'$ 必然存在且仅存在一个平均值(积分中值) $\bar{w}$、$\bar{p}$,使上式表达为

$$\boldsymbol{F} = -\bar{\boldsymbol{w}}_2 \int_{22'} \rho(\boldsymbol{w} \cdot \boldsymbol{n}) dA + \bar{\boldsymbol{w}}_1 \int_{11'} \rho(\boldsymbol{w} \cdot \boldsymbol{n}) dA - \bar{p}_2 \int_{22'} \boldsymbol{I} \cdot \boldsymbol{n} dA + \bar{p}_1 \int_{11'} \boldsymbol{I} \cdot \boldsymbol{n} dA \quad (\text{A.35})$$

于是,引入流量方程式(A.14),考虑到图 A.4 所示的进、出口速度方向矢量,得到:

$$\boldsymbol{F} = G(\bar{\boldsymbol{w}}_1 - \bar{\boldsymbol{w}}_2) + s(\bar{p}_1 - \bar{p}_2)\boldsymbol{i}_x \quad (\text{A.36})$$

式中,G 为通过节距 s 的质量流量,$G = \rho_1 \bar{w}_{x1} s = \rho_2 \bar{w}_{x2} s$。

上述推导过程同样适合于从三维流动降维到二维或一维流动的进、出口平均流场问题。这里之所以进行细致推导,目的是希望强调:① 叶轮机进出口不可能存在均匀流,但一定唯一存在一个平均值,使式(A.35)成立;② 式(A.34)变换为式(A.35),要求速度为

流量平均,压强则为面积平均,即

$$w_{\text{avg}} = \frac{\int_A \rho w(w \cdot n)\,dA}{\int_A \rho(w \cdot n)\,dA} \tag{A.37}$$

$$p_{\text{avg}} = \frac{\int_A p I \cdot n\,dA}{\int_A I \cdot n\,dA} \tag{A.38}$$

而利用流道几何平均或参数算术平均得到的平均值,原则上都是错误的。工程实践中,甚至一些标准中,均存在滥用"平均"概念的现象。这里希望明确叶轮机"平均"参数的原始数理含义本质上是积分的中值问题。

由式(A.36),叶型受力 F 可分解为轴向和周向分量:

$$F = F_x i_x + F_u i_\varphi = \left[G(w_{x1} - w_{x2}) + s(p_1 - p_2) \right] i_x + \left[G(w_{u1} - w_{u2}) \right] i_\varphi \tag{A.39}$$

式中,下标 x、u 分别表示轴向、周向分量。上式看出,基元叶型所受的力 F 可以分解为轴向力 F_x 和周向力 F_u。

A.3.5 一维流动动量方程

对于如图 A.3 所示的管道或流管流动,以一维曲线坐标的形式来描述平均流动参数沿随流坐标 m 的改变,所建立控制体的边界包括进、出口截面"1""2"和管道固体表面或流线。可以采用与上一节完全相同的手段来处理动量方程式(A.28)。

首先,假设彻体力 f_V 只计及重力,则

$$f_V = -g = -\nabla \cdot (gy) \tag{A.40}$$

这里,g 为重力加速度矢量;y 为控制体绝对高度矢量。

其次,考虑到:

$$\omega^2 r = \nabla\left(\frac{\omega^2 r^2}{2}\right) = \nabla\left(\frac{u^2}{2}\right) \tag{A.41}$$

并根据矢量分析,存在:

$$(w \cdot \nabla)w = \nabla\left(\frac{w^2}{2}\right) - w \times (\nabla \times w) \tag{A.42}$$

于是,方程式(A.30)可以改写为

$$\frac{\partial w}{\partial t} + \nabla\left(\frac{w^2}{2}\right) + \frac{1}{\rho}\nabla p + \nabla(gy) + 2\omega \times w - \nabla\left(\frac{u^2}{2}\right) = w \times (\nabla \times w) + \frac{1}{\rho}\nabla \cdot \boldsymbol{\tau} \tag{A.43}$$

在定常、无旋 $(\nabla \times v = 0)$、无黏 $(\tau = 0)$ 的假设下,上式简化为

$$\nabla\left(\frac{w^2}{2}\right) + \frac{1}{\rho}\,\nabla p + \nabla(gy) + 2\boldsymbol{\omega} \times \boldsymbol{w} = \nabla\left(\frac{u^2}{2}\right) \tag{A.44}$$

对于 $\omega = 0$ 的情况,上式为 $\nabla\left(\dfrac{v^2}{2}\right) + \dfrac{1}{\rho}\nabla p + \nabla(gy) = 0$。可见,在一定简化之后,动量守恒关系转变为单位质量的能量守恒,即绝对流动的动能变化与压强势能和重力势能的能量变化相平衡。而相对运动过程中,旋转机械所产生的离心力也以机械能形式影响流体相对动能和势能的改变。

对于图 A.3 所示的一维相对流动,忽略科氏力的作用,即 $\boldsymbol{\omega} \times \boldsymbol{w} = \boldsymbol{0}$。控制体进、出口分别以下标 1 和 2 表示,并以流量平均参数表征进、出口平均参数,则对方程(A.44)积分得到相对坐标系下可压流的 Bernoulli 方程:

$$\frac{w_2^2 - w_1^2}{2} + \int_1^2 \frac{1}{\rho}\mathrm{d}p + g(y_2 - y_1) = \frac{u_2^2 - u_1^2}{2} \tag{A.45}$$

对于不可压流动,流动密度不随压强变化,这时,Bernoulli 方程为

$$\frac{w_2^2 - w_1^2}{2} + \frac{1}{\rho}(p_2 - p_1) + g(y_2 - y_1) = \frac{u_2^2 - u_1^2}{2} \tag{A.46}$$

A.3.6 动量矩方程

在旋转柱坐标系内(图 A.2),微元体绝对动量对坐标原点"0"所具有的动量矩由外力矩平衡,这就是动量矩守恒定律。通过 Reynolds 输运定理(A.1)转换,以控制体形式表达的动量矩方程为

$$\frac{\partial}{\partial t}\int_V \boldsymbol{b} \times \rho \boldsymbol{v}\mathrm{d}V + \oint_A \boldsymbol{b} \times \rho \boldsymbol{v}(\boldsymbol{v} \cdot \boldsymbol{n})\mathrm{d}A = \oint_A \boldsymbol{b} \times \boldsymbol{\pi} \cdot \boldsymbol{n}\mathrm{d}A + \int_V \boldsymbol{b} \times \rho \boldsymbol{f}_V\mathrm{d}V \tag{A.47}$$

类似图 A.4,当控制体的选择包含某基元叶型的固体壁面和流动进出口平均参数(图 A.5),并假设定常流动,且忽略黏性力和彻体力,则基元叶型施加于流体的动量矩 $\boldsymbol{M}$ 为

$$\begin{aligned}\boldsymbol{M} = &\int_2 \boldsymbol{b} \times \rho \boldsymbol{v}(\boldsymbol{v} \cdot \boldsymbol{n})\mathrm{d}A - \int_1 \boldsymbol{b} \times \rho \boldsymbol{v}(\boldsymbol{v} \cdot \boldsymbol{n})\mathrm{d}A \\ &+ \int_2 \boldsymbol{b} \times p\boldsymbol{I} \cdot \boldsymbol{n}\mathrm{d}A - \int_1 \boldsymbol{b} \times p\boldsymbol{I} \cdot \boldsymbol{n}\mathrm{d}A\end{aligned} \tag{A.48}$$

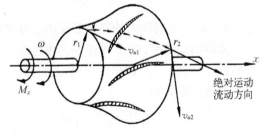

图 A.5 叶轮机基元流动的控制体

对叶轮机而言,动量矩中最重要的是其轴向分量 M_x,反映了叶轮机轴传递功率所具有的扭矩,即轮缘功率 P_u 为

$$P_u = \omega M_x \tag{A.49}$$

于是,根据矢径 $\boldsymbol{b} = r\boldsymbol{i}_r + x\boldsymbol{i}_x$,以及矢量代数关系 $\boldsymbol{i}_x \cdot \boldsymbol{b} \times \boldsymbol{v} = \boldsymbol{i}_x \times \boldsymbol{b} \cdot \boldsymbol{v}$,得 $\boldsymbol{i}_x \cdot \boldsymbol{b} \times \boldsymbol{v} =$ $\boldsymbol{i}_x \times (r\boldsymbol{i}_r + x\boldsymbol{i}_x) \cdot \boldsymbol{v} = r\boldsymbol{i}_\varphi \cdot \boldsymbol{v} = v_u r$。同时,由于进出口截面"1""2"的压强 p 所产生的矩与 x 轴垂直,其轴向分量均为零。因此,以半径 r_1、r_2 上的进出口平均流动表示 动量矩方程式 (A.47)时,基元叶型施加于流体的动量矩轴向分量为

$$M_x = \int_2 (v_u r) \rho (\boldsymbol{v} \cdot \boldsymbol{n}) \mathrm{d}A - \int_1 (v_u r) \rho (\boldsymbol{v} \cdot \boldsymbol{n}) \mathrm{d}A = G(v_{u2} r_2 - v_{u1} r_1) \tag{A.50}$$

将上式代入式(A.49),得到基元叶型对单位流量流体的做功率为

$$l_u = \frac{P_u}{G} = \omega (v_{u2} r_2 - v_{u1} r_1) \tag{A.51}$$

其中,l_u 称作轮缘功,单位为 J/kg。

A.4　能量守恒定律与相对流动的能量方程

A.4.1　能量守恒与热、功分析

热力学第一定律实际上就是能量守恒定律在特定条件下的应用,即微元体总内能的变化率等于输入微元体的热量变化率和外界对微元体的做功率之和。图 A.1 所示任意微元体的热力学第一定律为 $\frac{\mathrm{d}}{\mathrm{d}t} \int_V \rho \left(e + \frac{1}{2} v^2 \right) \mathrm{d}V = \frac{\delta L}{\mathrm{d}t} + \frac{\delta Q}{\mathrm{d}t}$。式中,$e$ 为流体热力状态函数单位质量的内能,对于理想流体,$\mathrm{d}e = c_v \mathrm{d}T$。应该说明:这里将内能理解为广义的,称作"总内能",既包括单位质量流体热力状态函数的狭义内能 e,也包括单位质量流体流动所具有的动能 $v^2/2$。

当观察者随旋转坐标系一起旋转时,微元体总内能为相对滞止条件下的总内能,即相对总内能,于是热力学第一定律在相对坐标系下的形式为

$$\frac{\mathrm{d}}{\mathrm{d}t} \int_V \rho \left(e + \frac{1}{2} w^2 \right) \mathrm{d}V = \frac{\delta L}{\mathrm{d}t} + \frac{\delta Q}{\mathrm{d}t} \tag{A.52}$$

δQ 是在 $\mathrm{d}t$ 时间内外界对微元体因温度差而产生的传热量,于是,$\delta Q / \mathrm{d}t$ 是外界作用于微元体的传热率,按 SI 单位制其单位为 J/s。若外界对微元体单位时间、单位质量流体的辐射率热量为 q_R,而单位时间、通过微元体表面单位面积的传导热量为 $\boldsymbol{q}_\lambda$(热流密度或热通量密度),则

$$\frac{\delta Q}{\mathrm{d}t} = \int_V \rho q_R \mathrm{d}V + \oint_A \boldsymbol{q}_\lambda \cdot \boldsymbol{n} \mathrm{d}A \tag{A.53}$$

式中,$\boldsymbol{q}_\lambda = -\lambda \nabla T$,$\lambda$ 为导热系数,单位为 W/(m · K)。

从上式可以看出,外界与微元体的热传导和热辐射均与流体流动速度无关,因此,不

管观察者是静止还是随旋转坐标系运动,对 δQ 都没有影响,即热传导和热辐射均与坐标系的运动与否无关。但是,必须强调的是,不是所有的传热问题均与相对运动无关,由于对流换热与速度直接相关,上式中没有计入以对流方式进入微元体(如由流管构成的微元体)的热流量。由于涡轮对流换热问题在流动过程中对性能影响的显著,对这类叶轮机而言,必须以相对运动的角度考察对流换热所具有的问题。这时,放弃叶轮机相对运动所具有的特殊性,就无法正确认识旋转坐标系下的换热问题。

δL 是 dt 时间内外界对微元体的做功量,于是, δL/dt 则是外界作用于微元体的做功率,按 SI 单位制其单位也是 J/s。在绝对坐标系中,外界对微元体的做功率包括表面应力 $\boldsymbol{\pi}$ 和彻体力 $\boldsymbol{f}_V$ 的做功率,即 $\dfrac{\delta L}{\mathrm{d}t} = \oint_A \boldsymbol{v} \cdot \boldsymbol{\pi} \cdot \boldsymbol{n}\mathrm{d}A + \int_V \rho\boldsymbol{v} \cdot \boldsymbol{f}_V \mathrm{d}V$;而相对坐标系中,由动量方程式可知,作用于微元体的做功率还应该包括离心力和科氏力,这两个力均具有彻体力特征,于是:

$$\frac{\delta L}{\mathrm{d}t} = \oint_A \boldsymbol{w} \cdot \boldsymbol{\pi} \cdot \boldsymbol{n}\mathrm{d}A + \int_V \rho\boldsymbol{w} \cdot \boldsymbol{f}_V \mathrm{d}V - \int_V \rho\boldsymbol{w} \cdot [\boldsymbol{\omega} \times (\boldsymbol{\omega} \times \boldsymbol{r}) + 2\boldsymbol{\omega} \times \boldsymbol{w}]\,\mathrm{d}V \quad (\mathrm{A.54})$$

进一步分析外力做功率,可知:

(1) 离心力做功率 $\boldsymbol{w} \cdot [\boldsymbol{\omega} \times (\boldsymbol{\omega} \times \boldsymbol{r})] = -\omega^2 r w_r = -\dfrac{\mathrm{d}}{\mathrm{d}t}\left(\dfrac{1}{2}\omega^2 r^2\right)$,与叶轮机叶片线速度密切相关,这部分功的输入,是产生离心压气机与轴流压气机原理性差异的根本原因;

(2) $\boldsymbol{w} \cdot (\boldsymbol{\omega} \times \boldsymbol{w}) = 0$,说明旋转机械以恒定角速度旋转时,微元体所承受的科氏力不做功,这一点十分重要,并适用于任何旋转机械;

(3) 表面力包括黏性应力做功率和压缩应力做功率为 $\oint_A \boldsymbol{w} \cdot \boldsymbol{\pi} \cdot \boldsymbol{n}\mathrm{d}A = \oint_A \boldsymbol{w} \cdot \boldsymbol{\tau} \cdot \boldsymbol{n}\mathrm{d}A - \oint_A \boldsymbol{w} \cdot p\boldsymbol{I} \cdot \boldsymbol{n}\mathrm{d}A = \oint_A \boldsymbol{w} \cdot \boldsymbol{\tau} \cdot \boldsymbol{n}\mathrm{d}A - \oint_A p(\boldsymbol{w} \cdot \boldsymbol{n})\mathrm{d}A$。 于是,旋转相对坐标系外力作用于微元体的做功率为

$$\frac{\delta L}{\mathrm{d}t} = \oint_A \boldsymbol{w} \cdot \boldsymbol{\tau} \cdot \boldsymbol{n}\mathrm{d}A - \oint_A p(\boldsymbol{w} \cdot \boldsymbol{n})\mathrm{d}A + \int_V \rho\boldsymbol{w} \cdot \boldsymbol{f}_V \mathrm{d}V + \frac{\mathrm{d}}{\mathrm{d}t}\int_V \rho\left(\frac{1}{2}\omega^2 r^2\right)\mathrm{d}V \quad (\mathrm{A.55})$$

A.4.2　三维流动能量方程

根据上述分析,相对坐标系下微元体的能量方程可以表示为

$$\frac{\mathrm{d}}{\mathrm{d}t}\int_V \rho\left(e + \frac{1}{2}w^2 - \frac{1}{2}\omega^2 r^2\right)\mathrm{d}V = -\oint_A p\boldsymbol{w} \cdot \boldsymbol{n}\mathrm{d}A + \oint_A \boldsymbol{w} \cdot \boldsymbol{\tau} \cdot \boldsymbol{n}\mathrm{d}A + \int_V \rho\boldsymbol{w} \cdot \boldsymbol{f}_V \mathrm{d}V$$
$$+ \int_V \rho q_R \mathrm{d}V + \oint_A \boldsymbol{q}_\lambda \cdot \boldsymbol{n}\mathrm{d}A \quad (\mathrm{A.56})$$

以 Reynolds 输运定理(A.1)将上式左端表述为适用于控制体的 Euler 型,即得到相对坐标系下适用于控制体的能量方程:

$$\frac{\partial}{\partial t}\int_V \rho\left(e + \frac{1}{2}w^2 - \frac{1}{2}\omega^2 r^2\right)\mathrm{d}V + \oint_A \rho\left(e + \frac{1}{2}w^2 + \frac{p}{\rho} - \frac{1}{2}\omega^2 r^2\right)(\boldsymbol{w}\cdot\boldsymbol{n})\mathrm{d}A$$

$$= \oint_A \boldsymbol{w}\cdot\boldsymbol{\tau}\cdot\boldsymbol{n}\mathrm{d}A + \int_V \rho\boldsymbol{w}\cdot\boldsymbol{f}_V\mathrm{d}V + \int_V \rho q_R\mathrm{d}V + \oint_A \boldsymbol{q}_\lambda\cdot\boldsymbol{n}\mathrm{d}A \tag{A.57}$$

为简化上式左端,必须引入静焓和转焓的概念。静焓 h 定义为内能与压强势能的总和,即

$$h = e + p/\rho \tag{A.58}$$

对于理想气体,利用理想气体状态方程,静焓更常见地表示为

$$\mathrm{d}h = c_v\mathrm{d}T + \mathrm{d}(p/\rho) = c_p\mathrm{d}T \tag{A.59}$$

由于定压比热 c_p 是当地静温的函数,即 $c_p = f(T)$。在温度变化大的叶轮机中,一般需要采用变比热过程;而对于温度变化较小的叶轮机,可以采用定比热假设,这时,c_p 为常数,参考状态总可以定义 $h_{\mathrm{ref}} = c_p T_{\mathrm{ref}}$,于是上式可以表示为 $h = c_p T$。

当速度等熵滞止为零时所具有的焓为总焓或滞止焓 h^*:

$$h^* = h + \frac{1}{2}v^2 \tag{A.60}$$

但在相对坐标系中,相对速度等熵滞止时所具有的焓则为相对总焓 h_w^*:

$$h_w^* = h + \frac{1}{2}w^2 \tag{A.61}$$

转焓是叶轮机旋转坐标系下的特殊定义,由吴仲华先生首先提出,称为转子内的总焓(total enthalpy in rotor),后人将其简称为转焓(rothalpy)。其定义为式(A.57)左端第二项的总比能量,即

$$i = h + \frac{1}{2}w^2 - \frac{1}{2}\omega^2 r^2 = h_w^* - \frac{1}{2}u^2 = h^* - \omega v_u r \tag{A.62}$$

由此,对式(A.57)中的面积分进行高斯散度定理(A.2)转换,结合转焓定义式(A.62),就可以得到形式简洁的相对运动能量方程:

$$\frac{\partial}{\partial t}\int_V(\rho i - p)\mathrm{d}V + \int_V \nabla\cdot(\rho i\boldsymbol{w})\mathrm{d}V = \oint_A \boldsymbol{w}\cdot\boldsymbol{\tau}\cdot\boldsymbol{n}\mathrm{d}A + \int_V \rho\boldsymbol{w}\cdot\boldsymbol{f}_V\mathrm{d}V + \int_V \rho q_R\mathrm{d}V + \oint_A \boldsymbol{q}_\lambda\cdot\boldsymbol{n}\mathrm{d}A \tag{A.63}$$

当旋转角速度 ω 为零时,转焓 i 即等于总焓 h^*,于是得到形式上完全统一一致的绝对坐标系下的能量方程式:

$$\frac{\partial}{\partial t}\int_V(\rho h^* - p)\mathrm{d}V + \int_V \nabla\cdot(\rho h^*\boldsymbol{v})\mathrm{d}V = \oint_A \boldsymbol{v}\cdot\boldsymbol{\tau}\cdot\boldsymbol{n}\mathrm{d}A + \int_V \rho\boldsymbol{v}\cdot\boldsymbol{f}_V\mathrm{d}V + \int_V \rho q_R\mathrm{d}V + \oint_A \boldsymbol{q}_\lambda\cdot\boldsymbol{n}\mathrm{d}A \tag{A.64}$$

上式是叶轮机械稳定旋转条件下最基本的能量方程式,可以根据需要进行相应的推导,并由 Reynolds 输运定理和高斯散度定理导出适合于控制体的相对能量方程。和动量方程一样,叶轮机内部流动分析计算中,面向控制体的概念,有三种形式的能量方程最为常用。

第一种是相对柱坐标系微分形式守恒型能量方程,适合于周向平均方法的降维应用和求解,具体形式为

$$\frac{\partial}{\partial t}(\rho i - p) + \nabla \cdot (\rho i \boldsymbol{w}) = \nabla \cdot (\boldsymbol{\tau} \cdot \boldsymbol{w}) + \rho \boldsymbol{w} \cdot \boldsymbol{f}_V + \rho q_R + \nabla \cdot \boldsymbol{q}_\lambda \qquad (\text{A.65})$$

第二种是相对柱坐标系微分形式非守恒型能量方程,适合于 S1、S2 流面的降维处理和流线曲率法求解:

$$\frac{\mathrm{d}i}{\mathrm{d}t} = \frac{\partial i}{\partial t} + (\boldsymbol{w} \cdot \nabla)i = \frac{1}{\rho}\frac{\partial p}{\partial t} + \frac{1}{\rho}\nabla \cdot (\boldsymbol{\tau} \cdot \boldsymbol{w}) + \boldsymbol{w} \cdot \boldsymbol{f}_V + q_R + \frac{1}{\rho}\nabla \cdot \boldsymbol{q}_\lambda \quad (\text{A.66})$$

第三种是利用有限体积时间推进法常用的相对直角坐标系积分形式守恒型能量方程,适合于旋转与非旋转坐标系同场计算的数值模拟(仅忽略热辐射):

$$\frac{\partial}{\partial t}\int_V \rho e_w^* \mathrm{d}V + \oint_A \boldsymbol{w} \cdot (\rho e_w^* + p)\boldsymbol{I} \cdot \boldsymbol{n}\mathrm{d}A = \oint_A (\boldsymbol{w} \cdot \boldsymbol{\tau} + \boldsymbol{q}_\lambda) \cdot \boldsymbol{n}\mathrm{d}A + \int_V \rho \boldsymbol{w} \cdot (\boldsymbol{T} + \boldsymbol{f}_V)\mathrm{d}V$$

$$(\text{A.67})$$

其中,总内能 $e_w^* = e + \dfrac{1}{2}w^2$。$\boldsymbol{T}$ 为式(A.32)定义的相对直角坐标系下的离心加速度和科氏加速度矢量,显然,科氏力不做功。

式(A.65)、式(A.66)、式(A.67)均可直接适用于角速度为零的绝对坐标系,当机械转速为零时,相对速度自然变为绝对速度、转焓自然等于总焓。因此,在叶轮机械研究中一般只需要用相对坐标系条件下的各类守恒方程式,就可以既应用于具有旋转特性的转子系统,又应用于没有旋转特性的静子系统,完成具有转静坐标系交替的叶轮机械数值模拟和分析。

A.4.3　绝对坐标系一维流动能量方程

图 A.6 所示的控制体包含了压气机典型几何,如转子叶片、盘、轴和静子叶片。控制体由控制面 $abcdefa$ 封闭,具体封闭方式是:af 代表进气截面,面积 A_1;bc、de 构成的环面代表排气截面,环面积 A_2;ab、ef(含静子叶片)为非旋转的固壁边界;cd 为旋转的固壁边界,含转子叶片、盘和轴等旋转几何。控制面 $abcdef$ 不包括转动、非转动固体边界,因此可以采用无旋转的方程式(A.63)作为分析的初始方程。

对叶轮而言,由于高度尺度所产生的彻

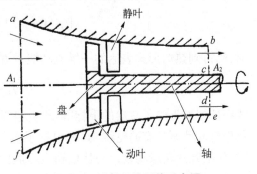

图 A.6　叶轮机控制体示意图

体力做功通常很小,可以忽略,即式(A.63)中 $\int_V \rho w \cdot f_V \mathrm{d}V = 0$,并定义单位质量外界对控制体 $abcdefa$ 的传热量 q_e 为

$$q_e = \frac{1}{G}\frac{\delta Q}{\mathrm{d}t} = \frac{1}{G}\left(\int_V \rho q_R \mathrm{d}V + \oint_A \boldsymbol{q}_\lambda \cdot \boldsymbol{n}\mathrm{d}A\right) \qquad (A.68)$$

于是,结合 Gauss 散度定理(A.2),无旋转的式(A.63)可以改写为

$$\frac{\partial}{\partial t}\int_V (\rho h^* - p)\mathrm{d}V + \oint_A \rho h^* \boldsymbol{v} \cdot \boldsymbol{n}\mathrm{d}A = \oint_A \boldsymbol{v} \cdot \boldsymbol{\tau} \cdot \boldsymbol{n}\mathrm{d}A + Gq_e \qquad (A.69)$$

可见,控制体表面黏性应力 $\boldsymbol{\tau}$ 做功率对能量守恒具有重要的作用,需要逐一分析:① 作用于静子固壁的黏性应力,这部分应力明显存在,但由于静子固壁的无滑移条件,这部分黏性应力不做功,即做功率 $\int_{ab} \boldsymbol{v} \cdot \boldsymbol{\tau} \cdot \boldsymbol{n}\mathrm{d}A = \int_{ef} \boldsymbol{v} \cdot \boldsymbol{\tau} \cdot \boldsymbol{n}\mathrm{d}A = 0$;② 进出口截面的黏性应力做功率,即 $\int_{A_1} \boldsymbol{v} \cdot \boldsymbol{\tau} \cdot \boldsymbol{n}\mathrm{d}A$ 和 $\int_{A_2} \boldsymbol{v} \cdot \boldsymbol{\tau} \cdot \boldsymbol{n}\mathrm{d}A$,当进出口气流不均匀时,黏性应力(主要是切应力)做功率显然存在,这时,就产生了切应力做功,一般称为剪切功(Cumpsty, 1989);③ 图 A.6 余下的控制面 cd 是转子系统通过叶轮固体表面对流动的做功率。当转子系统为轴对称时,正应力的做功率之和等于零,只有表面切应力做功,这时式(A.69)中的绝对速度 $\boldsymbol{v}$ 为机械运转的线速度 $\boldsymbol{u}$,表面切应力做功率为转子的轴功率 $\frac{\delta L}{\mathrm{d}t}$,而比轴功则为

$$l_s = \frac{1}{G}\frac{\delta L}{\mathrm{d}t} = \frac{1}{G}\int_{cd} \boldsymbol{u} \cdot \boldsymbol{\pi} \cdot \boldsymbol{n}\mathrm{d}A \qquad (A.70)$$

于是,式(A.69)可以写为 $\frac{\partial}{\partial t}\int_V (\rho h^* - p)\mathrm{d}V + \int_{A_2} \rho h^* \boldsymbol{v} \cdot \boldsymbol{n}\mathrm{d}A - \int_{A_1} \rho h^* \boldsymbol{v} \cdot \boldsymbol{n}\mathrm{d}A = \int_{A_1} \boldsymbol{v} \cdot \boldsymbol{\tau} \cdot \boldsymbol{n}\mathrm{d}A + \int_{A_2} \boldsymbol{v} \cdot \boldsymbol{\tau} \cdot \boldsymbol{n}\mathrm{d}A + Gl_s + Gq_e$

当假设流动定常,忽略进出口流动剪切功,并在进出口截面存在流量平均总焓:

$$h_{\mathrm{avg}}^* = \frac{\int_A \rho h^* (\boldsymbol{v} \cdot \boldsymbol{n})\mathrm{d}A}{\int_A \rho (\boldsymbol{v} \cdot \boldsymbol{n})\mathrm{d}A} = \frac{1}{G}\int_A \rho h^* (\boldsymbol{v} \cdot \boldsymbol{n})\mathrm{d}A \qquad (A.71)$$

时,则得到热焓形式表达的一维流动能量方程,即

$$l_s + q_e = h_2^* - h_1^* \qquad (A.72)$$

式中按习惯省略了总焓的下标"avg"。值得注意的是:① 比轴功(通常直接称为轴功)不仅仅是叶片所具有的轮缘功,也包括了盘、轴旋转所做的功,为此,当进口截面总焓一定时,如果叶片轮缘功设计为从根到尖沿展向均匀分布,那么,多级轴流压气机出口通常会在轮毂处产生更大的总焓增;这是多级风扇、压气机出口展向不均匀的重要来源,虽然按

（A.72）得到的是平均出口总焓，但分布一定不是均匀的，存在展向总温梯度；② 式（A.72）导出过程中，隐含着一个假设，即进出口截面的流量相等，当叶轮机中存在流量泄漏而不参与进一步能量转换时，式（A.72）就不能直接使用，这时更有效的方法是直接利用式（A.63）进行必要的推导。

A.4.4　相对坐标系一维流动能量方程

对于转子叶片通道基元流动（图 A.7）同样可以建立相对坐标系下的控制体 $abcdefgh$，其控制面 ah、de 分别为基元进出口截面，半径分别为 r_1、r_2，对应面积分别为 A_1、A_2；控制面 ab 和 hg 为进气周期性虚拟界面，cd 和 fe 为排气周期性虚拟界面，bc 和 gf 分别为基元叶片的固壁表面。与上一节不同的是，由于控制体随旋转轴 x 旋转，因此，必须利用相对坐标系下的能量方程（A.63）进行分析。类似式（A.69），在假设无彻体力时，对于图 A.7 所示控制体，式（A.63）可以表示为

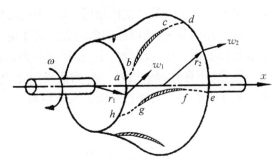

图 A.7　叶轮机基元流动控制体与控制面示意图

$$\frac{\partial}{\partial t}\int_V (\rho i - p)\,\mathrm{d}V + \oint_A \rho i\boldsymbol{w}\cdot\boldsymbol{n}\,\mathrm{d}A = \oint_A \boldsymbol{w}\cdot\boldsymbol{\tau}\cdot\boldsymbol{n}\,\mathrm{d}A + Gq_e \tag{A.73}$$

可见，影响能量守恒的最重要因素依然是作用于控制面的黏性应力做功率。① 在基元叶片固壁表面由于相对运动无滑移条件，黏性应力不做功，即做功率 $\int_{bc} \boldsymbol{w}\cdot\boldsymbol{\tau}\cdot\boldsymbol{n}\,\mathrm{d}A = 0$、$\int_{gf} \boldsymbol{w}\cdot\boldsymbol{\tau}\cdot\boldsymbol{n}\,\mathrm{d}A = 0$；② 周期性边界 ab 和 hg 存在 $\int_{ab} \boldsymbol{w}\cdot\boldsymbol{\tau}\cdot\boldsymbol{n}\,\mathrm{d}A + \int_{gh} \boldsymbol{w}\cdot\boldsymbol{\tau}\cdot\boldsymbol{n}\,\mathrm{d}A = 0$，$cd$ 和 fe 存在 $\int_{cd} \boldsymbol{w}\cdot\boldsymbol{\tau}\cdot\boldsymbol{n}\,\mathrm{d}A + \int_{ef} \boldsymbol{w}\cdot\boldsymbol{\tau}\cdot\boldsymbol{n}\,\mathrm{d}A = 0$；③ 进出口截面存在切应力做功，做功率分别为 $\int_{A_1} \boldsymbol{w}\cdot\boldsymbol{\tau}\cdot\boldsymbol{n}\,\mathrm{d}A$ 和 $\int_{A_2} \boldsymbol{w}\cdot\boldsymbol{\tau}\cdot\boldsymbol{n}\,\mathrm{d}A$。

有必要对第三点进行进一步说明：在叶轮机的早期发展中，这部分做功率通常被忽略，而后认为切应力做功所产生的耗散也是叶轮机基元损失的重要组成（Cumpsty，1989）。然而，随着近十多年弯掠叶片的设计实践，作者认为这部分做功率不但存在，而且影响着进口流场的流动特性，这种影响会明确地改变迎角的设计参数。相关具体内容将在更深入的气动热力学教材中讨论，这里仍忽略切应力做功率，即相对坐标系下，黏性应力做功率 $\dfrac{\delta L}{\mathrm{d}t}$ 为零。

假设定常流动，并在基元流动进出口截面存在流量平均转焓平均值，则式（A.73）可以简化为

$$q_e = i_2 - i_1 \tag{A.74}$$

将转焓的定义式(A.62)和叶轮机 Euler 方程式(A.51)代入上式,得压气机基元一维流动能量方程式:

$$l_u + q_e = h_2^* - h_1^* = (h_2 - h_1) + \frac{1}{2}(v_2^2 - v_1^2) \qquad (A.75)$$

该式与式(A.72)在形式上完全一致,区别仅在于比轴功和轮缘功。这一区别本质上取决于对于控制体对象的选取。可见,在面向对象的工程应用中,对基本方程的深入认识和假设条件的合理应用是十分重要的。由于工程应用中轴功和轮缘功需要明确区分,因此,对这种区别应该了解其产生的原因,从而避免误用。

在上述两节中,均以控制体的方式对能量守恒进行了简化应用,但所选取的控制体均存在固体壁面。在流动分析中,还存在一类对流管的分析,即如图 A.3,控制体边界取为某一流管(不存在固壁边界)时,当假设随流边界具有对称性时,则可以按周期性边界处理而产生,相对、绝对能量守恒关系分别为

$$i_2 = i_1 \qquad (A.76)$$

但是,若为非周期性黏性边界,那么,剪切功和对流换热将作为控制体外部功和热影响该控制体内部的能量守恒。

A.5　热力学第二定律

A.5.1　Clausius 不等式

热力学第一定律建立了热能和机械能的转换关系,但是并没有区别热能和机械能的差异。若假设热力过程封闭,即起始状态和终止状态相同,那么从式(A.52)得到的是 $\frac{\delta L}{dt} + \frac{\delta Q}{dt} = 0$。说明热能与机械能可以相互转换,具有外部能量输入与输出的等同关系。而实际情况是:机械能总是能够从单个能量源全部连续地转化为热能,但热能却不能从单个热量源经过循环过程全部转化为机械能。具体到压气机而言,在气体从低压向高压的压缩过程中,机械能并没有完全转化为流体的内能、动能和势能,而存在一部分能量转化为了热能,这部分能量在过程中以热的形式消耗,而这消耗的热却不能转而起到机械能的作用。极端情况下,当压气机进出口流动的内能、动能和势能状态完全一致时,机械旋转做功所输入的机械能就全部以热的形式消耗,这个过程就导致了熵的增加,可以根据热力学第二定律来定量表述,即 Clausius 不等式(Dixon,2005)。

Clausius 不等式表达为:经历一个循环,外界传递给孤立体系的热量交换不大于零:

$$\oint_{1-2} \frac{\delta Q}{T} \le 0 \qquad (A.77)$$

式中,循环过程由状态 1 至 2 再回到 1,T 为孤立体系绝对温度,δQ 为外界传递给体系的热量变化量。当过程可逆,即 $dQ = dQ_R$ 时,式(A.77)的等式成立:

$$\oint_{1-2} \frac{\delta Q_R}{T} = 0 \tag{A.78}$$

用熵增来表示该式左端的单向过程,即

$$S_2 - S_1 = \int_1^2 \frac{\delta Q_R}{T} \tag{A.79}$$

而状态微变化所具有的熵增为

$$dS = m ds = \frac{\delta Q_R}{T} \tag{A.80}$$

其中, $m = \int_V \rho dV$ 为体系质量; s 为单位质量的熵,应称作比熵,但工程中通常省略"比"(specific)字,将 s 称作熵,单位为 $J/(kg \cdot K)$。将熵的定义式(A.80)引入 Clausius 不等式(A.77),则得到不等式:

$$\frac{1}{m} \frac{\delta Q}{T} \leqslant ds \tag{A.81}$$

或

$$T \frac{ds}{dt} \geqslant \frac{1}{m} \frac{\delta Q}{dt} \tag{A.82}$$

于是,对于流过某控制体的一维定常流动,流量为 G ,状态从进口截面"1"变化到出口截面"2"时,所经历过程的熵增为

$$s_2 - s_1 \geqslant \frac{1}{G} \int_1^2 \frac{1}{T} \frac{\delta Q}{dt} \tag{A.83}$$

若过程可逆,则 $s_2 = s_1$,必然为等熵过程;若过程绝热,即 $\frac{\delta Q}{dt} = 0$,则 $s_2 \geqslant s_1$,过程不一定是等熵过程;若过程不绝热,即 $\frac{\delta Q}{dt} > 0$,则 $s_2 > s_1$,过程一定不等熵。而在绝热过程中,等熵与不等熵则取决于是无黏流动还是黏性流动。若无黏绝热,则过程等熵或可逆,否则为熵增过程。

A.5.2　热力学关系式

显然,Clausius 不等式不可用于定量计算,在引入熵增概念后,还是希望得到封闭体系熵增与热力参数之间的关系,而不仅仅是与热量交换的关系。为此,需要进一步讨论外界作用于微元体的做功率问题,使熵增能够定量表达。

根据式(A.54),外界作用于某微元体的做功率包括表面应力做功率、彻体力做功率和离心力做功率。考虑到所研究对象是微元体在发生微小变化过程时所产生的熵增,而

彻体力、离心力均与空间尺度直接相关,因此,这里首先忽略彻体力、离心力的做功率。于是,外界对微元体的做功率表达式(A.54)可以简化为

$$\frac{\delta L}{\mathrm{d}t} = \oint_A \boldsymbol{w} \cdot \boldsymbol{\pi} \cdot \boldsymbol{n}\mathrm{d}A \tag{A.84}$$

即,外界仅通过表面应力对微元体做功。根据 Gauss 散度定理式(A.2),上式可以变换为 $\frac{\delta L}{\mathrm{d}t} = \int_V \nabla \cdot (\boldsymbol{\pi} \cdot \boldsymbol{w})\mathrm{d}V$。虽然在式(A.65)、式(A.66)中利用了这一变换,并得到了微分形式的能量方程式,但该式本质上是个物理概念并不清晰的公式。对于质量为 $m = \rho\delta V$ 的微元体,假设观察者随微元体沿某运动轨迹运动,这时,表面应力做功率仅由于微元体的几何变形而产生,即

$$\frac{\delta L}{\mathrm{d}t} = \delta V \begin{bmatrix} \pi_{xx} & \pi_{yx} & \pi_{zx} \\ \pi_{xy} & \pi_{yy} & \pi_{zy} \\ \pi_{xz} & \pi_{yz} & \pi_{zz} \end{bmatrix} \cdot \begin{bmatrix} \dfrac{\partial w_x}{\partial x} & \dfrac{1}{2}\left(\dfrac{\partial w_x}{\partial y}+\dfrac{\partial w_y}{\partial x}\right) & \dfrac{1}{2}\left(\dfrac{\partial w_z}{\partial x}+\dfrac{\partial w_x}{\partial z}\right) \\ \dfrac{1}{2}\left(\dfrac{\partial w_x}{\partial y}+\dfrac{\partial w_y}{\partial x}\right) & \dfrac{\partial w_y}{\partial y} & \dfrac{1}{2}\left(\dfrac{\partial w_y}{\partial z}+\dfrac{\partial w_z}{\partial y}\right) \\ \dfrac{1}{2}\left(\dfrac{\partial w_z}{\partial x}+\dfrac{\partial w_x}{\partial z}\right) & \dfrac{1}{2}\left(\dfrac{\partial w_y}{\partial z}+\dfrac{\partial w_z}{\partial y}\right) & \dfrac{\partial w_z}{\partial z} \end{bmatrix}$$

$$= (\boldsymbol{\pi} \cdot \boldsymbol{\psi})\delta V = \left[\boldsymbol{\pi} \cdot \frac{1}{2}(\nabla\boldsymbol{w}+\nabla\boldsymbol{w}^T)\right]\delta V$$

式中,$\boldsymbol{\psi}$ 为应变率张量;$\boldsymbol{\pi} \cdot \boldsymbol{\psi}$ 表示表面应力张量与应变率张量的标量积。由公式(A.22),表面应力可以分解为黏性应力和压缩应力,于是:

$$\boldsymbol{\pi} \cdot \boldsymbol{\psi} = (\boldsymbol{\tau} - p\boldsymbol{I}) \cdot \boldsymbol{\psi} = \boldsymbol{\tau} \cdot \boldsymbol{\psi} - p\nabla \cdot \boldsymbol{w}$$

其中,将黏性应力张量与应变率张量的标量积 $(\boldsymbol{\tau} \cdot \boldsymbol{\psi})$ 称为消散函数。根据连续方程式(A.11),$\nabla \cdot \boldsymbol{w} = -\dfrac{1}{\rho}\dfrac{\mathrm{d}\rho}{\mathrm{d}t}$,于是,外界对微元体的做功率为

$$\frac{\delta L}{\mathrm{d}t} = \left(\boldsymbol{\tau} \cdot \boldsymbol{\psi} + \frac{p}{\rho}\frac{\mathrm{d}\rho}{\mathrm{d}t}\right)\delta V \tag{A.85}$$

考虑到观察者随微元体一起运动时,微元体内部只有静内能在发生变化,即仅存在 $\dfrac{\mathrm{d}e}{\mathrm{d}t}$,于是,将式(A.85)代入热力学第一定律式(A.52),整理得到:

$$\frac{\mathrm{d}e}{\mathrm{d}t} + p\frac{\mathrm{d}}{\mathrm{d}t}\left(\frac{1}{\rho}\right) = \frac{1}{m}\frac{\delta Q}{\mathrm{d}t} + \frac{1}{\rho}(\boldsymbol{\tau} \cdot \boldsymbol{\psi}) \tag{A.86}$$

对于可逆过程,根据式(A.82),存在 $T\dfrac{\mathrm{d}s}{\mathrm{d}t} = \dfrac{1}{m}\dfrac{\delta Q}{\mathrm{d}t}$,而这时黏性消散函数为零,于是

存在：

$$T\frac{\mathrm{d}s}{\mathrm{d}t} = \frac{\mathrm{d}e}{\mathrm{d}t} + p\frac{\mathrm{d}}{\mathrm{d}t}\left(\frac{1}{\rho}\right) \tag{A.87}$$

而对于不可逆过程，式(A.87)依然成立，于是：

$$T\frac{\mathrm{d}s}{\mathrm{d}t} = \frac{1}{m}\frac{\delta Q}{\mathrm{d}t} + \frac{1}{\rho}(\boldsymbol{\tau}\cdot\boldsymbol{\psi}) \tag{A.88}$$

弥补了 Clausius 不等式(A.82)因运动黏性而产生的熵增部分。

很明显，式(A.88)将以不等式(A.82)表达的热力学第二定律变换为等式表达。通过式(A.88)可知，熵的增加率由两部分组成：一部分是外界作用于微元体的传热率；一部分是黏性。在绝热假设下，熵增则完全由黏性耗散产生。

原则上消散函数可以通过计算得到，例如：当以某一种方式建立了应力-应变率的本构关系后，如式(A.19)，消散函数的计算就转变为对湍流模型的建立和计算，因为需要全流场的应变率场，因此，可以通过三维数值模拟来得到消散函数。这时，湍流模型、算法、网格均对黏性计算结果均有影响。另一个重要的手段是回避消散函数，而直接通过损失计算建立式(A.88)的熵增量，这时，边界层理论、损失模型以及多变效率的关系模型在进行熵增定量计算上起到了十分重要的作用。如剪切功耗散，就是以剪切应力替代黏性应力张量中的切应力，绝热条件下沿流线的熵增量就等于剪切力做功率：

$$T(\boldsymbol{w}\cdot\nabla)s = -\frac{1}{\rho}\nabla\cdot\boldsymbol{\tau}\cdot\boldsymbol{w} \tag{A.89}$$

式中，$\boldsymbol{\tau}$ 代表剪切应力。该式对表面摩擦力 $\boldsymbol{f}_{\mathrm{fric}} = \frac{1}{\rho}\nabla\cdot\boldsymbol{\tau}$ 同样有效。可见，并没有必要寻求表面摩擦的应力-应变率关系以解决当地黏性与熵增的关系问题，而是可以直接建立熵增模型，计入迁移黏性。

由式(A.88)看出，当流动绝热并且无黏时，过程为等熵过程，即可逆过程；此外均为熵增过程，即不可逆过程。

根据式(A.86)，式(A.87)和式(A.88)具有同等价值，前者则体现了熵与状态参数之间的关系，后者显示了熵变化率与过程的关系，回答了热能与机械能在能量转换上的不同。在流体工程应用中，前者显得更加有用，即当起始、终止状态的状态参数已知后，熵增量自然就可以得到，反之亦然。

在叶轮机应用领域，更倾向于使用焓的概念。因此，根据静焓与内能的关系(A.58)，式(A.87)可以改写为

$$T\mathrm{d}s = \mathrm{d}h - \frac{1}{\rho}\mathrm{d}p \tag{A.90}$$

该式就是在叶轮机中被频繁使用的"热力学关系式"。应该强调，一些文献是在可逆过程假设下推导得到热力学关系式，但上述的推导并没有直接利用可逆过程的概念，

因此,热力学关系式(A.85)和式(A.88)可以适用于任意运动条件下的任意热力过程。

设单位质量黏性力耗功为 l_f(流阻损失功)、单位质量外界对微元的传热量 q_e,则根据式(A.85)和式(A.68),存在 $\dfrac{\mathrm{d}l_f}{\mathrm{d}t} = \dfrac{1}{m}\dfrac{\delta L_f}{\mathrm{d}t} = \dfrac{1}{\rho}\boldsymbol{\tau} \cdot \boldsymbol{\psi}$ 和 $\dfrac{\mathrm{d}q_e}{\mathrm{d}t} = \dfrac{1}{m}\dfrac{\delta Q}{\mathrm{d}t}$。代入式(A.86),并应用静焓与内能的关系(A.58),存在:

$$\mathrm{d}q_e + \mathrm{d}l_f = \mathrm{d}h - \frac{1}{\rho}\mathrm{d}p \qquad (\mathrm{A}.91)$$

得到热力学第一定律的另一种表达形式。

附录 B
气动热力学基础

本章将气体动力学基础中直接支撑叶轮机工作原理的基础内容归纳总结在一起,以方便读者直接查阅,包括气体的基本性质、气动热力学函数、膨胀波与激波、旋涡运动等基本概念和基本理论。

学习要点:

(1) 根据叶轮机原理内容的需要,查阅本章相关基础知识,争取将这些知识作为设计者的常识;

(2) 结合前面章节,体会所谓设计、应用,不过是基础知识面向工程对象的逻辑延伸。

B.1 气体的基本性质

气动热力学基本方程组建立在气体连续性假设基础上,用于定量描述气体的宏观运动规律。1753 年 Euler 采取了这一假设,除奇点外,流体的宏观物理量,如密度、压强和速度等,均可以描述为空间和时间的连续函数,从而应用数学解析或数值方法(潘锦珊,1989)。

由物理学知道,标准情况下,1 mm³ 空气包含有 2.69×10^{16} 个分子,分子间的平均自由行程为 $\bar{l} = 7 \times 10^{-5}$ mm。即便是尺寸最小的航空发动机叶轮机叶片,其特征尺寸 L(如叶片弦长)也大于 10 mm,远大于空气分子的平均自由行程,连续性假设完全适用。大气环境下,空气分子的平均自由行程随高度增加而增加,例如,在 120 km 的高度 $\bar{l} = 300$ mm。通常认为,当 $\bar{l}/L \geqslant 0.01$ 时,连续性假设不再适用。历史上,涡喷发动机(J100)能达到的最大理论升限约 27 km(侯志兴,1987),虽存在低 Reynolds 数效应问题,但仍可以采用连续性假设。

B.1.1 国际标准大气

航空发动机是以空气中的氧气作为氧化剂进行燃料燃烧而产生推进,因此,进气道和风扇/压气机等压缩部件一方面需要适应大气环境条件,一方面需要提供最佳燃烧所需的条件。定量表述发动机进气环境的参数是进气总温和进气总压,两者是大气温度、大气压强与飞行 Mach 数的函数,同时受 Reynolds 数、大气湿度、飞行器加速性、进气均匀性(进气畸变)等因素的影响。复杂的影响涉及飞行器-发动机性能匹配、压缩部件不稳定工作裕度、叶轮机低 Reynolds 数效应等深入知识,这里首先了解最基本的大气环境。

地球大气层的厚度为 2 000~3 000 km,随高度增加可以划分为对流层(0~11 km)、平流层(或称同温层,11~24 km)、中间层(24~85 km)、电离层(85~800 km)和大气外层(潘锦珊,1989)。航空发动机最佳工作高度是平流层,随大气密度降低,同等耗油率情况下,高度越高则油耗越低。当然,不是所有的航空发动机都能够实现足够的高度,这涉及 Reynolds 数效应和燃烧效率的问题,但是同等尺寸下以单转子涡喷发动机能够实现的高度最大。

即使在特定高度上,大气的温度、压强和密度等参数都随纬度、地区、季节和昼夜的因素而变化,影响发动机工作性能。为此,国际标准大气依据中纬度地区年平均结果,规定相对湿度为零的完全气体,海平面高度为 $H = 0$ m 时,标准大气温 $T_a = 288.15$ K、标准大气压 $p_a = 101\,325$ Pa、标准大气密度 $\rho_a = 1.225$ kg/m^3。标准大气温 T_a、大气压 p_a 随高度 H(m)的变化为

$$\begin{cases} T_a = 288.15 - 0.006\,5H & \text{(对流层)} \\ T_a = 216.7 & \text{(平流层)} \end{cases} \tag{B.1}$$

$$\begin{cases} p_a = 101\,325 \times (1 - 2.256 \times 10^{-5}H)^{5.256} & \text{(对流层)} \\ p_a = 22\,627.25 \times e^{1.576\,5 \times 10^{-4}(11\,000-H)} & \text{(平流层)} \end{cases} \tag{B.2}$$

B.1.2 状态方程式

由热力学可知,气体的状态由压强(国内工程流体机械领域长期称之为压力,建议改称压强)、密度和温度三个状态参数构建,三者之间的函数关系即为状态方程式。一般将气体分子只有质量而没有体积、分子间完全没有作用力的气体称为理想气体(空气动力学领域更习惯称为完全气体,以区别无黏流动的理想情况)。航空叶轮机涉及两类气体工质,一类是空气,一类是航空煤油燃烧后与空气混合的燃气。不论是空气还是燃气,一般温度远高于临界温度、压强也低于临界压强,均可按完全气体处理(欧阳楩等,1982)。

对实际气体,通常用压缩因子 Z 表示其与完全气体之间的状态差异,即 $p = \rho ZRT$(沈维道等,2007)。而对完全气体,压缩因子 $Z = 1$,其完全气体的状态方程式为

$$p = \rho RT \tag{B.3}$$

式中,R 为气体常数,仅与气体种类相关而与气体状态无关,是摩尔气体常数 R_m 和摩尔质量(Molar Mass)M 的比值:

$$R = R_m/M \times 1\,000 \tag{B.4}$$

R_m 不仅与气体状态无关,也与气体种类无关,$R_m = 8.314\,510 \pm 0.000\,070$ J/(mol·K)。于是,气体的摩尔质量一旦确定,就可以确定气体常数。

混合气体一般采用气体混合定律计算混合气体摩尔质量,再得到气体常数。标准大

气,空气摩尔成分为 78.084% 氮气、20.948% 氧气、0.031% 二氧化碳和 0.937% 的其他气体,为方便计算,将氧气以外的其他各种气体合计为大气氮(张世铮,1980)。于是,空气摩尔质量为 $M = 28.964$ g/mol,气体常数 $R = 287.06$ J/(kg·K)。

对于燃气涡轮,情况复杂一些,涉及喷气燃料燃烧的一些知识。航空发动机燃气是空气和航空煤油的混合气体,燃油质量流量 G_f 与空气质量流量 G_a 的比值定义为油气比 $f = \dfrac{G_f}{G_a}$。但是,燃料不一定完全燃烧,于是,将单位燃料完全燃烧所需的空气质量定义为理论量空气 L_0,这是一个比值,航空煤油 $L_0 = 14.76$。实际空气量与单位燃料燃烧所耗理论空气量的比值称为余气系数 $\alpha = \dfrac{1}{L_0 f}$;余气系数的倒数为燃料系数 $\beta = L_0 f$。

需要注意,航空煤油燃烧贫油、富油极限油气比通常介于 0.035 和 0.28 之间,完全燃烧的油气比为 0.068,这是指火焰筒组织燃烧的第一股混合气油气比,以实现约 2500 K 的燃气温度,α 约 0.7~1.0,燃料燃烧殆尽。但这一温度不能直接驱动涡轮,需要组织第二股空气由火焰筒外围进入并在涡轮前二次混合,这时 α 为 3.0~4.5(彭泽琰等,2008)。

以 WP11C 发动机为例,设计状态燃油流量 0.259 kg/s、空气流量 13.4 kg/s,发动机 $f = 0.0193$、$\alpha = 3.51$、$\beta = 0.285$。可见,涡轮进气的燃气热力性质取决于二股混合气,当 $\beta = 0$ 即为空气、$\beta = 1$ 为完全燃烧的混合气。涡轮前燃气混合气通常为 $0 \leqslant \Delta\beta \leqslant 1$,并且在冷却空气进入后,各级涡轮的燃气热力性质又会因 β 降低而改变。

吴仲华(1959)以 C_8H_{16} 为燃料主体成分,以摩尔为单位总结了燃气混合气的热力性质,表明当 $\beta = 1$ 时,1 mol 燃料 C_8H_{16}(摩尔质量为 112.21 g/mol)和 57.17 mol 空气产生 $(57.17+4)$ mol 的燃气混合气;当 $\beta < 1$ 时,燃气混合气的摩尔质量为

$$M = \frac{112.21\beta + 57.17 \times 28.964}{57.17 + 4\beta} (\text{g/mol}) \tag{B.5}$$

于是,完全燃烧的摩尔质量为 $M = 28.904$ g/mol。根据式(B.4)可以得到燃料 C_8H_{16}、燃料系数 β 的燃气混合气气体常数,其范围是 287.06~287.66 J/(kg·K)。以 WP11C 为例,其燃料系数 β 为 0.2852,并且没有冷却空气掺混进入涡轮,于是在涡轮性能计算时,燃气混合气气体常数应采用 $R = 287.24$ J/(kg·K)。

B.1.3 比热

比热,比热容的简称,是单位质量物质温度升高 1 K 所含的热量,$c = \dfrac{\delta q}{dT}$,单位 J/(kg·K)。引用热力学第一定律,对于可逆过程,得到完全气体的比定压热容 c_p(简称定压比热)和比定容热容 c_v(简称定容比热)(沈维道等,2007):

$$c_p = \frac{dh}{dT} \tag{B.6}$$

$$c_v = \frac{de}{dT} \tag{B.7}$$

根据静焓 h 与内能 e 的定义式，$h = e + \dfrac{p}{\rho} = e + RT$，存在完全气体 c_p 和 c_v 之间的 Mayer 公式和比热容比（简称比热比）或绝热指数 k：

$$c_p - c_v = R \tag{B.8}$$

$$k = \frac{c_p}{c_v} \tag{B.9}$$

在温度变化不大的叶轮机设计应用中，例如大涵道比风扇、增压级等，可以假设比热为常数，即定比热假设。对于标准大气条件，空气的比热比 $k = 1.40$，比定压热容 $c_p = 1\,004.7\ \text{J}/(\text{kg} \cdot \text{K})$；完全燃烧的燃气比热比 $k = 1.33$，比定压热容 $c_p = 1\,158.1\ \text{J}/(\text{kg} \cdot \text{K})$。

但温度变化明显时，即使是完全气体，也需要采用变比热计算，即比定压热容是静温的函数 $c_p = f(T)$。这时，定比热假设条件下得到的关系式 $h = c_p T$ 不再成立，需要考虑从状态 1 至状态 2 的过程中比热随温度发生的变化，即

$$h(T) = \int_{T_1}^{T_2} c_p(T)\,\mathrm{d}T \tag{B.10}$$

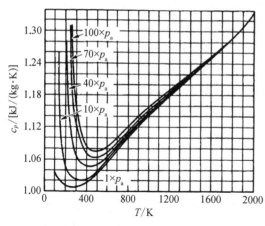

图 B.1 比定压热容的变化特征

对特定气体，定压比热与静温的关系曲线通常由实验测定，图 B.1 为不同静温、静压下得到的空气定压比热（Doolittle et al., 1984）。可见，对于实际气体，比热不但是静温的函数，同时也是静压的函数，完全气体则简化了这种函数关系。对航空叶轮机而言，静压与静温之间存在着由功率输入或输出所产生的对应变化关系，总体上呈现低温区低压、高温区高压的关联特征。图 B.1 中一倍大气压 p_a 曲线基本反映了多级压气机内部空气定压比热随温度的变化特征。因此，可以采用完全气体变比热假设，认为 c_p 仅为温度的函数 $c_p = f(T)$。

根据附录式（A.90）的热力学关系式 $T\mathrm{d}s = \mathrm{d}h - \dfrac{1}{\rho}\mathrm{d}p$，结合完全气体状态方式（B.3）和比定压热容定义式（B.6），积分得到从状态 1 至状态 2 的过程熵增：

$$s_2 - s_1 = \int_{T_1}^{T_2} \frac{c_p}{T}\mathrm{d}T - R\ln\frac{p_2}{p_1} \tag{B.11}$$

显然，变比热过程需要已知 $c_p = f(T)$ 的具体表达形式。为方便计算，一般以多项式函数拟合图 B.1 所示的函数关系

$$c_p = \sum_{i=0}^{n} a_i T^i \tag{B.12}$$

式中，n 是曲线拟合多项式的次数，大部分教材选用 $n = 3$，拟合误差无法满足工程需要。张世铮（1980）采用 4 次多项式，并按 1000℃ 分段拟合，但存在分段的不连续问题。航空领域一般采用 6 次多项式（骆广琦等，2007）。这里建议根据吴仲华（1959）原始参数，按 6 次多项式拟合，温度范围−50～1500℃，拟合系数 a_i 如表 B.1 空气（$\beta = 0$）所示，拟合曲线见图 B.2，拟合曲线的最大误差小于 0.06%。

对于燃气，吴仲华（1959）给出了 C_8H_{16} 燃料系数 $\beta = 1$ 时，比定压热容与温度变化的热力性质表。根据该表，也按 6 次多项式拟合，温度范围 0～1500℃，拟合系数 a_i 如表 B.1 燃气（$\beta = 1$）所示，拟合曲线见图 B.2，拟合曲线的最大误差小于 0.06%。

表 B.1 变比热定压比热拟合系数

系 数	空气（$\beta=0$）	燃气（$\beta=1$）
a_0	1.052 706 2E3	1.018 639 3E3
a_1	−4.063 890 4E−1	7.111 707 8E−2
a_2	9.393 751 2E−4	1.844 530 2E−4
a_3	−3.306 928 6E−7	3.701 363 1E−7
a_4	−3.394 306 4E−10	−6.691 498 9E−10
a_5	2.862 603 1E−13	3.538 754 2E−13
a_6	−6.014 662 3E−17	−6.360 771 0E−17

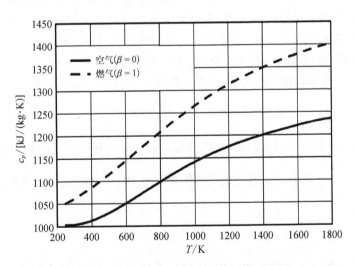

图 B.2 空气和完全燃烧燃气的比定压热容随温度变化曲线

当燃料系数不为 0 或 1 时，可根据：

$$c_{p_\beta} = \left[57.17(1 - \beta)c_{p_{\beta=0}} + 61.17\beta c_{p_{\beta=1}} \right] / (57.17 + 4\beta) \tag{B.13}$$

计算对应不同燃料系数的比定压热容。非 C_8H_{16} 燃料的燃气热力性质参见吴仲华（1959）。

B.1.4 压缩性与 Mach 数

压缩性是气体的重要属性，反映压强变化时气体密度的改变程度。单位密度变化所需的

压差 $\dfrac{\mathrm{d}p}{\mathrm{d}\rho}$ 越大,气体的可压缩性越小。极端地说,固体、液体的密度几乎不随外部压差变化而改变,于是为不可压。气体则不同,流动速度不同,单位密度变化所需要的压差大小则不同。

声速是微弱扰动波在流体介质中的传播速度,与波前波后单位密度变化所需要的压差大小有关,即 $a^2 = \dfrac{\mathrm{d}p}{\mathrm{d}\rho}$ [推导过程可参见潘锦珊(1989)]。传播过程中,弱波所产生的气流压强、密度和温度变化均为小量,极限情况下可以认为微弱扰动波的传播是等熵过程,即 $a^2 = \left(\dfrac{\mathrm{d}p}{\mathrm{d}\rho}\right)_s$。根据等熵过程 $\dfrac{p}{\rho^k} = \mathrm{const.}$,得到常用的声速公式:

$$a = \sqrt{k\frac{p}{\rho}} = \sqrt{kRT} \tag{B.14}$$

表明声速与气体热力性质和气体温度有关。同一种气体的温度越高,声速就越大,而根据完全气体状态方程,此时单位密度变化所需要的压差就越大,即可压缩性越小。可见,声速大小体现了流体的压缩性。

需要指出的是,上式只能计算弱波传播速度,对于激波、爆炸波等强扰动,某些物理量变化不再是小量,其传播速度比声速大,并随波强增大而加快。

完全不可压缩并不存在,因为密度不随压强改变,即 $a \to \infty$,声速无穷大显然不可能。即使固体,声速也能够计量得到,如铝棒中的声速约为 5 000 m/s。液体声速低于固体,如 25℃海水声速为 1 531 m/s;25℃航空煤油声速为 1 324 m/s。气体声速则可由式(B.14)计算得到,如标准大气海平面高度,空气声速为 340.30 m/s。

对气体而言,流动速度会改变密度随压强的变化关系。根据一维定常简化条件下的流体动量方程 $\mathrm{d}\left(\dfrac{v^2}{2}\right) + \dfrac{1}{\rho}\mathrm{d}p = 0$(附录A),等熵过程存在 $\left(\dfrac{v}{a}\right)^2 = -\left(\dfrac{\mathrm{d}\rho}{\rho}\right) \Big/ \left(\dfrac{\mathrm{d}v}{v}\right)$。可见,气流速度的增加将产生流体密度的降低,即改变运动气体的压缩性,将这一参数定义为气流的 Mach 数 $M_v = \dfrac{v}{a}$,其中 a 为该点处气体的声速。对于等熵过程,Mach 数为

$$M_v = \frac{v}{kRT} \tag{B.15}$$

式中,v 为流场中任一点处的气流速度;T 是该点处气体的静温。v^2 代表气体宏观动能大小,气体温度 T 则代表气体分子平均移动动能大小,因此,Mach 数的物理含义代表等熵过程气体宏观运动动能与气体内部无规则运动的动能之比,即反映了流动过程中气体的压缩性变化。

由于流动的压缩性对流场的定量表达影响巨大,例如,不可压缩流动的定量分析往往关注流动的涡结构及其演化,如航空发动机燃烧室内部流动;但是,可压缩流动则更为复杂,如叶轮机内部流动在可压缩情况下,必须引入过程假设以描述过程特征。因此,界定可压或不可压在工程领域显得十分重要。

潘锦珊(1989)以总、静压函数 $\dfrac{p^*}{p} = \left[1 + \dfrac{k-1}{2}M_v^2\right]^{\frac{k}{k-1}}$ 清晰地描述了可压缩性与 Mach

数之间的关系。令 $x = \dfrac{k-1}{2}M_v^2$，$n = \dfrac{k}{k-1}$，用二项式定理展开成级数 $\dfrac{p^*}{p} = 1 + \dfrac{k}{2}M_v^2 +$

$\dfrac{k}{8}M_v^4 + \dfrac{(2-k)k}{48}M_v^6 + \cdots$，结 合 $M_v^2 = \dfrac{\rho v^2}{kp}$，得 到 动 压 $p^* - p =$

$\dfrac{1}{2}\rho v^2\left(1 + \dfrac{M_v^2}{4} + \dfrac{(2-k)M_v^4}{24} + \cdots\right)$。可见，当 $M_v = 0$ 时，$p^* - p = \dfrac{1}{2}\rho v^2$，就是不可压流动

的动压关系式。流动过程中，动压 $(p^* - p)$ 与不可压流动压 $\dfrac{1}{2}\rho v^2$ 之比随 Mach 数的变化

如图 B.3 所示。

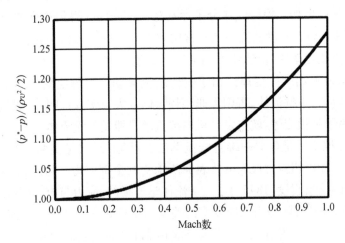

图 B.3　可压、不可压动压比值随 Mach 数的变化

当 $M_v = 0.3$ 时，两者的差异为 2.27%，即利用总、静压和进气密度测量所获得的速度计算值偏差为 1.13%，属于工程可接受的水平。因此，一般将来流 Mach 数是否大于 0.3 来区别是不可压流还是可压流。实际上，即便是对风机测试，也需要对 Mach 数 0.3 以下的流动进行密度修正，以获得更为准确的流场和性能测试结果。

Mach 数除了表征气流的可压缩性程度以外，在研究气体高速运动的规律以及气体流动问题计算等方面，均有着极其重要和广泛的用途。在航空中，通常称 $M_v < 1.0$ 的气流为亚声速气流，$M_v > 1.0$ 的气流为超声速气流，$M_v = 1.0$ 的气流为声速气流。亚声速流动中，$M_v \leqslant 0.3$ 的气流为不可压流。另外，来流虽然是亚声速气流，叶轮机基元内部可以加速至声速，一般将叶型表面达到声速的来流 Mach 数称为临界 Mach 数。来流 Mach 数大于临界 Mach 数则称为超临界来流，小于则为亚临界来流。

B.1.5　黏性与 Reynolds 数

气流中如果各气体层的流速不等，那么相邻两个气体层之间会形成一对等值反向的

内摩擦力,阻碍两气体层的相对运动。气体的这种性质叫作黏滞性,简称黏性。从分子运动论观点看,由于分子的无规则热运动,不同层间的分子会有交换,同一时间内两层物质交换量相等,当两层物质间存在速度梯度时,高速层会把动量输运到低速层,同时反向的输运也存在,宏观地看,低速层获得被加速的力,而高速层获得使其减速的反作用力。

1686年,Newton提出内摩擦定律,表明层流剪切层切应力 τ 与流动法线方向 n 的速度梯度 $\mathrm{d}v/\mathrm{d}n$ 成正比:

$$\tau = \mu \frac{\mathrm{d}v}{\mathrm{d}n} \tag{B.16}$$

式中,μ 为分子动力黏性系数,单位 $\mathrm{N \cdot s/m^2}$。黏性系数 μ 是流体黏性大小的度量,与流体物理性质和温度相关。通常温度升高加剧了分子热运动,从而强化层流之间的物质和动量交换,气体黏度增加。根据气体分子运动论,Sutherland 得到精度相对较高的动力黏性系数关系式(A.18)。气动研究中还经常用到 运动 黏性系数 $\nu = \mu/\rho$,单位 $\mathrm{m^2/s}$。

分析表明,直线运动中,沿法线方向的速度梯度正好等于流体微团的剪切变形率,即应变率,因此,Newton 内摩擦定律给出了流体层流流动应力与应变率的本构关系。满足这一规律的流体称为牛顿流体,否则为非牛顿流体。大量实验证明,一般气体和分子结构简单的液体都属于牛顿流体,航空发动机内部流动只涉及牛顿流体。

Newton 内摩擦定律是根据一维直线流动层流状态,经大量实验获得。显然,实际流动具有三维性,不能以切应力代表流体表面所承受的全部应力。为此,Stokes 首先提出了应力-应变关系的三条假设(1845年):① 流体是连续的,应力与应变率成线性关系,即牛顿流体;② 流体各向同性,应力与应变率的关系与坐标轴选定无关;③ 流动静止时,不存在切应力,正应力的数值为静压 p。 根据 Stokes 假设,通过表面力受力分析,可以得到广义 Newton 黏性应力公式:

$$\begin{cases} \tau_{xx} = -p + \mu\left(2\dfrac{\partial v_x}{\partial x} - \dfrac{2}{3}\nabla \cdot \boldsymbol{v}\right) \\[2mm] \tau_{yy} = -p + \mu\left(2\dfrac{\partial v_y}{\partial y} - \dfrac{2}{3}\nabla \cdot \boldsymbol{v}\right) \\[2mm] \tau_{zz} = -p + \mu\left(2\dfrac{\partial v_z}{\partial z} - \dfrac{2}{3}\nabla \cdot \boldsymbol{v}\right) \\[2mm] \tau_{xy} = \tau_{yx} = \mu\left(\dfrac{\partial v_y}{\partial x} + \dfrac{\partial v_x}{\partial y}\right) \\[2mm] \tau_{yz} = \tau_{zy} = \mu\left(\dfrac{\partial v_z}{\partial y} + \dfrac{\partial v_y}{\partial z}\right) \\[2mm] \tau_{zx} = \tau_{xz} = \mu\left(\dfrac{\partial v_x}{\partial z} + \dfrac{\partial v_z}{\partial x}\right) \end{cases} \tag{B.17}$$

式中,下标相同的为正应力,分别为 τ_{xx}、τ_{yy} 和 τ_{zz};下标不同的为切应力,分别为 τ_{xy}、τ_{yz} 和 τ_{zx}。 静压 p 是表面力,不属于黏性应力的范畴,但从上式可以看出,当流动静止时,表面力只存在表面静压的作用,与 Stokes 假设一致。若不计静压,上式就是附录式(A.17)忽略 Reynolds 应力项的展开表达式。

当黏性流体作直线层状运动时,黏性作用简化为一维形式,即切应力 $\tau = \mu \mathrm{d}v_x/\mathrm{d}y$,就是 Newton 内摩擦定律。

将上式中的三项正应力项相加,得到:

$$p = -\frac{\tau_{xx} + \tau_{yy} + \tau_{zz}}{3} \tag{B.18}$$

表明黏性流体运动过程中,作用于某一微元体的正应力总和不随表面方位而改变,虽然三个方向的正应力不一定相等,但其总和为就是流动中该微元体的表面静压的三倍,方向相反。这一结论也是在 Stokes 假设下才能简化成立。不进行简化假设的情况是三项正应力之和为

$$\tau_{xx} + \tau_{yy} + \tau_{zz} = -3p + 3\mu'(\nabla \cdot v)$$

其中,μ' 是体变形黏性系数或称第二黏性系数。只有当 $\mu'(\nabla \cdot v) = 0$ 时,式(B.18)才成立。由于 $\nabla \cdot v$ 的物理含义是体积膨胀率,根据连续方程 $\nabla \cdot v = \dfrac{1}{\rho}\dfrac{\mathrm{d}\rho}{\mathrm{d}t}$,也就是密度变化率。显然,不可压缩流动存在 $\nabla \cdot v = 0$。但是超跨声速流动中的激波层,密度在非常小的空间尺度内产生大幅度的变化,即使 μ' 为小量,$\mu'\dfrac{1}{\rho}\dfrac{\mathrm{d}\rho}{\mathrm{d}t}$ 也可能会与静压 p 处于同一量级,式(B.18)不成立。对于绝大多数气体和液体,Stokes 假设了 $\mu' = 0$,得到式(B.18)。式(B.18)成立才存在式(B.17)所示的广义 Newton 黏性应力公式[推导过程可参见潘锦珊(1989)]。

值得注意的是,固体力学的 Hooke 定律反映的是应力与应变的关系,而流体力学中所建立的本构关系是应力与应变率的关系,所以动力黏性系数与弹性模量(单位为 $\mathrm{N/m^2}$)存在单位上的差异。

黏性流体运动存在两种流态,层流状态和湍流状态。1883 年,Reynolds 对于不同直径的圆管、不同黏性系数的流体进行了大量实验,发现流动的状态与 Re 数相关:

$$Re = \frac{\rho v l}{\mu} \tag{B.19}$$

式中,特征长度 l 为圆管直径。实验表明,层流转湍流和湍流转层流所具有的 Re 数并不相等。于是,存在两个流态转变的临界 Reynolds 数 Re_{cr}。 如果用 Re_{cr} 表示层流转湍流、Re'_{cr} 表示湍流转层流的临界 Reynolds 数,那么一定存在 $Re_{\mathrm{cr}} < Re'_{\mathrm{cr}}$,并且 $Re < Re_{\mathrm{cr}}$ 时为层流、$Re > Re'_{\mathrm{cr}}$ 时为湍流、$Re_{\mathrm{cr}} < Re < Re'_{\mathrm{cr}}$ 时流动处于层流与湍流之间的过渡状态。对于光滑直管内部流动的实验结果,$Re_{\mathrm{cr}} = 2\,320$,而 Re'_{cr} 通常为 $8\,000 \sim 12\,000$,甚至可以达到

40 000。

　　需要说明的是,不同的流动结构定义的 Reynolds 数并不相同。对于非圆形横截面的任意管道,通常以当量直径(水力直径) $l = 4A/S$ 定义特征长度,其中 A 为流动的横截面面积;S 为流动的横截面与固体表面接触的周长(即湿周长),由此产生的 Reynolds 数一般称为水力 Reynolds 数。轴流压气机和涡轮,一般以基元叶型的弦长作为特征长度,故称叶弦 Reynolds 数;而离心压气机则以叶轮出口直径作为特征长度,故也称水力 Reynolds 数。

　　任何流动的固体边界附近都会存在流动的边界层。边界层内部也存在层流与湍流的转变,通常由层流向湍流转变的过程就称为边界层转捩,对应于边界层临界 Reynolds 数 Re_{cr}。边界层 Re_{cr} 通常以转捩点至前缘的距离 l_T 作为特征长度、以来流速度 v_0 和密度 ρ_0 作为特征参考量,于是 $Re_{cr} = \dfrac{\rho_0 v_0 l_T}{\mu}$。$Re_{cr}$ 通常由实验确定,对于平板流动,$Re_{cr} = 5 \times 10^5 \sim 3 \times 10^6$。

　　强调一点,黏性系数为 0 的流体为无黏流体,或称理想流体,真实流体都是有黏性的。但是,如果黏性流体微团以同等速度运动,其法向速度梯度很小,那么,即使黏性系数存在,微团间的切应力也很小,这时的流动可视为无黏流动。黏性流体也可以产生无黏流动,这就使我们在处理流动问题时,首先需要建立无黏的流体分析能力,即有势流基本概念,并在此基础上,将黏性流动集中于明确区域加以建模修正,如边界层和掺混流动等。万不可因为有了三维数值模拟所产生的花花绿绿而淡化对流动有势与有黏本质机理的理解。

B.1.6　传热问题

　　不论固体、液体,还是气体,工质中存在某个方向 n 的温度梯度 $\dfrac{\mathrm{d}T}{\mathrm{d}n}$,热量就会从高温处往低温处传递,这种性质称为工质的导热性。一般将单位时间通过一定面积的热量称为热流量或热通量,单位为 W;而将单位时间、单位面积垂直通过的热量称为热流密度或热通量密度 q,单位为 W/m²。根据 Fourier 导热定律,一维热流密度定义为

$$q = -\lambda \frac{\mathrm{d}T}{\mathrm{d}n} \tag{B.20}$$

式中,负号表示热量传递与温度升高的方向相反;λ 为导热系数,单位 W/(m·K)。

　　气体热传导的物理本质与黏性类似,高温层内的气体分子平均动能较大,由分子无规则的热运动而向平均动能较小的低温层产生热能的净迁移,即热量传递。和气体黏性系数一样,导热系数也是随温度升高而增加,其数值也非常小,如标准大气条件下空气的导热系数 $\lambda = 2.47 \times 10^{-2}$ W/(m·K)。当温度梯度不大时,通常可以忽略气体导热性的影响,但是,现代流动模拟过程中一般都考虑了流场内部的热传导问题(附录 A.3)。

　　除工质内部的热传导外,热对流是传热的另一个重要方式,是冷、热气流伴随宏观流动掺混而发生热量传递。对流换热则是热传导和热对流两种传热机理的共同作用,如流体与固体表面之间因温度差异而产生的热量传递。根据 Newton 冷却公式,对流换热的热

流密度为

$$q = \alpha(T_w - T_f) \tag{B.21}$$

式中，T_w 为固体表面温度；T_f 为流体温度；α 为壁面换热系数，单位 $W/(m^2 \cdot K)$。

对压气机而言，在温度增加不高的情况下，通常采用绝热壁面的假设，即认为 $T_w = T_f$，流体与固壁之间不存在热通量。但现代设计中，压比在达到 40 的情况下，压气机出口温度常常高于 900 K，细化设计过程中需要解除壁面绝热假设，以准确获得因热通量而损失的能量。对航空发动机涡轮而言，既存在由叶片内部冷气与主流产生热交换的自然对流换热，也存在由气膜孔注入冷气与外部主流掺混的强迫对流换热，因此，涡轮性能设计分析过程中必须考虑换热问题。但涡轮冷却的目的是保护叶片、轮盘免受热侵蚀，因此其换热问题主要集中在热边界层和掺混等高速黏性流动的复杂概念基础上。

传热的第三种方式是热辐射。航空发动机中如果存在热辐射，那也是在火焰筒内部，叶轮机可以不接触热辐射问题。

B.1.7　湿度问题

通常叶轮机的空气中会含有一定量的水蒸气，对工质混合物的物理性质产生影响。一般假设空气工质是干空气和水蒸气的混合物，水蒸气比例由空气湿度决定。因而评估工质物性需要得到干空气与水蒸气的质量分数。Keenan(1969)给出了水蒸气分压与水蒸气温度的关系：

$$\ln\left[\frac{p_{sat}/101\,325}{217.99}\right] = \frac{0.01}{T}(371.136 - t)\sum_{i=1}^{n} a_i(0.65 - 0.01t)^{i-1} \tag{B.22}$$

式中，p_{sat} 为水蒸气分压，单位为 Pa；T 为热力学温度，单位 K；t 为摄氏温标温度；系数 a_i 如表 B.2 所示。通过在上式带入露点温度可以求得水蒸气分压，记作 p_v。

表 B.2　水蒸气分压拟合系数

系　数	数　　值	系　数	数　　值
a_1	−741.924 2	a_2	0.109 409 8
a_3	−29.272 10	a_4	0.439 993 0
a_5	−11.552 86	a_6	0.252 065 8
a_7	−0.868 563 5	a_8	0.052 186 84

因为工质的压强是各组分分压之和，可以得到空气分压为

$$p_a = p_o - p_v \tag{B.23}$$

式中，p_a 表示干空气组分压强；p_o 表示工质混合物压强。假设空气和水蒸气都是完全气体，利用完全气体状态方程可得各组分密度：

$$\rho_a = \frac{p_a}{R_a T_o} \text{ 和 } \rho_v = \frac{p_v}{R_v T_o} \quad\quad\quad (B.24)$$

从而得到各组分的质量分数:

$$m_{f_a} = \frac{\rho_a}{\rho_a + \rho_v}, \ m_{f_v} = 1 - m_{f_a} \quad\quad\quad (B.25)$$

根据混合物各组分质量分数,加权得到工质的气体常数、比定压热容和比热比,分别为

$$R_{mix} = m_{f_a} R_a + m_{f_v} R_v \quad\quad\quad (B.26)$$

$$c_{p,\,mix} = m_{f_a} c_{p,\,a} + m_{f_v} c_{p,\,v} \quad\quad\quad (B.27)$$

$$k = \frac{c_{p,\,mix}}{c_{p,\,mix} - R_{mix}} \qu\quad\quad (B.28)$$

B.2　气动热力学函数

B.2.1　气流的滞止

按照一定的过程将气流速度滞止为 0,则所得到的气流参数即为滞止参数。工程应用中,往往给出该气流的滞止参数(滞止温度、滞止压强等)和 Mach 数等参数,这不但因为滞止参数的应用更便于分析计算,更容易测量得到,同时,滞止参数代表着流动包含动能的总能量,因此,也称为总参数。

流动中的某一点,具有速度 v_1,假想速度滞止为 $v_2 = 0$,于是,由状态 1 至假想状态 2 的过程一定绝能。根据一维定常绝能流动的能量方程式 $h_2 + \frac{v_2^2}{2} = h_1 + \frac{v_1^2}{2}$,焓值 h_2 就变成了总焓或滞止焓,用符号 h^* 表示,单位为 J/kg:

$$h^* = h + \frac{v^2}{2} \quad\quad\quad (B.29)$$

若假设流动的工质为定比热、完全气体,存在 $h = c_p T$,于是 $h^* = c_p T + \frac{v^2}{2}$。令 $h^* = c_p T^*$,就得到流动中某一点的滞止温度或总温 $T^* = T + \frac{v^2}{2c_p}$。可见,流动中某一点的总温就是静温和动温的总和,而动温的物理含义则是单位质量流体动能所对应的以绝对温度表达的内能。对于定比热完全气体,利用 $c_p = \frac{kR}{k-1}$ 和 $M = \frac{v}{\sqrt{kRT}}$,得

$$\frac{T^*}{T} = 1 + \frac{k-1}{2}M^2 \tag{B.30}$$

可见，当 $M \leqslant 0.3$ 时，$T^*/T \leqslant 1.018$，总静温误差不超过 2%。于是，对于不可压流动，一般不区分总静参数，但对于可压流，因其物理内涵的不同，必须严格区分。需要注意的是，即使假设定比热，定压比热仍然维持着与静温的函数关系 $c_p = f(T)$，不能因为 $h^* = c_p T^*$ 的存在，就将 c_p 与总温 T^* 进行关联。因为静温不易测得，而总温相对易测，于是一些文献就利用总温计算 c_p，对不可压流尚可理解，但对可压流就是明显的误用，需要避免。这也是航空叶轮机更为复杂的基础原因。

根据 Bernoulli 方程 $\int_1^2 \frac{1}{\rho}\mathrm{d}p + \frac{v_2^2 - v_1^2}{2} = 0$，对于不可压流动，$\frac{1}{\rho}(p_2 - p_1) = \frac{1}{2}(v_1^2 - v_2^2)$。当 $v_2 = 0$ 时，p_2 就是流动中某一点的滞止压强或总压 $p^* = p + \frac{\rho}{2}v^2$。可见，流动中某一点的总压就是静压和动压的总和，而动压的物理含义则是单位体积流体动能所对应的以压强表达的势能。对于可压流，进一步假设等熵定比热完全气体，存在 $\frac{kR}{k-1}T_1\left[\left(\frac{p_2}{p_1}\right)^{\frac{k-1}{k}} - 1\right] = \frac{v_1^2 - v_2^2}{2}$，于是，总静压的比值为

$$\frac{p^*}{p} = \left(1 + \frac{k-1}{2}M^2\right)^{\frac{k}{k-1}} = \left(\frac{T^*}{T}\right)^{\frac{k}{k-1}} \tag{B.31}$$

将完全气体状态方程应用于气流滞止前后状态，即 $\rho = \frac{p}{RT}$、$\rho^* = \frac{p^*}{RT^*}$，得到：

$$\frac{\rho^*}{\rho} = \left(1 + \frac{k-1}{2}M^2\right)^{\frac{1}{k-1}} = \left(\frac{T^*}{T}\right)^{\frac{1}{k-1}} \tag{B.32}$$

需要说明的是：① 对于总焓、总温而言，只要求滞止过程绝能，不一定要求等熵；而对于总压和总密度，则要求滞止过程即绝能又等熵；这决定了从一个状态到另一个状态的过程中，只要是绝能流动，总焓、总温就不变，而总压在非等熵过程中存在变化，就是总压损失；② 对于存在固体边界的黏性气体，总温计算公式（B.30）在固壁边界上并不适用，这涉及热边界层问题，暂不讨论；③ 对于真实气体，$T = f(h, s)$，滞止过程必须绝能、等熵才能确定总温；④ 变比热情况必须以公式（B.10）处理总、静参数关系，不可压情况下可以忽略总静参数，但对于可压缩流动，定压比热一定是静温的单值函数。

基于此，下面只讨论定比热完全气体的情况。

B.2.2 气动函数

由总焓定义式（B.29），根据 $h = c_p T$、$c_p = \frac{kR}{k-1}$ 和 $M = \frac{v}{\sqrt{kRT}}$，存在：

$$\frac{kRT^*}{k-1} = \frac{kRT}{k-1} + \frac{v^2}{2} = \frac{1}{k-1}\frac{v^2}{M^2} + \frac{v^2}{2}$$

可见,在总焓或总温一定的情况下,当流动中某一点的静温达到绝对 0 K 时,速度可以达到的极限速度为 $v_{max} = \sqrt{\dfrac{2kR}{k-1}T^*}$,而在静温降低的假想历程中,Mach 数上升,并且,当 $M = 1$ 时,存在临界速度 $v_{cr} = \sqrt{\dfrac{2kR}{k+1}T^*}$。之所以称之为临界,是因为任何流动中一点的总焓或总温一定,总存在某一静焓状态使 Mach 数为 1.0,即流动速度恰好等于声速。这一状态即为流动的临界状态,所对应的气动热力参数均为临界参数,如临界速度 v_{cr}、临界声速 a_{cr} 和临界温度 T_{cr} 等,临界参数仅与工质的物理性质和总温相关。

临界参数的工程意义也十分明确。例如,航空发动机尾喷口是否进入临界,就是由临界面积决定的。在尾喷管进气总温、总压一定的情况下,通过喷口面积调节可使喷口的平均流动 Mach 数达到 $M = 1$,这时发动机进入临界状态,存在 $\dfrac{T_{cr}}{T^*} = \dfrac{2}{k+1}$、$\dfrac{p_{cr}}{p^*} = \left(\dfrac{2}{k+1}\right)^{\frac{k}{k-1}}$、$\dfrac{\rho_{cr}}{\rho^*} = \left(\dfrac{2}{k+1}\right)^{\frac{1}{k-1}}$,以及 $\dfrac{v_{cr}}{\sqrt{T^*}} = \sqrt{\dfrac{2kR}{k+1}}$。当喷口平均流动 $M < 1$ 时则为亚临界,通常用于固定喷口面积的航空发动机;$M > 1$ 时则为超临界,通常用于带有加力燃烧室的小涵道比发动机,以收扩喷管实现超声速喷流。当然,在喷口面积调节过程中,尾喷管进口总温、总压随核心机状态而改变,并不能直接假设尾喷管总温总压恒定,这是整机性能匹配所需要定量解决的问题。另外,早期的涡喷发动机完全可以通过喷口面积调试改变推力,而涡扇发动机则存在更为复杂的内外涵匹配特征,通常需要通过定量评估和喷口调试综合获得喷口的临界面积。

由于喷流速度与推力关系密切,航空发动机内部尽可能维持高速流动以提高推重比,于是,航空发动机叶轮机同样存在临界状态,这通常用前述的临界 Mach 数进行界定。这一临界状态通常存在于超声涡轮导向器中,也存在于跨声风扇、压气机和涡轮的某些基元流道中。

以临界速度表征的无量纲参数是速度系数 λ,定义为

$$\lambda = v/v_{cr} = v \Big/ \sqrt{\frac{2kR}{k+1}T^*} \tag{B.33}$$

不难得到速度系数与 Mach 数的关系,为

$$\begin{cases} M^2 = \left(\dfrac{2}{k+1}\lambda^2\right) \Big/ \left(1 - \dfrac{k-1}{k+1}\lambda^2\right) \\[3mm] \lambda^2 = \left(\dfrac{k+1}{2}M^2\right) \Big/ \left(1 + \dfrac{k-1}{2}M^2\right) \end{cases} \tag{B.34}$$

易知,当速度系数 $\lambda = 1$ 时,Mach 数 $M = 1$;当速度系数趋于 $\sqrt{\dfrac{k+1}{k-1}}$ 时,Mach 数趋于

无穷大。因此,速度系数是一个有限量,易于评价;另外绝能流动中临界速度 v_{cr} 仅与总温相关,而相比静温,总温可以直接测得。

一般将流动的特征性参数与 Mach 数或 λ 数进行关联,所得到的函数关系就称为气动函数。常见的气动函数有总静温比函数 τ、总静压比函数 π、总静密度比函数 ε、流量函数和冲量函数。根据式(B.30)~式(B.32),容易得到:

$$
\begin{cases}
\tau(M) = \dfrac{T}{T^*} = \left(1 + \dfrac{k-1}{2}M^2\right)^{-1} \\[3mm]
\pi(M) = \dfrac{p}{p^*} = \left(1 + \dfrac{k-1}{2}M^2\right)^{\frac{-k}{k-1}} \\[3mm]
\varepsilon(M) = \dfrac{\rho}{\rho^*} = \left(1 + \dfrac{k-1}{2}M^2\right)^{\frac{-1}{k-1}}
\end{cases}
\tag{B.35}
$$

$$
\begin{cases}
\tau(\lambda) = \dfrac{T}{T^*} = 1 - \dfrac{k-1}{k+1}\lambda^2 \\[3mm]
\pi(\lambda) = \dfrac{p}{p^*} = \left(1 - \dfrac{k-1}{k+1}\lambda^2\right)^{\frac{k}{k-1}} \\[3mm]
\varepsilon(\lambda) = \dfrac{\rho}{\rho^*} = \left(1 - \dfrac{k-1}{k+1}\lambda^2\right)^{\frac{1}{k-1}}
\end{cases}
\tag{B.36}
$$

B.2.3　流量函数

上一节表明,获得了流动总温、总压和速度,气动函数就可以唯一确定。对于具有管道特征的内流,既可以通过空速管、热线风速仪等仪器测试当地速度,也可以通过流量测量得到管道截面的平均速度。因此,建立流量与总温、总压的关系也十分重要,这就是流量函数所具有的作用。

根据一维流动流量方程 $G = \rho v A$,通常将 ρv 称作管道中任意截面的密流,表示法向单位面积所能够通过的质量流量。流量函数就定义为密流比 $q = \dfrac{\rho v}{\rho_{cr} v_{cr}}$,不难推导得到:

$$
q(M) = M\left[\frac{2}{k+1}\left(1 + \frac{k-1}{2}M^2\right)\right]^{\frac{-(k+1)}{2(k-1)}}
\tag{B.37}
$$

$$
q(\lambda) = \left(\frac{k+1}{2}\right)^{\frac{1}{k-1}}\lambda\left(1 - \frac{k-1}{k+1}\lambda^2\right)^{\frac{1}{k-1}}
\tag{B.38}
$$

将流量公式改写 $G = \dfrac{\rho v}{\rho_{cr} v_{cr}}(\rho_{cr} v_{cr} A)$,考虑到 $\rho_{cr} = \dfrac{p^*}{RT^*}\left(\dfrac{2}{k+1}\right)^{\frac{1}{k-1}}$、$v_{cr} = \sqrt{\dfrac{2kR}{k+1}T^*}$,得到一维流动通过法向面积 A 的质量流量为

$$G = K \frac{p^*}{\sqrt{T^*}} Aq(M) = K \frac{p^*}{\sqrt{T^*}} Aq(\lambda) \tag{B.39}$$

式中，$K = \sqrt{\dfrac{k}{R}\left(\dfrac{2}{k+1}\right)^{(k+1)/(k-1)}}$，是由气体物性决定的常数。对于空气，$R = 287.06 \text{ J}/(\text{kg} \cdot \text{K})$、$k = 1.4$，$K = 0.040414(\text{s} \cdot \text{K}^{0.5})/\text{m}$；对于燃气，需要根据燃料系数 β 确定，当 $R = 287.4 \text{ J}/(\text{kg} \cdot \text{K})$、$k = 1.33$ 时，$K = 0.039676(\text{s} \cdot \text{K}^{0.5})/\text{m}$。

由上式可以看出，当管道截面和进气总温、总压一定的情况下，质量流量与流量系数具有正比例的变化关系。对于空气（$k = 1.4$），流量系数随 Mach 数的变化趋势如图 B.4 所示。表明当 Mach 数为 1 时，质量流量和流量系数均达到最大值，而亚声速和超声速流动的流量通过能力均下降。对于变截面管道等熵流动，通过一定的质量流量，则 Mach 数为 1 时管道截面最小，即临界截面，亚声速、超声速所对应的管道截面面积均应该增加，面积变化趋势与流量系数成反比。于是，将气流绝能等熵地从亚声速加速至超声速，管道必须做成先收缩后扩张的形状，这就是 Laval 喷管。

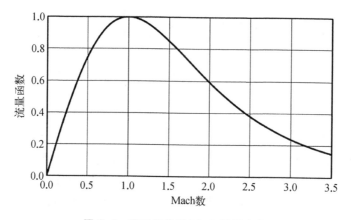

图 B.4 流量函数随 Mach 数的变化

B.3 膨胀波、压缩波与激波

膨胀波、压缩波和激波是超声速气流特有的重要现象。膨胀波使超声速气流进一步加速，压缩波使超声速气流减速。压缩波的汇聚产生激波，使超声速气流急剧减速并伴有气动损失。

B.3.1 弱扰动在气流中的传播

流体质点运动速度 v 大于扰动波传播速度 a 时，弱扰动在超声速气流中的传播区域被限制在一定的范围内。该范围是以扰动源为顶点圆锥，称为 Mach 锥。Mach 锥的锥面就是弱扰动边界面，称为 Mach 波，扰动永远不能传到该锥体之外。Mach 波子午线称为

Mach 线,其与来流方向的夹角称为 Mach 角 $\mu\left(\sin\mu = \dfrac{a}{v} = \dfrac{1}{M_v}\right)$,反映受扰动区域的大小。

B.3.2　膨胀波

如图 B.5 所示,超声速气流绕外钝角流动具有如下特点: ① 定常均匀且平行于壁面的超声速来流在壁面转折处产生由无限多 Mach 波组成的扇形膨胀波系;② 气流经过每一道 Mach 波,参数微量变化,因而经过膨胀波系时,气流参数存在连续的变化(速度增大,温度、压强、密度相应减小);③ 忽略气体黏性及其与外界的热交换,气流穿过膨胀波系的流动过程为等熵膨胀过程;④ 气流穿过膨胀波系后,气流将平行于无扰动的平直壁面,即气流方向朝着离开 Mach 波的方向转折;⑤ 膨胀波系中任一条 Mach 线上的所有波前、波后气动参数均分别相等,且 Mach 线都是直线,这就是超声速气流扰动的特征线。

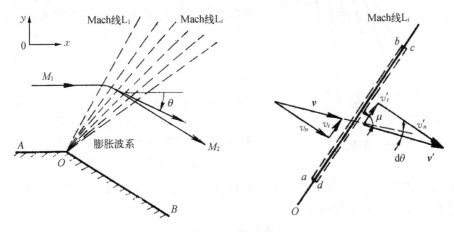

图 B.5　膨胀波

另外,对于给定的起始条件,膨胀波系中任一点的速度大小只与该点的气流方向有关。由于膨胀过程等熵,任一 Mach 线前后总参数不变,静参数是 Mach 数的函数,而 Mach 数又是气流折转角的函数。

图 B.5 左图为超声速气流流过外凸壁面的物理图画。在膨胀波系中任意取一条 Mach 线,取控制体 $abcd$ 如图 B.5 右图所示,根据潘锦珊(1989)推导,得到等熵膨胀过程的气流方向角 θ 为

$$\theta = -\nu(M) + C_1 \tag{B.40}$$

式中,θ 为气流速度方向相对 x 轴正向的倾角,规定逆时针为正、顺时针为负;$\nu(M)$ 为 Prandtl‑Meyer 函数

$$\nu(M) = \sqrt{\frac{k+1}{k-1}}\tan^{-1}\sqrt{\frac{k-1}{k+1}(M^2-1)} - \tan^{-1}\sqrt{(M^2-1)} \tag{B.41}$$

积分常数 C_1 可以根据未被扰动气流的 θ_1 与 M_1 确定,$C_1 = \theta_1 + \nu(M_1)$。

若 $M_1 = 1$、$\theta_1 = 0$,则 $\nu(M_1) = 0°$,气流折转角 $\delta = \theta_1 - \theta = \nu(M)$,可见 Prandtl‑Meyer

函数是声速气流膨胀至 $M > 1$ 时的气流折转角,称为 Prandtl-Meyer 角。

当 M_2 无限大时,根据式(B.41) $\nu_{max} = \dfrac{\pi}{2}\left(\sqrt{\dfrac{k+1}{k-1}} - 1\right)$, Prandtl-Meyer 角达到最大。对于 $k = 1.4$, $\nu_{max} = 130.45°$。

B.3.3 压缩波

根据超声速流动的规律,流管截面积变小,气流速度降低,压强增大,且温度、密度也将随之增大。这类 Mach 波称为弱压缩波,也称压缩波,因为强压缩波被称为激波。

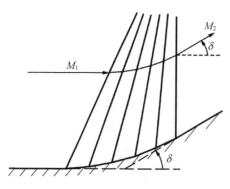

根据极限概念,一个连续的凹曲壁(图 B.6)可以看成是由无数段内折的微元直壁组成。当超声速气流绕凹壁流动时,曲壁上的每一点都相当于一个折点,因此,每一点都将发出一道微弱压缩波,所有的压缩波组成一个连续的等熵压缩波系。气流每经过一道微弱压缩波,参数值有一个微小的变化,折转一个微小的角度,通过整个压缩波系后,参数值及折角发生一个有限量的变化。

每经过一道压缩波,气流已向内折转了一个 Mach 角 μ,逐渐加大,各压缩波将会相交。在压缩波未相交之前,气流穿过微弱压缩波系的流动

图 B.6 压缩波

为等熵压缩过程。由无限多压缩波聚集则再也不是弱压缩波而是强压缩波,即激波。气流穿过激波时存在熵增,等熵加速不成立。

在汇聚为激波前,压缩波气流参数的变化遵循 Prandtl-Meyer 函数,气流方向角 δ 的变化规律由式(B.40)计算,但注意公式中的正负符号,以保证波系后 M_2 降低、气流方向角 δ 与波后无扰动壁面平行一致。

当超声速飞机以较高的 Mach 数飞行时,其扩压进气道内壁一般设计为内凹曲壁,使超声速气流减速增压的过程接近于等熵过程,总压损失最小。压气机中预压缩叶型的设计原理与此一致,尽可能以等熵过程实现减速增压,同时降低槽道激波的强度。

B.3.4 弱波的反射和相交

实际情况下,管道内的超声速流动存在固体壁面反射、自由边界反射和波系相交的复杂情况。一般很难用解析法计算上述复杂干涉气流的速度分布,而是在求解单波流场的基础上,借助二维速度特征线的对应关系,建立无黏流场的半图解法进行计算。具体求解可参见潘锦珊(1989),这里仅讨论物理现象。

一般将超声速气流经过的无数微弱膨胀(压缩)波视为有限数目的弱膨胀(压缩)波系,每经过一道弱波,气流的流动方向、Mach 数和压强等参数均产生微小变化。当然,把来的连续膨胀分得愈细,数目愈多,计算出来的结果就愈准确。

1) 固壁反射

如图 B.7,设二维超声速流道,下壁面在 A 点外折 δ 角,上壁面为直壁。自 A 点必产生一束膨胀波,以一道波 AB 来代表。初始气流经膨胀波 AB 向下折转 δ 角,与壁面 AD 段平行。因上壁面平直,经膨胀波 AB 折转后的气流在 B 点遭遇向上外折固壁,因此,在 B 点又产生一道膨胀波 BC,波后气流又折转后与壁面 BE 段平行。新产生的这道波 BC 就称为入射波的反射波。可见,膨胀波在固壁上反射仍为膨胀波,但是反射角 γ 不等于入射角 i。

类似分析,压缩波在固壁上反射依然为压缩波。因此,膨胀波或压缩波的固壁反射属于同性反射,反射后波的属性不发生变化。

2) 同性相交

如图 B.8,设一平行气流在两壁面 A、B 点分别外折 δ_a、δ_b,在折点 A、B 分别产生两束膨胀波 AC、BC。①区气流经膨胀波 AC 和 BC 进入②和③区,流动方向分别平行于壁面 AD 和 BE。如果气流继续保持这个方向,交点 C 之后将形成一个楔形真空区,气流必然再作一次膨胀。因此,在 C 点也产生两道膨胀波 CE 和 CD,在波后④区内上下两股气流汇合在一起。根据平衡条件,两股气流应具有相同的气流方向和压强,因为总压不变,因此,静压相等的条件也就是速度大小相等。当 $|\delta_a|=|\delta_b|$ 时,④区的气流方向与膨胀波上游①区的气流方向相同。因此,膨胀波相交后仍为膨胀波。

同理,压缩波相交后仍为压缩波。

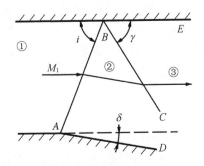

图 B.7　膨胀波固壁反射

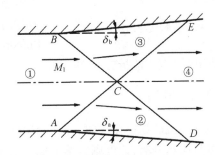

图 B.8　膨胀波的相交

3) 自由边界反射

运动介质和其他介质之间的切向(平行于速度方向)交界面称为自由边界。如射流与外界静止气体间的边界,一般称为射流边界,这是典型的自由边界。该边界的特性是接触面两边的静压相等。

如图 B.9,设超声速射流出口静压大于外界环境静压 p_a,则气流出口后经膨胀波 AC 和 BC 外折 δ_a 和 δ_b 角,在②、③区内气流静压等于环境静压 $p_2=p_3=p_a$。因为②、③区内气流方向不平行了,如前所述,在 C 点必然产生两道膨胀波,

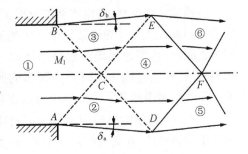

图 B.9　膨胀波的自由边界反射

使④区内变成均匀的轴向气流。膨胀波 CD 和 CE 与射流边界点 AD 和 BE 相交于 D 和 E 点。接下来,当气流由②、③区经膨胀波进入④区时,分别产生一个折转,使④区内气流平行于轴线,并均匀加速。于是,④区内气流得到二次膨胀。正因为二次膨胀,使④区内气流静压低于②、③区内的气流静压。显然,这时外界气体将压缩气流,产生两道压缩波 DF 和 EF。波后气流向轴线产生一个折转角,进入静压等于环境静压的⑤和⑥区,$p_5 = p_6 = p_a$。

可见,膨胀波 CD 在自由边界上反射为压缩波 DF。因此,膨胀波或压缩波的自由边界反射属于异性反射,膨胀波反射为压缩波,压缩波反射为膨胀波。

4)异性相交

如图 B.10,上、下壁面均向上折转 δ 角。在折点 A、B 处分别产生一道压缩波 AC 和一道膨胀波 BC。虽然②、③区内气流方向平行,均向上产生气流折转角 δ,但气流静压不同。②区内气流经过压缩波,静压增加;③区内气

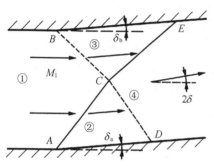

图 B.10　膨胀波与压缩波相交

流经过膨胀波,静压降低。这样两股气流无法平行地向下游流动。在 C 点下游,③区的低压气流受到②区高压气流的压缩,$p_2 > p_3$,于是,相对于③区气流,C 点处产生压缩波 CE,而②区的高压气流将向③区膨胀,气流在 C 点处产生膨胀波 CD。②区的高压气流经膨胀波 CD 后,静压降低;③区的低压气流经压缩波 CE 后,静压增加。这两股气流进入④区内方向一致、静压相等。当 $\delta_a = \delta_b = \delta$ 时,可通过 Prandtl - Meyer 函数计算,结果④区内气流速度、压强与①区相同,但气流折转了 2δ。

B.3.5　激波

超声速气流绕物体流动时,往往会出现强压缩波,即激波。气流通过激波时,压强、温度和密度均突然升高,速度则突然下降。激波前后体现为超声速气流的急剧压缩过程,理论计算和实际测量表明,激波厚度大约为 2.5×10^{-4} mm,与气体分子的自由行程同一量级。因此,该过程内部结构非常复杂,气体黏性、导热性占有重要的地位。一般应用中忽略其厚度的存在,仅讨论激波前、后的参数变化。

按照激波的形状,可以将激波分成正激波、斜激波和曲线激波。如激波管中产生的激波近似为正激波,超声速气流流过楔形体时产生前缘斜激波,而流过钝头体时则为脱体的曲线激波。压气机超声速基元一般呈现为曲线激波。

图 B.11 表示的是超声速气流流过楔形体时产生的斜激波,δ 是楔形体的半顶角,β 是斜激波波面与来流方向的夹角,称作激波角。在

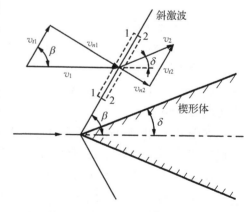

图 B.11　激波前后的参数关系

激波前面,气流沿水平方向流动,经过斜激波后,气流转折 δ 角,沿楔形体表面流动。沿斜激波取控制面 1122,将激波前、后气流速度分解为平行于波面的分速 v_{t1}、v_{t2} 和垂直于波面的分速 v_{n1}、v_{n2}。所取控制面的守恒方程组为

$$连续方程\quad \rho_1 v_{n1} = \rho_2 v_{n2} \tag{B.42}$$

$$波面切向动量方程(\rho_1 v_{n1}) v_{t1} = (\rho_2 v_{n2}) v_{t2} \tag{B.43}$$

$$波面法向动量方程\, p_1 - p_2 = \rho_2 v_{n2}^2 - \rho_1 v_{n1}^2 \tag{B.44}$$

$$能量方程\, c_p T_1 + \frac{v_1^2}{2} = c_p T_2 + \frac{v_2^2}{2} \tag{B.45}$$

结合比热关系 $c_p = \dfrac{kR}{k-1}$ 和完全气体状态方程 $p = \rho RT$,得到 Rankine - Hugoniot 关系式:

$$\frac{p_2}{p_1} = \left(\frac{k+1}{k-1} \frac{\rho_2}{\rho_1} - 1 \right) \bigg/ \left(\frac{k+1}{k-1} - \frac{\rho_2}{\rho_1} \right) \tag{B.46}$$

$$\frac{T_2}{T_1} = \left[\frac{p_2}{p_1} \left(\frac{k-1}{k+1} \frac{p_2}{p_1} + 1 \right) \right] \bigg/ \left(\frac{p_2}{p_1} + \frac{k-1}{k+1} \right) \tag{B.47}$$

该式反映激波前后压强比、密度比和温度比之间的对应关系,与激波角无关。可见,激波前后压强比和密度比的关系不同于等熵过程的关系式。结合临界声速与总温的关系式 $a_{cr} = \sqrt{\dfrac{2k}{k+1} RT^*}$,得到 Prandtl 关系式:

$$v_{n1} v_{n2} = a_{cr}^2 - \frac{k-1}{k+1} v_t^2 \tag{B.48}$$

对于正激波,Prandtl 关系式简化为 $v_1 v_2 = a_{cr}^2$ 或 $\lambda_1 \lambda_2 = 1$。

通过基本方程和 Prandtl 关系式,可以得到密度比、压强比、温度比与来流 Mach 数和激波角之间的关系:

$$\frac{\rho_2}{\rho_1} = \frac{(k+1) M_1^2 \sin^2 \beta}{2 + (k-1) M_1^2 \sin^2 \beta} \tag{B.49}$$

$$\frac{p_2}{p_1} = \frac{2k}{k+1} M_1^2 \sin^2 \beta - \frac{k-1}{k+1} \tag{B.50}$$

$$\frac{T_2}{T_1} = \left(1 - \frac{k-1}{2} M_1^2 \sin^2 \beta \right) \left(\frac{2k}{k-1} M_1^2 \sin^2 \beta - 1 \right) \bigg/ \left[\frac{(k+1)^2}{2(k-1)} M_1^2 \sin^2 \beta \right] \tag{B.51}$$

可见 k 一定时,密度比、压强比、温度比仅与来流法向 Mach 数 $M_1 \sin \beta$ 相关。来流 Mach 数相同的情况下,正激波 $\sin \beta = 1$,是最强的激波。

根据 $p^* = \rho^* R T^*$ 和 $T_2^* = T_1^*$，得到激波前后的总压关系式：

$$\frac{p_2^*}{p_1^*} = \left[\frac{(k+1)M_1^2\sin^2\beta}{2+(k-1)M_1^2\sin^2\beta}\right]^{\frac{k}{k-1}} \Big/ \left[\frac{2k}{k+1}M_1^2\sin^2\beta - \frac{k-1}{k+1}\right]^{\frac{1}{k-1}} \tag{B.52}$$

随激波前法向 Mach 数 $M_1\sin\beta$ 增加，激波后总压 p_2^* 下降。而当 $M_1\sin\beta = 1$ 时，激波变为压缩波，总压没有损失。

上述热力参数关系不遵循等熵过程关系式，表明气体经过激波后存在熵增，为 $s_2 - s_1 = -R\ln\dfrac{p_2^*}{p_1^*}$。显示气流通过激波的过程为不可逆绝热过程，其不可逆特征源自黏性而不是绝热。

根据激波法向动量方程式（B.44），激波前后存在法向力 $F_n = A(p_1 - p_2) = A(\rho_2 v_{n2}^2 - \rho_1 v_{n1}^2)$，结合连续方程式（B.42），$F_n = G(v_{n2} - v_{n1})$，其中 G 为通过面积为 A 的激波的流量。由于 $v_{n2} < v_{n1}$，表明 F_n 是由波后指向波前的法向力，其流向分量构成了来流的阻力，称为波阻。表明超声速运动的物体会遭遇波阻，波阻的大小取决于激波强度。

经过斜激波，气流方向发生折转，与弱波一致，折转后的流动方向总是平行于没有扰动的壁面，如图 B.11 所示。由于 $v_{t2} = v_{t1}$，得到 $\dfrac{v_{n2}}{v_{n1}} = \dfrac{\tan(\beta-\delta)}{\tan\beta}$，于是折转角 δ 与来流 Mach 数 M_1 和激波角 β 的关系为

$$\tan\delta = (M_1^2\sin^2\beta - 1) \Big/ \left[\left(\frac{k+1}{2}M_1^2 - M_1^2\sin^2\beta + 1\right)\tan\beta\right] \tag{B.53}$$

楔形体半顶角 δ 已知，就可以通过来流 Mach 数确定激波角 β，同样，可以根据来流 Mach 数和期望的激波角设计楔形体结构。

B.3.6　激波的反射和相交

1）固壁反射

激波的固壁反射与弱波的固壁发射一致，属于同性反射，即在无扰动壁面上的反射波仍为激波。如图 B.12，若激波入射壁面上的 B 点存在相同的转折角 δ，③区与②区气流平行，不产生反射波。

2）自由边界反射

如图 B.13，设有超声速气流自管道流入大气，BCD 为自由边界，A 点发出的激波与自由边界交于 C 点，激波 AC 前面①区气流静压为大气压 $p_1 = p_a$，经过激波 AC 后静压升高 $p_2 > p_a$。然而在自由边界两侧（①区和③区）气流静压必然相等，故由 C 点反射为一束膨胀波，膨胀波系后静压降低为大气压 $p_3 = p_a$。该膨胀波系即为激波的自由边界反射波，属于异性反射。

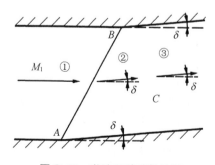

图 B.12　激波固壁反射特例

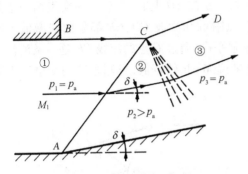

图 B.13　激波自由边界反射

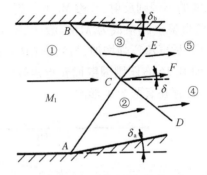

图 B.14　异侧激波相交

3）异侧激波相交

如图 B.14,设有超声速气流在平面管道中流动,A、B 两点由于壁面转折产生激波 AC、BC,①区气流经激波 AC 在②区转折 δ_a 角、经激波 BC 在③区转折 δ_b 角。②、③区气流方向不同,在 C 点压缩扰动产生激波 CD 和 CE,气流分别进入④区和⑤区,④、⑤区气流静压相等、方向相同。据此可以确定激波 CD 和 CE 的强度,从而确定④、⑤区的气流全部参数。

气流折转角 $\delta_a \neq \delta_b$ 时,激波 AC 和 BC 的强度不同,CD 和 CE 的强度也不同。虽然④、⑤区的气流存在相同的方向和静压,但其他参数(速度、密度、总压等)往往不同,所以④、⑤区之间存在分界线 CF,两侧气流在无黏条件下存在滑动,CF 称作滑流线。黏性条件下,滑流线两侧气流参数的差异必然会搓出旋涡运动,形成掺混流动。当 $\delta_a = \delta_b$ 时,②、③区气流除方向外其他参数都相同,④、⑤区气流参数全部相同,不产生滑流线。

4）同侧激波相交

如图 B.15,设壁面 ABC 在 A、B 两点转折,折转角分别为 δ_a、δ_b。超声速气流在 A、B 两点产生同侧激波 AD 和 BD,并在 D 点相遇合并为一道更强的激波 DE。除激波 DE 外,还将根据具体情况在 D 点产生弱激波 DF 或膨胀波 DG。

假设气流穿过激波 DE 后,平行于壁面 BC,气流折转角为 $\delta_a + \delta_b$。于是,③区压强 p_3 不一定等于⑤区压强 p_5。若 $p_3 > p_5$,D 点反射出膨胀波系

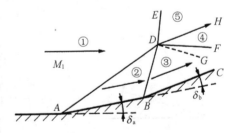

图 B.15　同侧激波相交

DG,使③区气流经此膨胀后压强降低 $p_4 = p_5$,气流向上产生折转角 δ。若 $p_3 < p_5$,D 点反射出弱激波 DF,使③区气流经此弱激波后压强增加 $p_4 = p_5$,气流向下产生折转角 δ。最终使③区与⑤区的压强相等,流动方向相同,但气流速度却不相等,因此,在④、⑤区之间存在滑流线 DH。

5）激波的不规则反射和相交

若壁面转折角较大,或者来流 Mach 数较低,激波反射和相交会产生变化。

如图 B.16 左图,当来流 Mach 数小于给定转折角 δ 下的最小 Mach 数 $M_{\min}$ 时,A 点发出的激波由直线逐渐弯曲,并垂直于上壁面 D,激波接近正激波,激波后是亚声速流,出

现激波的不规则反射,或称 Mach 反射。这时,自激波 AD 上的 C 点处,还会发出一道激波 CF,使得整个波系成为 λ 形,激波 AC 在 C 点附近和激波 CD、CF 都是曲线激波。激波 AC、CF 后气流压强增加,与激波 CD 后的压强平衡,通过 C 点的流线 CE 是一条滑流线。

图 B.16 右图则因壁面转折角较大,或来流 Mach 数较低,异侧激波相交也产生不规则相交,存在有两个 λ 形波。

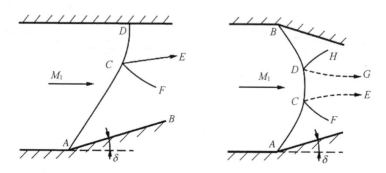

图 B.16　激波的不规则反射和相交

6) 激波和膨胀波系相交

激波和膨胀波系的相交也分为同侧和异侧两种。异侧相交类似于压缩波和膨胀波相交的情况。下面仅讨论同侧的激波和膨胀波系相交。

如图 B.17,设超声速气流流过楔形壁面的物体,在 A 点产生斜激波 AC_1,在 B 点产生膨胀波系,激波和膨胀波相交于点 C_1、C_2、…。以第一道膨胀波 BC_1 相交为例,BC_1D_1 为

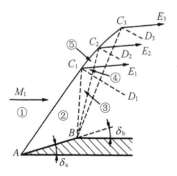

图 B.17　同侧激波相交

③区,其气流经膨胀波 BC_1 后压强 p_3 降低,但②区 p_2 仍高于①区 p_1,故交点 C_1 以上必然形成激波 C_1C_2,该激波的强度弱于激波 AC_1,激波角减小。激波 C_1C_2 后的气流不可能和③区气流汇合成为一个区,因为这两个区域的气流不能同时满足方向一致、静压相等的条件,通常在 C_1 点会产生一个强度很弱的反射波 C_1D_1(一般为膨胀波)。按照方向一致、静压相同的要求,可以确定激波 C_1C_2、弱波 C_1D_1 的位置以及④、⑤区的气流参数。④、⑤区之间存在滑流线 C_1E_1。

当 B 点 δ_b 角较大,则在 B 点发出膨胀波系,每道膨胀波和激波相交的情形类似。实际上 B 点发出无限多道膨胀波,如图 B.17 产生交点 C_1、C_2、…彼此都很靠近,使点 C_1 以上的激波呈曲线激波,波后气流布满了滑流线,成为一个不均匀的充满漩涡的流场。

B.3.7　锥面激波

超声速气流流过锥形物体时,若锥形体顶角不太大或来流 Mach 数不太小,将产生附着于锥体顶部的锥面激波。若来流方向与锥体轴线一致,则锥面激波与锥体共轴。锥面激波前后气流参数的变化规律与上述斜激波一致,但气体在锥面激波后的流动状态则与平面斜激波后的流动存在显著不同。图 B.18(a)是超声速气流流过二维楔形体产生斜激

波的情况,波后气流方向与壁面平行,通过激波时的气流转折角 δ 等于楔形体半顶角 δ_w,波后流场均匀。图 B.18(b)是超声速气流流过三维锥形体产生斜激波的情况,子午面上看,锥面激波后的气流不可能立刻折转为平行于锥面的均匀气流。因为,随着流线离锥体轴线距离增加,流通面积增加,为满足连续方程,激波后的流线向锥体母线为逐渐靠拢,在激波和物面之间,气流沿流向经历一个等熵压缩过程,并在与锥体共轴的锥面上气流参数相等(锥形流理论)。

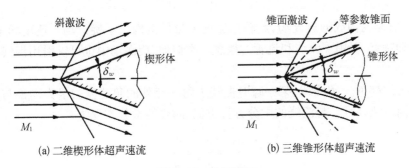

(a) 二维楔形体超声速流   (b) 三维锥形体超声速流

图 B.18 锥面激波

由图 B.18(b)不难看出,通过锥面激波时气流转折角 δ 明显小于锥体半顶角 δ_w。已知来流 Mach 数和锥体半顶角 δ_w 时,不能简单地像二维斜激波那样确定激波角 β,而要经过比较复杂的锥形流理论计算,才能确定变化的激波角。

B.4 旋涡运动的基本理论

流体微团的旋转角速度不为零的流动称作旋涡运动,又称有旋流动。

旋涡运动在日常生活中很容易观察到,当河水流过桥墩和划船用桨击水时,在桥墩和桨的后面总要形成旋涡;船在河中行驶时,船的尾部也总是伴随着旋涡区;台风和龙卷风也都是旋涡运动。流体流动中的细小旋涡用肉眼往往不易观察到,而需要借助各种仪器进行观察和测量。在流体力学和气体动力学中,旋涡运动的基本理论占有很重要的地位。因为旋涡运动不仅要耗散能量、产生阻力,而且翼型和有限翼展的升力也与旋涡有直接的联系,因此,有必要了解旋涡运动及其基本理论。

B.4.1 涡线和涡管

有旋流动的流场中,流体微团的旋转运动可以用旋转角速度来表征,即

$$\boldsymbol{\omega} = \frac{1}{2}\,\mathrm{rot}\,\boldsymbol{v} = \frac{1}{2}\,\nabla \times \boldsymbol{v} = \frac{1}{2}\boldsymbol{\Omega} \tag{B.54}$$

式中,$\boldsymbol{\Omega}$ 为旋量,是旋转角速度 $\boldsymbol{\omega}$ 的两倍。需要注意,这里 $\boldsymbol{\omega}$ 是指有旋流动的流体旋转角速度,不是叶轮机的机械旋转角速度。

有旋流的旋转角速度矢量可以在直角坐标系中分解为 $\boldsymbol{\omega} = \omega_x\boldsymbol{i} + \omega_y\boldsymbol{j} + \omega_z\boldsymbol{k}$,即

$$\begin{cases} \omega_x = \dfrac{1}{2}\left(\dfrac{\partial v_z}{\partial y} - \dfrac{\partial v_y}{\partial z}\right) \\[2mm] \omega_y = \dfrac{1}{2}\left(\dfrac{\partial v_x}{\partial z} - \dfrac{\partial v_z}{\partial x}\right) \\[2mm] \omega_z = \dfrac{1}{2}\left(\dfrac{\partial v_y}{\partial x} - \dfrac{\partial v_x}{\partial y}\right) \end{cases} \tag{B.55}$$

于是,类似由速度构成的速度场,旋转角速度矢量场就构成了旋涡场。速度场中,为形象地表征流动特点,引用了流线和流管的概念。类似地,旋涡场中也可以引用涡线和涡管的概念。

涡线是这样的一条曲线,某一瞬时曲线上每一点处的角速度矢量方向都与该处曲线的切线方向一致,所以,与流线的微分方程类似,涡线的微分方程为

$$\frac{\mathrm{d}x}{\omega_x} = \frac{\mathrm{d}y}{\omega_y} = \frac{\mathrm{d}z}{\omega_z} \tag{B.56}$$

其矢量形式为

$$\mathrm{d}\boldsymbol{b} \times \boldsymbol{\omega} = \boldsymbol{0} \tag{B.57}$$

式中,$\boldsymbol{b}$ 为图 A.2 所定义的微元体矢径。

如果在旋涡场中任取一条封闭曲线,通过曲线上的每一点作一条涡线,所有涡线形成涡管。无限细的涡管称为涡丝。

柱坐标系 (x, r, φ) 中,旋转角速度矢量为 $\boldsymbol{\omega} = \omega_x \boldsymbol{i}_x + \omega_r \boldsymbol{i}_r + \omega_\varphi \boldsymbol{i}_\varphi$,各分量为

$$\begin{cases} \omega_x = \dfrac{1}{2}\left(\dfrac{\partial (v_u r)}{r\partial r} - \dfrac{\partial v_r}{r\partial \varphi}\right) \\[2mm] \omega_r = \dfrac{1}{2}\left(\dfrac{\partial v_x}{r\partial \varphi} - \dfrac{\partial v_u}{\partial x}\right) \\[2mm] \omega_u = \dfrac{1}{2}\left(\dfrac{\partial v_r}{\partial x} - \dfrac{\partial v_x}{\partial r}\right) \end{cases} \tag{B.58}$$

B.4.2 速度环量

速度环量,简称环量,是速度沿封闭曲线的线积分。作用于机翼上的力和力矩的大小,就取决于沿飞机机翼翼展上的环量分布规律,压气机、涡轮上的力和力矩同样源自叶片上的环量分布规律。有旋流动中旋涡强度的概念也与速度环量的值有关。

如图 B.19,流场中任取一条空间封闭曲线 C,沿该曲线流体运动速度连续变化,则速度环量定义为

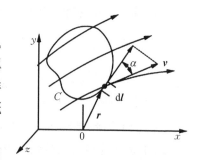

图 B.19　速度环量

$$\Gamma = \oint_C \boldsymbol{v} \cdot \mathrm{d}\boldsymbol{l} = \oint_C v\cos\alpha\,\mathrm{d}l = \oint_C \boldsymbol{v} \cdot \mathrm{d}\boldsymbol{r} \qquad (\text{B.59})$$

式中, $\mathrm{d}\boldsymbol{l}$ 是曲线 C 上的无限小弧段, 长度为 $\mathrm{d}l$、方向为曲线上对应点的切向, 显然, $\mathrm{d}\boldsymbol{l}$ 等于矢径 $\boldsymbol{r}$ 的微增量 $\mathrm{d}\boldsymbol{r}$; α 是 $\boldsymbol{v}$ 与 $\mathrm{d}\boldsymbol{l}$ 之间的夹角。令 $\boldsymbol{v} = v_x\boldsymbol{i} + v_y\boldsymbol{j} + v_z\boldsymbol{k}$, $\mathrm{d}\boldsymbol{l} = \mathrm{d}x\boldsymbol{i} + \mathrm{d}y\boldsymbol{j} + \mathrm{d}z\boldsymbol{k}$, 则

$$\Gamma = \oint_C v_x\mathrm{d}x + v_y\mathrm{d}y + v_z\mathrm{d}z \qquad (\text{B.60})$$

这就是速度环量的一般表达式, 既适用于无旋流动, 也适用于有旋流动。根据惯例, 速度环量的积分取逆时针方向(右手系)为积分的正方向。

对于单连域中的无旋流动, 流场中必定存在速度势 ϕ, 存在 $\mathrm{d}\phi = v_x\mathrm{d}x + v_y\mathrm{d}y + v_z\mathrm{d}z$, 于是无旋流动中沿任意封闭曲线的速度环量为

$$\Gamma = \oint_C \mathrm{d}\phi \qquad (\text{B.61})$$

从数学分析可知, 对于单连域流场, 速度势 ϕ 一定为单值函数, 故 $\Gamma = \oint_C \mathrm{d}\phi = 0$。说明单连域无旋流场中, 沿任意空间封闭曲线的速度环量总是为零。

但要注意, 实际中的无旋流场可能不是单连域的。如某平面无旋流动的速度势 $\phi = k\theta$, 其中, k 为常数、θ 为极角。如图 B.20, C_1、C_2 分别为包围和不包围极点 0 的两根封闭曲线。

动点 M_1 从起始点 A_1 绕曲线 C_1 一周时, 极角 θ 从 0 增加至 2π, 故绕曲线 C_1 的速度环量为 $\Gamma = \oint_0^{2\pi k}\mathrm{d}\phi = 2\pi k$。动点 M_2 从起始点 A_2 绕曲线 C_2 一周时, 极角 θ 从 0 又回到 0, 故绕曲线 C_2 的速度环

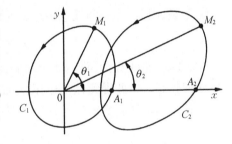

图 B.20 无旋流动的速度环量

量为 $\Gamma = \oint_0^0 \mathrm{d}\phi = 0$。可见, 曲线 C_2 所包围的是单连域有势流场, 其速度环量 $\Gamma = 0$。

曲线 C_1 所包围的也是有势流场, 速度势为 $\phi = k\theta$, 于是其速度场 $v_r = \dfrac{\partial \varphi}{\partial r} = 0$、$v_\theta = \dfrac{\partial \varphi}{r\partial\theta} = \dfrac{k}{r}$, 在极点处 v_θ 趋于无穷大。可见, 封闭曲线 C_1 内部存在极点, 所确定的区域是双连域, 速度势为多值函数, 故其速度环量不为零。

B.4.3 Stokes 定理

如图 B.21, 流场中取微元面 $ABCD$, 在 xoy 平面上投影为微元矩形, 边长分别为 δx 和 δy。设流体 A 点速度为 (v_x, v_y), 则 B 点速度为 $\left(v_x, v_y + \dfrac{\partial v_y}{\partial x}\delta x\right)$, D 点速度为

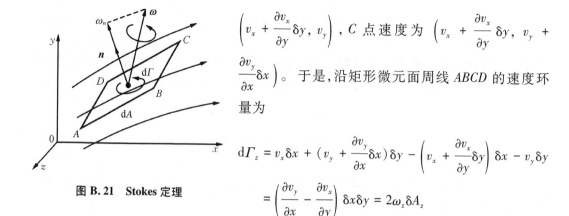

图 B. 21　Stokes 定理

C 点速度为 $\left(v_x + \dfrac{\partial v_x}{\partial y}\delta y,\ v_y\right)$，$C$ 点速度为 $\left(v_x + \dfrac{\partial v_x}{\partial y}\delta y,\ v_y + \dfrac{\partial v_y}{\partial x}\delta x\right)$。于是，沿矩形微元面周线 $ABCD$ 的速度环量为

$$\mathrm{d}\Gamma_z = v_x\delta x + \left(v_y + \frac{\partial v_y}{\partial x}\delta x\right)\delta y - \left(v_x + \frac{\partial v_x}{\partial y}\delta y\right)\delta x - v_y\delta y$$

$$= \left(\frac{\partial v_y}{\partial x} - \frac{\partial v_x}{\partial y}\right)\delta x\delta y = 2\omega_z\delta A_z$$

式中 $\delta A_z = \delta x\delta y$，是微元面在 xoy 平面内的投影面积。同理在 yoz 和 zox 平面内速度环量分别为

$$\mathrm{d}\Gamma_x = \left(\frac{\partial v_z}{\partial y} - \frac{\partial v_y}{\partial z}\right)\delta y\delta z = 2\omega_x\delta A_x$$

$$\mathrm{d}\Gamma_y = \left(\frac{\partial v_x}{\partial z} - \frac{\partial v_z}{\partial x}\right)\delta z\delta x = 2\omega_y\delta A_y$$

于是，图 B. 21 空间任意矩形微元面上的速度环量为

$$\mathrm{d}\Gamma = 2\omega_n\mathrm{d}A = 2\boldsymbol{\omega}\cdot\boldsymbol{n}\mathrm{d}A \tag{B.62}$$

式中，$2\boldsymbol{\omega}\cdot\boldsymbol{n}\mathrm{d}A$ 称为面积 $\mathrm{d}A$ 上的涡通量或旋涡强度，ω_n 是旋转角速度 $\boldsymbol{\omega}$ 在微元面 A 上的法向投影。由此得到，沿空间微元面周线的速度环量等于该微元面积上的涡通量。

这一结论很容易推广到有限空间连续曲面的速度环量，即

$$\Gamma = 2\int_A \omega_n\mathrm{d}A = \int_A (\nabla\times\boldsymbol{v})\cdot\mathrm{d}\boldsymbol{A} \tag{B.63}$$

式中，A 是任意空间连续曲面。这就是著名的 Stokes 定理数学表达式，表明沿任意空间封闭曲线的速度环量，等于通过该连续曲面的涡通量。

需要强调的是该曲面属于单连域，即曲面上的速度及其导数都必须连续。对多连域，要计算封闭曲线的速度环量时，不能直接应用上式，而必须引进辅助线，将多连域变成单连域后再应用 Stokes 定理。

以翼型为例，图 B. 22 为气流绕翼型流动时的流场，假设绕翼型表面的速度环量 Γ_0，而翼型外的流动为无旋流动。若取控制体为任意封闭曲线 aba 的话，从数学上可知其为多连域，而改为封闭曲线 $abacdca$ 后，则为包含区域 A 的单连域，区域内速度及其偏导数连续，且流动无旋。因此沿该封闭曲线的速度环量为

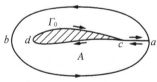

图 B. 22　翼型的速度环量

$$\Gamma = \oint_{aba}\boldsymbol{v}\cdot\mathrm{d}\boldsymbol{r} + \oint_a^c\boldsymbol{v}\cdot\mathrm{d}\boldsymbol{r} + \oint_{cdc}\boldsymbol{v}\cdot\mathrm{d}\boldsymbol{r} + \oint_c^a\boldsymbol{v}\cdot\mathrm{d}\boldsymbol{r} = \int_A (\nabla\times\boldsymbol{v})\cdot\mathrm{d}\boldsymbol{A}$$

由于区域 A 为有势流动,故涡通量为零 $\int_A (\nabla \times \boldsymbol{v}) \cdot \mathrm{d}\boldsymbol{A} = 0$,而 $\oint_a^c \boldsymbol{v} \cdot \mathrm{d}\boldsymbol{r} = -\oint_c^a \boldsymbol{v} \cdot \mathrm{d}\boldsymbol{r}$,于是得到 $\Gamma_{aba} + \Gamma_{cdc} = 0$,其中沿曲线 aba 和沿翼型表面 cdc 的积分路线方向相反。若均以逆时针方向沿封闭曲线积分,则存在:

$$\Gamma_{aba} = \Gamma_{cdc} = \Gamma_0$$

即包围翼型的任意封闭曲线的速度环量都等于绕翼型表面的速度环量。这不但对翼型有效,对任意无旋绕流均有效,即任意无旋流动封闭曲线的外边界速度环量均等于所包围物体内边界(固壁表面)的环量。进而推论,任意有旋流动封闭曲线内部流场的环量均等于绕内外边界的速度环量差,即内外边界所包围面积上的涡通量。

　　Stokes 定理使旋涡运动场等同于速度环量场,只要获得速度场就可以得到涡通量。在分析某些流动问题时,为避免数学上的困难,一方面可以略去流体运动的旋涡性质,假定流体流动有势,另一方面保留旋涡运动的速度环量 Γ。这种处理手段在飞机翼型升力计算和叶轮机能量转换中均得到了有效利用,叶型基元的速度环量差就体现为叶轮机轮缘功的一部分,虽然该关系式是由动量矩方程推导得到。

B.4.4　Kelvin 定理(Thomson 定理)

　　上面建立了环量与涡通量之间的关系,这里讨论沿封闭曲线,环量随时间的变化规律。一旦知道了环量随时间的变化规律,也就知道了流场涡通量随时间的变化规律,这样,如果知道流动起始瞬间的性质(有旋流还是无旋流),那么也就能判断随后流动的性质,进而正确建立流场的物理方程。

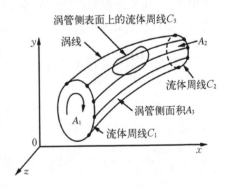

图 B.23　流场中的涡管

　　如图 B.23,在运动的流体中取一条由流体质点所组成的封闭流体周线 C。流体运动时,流体周线 C 不但跟随流体一起运动,形状也发生变化,由 C_1 变化为 C_2。沿封闭流体周线 C 的速度环量为 $\Gamma = \oint_C v_x \mathrm{d}x + v_y \mathrm{d}y + v_z \mathrm{d}z$,其时间变化率也就是速度环量的随流导数,即

$$\frac{\mathrm{D}\Gamma}{\mathrm{D}t} = \frac{\mathrm{D}}{\mathrm{D}t} \oint_C v_x \mathrm{d}x + v_y \mathrm{d}y + v_z \mathrm{d}z = \oint_C \frac{\mathrm{D}}{\mathrm{D}t} (v_x \mathrm{d}x + v_y \mathrm{d}y + v_z \mathrm{d}z)$$

由于周线 C 是流体周线,故有

$$\frac{\mathrm{D}}{\mathrm{D}t}(v_x \mathrm{d}x) = \frac{\mathrm{D}v_x}{\mathrm{D}t} \mathrm{d}x + v_x \frac{\mathrm{D}}{\mathrm{D}t}(\mathrm{d}x) = \frac{\mathrm{D}v_x}{\mathrm{D}t} \mathrm{d}x + v_x \mathrm{d}v_x$$

$$\frac{\mathrm{D}}{\mathrm{D}t}(v_y \mathrm{d}y) = \frac{\mathrm{D}v_y}{\mathrm{D}t} \mathrm{d}y + v_y \mathrm{d}v_y$$

$$\frac{\mathrm{D}}{\mathrm{D}t}(v_z \mathrm{d}z) = \frac{\mathrm{D}v_z}{\mathrm{D}t}\mathrm{d}z + v_z \mathrm{d}v_z$$

代入上式,得到:

$$\frac{\mathrm{D}\Gamma}{\mathrm{D}t} = \oint_C \left[\frac{\mathrm{D}v_x}{\mathrm{D}t}\mathrm{d}x + \frac{\mathrm{D}v_y}{\mathrm{D}t}\mathrm{d}y + \frac{\mathrm{D}v_z}{\mathrm{D}t}\mathrm{d}z + \mathrm{d}\left(\frac{v_x^2 + v_y^2 + v_z^2}{2}\right) \right] \tag{B.64}$$

式中,$\dfrac{\mathrm{D}v_x}{\mathrm{D}t}$、$\dfrac{\mathrm{D}v_y}{\mathrm{D}t}$ 和 $\dfrac{\mathrm{D}v_z}{\mathrm{D}t}$ 分别为流体质点运动角速度在 x、y 和 z 方向的分量。对于无黏流体,由欧拉运动微分方程式确定:

$$\begin{cases} \dfrac{\mathrm{D}v_x}{\mathrm{D}t} = X - \dfrac{1}{\rho}\dfrac{\partial p}{\partial x} \\[2mm] \dfrac{\mathrm{D}v_y}{\mathrm{D}t} = Y - \dfrac{1}{\rho}\dfrac{\partial p}{\partial y} \\[2mm] \dfrac{\mathrm{D}v_z}{\mathrm{D}t} = Z - \dfrac{1}{\rho}\dfrac{\partial p}{\partial z} \end{cases} \tag{B.65}$$

其中 X、Y 和 Z 分别为单位质量流体所受彻体力在 x、y 和 z 方向上的分量;p 是流体静压。将(B.65)代入(B.64),得

$$\frac{\mathrm{D}\Gamma}{\mathrm{D}t} = \oint_C \left[X\mathrm{d}x + Y\mathrm{d}y + Z\mathrm{d}z - \frac{1}{\rho}\left(\frac{\partial p}{\partial x}\mathrm{d}x + \frac{\partial p}{\partial y}\mathrm{d}y + \frac{\partial p}{\partial z}\mathrm{d}z\right) + \mathrm{d}\left(\frac{v^2}{2}\right) \right]$$

若彻体力单值有势,如重力,则势函数 U 为 $\mathrm{d}U = X\mathrm{d}x + Y\mathrm{d}y + Z\mathrm{d}z$。对于正压流体,密度仅是压强的函数(如等熵流动、等温流动的气体均为正压流体),可以引进压强函数 P,使得 $\mathrm{d}p = \dfrac{1}{\rho}\left(\dfrac{\partial p}{\partial x}\mathrm{d}x + \dfrac{\partial p}{\partial y}\mathrm{d}y + \dfrac{\partial p}{\partial z}\mathrm{d}z\right)$。于是,得

$$\frac{\mathrm{D}\Gamma}{\mathrm{D}t} = \oint_C \left[\mathrm{d}U - \mathrm{d}p + \mathrm{d}\left(\frac{v^2}{2}\right) \right] = \oint_C \mathrm{d}\left(U - P + \frac{v^2}{2}\right) \tag{B.66}$$

由于微分号内的量均是单值函数,故沿封闭周线 C 的积分必然为 0,即

$$\frac{\mathrm{D}\Gamma}{\mathrm{D}t} = 0 \tag{B.67}$$

或者,$\Gamma = \text{const.}$ 表明无黏、彻体力有势的正压流体中,沿流体封闭周线的速度环量不随时间而变化。这就是著名的 Kelvin 定理,又称 Thomson 定理。

必须指出,Kelvin 定理中的封闭周线是流体周线,而不是构成空间控制体的固定周线。对于空间固定封闭曲线,只有在定常流的情况下,环量才不会随时间变化。

由 Stokes 定理可知,沿封闭流体周线的速度环量等于通过该有限曲面的涡通量,于

是,Kelvin 定理表明固定流体质点组成的有限曲面上的涡通量不随时间而变化。这样,无黏、有势的正压流中,如果某时刻某部分流体无旋,那么,以前和以后的任何时刻,这部分流体始终为无旋流动。反之,如果某时刻某部分流体有旋,则这部分流体的流动始终有旋。换言之,无黏、有势的正压流中的旋涡不能自生,也不能自灭。

Kelvin 定理还有一个重要推论:无黏、有势的正压流体中,如果流体从静止状态开始运动,或者在某区域中流体沿直线均匀流动,那么,该流动一定为无旋流动。

实际流体总存在黏性,并且多为斜压流体(密度是压强和温度的函数),因此,流动过程中既可能产生旋涡,所具有的旋涡也会消失。如大气中会产生旋风,也会随时间的变化而减弱、消失。然而,在较短的时间内,黏性的影响较小,温度的变化也较小,这时 Kelvin 定理能够相对正确地反映涡运动的自然规律。

B.4.5 Helmholtz 旋涡三定理

(1) Helmholtz 第一定理:同一瞬间,涡通量沿涡管不变。

如图 B.23,某一时刻涡管进出口截面周线分别为 C_1、C_2,截面积分别为 A_1、A_2,涡管侧面积为 A_3。涡管进出口速度环量分别为 Γ_1 和 Γ_2。根据 Stokes 定理式(B.63),对周线 C_1 和截面 A_1,存在:

$$\Gamma_1 = \int_{A_1} (\nabla \times v) \cdot \mathrm{d}A = 2\int_{A_1} \omega_n \mathrm{d}A$$

对周线 C_1 和半开曲面($A_2 + A_3$),存在:

$$\Gamma_1 = \int_{A_2+A_3} (\nabla \times v) \cdot \mathrm{d}A = 2\int_{A_2+A_3} \omega_n \mathrm{d}A = 2\int_{A_2} \omega_n \mathrm{d}A + 2\int_{A_3} \omega_n \mathrm{d}A$$

根据涡管性质,涡管侧表面上没有涡通量,即 $\int_{A_3} \omega_n \mathrm{d}A = 0$,于是:

$$\Gamma_1 = 2\int_{A_2} \omega_n \mathrm{d}A = \Gamma_2$$

表明某瞬间,涡通量沿涡管不变。

由此推知,旋涡不可能在流体中中断,也不可能缩小成尖端而终止。自然界中,旋涡只有两种存在形式,一种是旋涡的两个端面自己连接起来,封闭的涡环;另一种是旋涡两个端面落在流体的边界面上,这个边界面或者是固体,或者是工质属性不同的其他流体。

(2) Helmholtz 第二定理:无黏、有势的正压流体中,涡管永恒存在。

如图 B.23,在涡管侧表面上认取封闭的流体周线 C_3,根据涡管性质,涡管侧表面上没有涡通量,即 $\int_{A_3} \omega_n \mathrm{d}A = 0$。于是,根据 Stokes 定理,封闭周线 C_3 上的速度环量 $\Gamma_3 = 0$。经过 $\mathrm{d}t$ 时间之后,涡管位置改变,其表面流体周线 C_3 的形状也发生变化。但根据 Kelvin 定理,无黏、有势的正压流体,沿流体周线速度环量不随时间而变化,故知涡管侧表面上流体周线 C_3 的形状虽然发生变化,但速度环量依然 $\Gamma_3 = 0$。表明任何时刻,涡线均不会穿过涡管侧表面上的流体周线,而该周线始终位于涡管侧表面上,从而证明涡管始终存在,不受破坏。

(3) Helmholtz 第三定理:无黏、有势的正压流体中,涡通量不随时间而变化。

根据 Stokes 定理,通过图 B.23 涡管任意截面 A_1 的涡通量等于该截面涡管封闭周线 C_1 的速度环量。由 Kelvin 定理知,沿上述封闭流体周线的速度环量不随时间而变化,所以涡管的涡通量亦不随时间而变化。

Helmholtz 旋涡三定理分别阐述了旋涡运动的运动学和动力学性质,其中第一定理是属于运动学性质,因此既适用于无黏流体,也适用于黏性流体,而第二三定理则是属于旋涡运动的动力学性质,只适用于无黏、有势的正压流体。

Helmholtz 旋涡三定理与 Stokes 定理一起构建了旋涡理论的基础。

B.4.6 旋涡附近的速度分布(Biot - Savart 公式)

图 B.24 为一条涡通量为 Γ 的涡丝,其中任一点 S 存在涡丝微段 $\mathrm{d}s$,对附近点 P 产生诱导速度 $\mathrm{d}v$。可以证明(具体参见流体力学相关内容),涡段 $\mathrm{d}s$ 所产生的诱导速度 $\mathrm{d}v$ 为

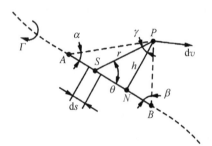

$$\mathrm{d}v = \frac{\Gamma \mathrm{d}s}{4\pi r^2} \sin\theta \qquad (\text{B}.68)$$

式中,r 为点 P 与 S 之间的距离;θ 为 r 与 $\mathrm{d}s$ 之间的夹角。

设包含微段 $\mathrm{d}s$ 的是涡通量为 Γ 的空间直涡丝 AB,点 P 是直线 AB 外的一点,P 到 AB 的距离为 h,点 N 为垂足。PS 连线与 PN 之间的夹角记为 γ,PA、PB 与 AB 之间的夹角分别即为 α、β。如图 B.24 所示,几

图 B.24 旋涡诱导速度

何关系上存在 $\mathrm{d}s = \dfrac{h}{\cos^2\gamma}\mathrm{d}\gamma$,代入式(B.68)得

$$\mathrm{d}v = \frac{\Gamma}{4\pi h}\cos\gamma \mathrm{d}\gamma$$

在线段 AB 区间内对上式积分,γ 由 $-\left(\dfrac{\pi}{2} - \alpha\right)$ 变化到 $\left(\dfrac{\pi}{2} - \beta\right)$,得

$$v = \frac{\Gamma}{4\pi h}(\cos\alpha + \cos\beta) \qquad (\text{B}.69)$$

由此产生的诱导速度 v 的方向垂直于 PAB 平面。当涡丝 A 端无限远时,$\cos\alpha = 1$;当 A、B 两端均无限远时,$\cos\alpha = 1$、$\cos\beta = 1$,于是诱导速度为

$$v = \frac{\Gamma}{2\pi h} \qquad (\text{B}.70)$$

B.4.7　点涡

潘锦珊(1989)将直均流、点源(点汇)、点涡和偶极流归类为简单平面势流,而复杂势流均由简单势流叠加形成。由于叶轮机理论的早期发展,如轴流叶轮机的扭向规律、离心压气机的轴向涡描述均使用了点涡的概念和表达式,这里单独对其进行复习。

如图 B.25,设有一与 yoz 平面相垂直的无限长直线涡丝(涡丝截面积 A 趋近于零)。在 yoz 平面上看,该涡丝即为平面点涡。这时整个平面流场上除涡丝所在的一点之外,全是无旋流。根据 Stokes 定理,点涡的速度环量为

$$\Gamma_0 = \int_A (\nabla \times \boldsymbol{v}) \cdot \mathrm{d}\boldsymbol{A} = 2\int_A \omega_x \mathrm{d}A \quad (\text{B.71})$$

将点涡置于 xoy 平面的原点,根据 Biot-Savart 公式,旋涡附近所产生的诱导速度为

$$\begin{cases} v_u = \dfrac{\Gamma_0}{2\pi r} \\ v_r = 0 \end{cases} \quad (\text{B.72})$$

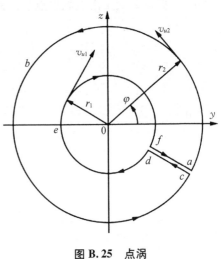

图 B.25　点涡

可见,速度环量 $v_u r = \dfrac{\Gamma_0}{2\pi}$ 为常数。如图 B.25,$v_{u2} r_2 = v_{u1} r_1$,这就是叶轮机中常常表达的等环量,随半径增加,周向分速 v_u 成反比例减小。需要注意的是,这是无黏条件下成立的关系式,实际情况下,环量因黏性而发生变化。

于是,绕点涡的任意封闭周线的速度环量为 Γ_0,即

$$\Gamma = \oint_C \boldsymbol{v} \cdot \mathrm{d}\boldsymbol{l} = \int_0^{2\pi} \frac{\Gamma_0}{2\pi r} \cdot r\mathrm{d}\varphi = \Gamma_0 \quad (\text{B.73})$$

如图 B.25,对任一不包含点涡原点的封闭曲线 $abcdefa$,其环量为 $\Gamma_{abcdefa} = \Gamma_{abc} + \Gamma_{cd} + \Gamma_{def} + \Gamma_{fa}$,其中,$\Gamma_{abc} = \Gamma_0$,$\Gamma_{def} = -\Gamma_0$,且 $\Gamma_{cd} = -\Gamma_{fa}$,于是,$\Gamma_{abcdefa} = 0$。可知,不包含点涡的流动为无旋流动,即 $\Gamma = 0$,亦即 $\omega_x = 0$。这种流动是有势流。通常把点涡又叫作势涡,也有称为自由涡。

根据式(B.72),很容易得出点涡流场的势函数 ϕ 和流函数 ψ:

$$\begin{cases} \mathrm{d}\phi = \dfrac{\partial \phi}{\partial r}\mathrm{d}r + \dfrac{\partial \phi}{r\partial \varphi}r\mathrm{d}\varphi = v_u r\mathrm{d}\varphi \\ \mathrm{d}\psi = \dfrac{\partial \psi}{\partial r}\mathrm{d}r + \dfrac{\partial \psi}{r\partial \varphi}r\mathrm{d}\varphi = -v_u \mathrm{d}r \end{cases} \quad (\text{B.74})$$

积分得

$$
\begin{cases}
\phi = \dfrac{\Gamma}{2\pi}\varphi \\
\psi = \dfrac{\Gamma}{2\pi}\ln r
\end{cases}
\tag{B.75}
$$

可见,等势函数线是由点涡原点引出的半射线簇,等流函数线为同心圆簇。

附录 C
相似理论基础

相似理论贯穿着叶轮机从设计到应用的全过程,但很少有教材单独讨论相似理论,因为这一理论与几何结构密切相关。另外,又不能将相似理论基础作为叶轮机原理的一部分内容,因为该理论不涉及具体的工程结构。为此作为附录,本章总结相似的理论基础,包括流动的相似条件、相似三定律和量纲分析。

学习要点:

(1) 理解流动相似条件的产生,摒弃"几何、运动、动力相似"的粗浅概念;

(2) 了解相似三定律,体会量纲分析在工程设计、试验调试中的重要性。

C.1 什么是相似

相似的概念源自几何学,如相似几何体,当相似条件得到满足时,两个不同大小的几何体就具有了共同的相似性质。以相似三角形为例,其相似性质是所有角度对应相等,所有边长对应成比例、且比例系数相等。确定两个三角形相似的条件并不唯一,如已知各边的长度且对应边长的比例系数均相等,那么,这两个三角形即为相似三角形。如果比例系数相等且为1,则为相等三角形。于是可以根据相似性质,通过已知三角形的几何参数确定未知三角形的相应参数。

航空发动机产品就是复杂几何体的实现,因此,当相似条件满足时,其几何相似性质就得到了保证。这或许是利用既有几何进行发动机测绘仿制的依据。但如果这么做,一定会出现巨大的理论缺失,主要体现为:① 公差不可获得,而复杂几何公差累计所引导出的往往不是误差,而是错误;② 几何相似只是物理相似的必要条件,但不充分,构建物理相似条件才是实现物理性质相似的充要条件。

物理相似要比几何相似复杂得多,其相似条件和性质需要通过数学方程组体现出来。即使表述两类物理现象的数学方程组完全相同,如管道中的水流和导线内的电流,因其工质物性、边界条件的差异而不能产生物理相似,只能称为异类相似或类似。以类似的方法实现的类比通常称为类比法,如电类比法。物理相似仅指同类相似,即对含有同样物理意义的同类量进行比较,且仅限于空间和时间上的对应点(邹滋祥,1984)。

当两个同类物理现象相似时,就可以得到由相似准数所体现的相似性质。

C.2 流动的相似条件

流体机械中的同类物理量包括速度、温度等状态参数。两个机械系统之间流动相似的必要条件是: ① 几何相似;② 流动的所有物理量和场之间相似。

流动的结果是三大守恒所决定的,因此需要从守恒方程出发,揭示流场的相似条件。假设两个几何相似的流体机械系统,系统 1 的所有量标注"′",系统 2 标注"″"。以连续方程式(A.12)为例,两个系统分别由如下两个连续方程控制:

$$\frac{\partial \rho'}{\partial t'} + \frac{\partial(\rho'v'_x)}{\partial x'} + \frac{\partial(\rho'v'_y)}{\partial y'} + \frac{\partial(\rho'v'_z)}{\partial z'} = 0 \tag{C.1}$$

$$\frac{\partial \rho''}{\partial t''} + \frac{\partial(\rho''v''_x)}{\partial x''} + \frac{\partial(\rho''v''_y)}{\partial y''} + \frac{\partial(\rho''v''_z)}{\partial z''} = 0 \tag{C.2}$$

两个系统几何相似,则固体几何结构在空间上对应点成比例,$\frac{x''}{x'} = \frac{y''}{y'} = \frac{z''}{z'} = \frac{l''}{l'} = c_l$ (l 代表空间坐标或尺度)。在时间尺度上,若从同一瞬时计算,之后每一时刻均存在相似瞬间,即 $\frac{t''}{t'} = c_t$;若存在周期性变化现象,则满足 $\frac{t'' + T''}{t' + T'} = c_T$。 两个系统在空间、时间相似的条件下,物理量和场之间的相似条件为所有物理参数成比例,如 $\frac{v''}{v'} = c_v$、$\frac{\rho''}{\rho'} = c_\rho$。 相似条件下,上述比例系数 c 为常数,通常称为相似系数或相似倍数,其大小与空间、时间无关。于是,将 $l'' = c_l l'$、$t'' = c_t t'$、$v'' = c_v v'$、$\rho'' = c_\rho \rho'$ 代入式(C.2),得到:

$$\frac{1}{c_t}\frac{\partial \rho'}{\partial t'} + \frac{c_v}{c_l}\left(\frac{\partial(\rho'v'_x)}{\partial x'} + \frac{\partial(\rho'v'_y)}{\partial y'} + \frac{\partial(\rho'v'_z)}{\partial z'}\right) = 0 \tag{C.3}$$

对比式(C.1),可以看出: 如果假设是定常或不可压流动,则 $\partial\rho/\partial t = 0$,于是 c_v/c_l 为任意数值,即定常或不可压流动条件下,无法通过连续方程确定相似系数之间的关系以保证流场相似。但是,对于非定常可压流动,只有当 $c_v c_t/c_l = 1$ 时,才能确保式(C.3)与式(C.1)完全一致,即流动的相似条件为 $\frac{v''t''}{x''} = \frac{v't'}{x'}$,或表示为 $vt/l =$ 不变量。这个不变量就是表征非定常流场相似的相似准数——Strouhal 数:

$$Sh = vt/l \tag{C.4}$$

对叶轮机流动而言,特征空间与特征时间并不独立,叶片旋转使空间与时间之间产生以叶片切线速度 u 所表征的关联特征,因此,Strouhal 数可以表示为 $Sh = v_m/u = \phi$,即流量系数 ϕ 是表征叶轮机非定常特性的相似准数。

质量守恒仅导出一个相似准数,并且在定常假设下不存在相似准数。可见,几何相似前提下,相似性条件依赖于机械内部流动的一系列条件,包括简化假设条件、初始条件和环境条件等。

流场是由三大守恒决定的,因此,质量守恒无法确定的相似条件,可以通过动量守恒和能量守恒得到。下面以动量守恒方程为例,推导相似流场所依赖的相似准数。

根据附录 A 不可压流动的相对柱坐标系微分形式非守恒型动量方程式(A. 30a),不考虑旋转坐标系的相对运动,即两个几何相似系统的动量方程轴向分式分别为

$$\frac{\partial v'_x}{\partial t'} + v'_x\frac{\partial v'_x}{\partial x'} + v'_y\frac{\partial v'_x}{\partial y'} + v'_z\frac{\partial v'_x}{\partial z'} = g'_x - \frac{1}{\rho'}\frac{\partial p'}{\partial x'} + \frac{\mu'}{\rho'}\left(\frac{\partial^2 v'_x}{\partial x'^2} + \frac{\partial^2 v'_x}{\partial y'^2} + \frac{\partial^2 v'_x}{\partial z'^2}\right) \qquad (C.5)$$

$$\frac{\partial v''_x}{\partial t''} + v''_x\frac{\partial v''_x}{\partial x''} + v''_y\frac{\partial v''_x}{\partial y''} + v''_z\frac{\partial v''_x}{\partial z''} = g''_x - \frac{1}{\rho''}\frac{\partial p''}{\partial x''} + \frac{\mu''}{\rho''}\left(\frac{\partial^2 v''_x}{\partial x''^2} + \frac{\partial^2 v''_x}{\partial y''^2} + \frac{\partial^2 v''_x}{\partial z''^2}\right) \qquad (C.6)$$

相似系数增加 $\frac{p''}{p'} = c_p$、$\frac{\mu''}{\mu'} = c_\mu$ 和 $\frac{g''}{g'} = c_g$,将 $l'' = c_l l'$、$t'' = c_t t'$、$v'' = c_v v'$、$\rho'' = c_\rho \rho'$、$p'' = c_p p'$、$\mu'' = c_\mu \mu'$ 和 $g'' = c_g g'$ 代入式(C.6),得到:

$$\frac{c_v}{c_t}\frac{\partial v'_x}{\partial t'} + \frac{c_v^2}{c_l}\left(v'_x\frac{\partial v'_x}{\partial x'} + v'_y\frac{\partial v'_x}{\partial y'} + v'_z\frac{\partial v'_x}{\partial z'}\right) = c_g g'_x - \frac{c_p}{c_l c_\rho}\frac{1}{\rho'}\frac{\partial p'}{\partial x'} + \frac{c_\mu c_v}{c_l^2 c_\rho}\frac{\mu'}{\rho'}\left(\frac{\partial^2 v'_x}{\partial x'^2} + \frac{\partial^2 v'_x}{\partial y'^2} + \frac{\partial^2 v'_x}{\partial z'^2}\right)$$

方程式两端同除以 c_v^2/c_l,得到:

$$\frac{c_l}{c_v c_t}\frac{\partial v'_x}{\partial t'} + \left(v'_x\frac{\partial v'_x}{\partial x'} + v'_y\frac{\partial v'_x}{\partial y'} + v'_z\frac{\partial v'_x}{\partial z'}\right) = \frac{c_g c_l}{c_v^2}g'_x - \frac{c_p}{c_\rho c_v^2}\frac{1}{\rho'}\frac{\partial p'}{\partial x'} + \frac{c_\mu}{c_\rho c_l c_v}\frac{\mu'}{\rho'}\left(\frac{\partial^2 v'_x}{\partial x'^2} + \frac{\partial^2 v'_x}{\partial y'^2} + \frac{\partial^2 v'_x}{\partial z'^2}\right) \qquad (C.7)$$

对比式(C.5),当 $c_v c_t/c_l = 1$、$c_g c_l/c_v^2 = 1$、$c_p/(c_\rho c_v^2) = 1$ 和 $c_\rho c_l c_v/c_\mu = 1$ 同时成立时,才能保证式(C.7)与式(C.5)完全一致,即流动的相似条件为 $\frac{v''t''}{x''} = \frac{v't'}{x'}$、$\frac{g''l''}{v''^2} = \frac{g'l'}{v'^2}$、$\frac{p''}{\rho''v''^2} = \frac{p'}{\rho'v'^2}$、$\frac{\rho''l''v''}{\mu''} = \frac{\rho'l'v'}{\mu'}$,形成 Strouhal 数、Froud 数、Mach 数(或 Euler 数)和 Reynolds 数等不变量:

$$Fr = gl/v^2 \qquad (C.8)$$

$$M = v/\sqrt{p/\rho} = v/a \qquad (C.9)$$

$$Eu = p/(\rho v^2) \qquad (C.10)$$

$$Re = \rho vl/\mu \qquad (C.11)$$

这些"不变量"的数值相等就是几何相似系统产生流场相似的附加约束条件,通常称为相似准则参数或相似准数。由此可见,几何相似的两个系统,诸如速度、压强、黏性等用来描述流体运动的所有物理量之间的相似,只是流场相似的必要条件,只有当上述相似准

数在流场空间任一对应点和任一对应瞬间相等时，才能构成两个几何相似系统中流场相似的充分条件。

C.3 相 似 三 定 律

（1）相似第一定律：相似现象对应点的相似准数必相等。

相似第一定律说明了物理现象之间相似的性质，即两个系统的物理现象相似，则对应时间、空间点上的相似准数必相等。值得注意的是，同一系统不同时间、空间点上的相似准数不一定相同，因此，必须强调"对应点"。例如，以进气平均 Mach 数代表某航空发动机相似工况是存在问题的，因为平均值相等不代表进气 Mach 数展向分布一致，平均值不能代表对应点。如果不能保证对应点相似准数相等，则不能说明两台发动机或同一台发动机两个工况具有流动相似性。这实际上是要求以模型进行模拟实验时，要测得所有相似准则中所包含的一切物理量，并根据这些要求构建必要的模拟实验器。

严格地说，几何相似系统内部流场相似的充要条件是任一时间任一空间对应点的相似准数相等。但是，要得到任一时间任一空间的对应点相似准数，无异于知道了流场，显然相似理论的指导意义就不存在了。于是，需要通过其他定律来补充。

（2）相似第二定律（π 定律）：现象群遵循着同一的由相似准数和简单数群（同类物理量之比值）所组成的关系式，即

$$\Phi(\pi_1, \pi_2, \cdots, \pi_m) = 0 \qquad (C.12)$$

式中，π 表示各相似准则，因此，这一方程式称为准则关系式或准则方程。由于相似现象具有相同的相似准数，因此，准则关系式也应该相同。如果把某物理现象的实验结果整理成准则关系式，那么，该关系式就可以推广到与其相似的现象中。

式（C.12）表达得十分抽象，下一节将对其进行具象化应用说明。

（3）相似第三定律：现象相似的充要条件是单值性条件相似，并且由单值性条件的物理量组成的相似准数相等。

相似第三定律的存在，就是为解决相似第一定律复杂的对应点问题。所谓单值性条件，就是指描述现象群的偏微分方程组只有在一定条件下才存在现象唯一的定解。我们知道，物理场的结果是由泛定方程和定解条件所确定，定解条件则包括物理条件、几何边界条件、环境边界条件和初始条件等。

物理条件是指工质的物理性质，如附录 B 所讨论的工质的摩尔质量、定压比热、湿度及其随温度、压强的变化等。物理条件的单值性则是在物理现象或物理过程中，工质的物理性质必须具有单值性条件，如定压比热随温度的变化函数必须是一个单值函数。

几何边界条件，所有的现象均发生于特定的几何空间内，相似充要条件的基础就是几何相似，因此，描述特征几何空间大小和形状的几何参数必须是单值条件，如相似三角形仅给出角度对应相等是不够的，必须具有长度量的相似倍数。

环境边界条件决定了物理现象的发生环境，如流体机械的进出口边界条件。从上一节看出，流场中任一对应点的相似准数相等，也包括了进出口边界条件上的相似准数相

等,同时,对于几何相似、工质确定的定常流场,内部流动的定解问题由环境边界条件确定,因此,只要保证环境边界条件具有相似性,就保证了内部流场的相似。在很多情况下,就是通过环境边界条件的相似决定内部流动现象的相似,因此,特征边界性质的物理量必须具有单值性。例如,对几何相等的压气机而言,折合转速和折合流量相等就可以保证流动的相似性,但是,超声速涡轮则必须采用相似转速和膨胀比作为相似准数,其原因就是膨胀比随折合流量的变化不满足单值性条件,同一折合流量具有不同的膨胀比。

对非定常或不稳定物理现象而言,特征现象起始状态物理量对后续现象具有单值性过程,这时,初始条件也必须是单值性条件。如风扇压气机的失速迟滞现象,对于几何相似系统,失稳前流场相似的话,其失速迟滞线也具有相似性(无黏假设下),并且与流量系数相关。对定常流动而言,不存在初始条件的单值性要求。

这里用上一节两个几何相似的流体机械系统为例,进一步解释相似条件。当几何条件相似,即 $\dfrac{x''}{x'} = \dfrac{y''}{y'} = \dfrac{z''}{z'} = \dfrac{l''}{l'} = c_l$;物理条件相似,即 $\dfrac{\rho''}{\rho'} = c_\rho$、$\dfrac{\mu''}{\mu'} = c_\mu$ 和 $\dfrac{g''}{g'} = c_g$;进、出口边界条件相似,即 $\dfrac{w''_x}{w'_x} = \dfrac{w''_y}{w'_y} = \dfrac{w''_z}{w'_z} = c_w$,且壁面上速度均为零,固壁边界条件相似性自然满足;初始条件相似,即 $\dfrac{t''_0}{t'_0} = c_t$。 只有当这些单值性条件的相似倍数 c_l、c_ρ、c_μ、c_g、c_w 和 c_t 之间满足一定的约束条件,即由单值条件相似倍数组成的相似指标均等于 1,即 $c_w c_t / c_l = 1$、$c_g c_l / c_w^2 = 1$、$c_p / (c_\rho c_w^2) = 1$ 和 $c_\rho c_l c_w / c_\mu = 1$ 时,或由决定单值性条件的物理量所组成的相似准数相等时,才构成了两个系统内部流动现象彼此相似的充分条件,这就是相似第三定律。由第三定律单值性条件可以得出,只要保证特征环境边界上相似准数相等,就可以满足相似的充要条件。于是,相似问题得到简化,以 v_{ref}、T_{ref}、t_{ref} 和 l_{ref} 等速度、温度、时间和空间特征参考量,满足相似准数:

$$M = v_{ref} / \sqrt{kRT_{ref}}$$

$$Re = \rho_{ref} v_{ref} l_{ref} / \mu$$

$$Sh = v_{ref} t_{ref} / l_{ref}$$

$$Fr = g l_{ref} / v_{ref}^2$$

在特征边界上对应相等,则流场相似。

需要进一步强调的是 Reynolds 数,通常以叶弦 Re 数或水力 Re 数表征叶轮机内部相似流动的进气宏观特征,但是决定边界层转捩的是边界层 Reynolds 数,并且在几何相似缩放过程中,边界层 Re 数并不是叶弦 Re 数的单值函数,这会导致所谓的尺寸效应,即大尺度的尺寸相似变化会破坏边界层流场的相似性。好在边界层理论将这样一种复杂化认知约束在边界层内部,在几何变化不大的情况下,流动的相似性还是能够通过特征相似准数准确反映。

C.4 量 纲 分 析

相似理论是将实验与理论分析相结合,用于指导实验并进而促进理论分析发展的一种理论,也是模型设计和模拟实验的理论基础。

前两节以质量守恒和不可压动量守恒的轴向方程式为例,推导了相似条件的产生,介绍了由全部单值性条件决定流动现象相似的充要条件。由此表明,在进行模型设计或模拟实验之前,有必要首先确定相似系统的全部相似准则(或称模化准则)。采用微分方程组和全部单值性条件寻找两个相似系统全部相似准则的方法,一般称为微分方程分析法。前两节介绍的是微分方程分析法中的相似转移法。在微分方程分析法中还可以根据积分类比法进行相似准则的推导分析,可参见邹滋祥(1984)。这里讨论更为常用的因次分析法或量纲分析法。

量纲反映了流动现象物理本质的某种性质,如长度、质量、时间等量纲。国际单位制 SI 的基本度量单位 m-kg-s,因此,基本量纲是长度(L)-质量(M)-时间(T),数目是 3 个。其他物理参量的单位都可以根据各种物理定律推导得到。这些单位即为导出单位,单位确定后,相应的量纲也就确定了。SI 单位制中,常用物理量的量纲如表 C.1 所示。值得注意的是,温度不是基本量纲,它是速度量纲的二次幂,物理上反映了气体分子平均移动动能,该动能通过 Mach 数与宏观运动动能相关联(附录 B)。因此,气体常数和定压比热的单位是 J/(kg·K),其量纲为 1,即 $L^0 M^0 T^0$。

表 C.1 常用物理量的 SI 单位制量纲表

物理量	量纲	物理量	量纲	物理量	量纲	物理量	量纲
面积	L^2	动量	ML/T	角速度	$1/T$	动力黏度	$M/(LT)$
体积	L^3	力	ML/T^2	角加速度	$1/T^2$	运动黏度	L^2/T
密度	M/L^3	压强、应力	$M/(LT^2)$	角动量	ML^2/T	温度	L^2/T^2
质量流量	M/T	能量、功	ML^2/T^2	扭矩	ML^2/T^2	温度梯度	L/T^2
速度	L/T	功率	ML^2/T^3	弹性模量	$M/(LT^2)$	热量	ML^2/T^2
加速度	L/T^2	转动惯量	ML^2	表面张力	M/T^2	热导率	$M/(LT)$

量纲分析的基础就是相似第二定律,即 π 定律:一个完整的现象群由包含 n 个参数变量的物理方程所决定其相似性,于是,在 SI 单位制中,就可以用 $n-3$ 个由 2 个以上参数乘幂的乘积所组成的无量纲特性参数的形式来表示,进而推导得到相似准数。

对于具有 n 个独立参数 $q_1, q_2, \cdots, q_n$ 的物理方程:

$$f(q_1, q_2, \cdots, q_n) = 0 \tag{C.13}$$

在应用中的确成立,那么,该方程一定可以转换为无量纲形式的方程式(C.12),其中在 SI 单位制中,存在 $m=n-3$ 个无量纲特性数,并根据物理方程在量纲上的同一性条件所得到的 m 个方程进行计算:

$$\pi_1:\ \alpha_1^{x_{11}}\alpha_2^{x_{21}}\alpha_3^{x_{31}}\alpha_4 = L^0 M^0 T^0$$

$$\pi_2:\ \alpha_1^{x_{12}}\alpha_2^{x_{22}}\alpha_3^{x_{32}}\alpha_5 = L^0 M^0 T^0$$

$$\vdots$$

$$\pi_m:\ \alpha_1^{x_{1m}}\alpha_2^{x_{2m}}\alpha_3^{x_{3m}}\alpha_n = L^0 M^0 T^0$$

其中，α 代表参数 q 的量纲；α_4，α_5，$\cdots$，α_n 是 $n-3$ 个需要组成无量纲特性数的主要参数的量纲；α_1，α_2，α_3 是 3 个并不要求建立无量纲特性数的参数的量纲；x_{i1}，x_{i2}，$\cdots$，x_{im}($i = 1$，2，3) 是需要由上述 m 个方程求解的未知指数。

现举例说明，压气机的性能特性与进气总压 p_1^*、进气总温 T_1^*、质量流量 G、转速 n、直径 D、效率 η 以及表征工质物性的参数有关。为简化计算，设气体常数 R、比热比 k 为常数，并忽略黏性，即忽略 μ 的影响。于是，压气机排气总压 p_2^* 与这些独立参数形成如下物理方程：

$$p_2^* = f(p_1^*,\ T_1^*,\ G,\ n,\ D) \tag{C.14}$$

注意，效率 η 已是一个无量纲特性参数，不作为独立参数计入物理方程。对于开展压气机试验而言，天气的变化、海拔高度的变化均改变进气总压 p_1^* 和进气总温 T_1^*，显然不可能获得全部进气条件下的压气机特性关系式(C.14)。于是，需要通过一定的模化准则确定压气机的通用特性。

这里利用是 L-M-T 制 3 个基本量纲来进行量纲分析。式(C.14)的独立参数 $n=6$，需要的无量纲特性数为 $m=n-3=3$ 个，可以选择 $p_2^*[M/(LT^2)]$、$G[M/T]$ 和 $n[1/T]$ 这三个变量作为组成无量纲特性数的主参数，而 $p_1^*[M/(LT^2)]$、$T_1^*[L^2/T^2]$ 和 $D[L]$ 这 3 个变量本身并不要求建立无量纲特性数。于是，利用 p_1^*、T_1^* 和 D 的量纲乘幂之积，分别建立 $m=3$ 个 π 项相似准则方程：

$$\pi_1(\text{对}\ p_2^*):\ \left(\frac{M}{LT^2}\right)^{x_{11}}\left(\frac{L^2}{T^2}\right)^{x_{21}}(L)^{x_{31}}\left(\frac{M}{LT^2}\right) = L^0 M^0 T^0$$

$$\pi_2(\text{对}\ G):\ \left(\frac{M}{LT^2}\right)^{x_{12}}\left(\frac{L^2}{T^2}\right)^{x_{22}}(L)^{x_{32}}\left(\frac{M}{T}\right) = L^0 M^0 T^0$$

$$\pi_3(\text{对}\ n):\ \left(\frac{M}{LT^2}\right)^{x_{13}}\left(\frac{L^2}{T^2}\right)^{x_{23}}(L)^{x_{33}}\left(\frac{1}{T}\right) = L^0 M^0 T^0$$

针对 π_1，按 L-M-T 量纲合并同类项得到未知指数方程组：$-x_{11} + 2x_{21} + x_{31} - 1 = 0$、$x_{11} + 1 = 0$ 和 $-2x_{11} - 2x_{21} - 2 = 0$，联立求解得到 $x_{11} = -1$、$x_{21} = 0$ 和 $x_{31} = 0$。于是得到无量纲特性数 $\pi_1 = p_1^{*-1}p_2^* = p_2^*/p_1^*$，即为压气机总对总压比。

针对 π_2，同样按 L-M-T 量纲合并同类项产生未知指数方程组：$-x_{12} + 2x_{22} + x_{32} = 0$、$x_{12} + 1 = 0$ 和 $-2x_{12} - 2x_{22} - 1 = 0$，联立求解得到 $x_{12} = -1$、$x_{22} = 0.5$ 和 $x_{32} = -2$。得到无量纲特性数 $\pi_2 = p_1^{*-1}T_1^{*0.5}D^{-2}G = G\sqrt{T_1^*}/(D^2 p_1^*)$，即压气机流量相似参数，是气体常

数 R、比热比 k 为常数情况下，与压气机进气流量函数成正比的量，本质上反映了相似准数进气 Mach 数。

针对 π_3，未知指数方程组为 $-x_{13} + 2x_{23} + x_{33} = 0$、$x_{13} = 0$ 和 $-2x_{13} - 2x_{23} - 1 = 0$，联立求解得到 $x_{13} = 0$、$x_{23} = -0.5$ 和 $x_{33} = 1$。于是无量纲特性数为 $\pi_3 = T_1^{*-0.5} Dn = nD/\sqrt{T_1^*}$，即压气机转速相似参数，本质上反映了与叶片线速度相对应的机械 Mach 数。

根据相似准则（模化准则）π_1、π_2 和 π_3，现象群所遵循的同一的由相似准数和无量纲参数等简单数群所组成的关系式：

$$\frac{p_2^*}{p_1^*} = \Phi\left(\frac{G\sqrt{T_1^*}}{D^2 p_1^*}, \frac{nD}{\sqrt{T_1^*}}\right) \qquad (\text{C.15})$$

这就是压气机通用特性。对于某一特定尺寸的压气机，特征尺度直径 D 为常数，于是，压气机无量纲性能参数是流量相似参数和转速相似参数的函数。可以证明，如果物理方程中两个相同量纲的参数，其比值一定是一个无量纲特性数，如温比 T_2^*/T_1^*、效率 η、比热比 $k = c_p/c_v$ 等。另外，无量纲特征数的比值必然是无量纲特征数，如流量系数 $\phi = w/u \propto \pi_2/\pi_3$，本质上反映了速度三角形相似的运动相似条件。

需要指出的是，建立物理方程时，忽略了有影响的参数，或增加了不独立的参数，都会在量纲分析的结果中被反映出来，因此，充分选择独立参数十分重要，这需要对流动机械的原理概念和流动机理具有深入的认识。例如，上述简化过程中忽略了黏性系数 μ 的影响，但是，显然黏性是存在重大影响的参数。于是，当计入黏性系数 μ 作为独立参数时，无量纲特性数就增加了一个，可以得到 $\pi_4 = p_1^* D/(\mu\sqrt{T_1^*})$，本质上反映了相似准数 Re 数。

参考文献

陈光,马枚,1978. 涡喷七发动机结构[Z]. 北京: 北京航空航天大学 405 教研室.

陈光,2018. 揭开火蜂的神秘动力面纱——北航,峥嵘岁月的无人机动力攻坚战[J]. 航空知识(564):
    72－75.

陈懋章,2002. 风扇/压气机技术发展和对今后工作的建议[J]. 航空动力学报,17(1): 1－15.

桂幸民,1993. 轴流风扇/压气机可控激波跨声级设计模型研究[D]. 北京: 北京航空航天大学博士学位
    论文.

桂幸民,滕金芳,刘宝杰,等,2014. 航空压气机气动热力学基础与应用[M]. 上海: 上海交通大学出版社.

何川,郭立君,2008. 泵与风机(第三版)[M]. 北京: 中国电力出版社.

侯志兴,等,1987. 世界航空发动机手册[M]. 北京: 航空工业出版社.

胡晓煜,2006. 世界中小型航空发动机手册[M]. 北京: 航空工业出版社.

金东海,2007. 轴流压气机叶片/叶型正问题数值优化设计研究[D]. 北京: 北京航空航天大学博士论文.

李根深,陈乃兴,强国芳,1980. 船用燃气轮机轴流式叶轮机械气动热力学(原理、设计与试验研究)
    [M]. 北京: 国防工业出版社.

刘大响,叶培梁,胡骏,等,2004. 航空燃气涡轮发动机稳定性设计与评定技术[M]. 北京: 航空工业出
    版社.

陆亚钧,1990. 叶轮机非定常流动理论[M]. 北京: 北京航空航天大学出版社.

骆广琦,桑增产,王如根,等,2007. 航空燃气涡轮发动机数值仿真[M]. 北京: 国防工业出版社.

欧阳梗,董耀德,等,1982. 工程热力学[M]. 北京: 国防工业出版社.

潘锦珊,1989. 气体动力学基础(修订版)[M]. 北京: 国防工业出版社.

潘宁民,宋满祥,2009. WP11C 发动机技术说明书[M]. 北京: 北京航空航天大学出版社.

彭泽琰,刘刚,桂幸民,等,2008. 航空燃气轮机原理[M]. 北京: 国防工业出版社.

单鹏,2004. 多维气体动力学基础[M]. 北京: 北京航空航天大学出版社.

单鹏,桂幸民,2000. 单级后掠风扇 ATS－2 实验报告[R]. 北京: 北京航空航天大学.

《数学手册》编写组,1979. 数学手册[M]. 北京: 高等教育出版社.

孙晓峰,孙大坤,2018. 高速叶轮机流动稳定性[M]. 北京: 国防工业出版社.

沈维道,童均耕,2007. 工程热力学(第四版)[M]. 北京: 高等教育出版社.

翁史烈,1996. 燃气轮机与蒸汽轮机[M]. 上海: 上海交通大学出版社.

吴仲华,1959. 燃气的热力性质表[M]. 北京: 科学出版社.

徐忠,1990. 离心式压缩机原理[M]. 北京: 机械工业出版社.

张世铮,1980. 燃气热力性质的数学公式表示法[J]. 工程热物理学报(1): 12－18.

张逸民,1985. 航空涡轮风扇发动机[M]. 北京: 国防工业出版社.

赵镇南,2008. 传热学(第二版)[M]. 北京: 高等教育出版社.

邹滋祥,1984. 相似理论在叶轮机械模型研究中的应用[M]. 北京: 科学出版社.

邹正平,王松涛,刘火星,等,2014.航空燃气轮机涡轮气体动力学：流动机理及气动设计[M].上海：上海交通大学出版社.

朱芳,2013.民用航空发动机高通流高效率风扇/增压级设计技术研究[D].北京：北京航空航天大学博士学位论文.

朱行健,王雪瑜,1992.燃气轮机工作原理及性能[M].北京：科学出版社.

Adkins G G, Smith L H, 1982, Spanwise mixing in axial-flow turbomachines[J]. ASME Journal of Engineering for Power, 104：7-110.

Andrews S J, 1949. Tests related to the effect of profile shape and camber line on compressor cascade performance[R]. Cranfield：Aeronautical Research Council.

Baljé O E, 1970. Loss and flow path studies on centrifugal compressors, Part I 、II[J]. Journal of Engineering for Power, 92(3)：275-286.

Baskharone E A, 2006. Principles of Turbomachinery in Air Breathing Engines[M]. Cambridge：Cambridge University Press.

Barsun K, 1967. Influence of turbulence level and roughness on the performance of two-dimensional compressor cascades[Z]. Internal Aerodynamics (Turbomachinery)：41-43.

Benser W A, 1953. Analysis of part-speed operation for high-pressure-ratio multistage axial-flow compressors[R]. Washington：NASA.

Blair M F, 1974. An experimental study of heat transfer and film cooling on large scale turbine endwalls[J]. Journal of Heat Transfer, 74-GT-33, V01AT01A033.

Bohl W, 1984.叶轮机械——原理与结构[M].第一版,王俊宝,卞昭凌,译.北京：化学工业出版社.

Bowditch D N, Coltin R E, 1983. A survey of inlet engine distortion capability[R]. Washington：NASA.

Brown L E, Groh F G, 1962. Use of experimental interstage performance data to obtain optimum performance of multistage axial compressors[J]. Journal of Engineering for Power, 84(2)：187-194.

Bullock R O, Prasse E I, 1965. Compressor design requirements, Chapter II, The aerodynamic design of axial flow compressors, NASA-SP-36[R]. Washington：NASA.

Castner R, Chiappetta S, Wyzykowski J, et al., 2002. An engine research program focused on low pressure turbine aerodynamic performance[C]. Amsterdam：Proceedings of the ASME Turbo Expo 2002：Power for Land, Sea, and Air：33-38.

Carter A D S, Hughes H P, 1946. A theoretical investigation into the effect of profile shape on the performance of aerofoils in cascade[R]. Cranfield：Aeronautical Research Council.

Carter A D S, 1950. Low speed performance of related aerofoils in cascade[R]. Cranfield：Aeronautical Research Council.

Connell J W, 1975. Data reduction of single stage compressor[R]. Dayton：Aerospace Research Labs Wright-Patterson Afb.

Constant H, 1939. Note on performance of cascades of aero-foils[M]. Farnborough：Royal Aircraft Establishment.

Csanady G T, 1964. Theory of Turbomachines[M]. New York：McGraw-Hill.

Cumpsty N A, 1989. Compressor Aerodynamics[M]. London：Longman Scientific & Technical.

Day I J, Cumpsty N A, 1978. The measurement and interpretation of flow within rotating stall cells in axial compressors[J]. Journal of Mechanical Engineering Science, 20：107-114.

Dean R C, Senoo Y, 1960. Rotating wakes in vaneless diffusers[J]. Trans ASME Journal of Basic

Engineering, 82(3): 563 - 570.

de Haller P, 1953. Das verhalten von tragflügelgittern in axialverdichtern und im windkanal[J]. Brennstoff-Wärme-Kraft (BWK), 5(333): 24.

Denton J D, 1993. Loss mechanisms in turbomachines [J]. Journal of Turbomachinery, 93 - GT - 435, V002T14A001.

Dixon S L, 2005. Fluid Mechanics and Thermodynamics of Turbomachinery[M]. Fifth Edition. Oxford: UK Elsevier's Science & Technology Rights Department.

Dixon S L, Hall C A, 2010. Fluid Mechanics and Thermodynamics of Turbomachinery [M]. Sixth Edition. Oxford: Elsevier's Science & Technology Rights Department.

Doolitte J, Hale F, 1984. Thermodynamics for Engineers[M]. New York: John Wiley & Sons.

Dring R P, Heiser W H, 1985. Turbine Aerodynamics, Chapter 4, Aerothermodynamics of Aircraft Engine Components[M]. Reston: AIAA Education Series.

Eckardt D, 1976. Detailed flow investigations within a high speed centrifugal compressor impeller[J]. Journal of Engineering for Power, 97: 390 - 399.

Emmons H W, Pearson C E, Grant H P, 1955. Compressor surge and stall propagation[J]. Journal of Engineering for Power, 99, 455 - 467.

Fink D A, 1988. Surge dynamics and unsteady flow phenomena in centrifugal compressors [D]. Boston: Ph. D. thesis, Massachusetts Institute of Technology.

Gallimore S J, Cumpsty N A, 1986. Spanwise mixing in multistage axial flow compressors, Part I: Experimental investigation[J]. Journal of Turbomachinery, 108(1): 2 - 9.

Gallimore S J, 1986. Spanwise mixing in multistage axial flow compressors, Part II: Throughflow calculations including mixing[J]. Journal of Turbomachinery, 108(1): 10 - 16.

Graham B W, Guentert E C, 1965. Compressor stall and blade vibration, Chapter XI: The aerodynamic design of axial flow compressors, NASA - SP - 36[R]. Washington: NASA.

Griepentrog H, 1970. Secondary flow losses in axial compressors[R]. AGARD Lecture Series, 39.

Hartsel J E, 1972. Prediction of effects of mass transfer cooling on the blade row efficiency of turbine airfoils [C]. San Diego: 10th Aerospace Sciences Meeting.

Herrig L J, Emery J C, Erwin J R, 1957. Systematic two-dimensional cascade tests of NACA 65-series compressor blades at low speeds[R]. Washington: NASA.

Howell A R, 1945. Fluid dynamics of axial compressors[J]. Proceedings of the Institution of Mechanical Engineers, 153(1): 441 - 452.

Horlock J H, Denton J D, 2005. A review of some early design practice using CFD and a current perspective [J], ASME Journal of Turbomachinery, 127(1):5 - 13.

Huppert M C, 1952. Preliminary Investigation of Flow Fluctuations during Surge and Blade Row Stall in Axial-Flow Compressors[M]. Washington: NASA.

Jin D, Liu X, Zhao W, et al., 2015. Optimization of endwall contouring in axial compressor S-shaped ducts [J]. Chinese Journal of Aeronautics, 28(4): 1076 - 1086.

Johnsen I A, Bullock R O, 1965. Aerodynamic Design of Axial-Flow Compressors, Chapter I, The Aerodynamic Design of Axial Flow Compressors, NASA - SP - 36[M]. Washington: NASA.

Kameier F, Neise W, 1997. Experimental study of tip clearance losses and noise in axial turbomachines and their reduction[J]. Journal of Turbomachinery, 119, 460 - 471.

Keenan J H, Keyes F F, Hill P G, et al., 1969. Steam Tables: Thermodynamic Properties of Water, including Vapor, Liquid, and Solid Phases[M]. New York: John Wiley and Sons.

Koch C C, 1981. Stalling pressure rise capability of axial-flow compressor stages[J]. ASME Journal of Engineering for Power, 103(4): 645-656.

Krain H,1988, Swirling Impeller Flow[J]. Journal of Turbomachinery, 110(1): 122-128.

Langston L S, Nice M L, Hooper R M, 1977. Three-dimensional flow within a turbine cascade passage[J], Journal of Engineering for Power, 99, 2-28.

Lei Vai-man, 2006. A simple criterion for 3D flow separation in axial compressors[D]. Boston: Ph. D. thesis, Massachusetts Institute of Technology.

Lieblein S, Schwenk F C, Broderick R L, 1953. Diffusion factor for estimating losses and limiting blade loadings in axial-flow-compressor blade elements[R]. Cleveland: National Advisory Committee for Aeronautics Cleveland OH Lewis Flight Propulsion Lab.

Lieblein S, 1959. Loss and stall analysis of compressor cascades[J]. Journal of Basic Engineering, 81(3): 387-397.

Lieblein S, 1960. Incidence and deviation-angle correlation for compressor cascades[J]. Journal of Basic Engineering, 82(3): 575-584.

Lieblein S, Roudebush W H, 1956. Theoretical loss relations for low-speed two-dimensional-cascade flow [R]. Washington: NASA.

Maerz J, Gui X, Neise W, 1999. On the structure of rotating instabilities in axial flow machines[C]. Florence: Proceedings of 14th International Symposium on Air Breathing Engines.

Marks L S, Weske J R, 1934. The design and performance of an axial-flow fan[J]. Trans. ASME, 56(11): 807-813.

Metzger D E, Baltzer R T, Jenkins C W, 1972. Impingement cooling performance in gas turbine airfoils including effects of leading edge sharpness[J]. Journal of Engineering for Power, 94(3): 219-225.

McDougall N M, Compsty N A, Hynes T P, 1990. Stall inception in axial compressors[J]. Journal of Turbomachinery, 112(1): 116-123.

Miller D C, Wasdell D L, 1987. Off-design prediction of compressor blade losses[Z]. C279/87: 249-258.

Ning F, 2014. MAP: A CFD Package for Turbomachinery Flow Simulation and Aerodynamic Design Optimization[C]. Düsseldorf: ASME Turbo Expo 2014: Turbine Technical Conference and Exposition.

Oates G C, 1985. Aerothermodynamics of Aircraft Engine Components[M]. Reston: American Institute of Aeronautics and Astronautics.

Oates G C, 2016. 航空发动机部件气动热力学[M]. 金东海,高军辉,金捷,等译. 北京: 航空工业出版社.

Pollsrd D, Gostelow J P, 1967. Some experiments at low speed on compressor cascades[J]. Journal of Engineering for Power, 89: 427-436.

Prust H W, 1972. Effect of Trailing Edge Geometry and Thickness on the Performance of Certain Turbine Stator Blading[M]. Washington: National Aeronautics and Space Administration.

Rhoden H G, 1952. Effects of Reynolds number on the flow of air through a cascade of compressor blades [R]. Cranfield: Aeronautical Research Council R&M 2919.

Riess W, BloeckerU, 1987. Possibilities for on-line surge suppression by fast guide vane adjustment in axial compressors[C]. Paris: AGARD 69th Propulsion and Energetics Symposium.

Robbins W H, Jackson R J, Lieblein S, 1965. Blade element flow in annular cascades, Chapter Ⅶ, The aerodynamic design of axial flow compressors, NASA – SP – 36[R]. Washington: NASA.

Rodgers C, 1982, The performance of centrifugal compressor channel diffusers[C]. London: Turbo Expo: Power for Land, Sea, and Air. American Society of Mechanical Engineers.

Rolls-Royce, 1996. The Jet Engine[M]. Fifth Edition. New Jersey: John Wiley & Sons.

Rolls-Royce, 2005. Trent 1000Optimised Power for the 787 Dreamliner[M]. Tokyo: Zenith Press.

Dean R C, 1954. Secondary flow in axial compressors[D]. Boston: Massachusetts Institute of Technology.

Smith S F, 1965. A simple correlation of turbine efficiency[J]. Journal of the Royal Aeronautical Society, 69: 467 – 470.

Smith L H, 1954. A note on the NACA diffusion factor[Z]. General Electric AGT Development Department Memorandum CD – 9 (9 – 54) (unpublished).

Smith L H, 1969. Casing boundary layers in multistage compressors[C]. Baden: Proceeding of the Symposium on Flow Research on Blading. Brown Boveri & Co Ltd.

Smith S F, 1965. A simple correlation of turbine efficiency[J]. Journal of the Royal Aeronautical Society, 69: 467 – 470.

St. Peter J, 2000. The History of Aircraft Gas Turbine Engine Development in the United States: A Tradition of Excellence[M]. Washington: Gas Turbine Inst..

St. Peter J, 2016. 美国飞机燃气涡轮发动机发展史[M]. 张健,译. 北京：航空工业出版社.

Standahar, R M, Geye R P, 1955. Investigation of a high-pressure-ratio eight-stage axial-flow research compressor with two transonic inlet stages. V-preliminary analysis of over-all performance of modified compressor[R]. NACA RM E55A03.

Stiefel W, 1972. Experiences in the development of radial compressors[Z]. Brussels: Lecture notes for Advanced Radial Compressors Course Held at von Karman Institute.

Stodola A, 1927. Steam and Gas Turbines[M]. New York: McGraw-Hill.

Strazisar A J, 1986. Laser anemometry in compressors and turbines[C]. Iowa: Lecture 18 ASME Turbomachinery Institute.

Sullivan T J, Hager R D, 1983. The aerodynamic design and performance of the General Electric/NASA E3 Fan[C]. Seattle: AIAA/SAE/ASME 19th Joint Propulsion Conference, Seattle.

Suo M, 1985. Turbine Cooling, Chapter 5, Aerothermodynamics of Aircraft Engine Components[M]. Reston: AIAA education series.

Vavra M H, 1960. Aero-Thermodynamic and Flow in Turbomachines[M]. New York: John Wiley and Sons.

Viars P R, 1989. The impact of IHPTET on the engine/aircraft system[C]. Seattle: AIAA/AHS/ASEE Aircraft Design, Systems and Operations Conference.

Wassell A B, 1968. Reynolds number effects in axial compressors[J]. Journal of Engineering for Power, 90(2): 149 – 156.

Wennemtrom A J, Frost G R, 1976. Design of a 1500ft/sec, transonic, high-through-flow, single-stage axial-flow compressor with low hub/tip ratio [R]. Washington: NASA.

Wennerstrom A J, Puterbaugh S L, 1984. A three-dimensional model for the prediction of shock losses in compressor blade rows[J]. Journal of Engineering for Gas Turbines and Power, 106(2): 295 – 299.

Wennerstrom A J, 1989. Low aspect ratio axial flow compressors: Why and what it means[J]. ASME Journal of Turbomachinery, 111(4): 357 – 365.

Wisler D C, Koch C C, Smith L H Jr, 1977. Preliminary design study of advanced multistage axial flow core compressors[R]. Washington: NASA.

Wisler D C, Bauer R C, Okiishi T H, 1987. Secondary flow, turbulent diffusion and mixing in axial-flow compressors[J]. Journal of Turbomachinery, 109: 455 – 82.

Wood J R, Strazisar A J, Simonyi P S. 1986. Shock structure measured in a transonic fan using laser anemometry[C]. Munich: AGARD Conference Transonic and Supersonic Phenomena in Turbomachines.

Wu C H, 1951. A general though-flow theory of fluid flow with subsonic or supersonic velocity in turbomachines of arbitrary hub and casing shapes[R]. Washington: National Aeronautics and Space Administration.

Wu C H, 1952. A general theory of three-dimensional flow in subsonic and supersonic turbomachines of axial-, radial, and mixed-flow types[R]. Washington: National Aeronautics and Space Administration.

Zhou C, Gui X, Jin D, 2018. Data reduction of the multistage compressor using S2 stream surface solver [C]. Singapore: Asia-Pacific International Symposium on Aerospace Technology.

Zhou C H, Yue Z X, Jin D H, et al., 2022. Improving experiment data process accuracy for axial compressors: Converting inter-stage data into meridional flow fields[J]. Journal of Aerospace Engineering, 236(12): 2483 – 2495.

中英文对照表

中文	英文对照
A	
安装角	stagger angle
B	
泵	pump
比功	specific work
比热比	ratio of specific heat
比推力	specific thrust,或单位推力
比转数	specific speed
边界层	boundary layer
边界条件	boundary condition
表面粗糙度	surface roughness
表面力	surface force
部分展向失速	part-span stall
C	
Carter 公式	Carter's rule for deviation
掺混损失	mixing loss
槽道激波	passage shock
层流边界层	laminar boundary layer
齿轮传动风扇	gear transmission fan, GTF
冲力式叶轮机	impulse turbomachines
重复级	repeating stage
出口整流叶片	outlet guide vane, OGV
处理机匣	casing treatment
喘振	surge
喘振边界	surge line
喘振裕度	surge margin
串列	tandem
稠度	solidity
猝发	spike

中文	英文对照
D	
大小叶片	见分流叶片
单位推力	见比推力
导风轮	inducer
导热系数	thermal conductivity
等熵过程	isentropic process,即绝热过程 adiabatic process
等熵 Mach 数	isentropic Mach number
等温过程	isothermal process
低压压气机	low pressure compressor, LPC
低压涡轮	low Pressure Turbine, LPT
动量方程	Momentum Equation
动叶	blade, blading
堵塞	blockage
堵塞系数	blockage coefficient
堵塞状态	choking condition
端壁	endwall
端弯	end bending
对流冷却	convective cooling
多变过程	polytropic process
多变效率	polytropic efficiency
多级压气机	multistage compressor
多圆弧叶型	MCA (multi-circular arc) airfoil
E	
额线	pitch line, frontal line
二次流	secondary flow
二次流损失	secondary loss
二次流道	secondary path
F	
反角	dihedral

中文	英文对照	中文	英文对照
反力度	degree of reaction	畸变指数	distortion correlation parameter, DC
反力式叶轮机	reaction turbomachines		
非结构化网格	unstructured grid	畸变敏感系数	distortion sensitivity
非设计状态	off-design conditions	积叠	stacking
分离	separation	计算流体力学	computational fluid dynamics, CFD
分离泡	separation bubble		
分流叶型	splitter（airfoil）	机匣	casing
封闭体系	closed system	基元	element
风车	wind turbine	基元级	stage element
风扇	fan	简单径向平衡	simplified radial equilibrium
负荷系数	loading coefficient	渐进型失速	progressive stall
		剪切功	shear work
G		近堵塞	near choke, NC
高压压气机	high pressure compressor, HPC	近失速	near stall, NS
高压涡轮	high Pressure Turbine, HPT	角速度	speed of rotation(rad/s)
攻角	attack angle	结构化网格	structured grid
共同工作线	working line	节距	space, pitch
弓形激波	bow shock	进口导流叶片	inlet guide vane, IGV
鼓风机	blower	进气畸变	inlet distortion
贯流式风机	cross-flow ventilator	静焓	enthalpy
管式扩压器	pipe diffuser	径向扩压器	radial diffuser
		径向流面角	radial streamsurface angle
H		径向叶轮	radial impeller
涵道比	bypass ratio	静对静压比	static-to-static pressure ratio
耗油率	specific fuel consumption, SFC	静对静效率	static-to-static efficiency
核心机	core	静压系数	pressure coefficient
横向流	cross flow	静叶	vane
后掠	backsweep	静子	stator
后弯叶片式叶轮	impellers with backsweep	绝热过程	即等熵过程
滑移系数	slip factor		
环量	circulation($v_u r$)	**K**	
环面迎风流量	mass flow rate per unit frontal area	科氏力	Coriolis force
换热系数	heat-transfer coefficients	可控扩散叶型	controlled diffusion airfoil, CDA
换算流量	equivalent mass flow rate,即折合流量	可逆过程	reversible process
		可调导流叶片	variable inlet guide vane, VIGV
换算转速	equivalent speed,即折合转速	可调静叶	variable state vane, VSV
		空间离散格式	spatial discretization scheme
J		控制体	control volume
级	stage	扩压因子	diffusion factor, D因子
激波	shock	扩压长度	diffusion length

中文	英文对照
扩稳	stability enhancement
扩压器	diffuser

L

中文	英文对照
Lieblein 因子	即 D 因子
冷效	cooling effectiveness
离心压气机	centrifugal compressor, radial compressor
理想气体	见完全气体
连续方程	continuity equation
量纲分析	Dimensional analysis
临界迎角	critical incidence
流量	flow rate
流量函数	flow function
流量系数	flow coefficient
流通能力	flow capacity
流线法	streamline method
流线曲率法	streamline curvature method
轮毂	hub
轮毂比	hub-to-tip ratio
轮缘功	specific work of rotor
轮周效率	total-to-static efficiency
落后角	deviation angle
螺旋桨	propeller
掠	sweep

M

中文	英文对照
Mach 数	Mach number
模态波	modal wave

N

中文	英文对照
NACA 叶型	NACA blade profile
N‒S 方程	Navier-Stokes equations
能头	head
能量方程	energy equation
能量厚度	energy displacement thickness
内能	internal energy
扭速	the change in whirl velocity
扭向规律	type of tangential velocity distribution

P

中文	英文对照
P‒M 膨胀	Prandtl-Meyer expansion
排	row
喷嘴环	nozzle guide vane
匹配	matching
平行压气机方法	compressor-in-parallel method

Q

中文	英文对照
气动弯角	flow deflection, 或气流转折角
气流角	flow angle
气膜冷却	film cooling
前缘	leading edge
线速度	blade speed
倾	lean
全压	total pressure
全展向失速	full-span stall
确定应力	deterministic stress

R

中文	英文对照
Reynolds 数	Reynolds number
Reynolds 输运定理	Reynolds transport theorem
燃气发生器	gas generator
燃气涡轮	gas turbine
热力学第一定律	the first law of thermodynamics
热力学第二定律	the second law of thermodynamics

S

中文	英文对照
S1 流面	blade-to-blade streamsurface
S2 流面	hub-to-tip streamsurface
升力系数	lift coefficient
升阻比	lift-to-drag ratio
实际气体	real gases, non-idea gases
失速迟滞	stall hysteresis
失速初始	inception of stall
失速团	stall cell
失速状态	stall condition
失稳	instability
时间推进法	time marching calculations
数值模拟	numerical simulation
双圆弧叶型	DCA (double circular arc) airfoil

中文	英文对照
水斥式涡轮	Pelton turbine
水轮机	hydraulic turbine
损失系数	loss coefficient
速度三角形	velocity diagrams

T

中文	英文对照
体积流量	volume flow rate
通风机	ventilator
通量	flux
通流	throughflow
通流矩阵法	matrix throughflow method
湍流边界层	turbulent boundary layer
湍流动能	turbulence kinetic energy
湍流度	turbulivity
湍流模型	turbulence modeling
突变型失速	abrupt stall

W

中文	英文对照
外涵	bypass
外伸激波	bow shock
弯	bowed
完全气体	perfect gas
唯一迎角	unique incidence
位移厚度	displacement thickness
尾缘	trailing edge
微元体	即封闭体系
温和喘振	mild surge
涡	vortex
蜗壳	volute 或 scroll
无叶扩压段	vaneless space
无叶扩压器	vaneless diffuser

X

中文	英文对照
吸力面	suction surface, s. s.
弦	chord
相似准数	similarity number
效率	efficiency
斜流式压气机	mixed flow compressor, diagonal compressor
旋转失速	rotating stall

Y

中文	英文对照
压比	pressure ratio
压力面	pressure surface, p. s.
压气机	air compressor
压缩功	compression work
叶尖间隙	tip clearance
叶轮	impeller
叶轮机	turbomachine
叶轮机 Euler 方程	the Euler equation for turbomachinery
叶轮机械	turbomachinery
叶片扩压器	vaned diffuser
叶片通过频率	blade pass frequency, BPF
叶栅	cascade
叶弦 Reynolds 数	Reynolds number based on blade chord
叶型损失	profile losses in compressor blading
叶型弯角	camber angle
溢流状态	spill point
迎面推力	specific thrust per unit of frontal area
壅塞	choke
裕度	margin
有限体积法	finite volume method
迎角	incidence angle
预旋	prewhirl or prerotation

Z

中文	英文对照
增压级	booster
展弦比	aspect ratio
展向	spanwise
罩量	offset
折合流量	corrected mass flow rate
折合转速	corrected speed
蒸汽涡轮	steam turbine
中和特征线	neutral characteristic line
中弧线	camber line
中线法	meanline method
中压压气机	intermediate pressure compressor,

中文	英文对照	中文	英文对照
	IPC	周向迁移流	见横向流
主流	primary flow	子午	meridian
转焓	rothalpy	子午流	meridional flow
转捩	transition	阻力系数	drag coefficient
转速	rotational speed(revolution per minute)	总对静压比	total-to-static pressure ratio
		总对静效率	total-to-static efficiency（即轮周效率）
转子叶片	rotor blade	总对总压比	total-to-total pressure ratio
轴功	shaft work	总对总效率	total-to-total efficiency
轴流压气机	axial flow compressor	总焓	specific stagnation enthalpy
轴通过频率	shaft pass frequency, SPF	总压恢复系数	total pressure recovery coefficient
轴向流面角	axial streamsurface angle	最佳迎角	optimum incidence
轴向密流比	axial velocity density ratio, AVDR		

索　引